海量网络多媒体信息高效处理：概念与技术

庄 毅 著

科学出版社

北 京

内 容 简 介

本书较为系统地从数据库层面对海量网络多媒体信息的高效处理进行介绍和讨论。本书分为 8 篇 24 章，力求从检索、索引、降维、聚类及并行处理等 5 个方面在深度和广度上进行阐述，侧重于提高查询效率。同时结合最新的网络多媒体研究现状及发展趋势，进行深入阐述和分析。另外，结合最新应用，如数字图书馆、网络舆情分析与监控及网络购物等进行介绍。

本书可作为高等院校计算机科学、图书情报等专业的研究生或高年级本科生的参考资料或教学用书，对从事海量网络多媒体数据处理研究、应用和开发的广大科技人员也有很大的参考价值。

图书在版编目(CIP)数据

海量网络多媒体信息高效处理：概念与技术/庄毅著. —北京：科学出版社，2013
　ISBN 978-7-03-037415-8

　Ⅰ.①海⋯　Ⅱ.①庄⋯　Ⅲ.①互联网络-信息管理-研究　Ⅳ.①TP 393.4②G203

中国版本图书馆 CIP 数据核字（2013）第 092562 号

责任编辑：余　丁　王　苏 / 责任校对：张怡君
责任印制：张　倩 / 封面设计：陈　敬

科 学 出 版 社 出版
北京东黄城根北街 16 号
邮政编码：100717
http://www.sciencep.com

骏杰印刷厂印刷
科学出版社发行　各地新华书店经销

*

2013 年 6 月第　一　版　开本：B5(720×1000)
2013 年 6 月第一次印刷　印张：29 1/4
字数：567 000

定价：98.00 元
（如有印装质量问题，我社负责调换）

序

  海量网络多媒体信息的高效处理一直是国内外学术界研究的热点问题。庄毅博士在网络多媒体数据库研究领域进行了多年深入的研究，特别是在多媒体数据高维索引及查询方法研究上取得了优异的成绩，积累了丰富的经验。目前已在国际国内权威刊物和学术会议上发表了多篇高质量学术论文。由于其成绩出色，获得了 2008 年中国计算机学会优秀博士论文奖。

  该书是作者近年来从事海量网络多媒体数据管理研究工作的总结，大部分研究成果在书中有所反映。同时，还加入了一些最新的相关技术，如社交媒体的概率查询与个性化推荐、网络舆情分析与监控及云计算环境下的并行查询等。

  该书较为系统地从数据库层面对网络多媒体信息的检索、索引、降维、聚类及并行处理等概念和技术进行介绍，侧重于提高查询处理效率。该书分 8 篇 24 章，从深度和广度上对海量高维多媒体信息的高效处理技术进行阐述。同时作者结合最新的网络多媒体研究现状及发展趋势，进行深入介绍和探讨。最后，将多媒体查询技术应用于数字图书馆、网络舆情分析与监控及在线网络购物等领域，取得不错的效果。

  我相信该书的出版将会对国内海量网络多媒体信息处理研究领域起到一定的参考和推动作用。

李 青 教授

香港城市大学电脑科学系

香港网络协会（HK Web Society）主席

2012 年 10 月

前　　言

随着多媒体和网络技术的迅猛发展,互联网已经形成了一个巨大而复杂的多媒体信息空间。其包含的海量多媒体信息资源具有以下特点:①数量巨大,增长迅速;②内容丰富,形式多样;③结构复杂,分布广泛;④无序混乱,杂乱无章。面对互联网中这些浩翰的多媒体信息资源,如何对其进行快速准确的检索及高效的处理已经成为一个很重要的研究课题。

本书从数据库层面对海量网络多媒体信息检索、索引、降维、聚类及并行化处理等概念和技术进行较为系统的介绍,侧重于提高查询效率;同时结合最新的网络多媒体研究现状及发展趋势,进行深入阐述和分析;另外,结合最新应用,如数字图书馆、网络舆情分析与监控及网络购物等进行介绍。本书分为 8 篇 24 章,力求从深度和广度上对海量高维多媒体信息的高效处理技术进行阐述。

在入门篇中,简要地对面向互联网的海量多媒体数据查询、索引及管理进行综述。

在检索篇中,针对网络多媒体数据的特点,介绍三种查询方法,如基于语义的多媒体查询、基于内容的多媒体查询和基于多特征的多媒体查询。同时结合最新网络多媒体技术的发展趋势,介绍三种新型查询技术,即跨媒体检索、社交媒体检索和语义网数据检索。

在索引篇中,针对海量高维多媒体数据相似查询存在的计算量大及维度高的问题,分别介绍文本索引、(多)高维索引及多特征索引。

在降维篇中,针对海量高维多媒体数据存在的"维数灾难"的问题,介绍三类降维方法:无监督降维、半监督降维及监督降维。

在聚类篇中,介绍几种主流的聚类方法。同时,结合多媒体数据类型,分别介绍文本、图像、音频及视频方面聚类的最新研究进展。

在并行处理篇中,针对在单机环境下,海量多媒体数据查询性能低下的问题,分别介绍了数据网格环境下及移动云计算环境下的可扩展并行查询技术。该技术包括海量高维数据的分布式优化存储、索引支持下的快速高维数据集的缩减、并行流水线处理及高效的自适应数据传输机制等;同时,针对频繁的用户查询请求,提出基于网格环境的高维相似查询的多重查询优化方法,进一步提高查询密集条件下的海量多媒体检索的并发性。

在应用篇中,结合海量多媒体信息管理中的实际应用展开,如数字图书馆、网络舆情分析与监控及网络购物等。

在总结篇中,对海量多媒体信息处理技术进行总结,并且展望未来发展。

在本书的撰写过程当中,得到了香港科技大学电脑科学与工程系陈雷副教授和加拿大 Simon Fraser 大学裴健教授的支持和鼓励,陈教授审阅了本书的部分章节,并提出了许多宝贵的意见。香港城市大学李青教授在百忙之中为本书作序。在此向他们致以衷心的感谢。本书的第 8 章由北京大学邹磊副教授撰写,在此表示感谢! 同时感谢在本书撰写过程中给予无私帮助的同事和朋友,他们是浙江工商大学的凌云教授、姜波教授和张华副教授,南京财经大学的伍之昂副教授,美国 Facebook 公司的杨骏博士和昆士兰大学的邵杰博士等,还有为本书第 23 章开发移动商品视频搜索系统的陈一枭、王晓晴同学等。

本书得到了国家自然科学基金(项目编号:61003074)、浙江省自然科学基金(项目编号:Z1100822,Y1110644,Y1110969,Y1090165)、2012 年度浙江省科协育才工程项目和浙江省科技厅重点创新团队(计划编号:2010R50041 及项目编号:2012R10041-06)的支持,同时得到了 2012 年杭州市青年科技人才培育工程项目资助,在此一并表示感谢!

最后,谨以本书献给我敬爱的父母和我的妻子,没有他们的支持,本书很难顺利出版,在这里特别表示感谢。

由于网络多媒体技术发展日新月异,加上本人学识浅陋,书中必有许多不足之处,希望读者提出意见。

庄 毅

2012 年 12 月

于杭州

目　　录

聚　类　篇

并行处理篇

应　　用　　篇

总　结　篇

入 门 篇

第1章　互联网、多媒体与大数据

1.1　绪　　论

随着现代计算机和通信技术的飞速发展，以超大规模集成电路为核心的自动计算技术、光纤、微波通信和卫星传输使全球的电脑网络相互连接起来，形成了世界上最大的信息存储和传送平台——互联网（internet）。

自互联网出现以来，人类社会的信息化进程大为加快，一个全球范围的信息基础设施逐步形成。今天的互联网连接了数十亿台主机，并通过有线或无线网络等手段连接了大量多种多样的外围信息处理设备和嵌入设备，容纳了海量的信息资源，为全球用户提供服务，构成了人类社会的虚拟镜像。它已经成为学习、生活和工作的必备环境。互联网的迅速普及和发展，提供了巨大便利和无限机遇。据统计，截至 2012 年 3 月，全球活跃网站数量已达到 6.44 亿个，网页数目在 5000 亿以上[1]，为全球几十亿网民提供了各种服务。互联网在我国也得到了巨大的发展，截至 2012 年初，我国网民人数现已突破 5 亿，位居全球第一位。

社交网络（social network）和移动互联网（mobile internet）的兴起，使大量的用户生成内容（user generated content，UGC），如文本、图片、音频、视频及位置信息等非结构化数据急剧增长。据统计，一分钟内，Flicker 上会有 3125 张照片上传，Facebook 上新发布 70 万条信息，YouTube 有 200 万次观赏[2]。当前，互联网总数据量已突破 5000 亿 GB，其中非结构化数据（如图片、音频等）将占 Internet 数据量的 75％以上[3]。除此之外，到 2011 年，全球产生的数据量已达到 1.8ZB①。未来十年，全球大数据还将增加 50 倍[4]。如摩尔定律断言，CPU 的处理速度每 18 个月增加一倍，同样通过若干年的观察发现网络带宽和存储容量也都具有指数增长的规律。图灵奖获得者 Gray 提出了一个新的经验定律：互联网环境下每 18 个月产生的数据量等于有史以来数据量之和。

可以说，当今人类正同时身处两个时代：互联网时代与大数据（big data）时代。互联网是一个巨大数字资源库，它包含了海量的文字、视频（图像）和音频等数字化资源。它的出现极大地改变了人类的生活方式，人类可以通过互联网方便地查询

---

① 1ZB(Zetta Byte)＝1024EB，1EB(Exa Byte)＝1024PB，1PB(Peta Byte)＝1024TB(Tera Byte)，1TB＝1024GB(Giga Byte)

并得到所需的信息。每个人接触信息的器官"眼"和"耳"在无形中被延伸。同时，网络和多媒体技术的飞速发展使互联网中的信息，特别是多媒体信息，呈现爆炸性增长的趋势。美国加利福尼亚大学伯克利分校信息管理与系统学院的 Lyman 和 Varian 领导的"网络信息总量估计"课题研究表明：全球每年新产生的信息达到 1～2EB 字节(Exa Byte,100 亿亿字节)，这些信息绝大多数以图像、声音及视频等多媒体形式存在。2008 年 9 月的《自然》(Nature)杂志以社论和报道的形式刊出了一期专刊 Big data: science in the Petabyte Era[5]，"大数据"这个词开始被广泛传播。IBM 把大数据概括成了三个 V，即大量化(volume)、多样化(variety)和快速化(velocity)[6]。大数据处理除了数据量非常大以外，就是动态性明显，随时都在变化，且不断增加，数据源多种多样，数据格式非常不同，数据集的大小也非常不同。从历史的视角来看，"超大规模"表示的是 GB 级别的数据，"海量"表示的是 TB 级别的数据，而"大数据"则是 PB 及以上级别的数据。大数据在生活中无处不在。街上的汽车、路上的行人及天上的卫星等几乎所有的东西每分钟都在生成大量的数据，并通过各类终端进入互联网。从商业、经济及其他领域到国家的决策行为，大数据管理与分析都在日益发挥着积极而重要的作用。各国都开始密切关注和重视对大数据的研究。2012 年瑞士达沃斯世界经济论坛上的一个特色主题为"大数据，大影响"。同年 3 月，美国总统奥巴马宣布投资 2 亿美元，启动"大数据研究和发展计划"[3]。可以说互联网、物联网和移动互联网催生和加速了大数据时代的到来。

　　一般来讲，当前互联网中的多媒体信息资源具有以下主要特点。

　　1) 数量巨大，增长迅速

　　据统计，在 1750 年到 1900 年，人类所拥有的知识与信息每隔 150 年翻一番；1900 年到 1950 年，知识和信息翻一番的周期缩短为 50 年；1950 年到 1960 年，知识和信息翻一番的周期变为 10 年；1960 年到 1992 年，这个周期缩短为 5 年；如今，知识与信息翻一番的周期只有 1 年；到 2020 年，这个周期将锐减到 73 天，也就是说，每隔 73 天，在 73 天中产生的"新"信息，与自从有了人类到 73 天前，人类所有拥有的信息一样多！互联网作为一种信息载体，其作用越来越显现出来。据统计，截至 2012 年全球互联网网站数量已达到 5.55 亿个[7]，比 2010 年翻了一番。

　　根据权威机构国际数据公司(International Data Corporation, IDC)最新的研究报告《数字宇宙膨胀：到 2010 年全球信息增长预测》中统计的数据[8]，2006 年全球每年制造、复制出的数字信息量共计 1610 亿 GB，而人类开始记录历史以来，到 2006 年为止全部的书本文字加起来大约 50PB，显然当年信息产生量大约是图书信息总量的 300 万倍。如果将书籍排列起来，总长度为地球到太阳距离(约 1.5 亿公里)的 12 倍。IDC 报告同时显示，到 2010 年，这个数字猛增到 6 倍，达 9880 亿 GB，年复合增长率为 57%。与这个报告相佐证，AT&T 的网络每天流动 16PB 的数据,Google 每天处理 20PB 的数据,Facebook 每天存储 1PB 的照片,Opera 浏览器每个月处理多于 1PB 的数据,而 BBC 的 iPlayer 每个月有大约 7PB 的数据流,YouTube 存储了 31PB 的流媒体数据。Cisco 公司预计:到 2012 年每个月网络上视频流大约为 5Exa Bytes(5000PB)。

2) 内容丰富,形式多样

海量(大数据)多媒体数据资源不仅来源于互联网,还来源于其他不同的行业,包括不同领域(如物联网、传感器网络和遥感领域等)、不同学科(生物信息学、情报学等)、不同地区和不同语言的各种信息,其内容非常丰富,且以文本、图像、音频及视频等多种信息存在。实现这些内容丰富的多媒体资源信息的统一共享与检索,涉及对这些媒体对象的跨媒体及跨语言处理技术的研究。

3) 结构复杂,分布广泛

大多数多媒体信息(图像、音频、视频和 Flash 等)为非结构化信息,具有复杂结构和不同的文件格式,增加了处理的难度。同时,互联网是开放性的,通过 TCP/IP 协议将不同的网络连接起来,对于网络信息资源的组织管理并无统一的标准和规范,各种多媒体信息以网页形式分布在不同地区的服务器上。

4) 无序混乱,杂乱无章

互联网改变了信息发布和评价的程序,使网络信息的分布具有很大的随意性,数据的质量参差不齐。同时,由于缺乏有效的网络搜索技术,使查询返回的数字资源显得杂乱无章,难以有效实现资源共享的目的。具体表现为①二义性:同一个关键词可能会对应多个不同类型的对象,如"苹果电脑"和"苹果水果",需要对搜索结果进行实时的聚类处理;②重复性:互联网中多个网站可能包含相同内容的搜索对象,这样会使搜索结果产生冗余,需要对其进行去重检测(near-duplicate detection)。

互联网环境下的海量多媒体信息资源存在上述四个主要特点,使得对其进行高效处理,尤其是快速准确地检索所需的内容已成为一个很大的挑战。同时,随着信息表示形式日趋丰富,以多媒体形式存在的数据已成为互联网信息的主要载体,这使传统文字信息检索基本失去用武之地,并且这种趋势仍然在加速。图像、图形、虚拟 3D 世界、电影、歌曲、动画和视频镜头等多媒体资源使整个互联网数字资源世界生辉,而不再拘泥于索然无味的单调文本。在人们欢呼雀跃一个巨大的"信息海洋"时,却发现单一使用目前的文本检索工具,如 Google、Yahoo 等互联网搜索引擎,很难从浩如烟海的半结构(semi-structure)或无结构化的数字多媒体资源信息中进行有效、快速而准确的检索,真有望"洋"兴叹的无奈。

在人们发出"互联网到底是存储信息的金矿还是埋葬信息的沼泽地"困惑时,基于内容的图像与视频检索在 20 世纪 90 年代开始成为研究热点[9-12],其目的就是通过提取色彩、纹理、运动和形状等视觉特征,表达图像或视频内容,快速寻找相似的图像和视频信息。尽管基于内容的图像(视频)检索在 20 世纪 90 年代末取得了很大进展,一些早期的原型系统相继被开发出来,如 IBM 公司开发的 QBIC 系统[9]、Virage公司开发的 Virage 系统[10]、美国麻省理工学院开发的 Photobook[11]系统、卡内基·梅隆大学开发的 Informedia 系统[12]和伊利诺斯大学厄本那-香槟分校开发的 MARS 系统[13]等,但是由于计算机视觉技术的局限性,多媒体对象的高层语义与其底层特征之间的"语义鸿沟"还是存在。为了弥补基于内容检索方式的不足,基于语义和内容相结合的多媒体混合检索方式[14-15]已成为一个研究热点,它将两种检索技术的优点进行结合,取得了较好的检索效果。随着互联网上多媒体信息的爆炸性增长,跨媒体检索[16]和社交媒体检索[17]正在成为多媒体研究领域的两个新的研究方向。

作为多媒体检索技术的重要应用之一,近年来,基于互联网的数字图书馆(digital library)等信息资源库的飞速发展,已逐渐成为人们日常生活中信息的另一个重要来源,从中查找自己感兴趣的新闻和资料已经成为人们生活中不可缺少的部分。这些资源库中的信息包罗万象,从简单的文本到图像、声音及视频等各种多媒体信息,并且还在飞速增长中。特别是 20 世纪 90 年代末,伴随着网络带宽的增长、大规模存储介质的普及以及多媒体应用的兴起,多媒体数据在数字图书馆等资源库中所占的比重也越来越大,人们对多媒体数据的需求也日益增长。例如,人们已经习惯从数字图书馆中查阅关于某个主体的教学录像(视频),或者是在 Web 上搜索 MP3 格式的音频文件等。除了单纯作为数字形式的图书馆资源的载体,数字图书馆还必须起到信息服务中心的作用,提供包括查询在内的各种服务便于用户更好地访问和利用(多媒体)信息。

综上所述,尽管有许多商用的搜索引擎,如 Google 和 Yahoo 等,以及数字图书馆所提供的联机查询服务已得到了成功的应用,但这些检索服务大都针对文本信息。面对互联网中的多媒体数据海洋(包括图像、音频、视频、跨媒体及社交媒体等),如何对其进行有效的数据组织、分析和索引,以实现高效、精准地检索,降维及聚类等处理给传统数据库、信息检索、机器学习以及计算机视觉等领域的研究人员提出了新的挑战,还需要进一步探索和研究。因此,本书重点介绍海量网络多媒体数据高效处理的若干关键技术。

1.2　本书内容结构

如图 1.1 所示,本书将从五方面(查询、索引、降维、聚类及并行化)较为系统地对近年来国内外学术界在海量网络多媒体数据处理研究中所取得的最新成果及进展进行介绍。同时结合作者近年来在上述领域的研究成果和心得进行介绍和探讨。

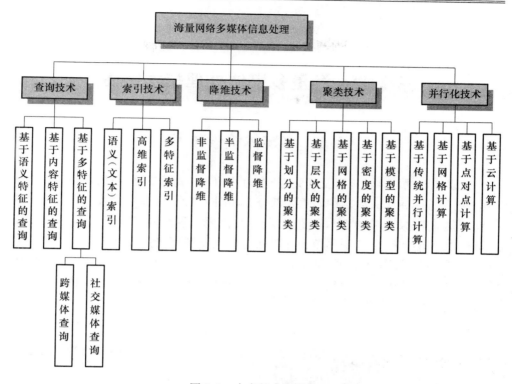

图 1.1 本书的内容结构

第2章　海量多媒体处理技术综述

2.1　多媒体检索技术

多媒体数据(图像、声音及视频等)作为一种非结构化数据,每天都呈现在生活当中,已经成为每个人生活中的重要部分。如图2.1所示,这些多媒体资源库中的包罗万象信息,从简单的文本到图像、声音及视频等各种多媒体信息,并且还在飞速增长中。近年来,数字图书馆和互联网等信息资源库飞速发展已逐渐成为人们日常生活中信息的重要来源,从中查找自己感兴趣的新闻和资料已经成为人们生活不可缺少的部分。本章将从多媒体信息检索模式的角度来介绍多媒体信息检索技术的发展及其局限性。

| 文本 | 图片 | 音频 | 视频 |

图 2.1　不同类型的多媒体数据

多媒体检索技术经历了 20 多年的发展。从其检索模式来看,如图 2.2 所示,经历了从 20 世纪 70 年代到 80 年代的基于元数据(文本)的多媒体检索,发展到 90 年代初的基于内容的多媒体检索[9-13],再发展到 90 年代末的基于语义和内容结合的混合多媒体检索[14-15],最后发展到目前正在研究的跨媒体检索[16-18]及社交媒体检索[19-20]。其中前两者是针对单一类型的媒体对象的检索,后三者则针对多种类型媒体对象的综合检索。从整个多媒体检索技术的发展趋势可以看出,它经历了从过去的支持单一类型(简单)媒体对象的检索发展到目前的支持多种类型(复杂)的媒体对象的检索。下面具体对这五种多媒体检索模式进行阐述。

1) 基于元数据(文本)的检索模式

基于元数据(文本)的多媒体检索方式将成熟的信息检索(information retrieval,IR)技术应用于多媒体信息的检索。文本信息检索技术在过去的几十年中得到了

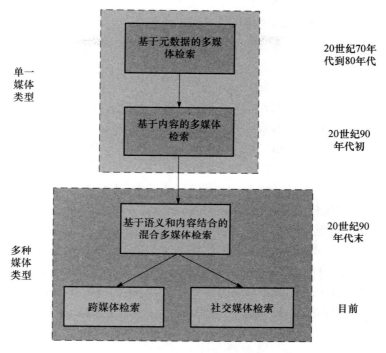

图 2.2　多媒体检索模式的发展

充分的研究,并已成功运用于如 Google 及 Lycos 等商用搜索引擎中。在 20 世纪 70 年代末,该技术首次被用于图像检索中,这就是基于关键词(元数据)的图像检索。这种方法的通用流程是首先人工对图像用关键词进行注释,然后通过匹配用户查询(关键词)和图像的注释来搜索相关图像。文献[21]中对使用这种方法的系统进行了综述。该方法的优点在于基于关键词匹配的多媒体检索的查询效率要远远优于基于内容的检索模式。然而这种方法的缺陷也是显而易见的:首先,随着多媒体信息数据量的增加,人工注释需要大量的劳动力和时间,因此,这种方法不适用于大规模的数据集合;其次,由于完全依赖人工来标注图像(或视频)中的对象、事件等所有信息,它所支持的查询的复杂程度也完全取决于人工标注的详尽程度;最后,由于不同的人对于同样的图像/视频有不同的理解,甚至可能出现错误理解。这些理解上的偏差和错误会导致图像注释的不精确性,从而引起检索过程中的错误匹配。

　　目前,随着网络技术、YouTube.com 的飞速发展,社交图片(social image)、视频共享的网站孕育而生,如视频共享网站和图片共享网站 Flickr.com 等。网友可以在这些网站上上传一些图片和视频,并加以标注(tagging)。然而,这些人为的标注信息还是会带有很大的主观性。

2）基于内容的多媒体检索模式

基于内容的多媒体检索始于 20 世纪 90 年代初，其基本思想来源于基于内容的图片检索（content-based image retrieval，CBIR）[9-12]。这种技术从图像中自动提取了底层的视觉特征，如颜色、纹理及形状等，作为图像的底层视觉特征。在检索中，用户提交一幅"例子图像"给系统作为查询，系统会返回与此图像在视觉特征上相似的其他图像作为其检索结果。早期最有代表性是基于内容的图像检索，如 IBM 的 QBIC 系统[9]、Virage 系统[10]、麻省理工学院的 Photobook 系统[11]、伊利诺斯大学的 MARS 系统[12]和哥伦比亚大学的 VisualSEEK（WebSEEK）系统[22-23]等。这种技术后来也被运用到基于内容的视频检索，如卡内基·梅隆大学的 Informedia 系统[13]、哥伦比亚大学的 VideoQ 系统[24]以及基于内容的音频检索中[25]和基于内容的 3D 模型检索[26]等。另外，针对不同媒体的（基于内容）检索技术所采用的底层特征不同，如视频检索可能用到运动矢量，而音频检索会用到音调等特征。所采用的相似度量尺度包括欧式距离（Euclidean distance）、曼哈顿距离（Manhattan distance）及度量时序数据的 DTW（dynamic time warping）距离等。一般来说，基于内容的检索方法的局限性在于，它所用来描述图像或其他多媒体数据的特征是一些底层的视觉/听觉特征，而人们则习惯于在语义层次上衡量检索结果的相关与否。以目前的计算机视觉技术，还很难从多媒体内容的底层特征对应到高层语义，因此，基于内容的检索方法的准确性是比较差的[18]。

多媒体对象底层的特征很难反映其高层语义，因此到目前为止，基于内容的多媒体检索技术的检索效果非常不理想，很难实用。为了克服"语义鸿沟"的问题，Rui 等首次将相关反馈思想应用于基于内容的图像检索[27]，通过交互式的手段改变高维空间中不同图像对象之间的距离权重，来提高基于内容多媒体检索的准确度。最近，Kelly 等提出隐形相关反馈（implicit relevance feedback）的概念[28]，这在用户层面上弥补了原来显式相关反馈（explicit relevance feedback）的不足。

3）基于语义和内容结合的混合多媒体检索模式

混合多媒体检索模式是一种结合了基于语义和基于内容的检索模式各自优点而提出的一种改进的检索方式[14-15,29]。不同于以上两种检索模式，混合检索模式通过对基于语义和基于内容两种检索方式得到的查询结果进行融合分析，使得到的查询结果既能反映语义层次上的相似性，又能体现底层特征上的相似性，从而可以大幅提高检索效率，包括查全率和查准率。Zhou 等[14]提出了一种新的基于混合模式的互联网图片检索方法。对于一个给定查询，首先进行基于语义的检索得到一组候选图像集，然后对得到的候选图像集进行基于内容的求精处理。实验表明，通过该方法得到的查询结果要明显优于基于单一特征的检索。混合检索模式在视频检索领域也得到了广泛的应用，这是因为原始视频数据包含多种类型的信息,如语义信息可以通过声音识别或提取字幕信息等方式得到,视觉的底层信息可以通过视频关键帧获得,听觉信息则可通过提取视频中伴随的音频信息获得。例如,Yan 和 Hauptmann[29]提出一种将不同查询结果进行融合分析的概率模型,其中包括文本检索,基于底层视觉信息的相似比较和语义概念,这样可以得到与给定例子相似的视频镜头。实验结果表明混合多媒体检索方式确实能大大提高查询结果的查全率和查准率,是一种非常有希望的检索技术。

4) 跨媒体检索模式

近年来,随着互联网与多媒体技术的发展,多媒体数据呈现爆炸性增长的趋势,多种异构的多媒体数据(如图像、视频及文档等)在 Web、数字图书馆以及其他的多媒体应用中大量涌现,它们彼此存在相似的语义表达。例如,如果用户在数字百科全书中查询"Great Pyramid"(金字塔),他可能希望得到有关金字塔的文字介绍,相关的图片,甚至是反映当地风土人情的视频短片。但是,几乎所有现有的检索系统或方法都只是针对某种特定媒体对象的检索(如图像搜索工具),它们在上述这些应用中的局限性很大,相当保守:一方面,它们局限于某种单一类型的媒体(如单纯的图像检索方法);另一方面,它们仅依赖多媒体数据的某种特定的特征(如关键字的 TF×IDF 或图像的颜色直方图、小波纹理特征等),因此,难以提供在语义层面上相关查询结果。现有的基于单一类型媒体对象的检索技术无法满足大量应用中人们对多媒体信息查询的新需要。

早在 1976 年,McGurk 等[30]就已经揭示了人脑对外界信息的认知需要跨越和综合不同的感官信息,以形成整体性的理解。近期认知神经心理学方面的研究也进一步验证了人脑认知过程呈现出跨媒体的特性,来自视觉、听觉等不同感官的信息相互刺激、共同作用而产生认知结果。基于以上结论的分析,跨媒体检索具有坚实的理论依据和现实意义。所谓的跨媒体主要体现在三个方面:①这种检索机制能够"兼容"属于各种不同模态(类型)的多媒体数据,如文本、图像及视频等;②它能够表达并利用多种类型的知识,包括多媒体数据的底层特征、文本中的关键字、数据之间的超链接等;③它能够综合运用多种检索方法。与基于内容的检索方法相比,这种检索机制不但能获得更为丰富的检索结果,而且尽可能运用多方面知识进一步提高检索结果的相关度,是一种非常主动(相对于保守而言)的检索机制。有理由相信,跨越多种媒体的多媒体检索模式(称为跨媒体检索)将是今后多媒体领域的一个新的研究方向,它对于像 Web、数字图书馆及视频点播系统等多媒体应用具有重要的意义。

目前,浙江大学研究人员在跨媒体检索领域率先进行了研究,并且取得了一些研究成果[16-18]。为了解决异构媒体数据基于底层特征的相关性分析与建模,Wu 等[16]从多媒体对象底层特征角度去建立它们之间的相关性,提出了基于典型相关性分析(classical cannonical analysis,CCA)的跨媒体检索方法。该方法的基本思想是对于任意两种不同类型媒体对象所对应的特征矩阵,通过 CCA 方法找到某个基向量使这两个矩阵的相关性最大化。在文献[17]和文献[18]中,Zhuang 和 Yang 等对从多媒体文档中提取的媒体对象进行基于流形学习的相关性分析,取得了很好的效果。

5)社交媒体检索模式

随着 Web 2.0 技术的不断发展和完善,越来越多的社交媒体网站如雨后春笋般飞速发展起来。最具代表性的网站当属著名的图片共享网站——Flickr。与传统多媒体不同,社交媒体对象允许用户对其进行标注。这些用户的标注信息在一定程度上反映了该媒体对象的语义特征。Cui 等[19]提出了一种基于多特征融合的社交媒体查询方法。通过构建改进型倒排文件索引,将社交媒体检索及推荐转化为子图匹配问题。Zhuang 等[20]提出一种基于超图谱散列(hypergraph spectral hash)模型的社交图像相似检索方法。

2.2　高维索引技术

20 世纪 90 年代末,随着网络带宽的增长、大规模存储介质的普及以及多媒体应用的兴起,多媒体数据在互联网等资源库中所占的比重越来越大,其数据规模也日益庞大。提高海量多媒体信息的检索效率需要借助数据库索引技术,特别是高维索引。作为本书的重点,将在第 10 章重点介绍高维索引技术。以下先进行简单介绍。

2.2.1　集中式高维索引

一般来说,多媒体数据索引属于高维索引范畴[31],以下分别回顾五种类型的高维索引方法,如基于数据和空间分片的树形索引,基于向量近似表达的索引方法,基于空间填充曲线的索引方法,基于尺度空间的索引方法和基于距离转换的索引方法。

1)基于数据和空间分片的树形索引方法

基于数据和空间分片的树形索引,如 R-Tree[32]、R+-Tree[33]、R*-Tree[34]、TV-Tree[35]、X-Tree[36]、SS-Tree[37] 和 SR-Tree[38] 等。该方法的基本思想是对数据空间进行分片,对分片结果建立基于树形的层次索引结构。由于"维数灾难"的存在,随着维数的增加,该类索引方法的查询性能往往还不及顺序检索。之后,人们对其结构和算法进行了一些改进,以期望得到更好的性能。

2)基于向量近似表达的索引方法

该方法的基本思想是通过对高维数据进行压缩和近似存储来加速顺序查找速

度。典型的代表，如 VA-file[39]、IQ-Tree[40] 及 A-Tree[41] 等。尽管 VA-file 在一定程度上提高了查询效率，但数据压缩和量化带来的信息丢失使得首次过滤后的查询精度并不令人满意。同时尽管它显著减少了磁盘的 I/O 次数，但由于对位串解码和对查询点距离的上界和下界的计算会导致很高的 CPU 运算代价。IQ-Tree 通过维护一个 Flat Directory 来提高查询效率。A-Tree 则是将近似的想法应用到了 R-Tree 类索引结构上。

3）基于空间填充曲线的索引方法

基于空间填充曲线的索引方法[42-43]的特点是希望找到某种方法对多维空间中的数据进行近似排序，使原来在空间中较为接近的数据能在排序后以比较高的概率靠在一起，那么就可以用一维数据对它们进行索引。用这种方法在点查询操作中能够取得良好的效果，但进行范围查询时就会比较麻烦。根据这种思路，人们提出了几种将多维空间中的点数据映射到一维空间并进行排序的方法，所有的空间填充曲线都有一个重要的优点，就是对任何维数的数据都可以处理，前提是映射到的一维空间的键值可以任意大。但这种方法也有一个明显的缺点，当将两个不同区域的索引组合到一起的时候，至少要对其中的一个进行重新编码。

4）基于尺度空间的索引方法

基于尺度空间索引方法[44]，如 VP-Tree[45]、GNAT[46]、MVP-Tree[47]、M-Tree[48]、Slim-Tree[49] 和 Omni-Family[50]。VP-Tree 利用数据对象到特定受益点间的距离来分割数据空间，而 MVP-Tree 扩展了 VP-Tree 的思想，将受益点个数增加到两个以上，同时采用距离预计算来减少距离计算次数。与 VP-Tree 和 MVP-Tree 相比，M-Tree 是一种动态索引结构，它是一个分页平衡树，采用自底向上的建树方法，引入结点上移和分裂机制，实现了索引结构的动态化，从而避免了静态索引结构的索引重建。但由于 M-Tree 的每个结点都对应一个超球体的区域，结点之间重叠非常大。同时，受磁盘页面大小的限制，M-Tree 索引树具有相对较高的高度。

5）基于距离转换的索引方法

基于距离转换的索引方法的基本思想是通过将高维数据转化为一维数据（距离值）来进行高维检索，包括 NB-Tree[51] 和 iDistance[52]。它们都通过计算高维空间中的每个对象与参考点的距离，将高维数据点映射到一维空间，然后对这些距离值建立 B+ 树索引，使高维检索转变为一维空间的检索。尽管该方法能够快速得到查询结果，但是由于它不能有效缩减查询空间，特别当维数很高时，查询效率较差。

2.2.2　分布式高维索引

上面介绍的高维索引都是基于单机环境的。随着数据量的增加，其查询性能的提高是有限的。为了进一步提高高维查询的效率，国内外很多学者提出了基于分布式并行高维查询及索引方法[53-56]、基于网格环境下的高维索引[57]、基于 P2P（peer to peer）的高维索引结构[58-62] 及云计算（cloud computing）环境下的多维索引[63]。

文献[53]中的并行高维检索的基本思想是通过预先对高维数据进行基于"金字塔结构"的分片，同时将不同数据分片的数据分布式地存储到不同的结点上，这样使并行查询取得较好的负载均衡效果。在 Popadopoulos 和 Manolopoulos[54] 提出基于磁盘阵列的高维索引机制之后，Papadopoulos 等又相继提出了最近邻并行查询算法[55-56]。

针对网格（grid）环境的特点，庄毅等[57]提出一种数据网格环境下的 k 近邻查询算法。整个数据网格结点由查询结点、数据结点和执行结点构成。该方法通过在数据结点建立分布式索引对高维对象进行过滤，缩减数据规模，从而降低查询时间。

P2P 网络作为一种新兴的分布式网络技术，越来越受到国内外学术和工业界的关注。基于 P2P 的相似高维检索已经进行了广泛而深入的研究，取得一系列理论和应用成果。CAN[59]是第一个支持多维索引的相似查询系统。对于非结构化的 P2P 网络，由于数据分布事先未知，为了提高资源定位的效率，文献[60]提出路由索引的概念，即每个结点的路由索引（routing index）包含其邻近的结点与其相关的数据信息。这样，就可以快速准确地定位到所对应的结点，而不会造成所谓的"广播风暴"。pSearch[61]是一个基于 CAN 的 P2P 检索系统，用于相似文档的检索。最近，Kalnis 等[62]提出了一种基于 P2P 网络的多维索引结构，由于其综合采用基于路由索引及语义缓存机制，使其查询效率较 CAN 和 pSearch 要高。

针对云计算环境的特点，同时结合高维查询面临的挑战，Wang 等[63]提出云计算环境下的多维索引方法——RT-CAN。该方法集成了基于 CAN[59] 的路由协议及 R-Tree 结构。将计算与存储结点组织成一个 overlay 网络。同时将全局索引（global index）分布在不同结点上，构成一个 overlay 网络。Zhuang 等[64]提出一种移动云计算环境下的基于带宽敏感的医学图像检索方法。

2.3　降维与聚类技术

由于网络多媒体数据具有高维度和异构等特点，直接对其进行处理，效率非常低。降维（dimension reduction）和聚类（clustering）是两种处理该类型数据的使用较广泛的技术。这两种技术对提高海量多媒体数据处理，特别是查询性能具有非常重要的作用。

2.3.1　降维

顾名思义,降维就是在尽可能保持对象在高维空间中的拓扑结构的条件下,将高维空间中的数据对象降到较低维度进行处理。使用降维技术可以最大限度地减少高维多媒体对象的 CPU 及 I/O 的计算代价,提高查询效率。因此,降维可作为一种高维数据的预处理技术。一般来说,降维技术可分为无监督降维、半监督降维和监督降维。

无监督降维方法:主成分分析(principle component analysis,PCA)[65]、多维尺度分析(multi-dimensional scaling,MDS)[66]和局部保留映射(locality preserving projections,LPP)[67]等;

半监督降维方法:如半监督判别分析(semi-supervised discriminant analysis,SDA)[68]、分类限制的降维(classification constrained dimensionality reduction,CCDR)[69]等;

监督降维方法:线性判别分析(linear discriminate analysis,LDA)[70]、通用判别分析(generalized discriminant analysis,GDA)[71]等。

2.3.2　聚类

从字面来看,聚类处理就是将相似的对象归在一起,不同的对象归属于不同的类别。以网络搜索引擎为例,由于目前通过它返回的大部分查询结果往往存在二义性,如提交"苹果"作为查询关键词,查询结果中往往会包含"苹果电脑"、"苹果手机"或"水果"等不同的主题(topic)。为了使查询结果更好地展现给用户,需要对查询结果进行分类。这种分类过程称为基于主题的聚类处理。

聚类方法有很多种类[72],主要可以分为基于划分的聚类、基于层次的聚类、基于密度的聚类、基于网格的聚类及基于模型的聚类等。

基于划分的聚类方法:k-Means 算法及其改进[72]等。

基于层次的聚类方法:BIRCH 算法[73]、CURE 算法[74]及 Chameleon 算法[75]等。

基于密度的聚类方法:DBSCAN 算法[76]及其扩展算法 OPTICS 算法[77]等。

基于网格的聚类方法:STING 算法[78]及 CLIQUE 算法[79]等。

基于模型的聚类方法:MRKD-Tree 算法[80]、SOON 算法[81]及粒子筛选算法[82]等。

2.4　并行检索技术

如 2.2 节所述,Internet 和多媒体技术的迅猛发展使互联网中的多媒体数据(如图片、音频及视频等)的规模呈现 PB 级甚至 EB 级。对于这些海量且高计算代价的多媒体数据的处理(查询或更新等),单纯依靠传统的集中式的计算模式显然是低效和不合时宜的。并行计算技术是目前提高这些海量数据的处理效率唯一行之有效的方法,同时也是一种较成熟的技术。

一般来说,并行检索技术是随着并行计算技术的发展而产生的。其本质是将一个大计算量的问题通过某种分配算法将其分解为若干个相互独立的子问题,使这些子任务能够在不同的计算机上同时执行[83]。理论和实践证明并行计算(处理)技术是一种行之有效的提高计算速度的方法。

作为并行计算与数据库技术的结合,并行数据库技术发展从20世纪70年代开始,经过40多年的发展,已经趋于成熟。其中比较著名的并行数据库系统有UC Berkeley 的 INGRES、威斯康星州大学麦迪逊分校的 Paradise 及 IBM 公司的DB2 等[83]。

2.4.1　基于数据分片的负载均衡技术

对于绝大多数并行检索系统,为了达到最大查询加速比,需要对每个结点的计算负荷作一个均衡。数据分片作为负载均衡的关键技术之一,是影响并行数据库系统整体性能的重要因素。国内外研究者对其进行了深入研究,提出了很多种经典的数据分片策略,主要分为一维数据划分方法和多维数据划分方法。其中,一维数据划分方法包括基于 Round-Robin 的划分[83]、基于 Hash 的划分[83]、基于Range 的划分[83] 和基于 Hybrid-Range 的划分[83];多维数据划分方法包括 Disk Modulo(DM)[84]、Fieldwise Exclusive(FX)[85]、Hilbert(HCAM)[86]、general multidimensional data allocation(GMDA)[87] 和 Cyclic Allocation[88-89] 等。这些多维划分方法的基本思想是将多维数据空间的数据点按照每一维划分成相同大小的分片(partition),然后将这些分片中的数据分布到不同的磁盘空间中。这样可以使数据均匀分布到不同的磁盘上,从而能够保证一个最大的查询加速比。

在并行对象数据库中,各对象之间通过指针任意引用,对象之间拓扑结构呈图状。因此,并行对象数据库中分片算法都是图分片算法。Metha 和 Dewitt[90] 对无共享并行关系数据库系统进行了详细的模拟研究;He 和 Yu[91]、Ghandeharizadeh[92] 提出了不同的并行对象数据库分片算法。随着数据库技术的发展,最近,王国仁等[93] 提出了一种针对海量 XML 数据的划分方法。

对于并行多媒体数据库,由于绝大多数数据分片的算法都是针对二维的关系数据设计的,很难扩展到多维,甚至高维的多媒体数据库中。尽管 Hakan 等提出了基于 Concentric Hypersphere 的高维数据分片策略[94],但该方法对于数据量更新的查询应用,容易导致数据偏斜(data skew)。

2.4.2　云计算、网格计算及点对点计算

随着并行技术的发展,除了传统并行计算,又出现了三种新型的并行计算模

式：云计算、网格计算（grid computing）与 P2P 计算（P2P computing）。它们是对传统并行计算方式的补充与扩展。

1. 云计算

IBM 公司于 2007 年底宣布了云计算计划，云计算的概念出现在大众面前。IBM 的技术白皮书"Cloud Computing"中首先给出云计算的定义。

"云计算"一词用来同时描述一个系统平台或者一种类型的应用程序。一个云计算的平台按需进行动态地部署（provision）、配置（configuration）、重新配置（reconfigure）以及取消服务（deprovision）等。在云计算平台中的服务器可以是物理的服务器或者虚拟的服务器。高级的计算云通常包含一些其他的计算资源，例如，存储区域网络（SAN）、网络设备、防火墙以及其他安全设备等。云计算在描述应用方面，它描述了一种可以通过互联网进行访问的可扩展的应用程序。"云应用"使用大规模的数据中心以及功能强劲的服务器来运行网络应用程序与网络服务。任何一个用户可以通过合适的互联网接入设备以及一个标准的浏览器就能够访问一个云计算应用程序。

上述定义给出了云计算两个方面的含义：一方面描述了基础设施，用来构造应用程序，其地位相当于 PC 上的操作系统；另一方面描述了建立在这种基础设施之上的云计算应用。在与网格计算的比较上，网格程序是将一个大任务分解成很多小任务并行运行在不同的集群以及服务器上，注重科学计算应用程序的运行，而云计算是一个具有更广泛含义的计算平台，能够支持非网格的应用，例如，支持网络服务程序中的前台网络服务器、应用服务器、数据库服务器三层应用程序架构模式，以及支持当前 Web 2.0 模式的网络应用程序。

以下是具有代表性的云计算平台。

1）Google 云计算平台

Google 公司有一套专属的云计算平台[95-96]，这个平台先是为 Google 最重要的搜索应用提供服务，现在已经扩展到其他应用程序。Google 的云计算基础结构模式包括四个相互独立又紧密结合在一起的系统：Google File System[95]分布式文件系统，针对 Google 应用程序的特点提出的 MapReduce 编程模式[96]，分布式的锁机制 Chubby[97]以及 Google 开发的模型简化的大规模分布式数据库 Bigtable[98]。

（1）Google 文件系统（GFS）

除了性能，可伸缩性、可靠性以及可用性以外，GFS 设计还受到 Google 应用负载和技术环境的影响[95]。体现在四个方面：①充分考虑到大量结点的失效问题，需要通过软件将容错以及自动恢复功能集成在系统中；②构造特殊的文件系统参数,文件通常大小以吉字节计,并包含大量小文件;③充分考虑应用的特性,增加文件追加操作,优化顺序读写速度;④文件系统的某些具体操作不再透明,需要应用程序的协助完成。

（2）分布式编程环境（MapReduce）

Google 构造 MapReduce 编程规范[96]来简化分布式系统的编程。应用程序编写人员只需将精力放在应用程序本身,而关于集群的处理问题,包括可靠性和可扩展性,则交由平台来处理。MapReduce 通过"Map(映射)"和"Reduce(化简)"这样两个简单的概念来构成运算基本单元,用户只需提供自己的 Map 函数以及 Reduce 函数即可并行处理海量数据。

（3）分布式的大规模数据库管理系统（Bigtable）

由于一部分 Google 应用程序需要处理大量的格式化以及半格式化数据,Google 构建了弱一致性要求的大规模数据库系统 Bigtable[98]。Bigtable 的应用包括 Search History、Maps、Orkut 和 RSS 阅读器等。

2）Amazon 的弹性云计算

Amazon 是互联网上最大的在线零售商,每天承担着大量的网络交易,同时,Amazon 也为独立软件开发人员以及开发商提供云计算服务平台。Amazon 将他们的云计算平台称为弹性计算云（elastic compute cloud,EC2）,是最早提供远程云计算平台服务的公司。Amazon 将自己的弹性计算云建立在公司内部的大规模集群计算的平台上,而用户可以通过弹性计算云的网络界面去操作在云计算平台上运行的各个实例（instance）。用户使用实例的付费方式由用户的使用状况决定,即用户只需要为自己所使用的计算平台实例付费,运行结束后计费也随之结束。这里所说的实例即由用户控制的完整的虚拟机运行实例。通过这种方式,用户不必自己去建立云计算平台,节省了设备与维护费用。

3）IBM 蓝色云平台

IBM 的"蓝云"计算平台[88]是一套软、硬件平台,将互联网上使用的技术扩展到企业平台上,使数据中心使用类似于互联网的计算环境。"蓝云"大量使用了IBM 先进的大规模计算技术,结合了 IBM 自身的软、硬件系统以及服务技术,支持开放标准与开放源代码软件。"蓝云"基于 IBM Almaden 研究中心的云基础架构,采用了 Xen 和 PowerVM 虚拟化软件,Linux 操作系统映像以及 Hadoop 软件（Google File System 以及 MapReduce 的开源实现）。IBM 已经正式推出了基于x86 芯片服务器系统的"蓝云"产品。

2. 网格计算

网格计算作为一种并行计算技术[99],产生于 20 世纪末。世界各国都开展了广泛深入的研究,并且已经推出了一些实验系统,其中最著名的是欧洲数据网格项目[100]及美国的国际虚拟数据网格实验室 IVDGL 项目等。最著名的网格系统工具是 Globus 中的网格支撑模块和 SDSC 的 SRB 系统。到目前为止,网格环境下有关数据存储、访问和传输的大多数工作都是针对分布式文件系统的,而数据库在网格中扮演着十分重要的角色,数据库管理系统可以为网格提供许多重要的工具。在网格环境下,由于各结点高度自治,并且是异构的;所处理的数据一般都是海量的;各结点之间的连接带宽不同,其传输速度可能会有很大的差异;网络环境不稳定,经常会出现结点之间连接不上以及连接中断的情况。

3. 点对点计算

作为并行计算的另一个重要分支,P2P 计算已成为目前国内外学术界研究的一个热点。首先,P2P 系统的每个成员均可贡献数据和计算资源(如未用的 CPU 周期和存储资源),新成员的加入可能引入系统中原来缺乏的特殊数据或资源,随着系统成员的增加,系统的丰富性、多样性等各种有益的特性得以扩大;其次,P2P 系统具有分散性,系统的健壮性、可用性和性能可能随着 peer 的数量增加而有所扩展;另外,通过在许多 peer 间路由请求和复制内容,系统可以隐藏数据的提供者和消费者的身份,使个人的隐私得到保护。因此,P2P 被认为是未来重构分布式体系结构的关键技术[59],它在搜索引擎、数据流管理、语义网、协作信息过滤等领域具有广阔的应用前景,影响着网络、分布式系统、信息系统、算法和数据库等诸多领域。最初,P2P 计算研究围绕重叠网络(overlay network)构建进行,2002 年前后,一些研究人员对其研究进展及 P2P 文件共享系统进行了综述,这个阶段的 P2P 系统缺乏语义支持,既不能很好地满足用户的需求,也不能有效地利用系统的资源。目前,学术界和工业界都对其进行了广泛深入的研究,并且已经推出了一些实验系统,其中最著名的是斯坦福大学的 Peer 项目、Napster、Gnutella 和新加坡国立大学的 BestPeer 项目等。

如文献[101]所述,P2P 计算与网格计算的区别表现在以下方面。

(1) P2P 网络属于一种自组织网络。它的结构比较松散,每个结点能够共享分布式资源-存储、处理能力,信息及使用的用户。而与之相反的是,网格是一种地理上分布式计算平台,它包括一组用户可以访问的异构的计算机。每个结点由统一的资源管理机制。

(2) 网格是由一组静态地通过高性能网络相连接的计算机构成。同时,由于网格环境下的资源都需要通过网格资源管理机制进行注册和统一管理,因此网格环境下能访问的结点个数相对较少。然而,P2P 系统是由一些断断续续连接起来的桌面计算机构成。因此,在某一时刻,P2P 网络中的结点个数要比网格环境下的要多。

2.5 有代表性的海量多媒体系统

随着多媒体和存储技术发展,越来越多的多媒体数据库(数据仓库)系统或互联网搜索引擎的数据规模呈现 TB 级,甚至 PB 级。在这些系统中,最有代表性的四个项目分别是人类数字记忆(MyLifeBits)项目、互联网大型在线社交网络平台 Facebook、著名的互联网视频共享与搜索引擎 YouTube 及互联网图片共享与搜索引擎 Flickr。下面分别简单地介绍这些系统。

1) 人类数字记忆项目

近年来,微软研究院的 Bell 和 Gemmel 所领导开发的人类数字记忆(MyLifeBits)项目是一个典型的海量多媒体数据库例子。如图 2.3 所示,它通过记录下每个人一生的信息,包括每个人每天所经历的事情、接触的人、看到的景物甚至每个人的心率等形成个人数字档案。这些信息通常以文档、图片、音频和视频等形式进行数字化保存。很明显,随着时间的推移,MyLifeBits 数据库中存储的数据规模将越来越大。到目前为止,它已达到几十个 TB。由于这些个人的多媒体信息都以元数据形式表示,因此,采用 SQL Server 作为其后台数据库,以支持高效的基于元素据的海量多媒体查询。MyLifeBits 为打造终生数字档案提供了一些必要的工具。在图像和声音的配合下,数字记忆能让往事浮现在人们的脑海中,加深人们对事件的感受,这与互联网在促进科学研究方面所起的作用异曲同工。

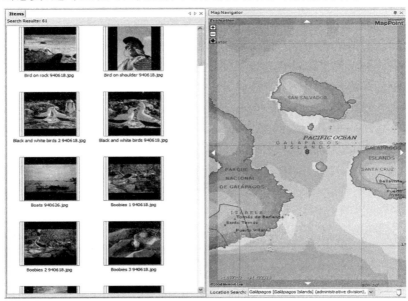

图 2.3　MyLifeBits 的高级搜索界面

MyLifeBits 的网站：http：//research. microsoft. com/en-us/projects/mylifebits/。

2）互联网大型在线社交网络平台——Facebook

Facebook 是一个大型互联网社交服务网站，从 2004 年 2 月 4 日上线。2006 年 9 月到 2007 年 9 月，该网站在全美网站中的排名由第 60 名上升至第 7 名。同时 Facebook 是美国排名第一的照片分享站点，每天上载 850 万张照片。随着用户数量增加，Facebook 的目标已经指向另外一个领域：互联网搜索。据报道，截至 2011 年 2 月，Facebook 的用户上传照片数突破 600 亿张。

Facebook 的主页（图 2.4）：http：//www. facebook. com。

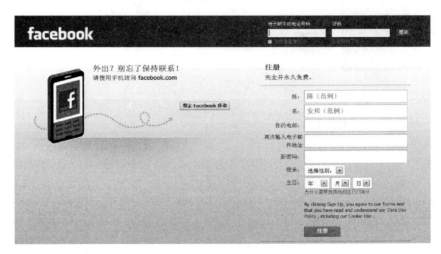

图 2.4　Facebook 的主界面

3）互联网在线视频共享与搜索引擎——YouTube

YouTube 是一个面向互联网的专业的视频共享与搜索引擎，为全球成千上万的用户提供高水平的视频上传、分发、展示及浏览服务。

作为当前行业内最成功、实力最强大、影响力颇广的在线视频服务提供商，YouTube 的系统每天要处理上千万个视频片段，相当于发送 750 亿封电子邮件。同时，该系统中的视频缩略图（Thumbnails）会给服务器会带来了很大的挑战。因为 YouTube 中的每个视频平均有四个缩略图，而每个 Web 页面上更是有多个，因为这个每秒钟带来的磁盘 I/O 请求非常大。因此，YouTube 采用了单独的服务器群组来承担这个压力，并且针对 Cache 和 OS 进行了部分优化。面对海量的视频数据，YouTube 采用 MySQL 作为后台数据库来存储元数据，即用户信息及视频信息，以支持高效的机遇关键字的视频检索。据报道，截至 2010 年，YouTube 存储了约 31PB 的流媒体数据[6]。该网站每天的浏览量高达 20 亿次。

YouTube 的主页（图 2.5）：http：//www. youtube. com。

图 2.5　YouTube 的主界面

4）互联网在线图片共享网站——Flickr

Flickr 是一个面向互联网的图片共享服务网站,它提供图片存放、交友、组群及邮件等功能,其重要特点就是基于社会网络（social network）的人际关系的拓展与内容的组织。该网站的功能涵盖图片服务（photos）、联系人服务（contacts）及组群服务（groups）。

据国外媒体报道,截至 2011 年 8 月,Flickr 中的用户上传图片数量已经突破 60 亿张。

Flickr 的主页（图 2.6）:http://www.flickr.com。

图 2.6　Flickr 的主界面

2.6　本章小结

　　本章从五方面分别简单介绍了与海量多媒体处理相关的关键技术,即多媒体数据检索、高维索引、聚类、降维和并行检索技术。它们涉及多媒体、数据库、机器学习和并行计算等多个研究领域,是一个多学科交叉的研究方向。尽管目前国内外学术界对以上这些问题已经进行了广泛而深入的研究,但实际效果与理想情况还存在一定的距离。特别是如何能将这五种技术进行有机结合来提高海量多媒体信息的综合检索性能还需要进一步研究和努力。本书后面部分将围绕这五种关键技术进行具体介绍和展开。

检　索　篇

第3章　基于语义特征的多媒体检索

早期的多媒体检索技术大都采用基于文本语义的检索方式。该检索方式的优点在于简单、高效。近 40 年来,尽管基于内容的图片及视频搜索的研究从未停止[102],并取得了一定的研究成果,但是离实际的商业化应用还有很长一段距离。目前,绝大多数商业搜索引擎提供的主要服务都是基于关键词的网页搜索、音乐搜索、图片搜索和地图搜索等,它们都属于文本检索范畴。

本章首先重点介绍文本检索的相关技术,如文本检索模型及 TF×IDF 度量。然后,介绍一些现有支持语义的多媒体检索系统。

3.1　引　　言

自人类的文字产生起,如何快速地从记录在各类存储介质中查找或获取信息就成为一个长期受到关注的课题。它关系到人类如何主动地获取自己需要的知识。文本信息检索技术可以追溯到古代的书籍编目。但是直到近代,随着人类的知识以前所未有的速度急剧增长,信息存储方式越来越丰富,使在海量多模态的信息库中进行快速、准确的检索已成为急迫的需求。1945 年,Bush 在其论文 *As we may think*[103]中首次提出了设计一台能够自动地在大规模存储数据中进行查找的机器的构想。这被认为是现在信息检索技术的开山之作。进入 20 世纪 50 年代后,研究者开始为逐步实现这些设想而努力。50 年代中期,在利用电脑对文本数据进行检索的研究上,研究者取得了一些成果。其中最有代表性的是 Luhn 在 IBM 公司的工作[104],他提出了利用词对文档构建索引并利用检索与文档中词的匹配程度进行检索的方法,这种方法就是目前常用的倒排文档技术的雏形。

在 20 世纪 60 年代,信息检索技术的一些关键技术取得了突破。其间出现了一些优秀的系统以及评价指标。在评价指标方面,由 Cranfield 的研究组组织的 Cranfield 评测[105]提出了许多目前仍然被广泛采用的评价指标,而在系统方面,Salton 开发的 SMART 系统[106]构建了一个很好的研究平台,在此平台上,研究者可以定义自己的文档相关性测度,以改进检索性能。这样,信息检索技术拥有了较为完善的实验平台与评价指标,使研究步入了快车道。也正因为如此,70 年代到 80 年代,许多信息检索的理论与模型相继被提出,并且被证明对当时所能获得的数据集是有效的。其中最著名的是 Salton 提出的向量空间模型[107]。至今该模型还是信息检索领域最为常用的模型之一。但是,由于当时的研究大多针对数千篇的文档组成的集合,检索对象的缺乏使这些技术在海量文本上的可靠性无法得到验证。1992 年,美国国家标准技术研究所(NIST)组织召开了第一届文本检索会议(Text Retrieval Conference,TREC)。TREC 是一个评测性质的会议,为参评者提供了大规模的文本语料,从而大大推动了信息检索技术的快速发展。互联网的兴起,给信息检索技术提供了一个巨大的实验场。从 Yahoo 到 Google,大量实用的文本信息检索系统开始出现并得到广泛应用,改变了人类获取信息与知识的方式。

3.2　文本检索模型

对多媒体数据进行检索,最直接的方法就是先对多媒体数据进行关键词标注或者文本描述,然后采用传统的信息检索中的基于文本的检索技术进行检索。

关键字检索使用的是传统的信息检索中的基于文本的检索。传统的信息检索主要指基于文本的检索,其对象是从文档中提取出来的一系列索引词(index term)的集合,检索模型对文档和用户需求之间的匹配可能做出估计。文档和用户查询的表达方式和它们之间相似度比较的标准构成了信息检索模型。下面介绍一些信息检索中经典的、常用的模型。

3.2.1　布尔模型

布尔模型(Boolean model)将每个文档或查询都表示为一定长度的二进制向量。假设 $\{r_1,r_2,\cdots,r_k\}$ 是代表文档的索引词组,若索引词 r_i 被赋予该文档,则该向量的第 i 个分量为"真"(1),否则为"假"(0)。查询时使用一个操作数为术语的布尔表达式。索引词集合满足布尔表达式的文档被认为符合用户需求,其他文档则被认为无关。传统商用的 IR 系统所使用的是布尔模型。

在布尔模型中,文档被表示为一系列索引词的集合,例如,一篇文本为"今天天气不错,心情挺好的",会被表示为"今天"、"天气"、"不错"、","、"心情"、"挺"、"好"、"的"这些索引词的集合。查询则被表示为一系列关键词的布尔组合,例如,一个查询可以被表示为"今天"&"天气"&("不错"||"好")。

布尔模型将检索流程变为查询和文档集合匹配的过程,即寻求所有满足布尔查询条件的文档的过程。例如,对于上面的查询,就是寻求所有"今天"和"天气"这两个索引词都同时出现,并且"不错"和"好"这两个索引词至少出现一个的文档。所有被匹配的文档,都会有相同的相关性得分,因而经典的布尔模型是无法对查询结果进行排序的,在"扩展的布尔模型"中,通过对不同的索引词赋予不同的权重,可以实现检索结果按照相关性排序这一功能。

布尔模型的主要优点在于结构简单、实现方便、性能优异,依然是最常用的检索模型之一。然而,它也存在如下一些缺陷。

① 布尔模型的检索策略是基于二元判定标准(binary decision criterion),不支持部分匹配。这意味着基于布尔模型的匹配过程会对结果造成很多的限制;这一匹配过程是非常刚性的,"与"意味着全部,"或"意味着任何一个。如果用户需要 n 个词中 m 个词同时出现的文档,就难以用布尔查询进行表示。对于检索,一篇文档只有相关和不相关两种状态,缺乏文档分级(rank)的概念,限制了检索功能,完全匹配会导致太多或者太少的结果文档被返回。

② 布尔模型很难表示用户复杂的需求,很难控制被检索的文档数量。虽然布尔表达式具有精确的语义,但常常很难将用户的信息需求转换为布尔表达式,实际上大多数检索用户发现在把所需的查询信息转换为布尔时并不是那么容易。索引词的权重从根本上提高了检索系统的功能,从而导致了向量空间模型的产生。

以上这些缺点导致经典的布尔模型难以在实际的系统中得到应用,但是其检索思想依然被很多商业搜索引擎所借鉴。

3.2.2　向量空间模型

向量空间模型(vector space model)[106]用索引词组 $\{r_1, r_2, \cdots, r_k\}$ 代表文档或查询,不同之处在于在向量模型中每个分量上的值不是简单的 0 或 1,而是分配给该索引词的实数权值。该权值可通过多种方法进行计算得到,比较常用的是 TF×IDF 算法,其中 IF 为该文档中的索引词频率,而 IDF 是一个与集合中频率的倒数成比例的度量,具体参见第 3.3 节。

一旦得到向量中的每个分量的权值,下一步是进行向量之间的匹配。文献[106]中叙述了许多向量之间的匹配算法,如内积度量和余弦度量等。

1. 内积度量

内积(inner product)是一种广泛使用的相似度计算方法,它通过两个文本向量之间的内积,也就是一个向量到另一个向量上的投影的长度来衡量这两个向量所对应文本的相关性。内积越大,则这个投影长度就越大。

文档 $\boldsymbol{D}$ 和查询 $\boldsymbol{Q}$ 之间的内积相似度(sim)计算如下:

$$\text{sim}(\boldsymbol{D}, \boldsymbol{Q}) = \sum_{k=1}^{t} d_k \cdot q_k \tag{3.1}$$

其中, d_k 表明索引词 k 在文档 $\boldsymbol{D}$ 中的权重; q_k 表明索引词 k 在查询 $\boldsymbol{Q}$ 中的权重。

从式(3.1)可以看出,内积是查询和文档中相互匹配的索引词的权重乘积之和。内积的值越大,说明投影长度越长,两个文本越相似。

例如,假设存在一个词表数量为 3 的检索系统,它在向量空间模型下对应一个三维的向量空间。用户输入的查询 $\boldsymbol{Q}$ 的向量化表示是 $\langle 0, 0, 1 \rangle$。文档集合中一个

文档 $\boldsymbol{D}$ 的向量化表示是 $\langle 2,3,5\rangle$,则查询 $\boldsymbol{Q}$ 和文档 $\boldsymbol{D}$ 的相似度利用内积来计算的结果就是 $\text{sim}(\boldsymbol{D},\boldsymbol{Q})=0\times2+0\times3+1\times5=5$ 。

　　内积的相似度计算方式有它的一些独特属性:内积值没有界限,不像概率值要在 $(0,1)$;内积的计算方法对长文档有利。内积用于衡量成功匹配的索引词数目,而不计算匹配失败的索引词数目。由于长文档包含大量独立词项,每个索引词均多次出现,因此一般而言,长文档和查询中的索引词匹配成功的可能性会比短文档大。

　　除了两个向量的内积,向量之间的夹角在一定程度上也可以反映两个向量之间的相似度,如图 3.1 所示,在实际计算中,通常使用余弦相似度来表征这一特点,两个向量夹角的余弦值越大,夹角就越小,可以认为两个向量更加相似。

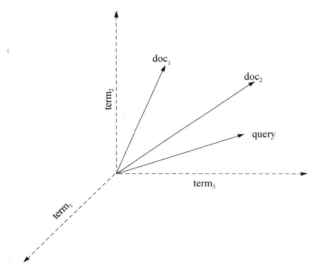

图 3.1　文档的向量表示及查询

图中 term 表示索引词;doc 表示文档;query 表示查询

2. 余弦度量

　　采用文档和查询两个向量之间夹角的余弦值,即计算向量空间中两个 t 维向量之间的夹角余弦值来衡量两个文档语义上的相似度:

$$\text{sim}(\boldsymbol{D},\boldsymbol{Q})=\frac{\boldsymbol{D}\cdot\boldsymbol{Q}}{\parallel\boldsymbol{D}\parallel\times\parallel\boldsymbol{Q}\parallel} \tag{3.2}$$

其中, $\boldsymbol{D}\cdot\boldsymbol{Q}=\displaystyle\sum_{i=1}^{t}D_iQ_i$,为向量乘法; $\parallel\boldsymbol{D}\parallel$ 、 $\parallel\boldsymbol{Q}\parallel$ 为向量的模。

　　文档 $\boldsymbol{D}$ 可表示为一个由索引词构成的高维向量:

$$\boldsymbol{D}=(d_1,d_2,\cdots,d_t) \tag{3.3}$$

其中, d_j 表示第 j 个索引词在该文档中的权重(或出现的次数)。

在式(3.3)的基础上,假设给定 n 个文档,每个文档包含 t 个索引词,可以得到了一个索引词-文档矩阵,如表 3.1 所示。

表 3.1　索引词-文档矩阵

文档 ＼ 索引词	term$_1$	term$_2$	⋯	term$_t$
doc$_1$	d_{11}	d_{12}	⋯	d_{1t}
doc$_2$	d_{21}	d_{22}	⋯	d_{2t}
⋮	⋮	⋮		⋮
doc$_n$	d_{n1}	d_{n2}	⋯	d_{nt}

同时,查询文档 Q 可表示为一个由索引词构成的高维向量:

$$Q = (q_1, q_2, \cdots, q_t) \tag{3.4}$$

例如,存在四个文档: D_1、D_2、D_3 和 D_4 ,如下所示:

D_1 : tropical freshwater aquarium fish;

D_2 : tropical fish, aquarium care, tank, setup;

D_3 : keeping tropical fish and goldfish in aquariums, and fish bowls;

D_4 : the tropical tank homepage-tropical fish and aquariums。

根据上述四个文档,可以得到对应的索引词-文档矩阵,见表 3.2。

表 3.2　索引词-文档矩阵例子

索引词	文　档			
	D_1	D_2	D_3	D_4
aquarium	1	1	1	1
bowl	0	0	1	0
care	0	0	0	0
fish	1	0	2	1
freshwater	1	0	0	0
goldfish	0	0	1	0
homepage	0	0	0	1
keep	0	0	1	0
setup	0	1	0	0
tank	0	1	0	1
tropical	1	1	1	2

根据式(3.2)的定义,文档 D 和 Q 的余弦相似度可表示如下:

$$\text{sim}(D, Q) = \frac{\sum_{j=1}^{t} d_j \times q_j}{\sqrt{\sum_{j=1}^{t} d_j^2 \times \sum_{j=1}^{t} q_j^2}} \tag{3.5}$$

假设存在一个文档 $D=(0.5,0.8,0.3)$，其中里面的值代表权重，给出一个查询：$Q=(1.5,1.0,0)$，则两者间的余弦相似度为

$$\mathrm{sim}(D,Q) = \frac{(0.5 \times 1.5) + (0.8 \times 1.0)}{\sqrt{(0.5^2 + 0.8^2 + 0.3^2) \times (1.5^2 + 1.0^2)}} = 0.75$$

内积和余弦相似度分别从投影和夹角这两个不同的几何意义上反映了两个向量之间的相似度，并据此衡量两个向量的相关性。除此之外，还有一些别的相似度计算方法，如雅可比相关性（Jaccard coefficient）等。

以上介绍了向量空间模型及其度量方法，Deerwester 等[108]在 1990 年提出一种新的索引和检索方法——隐性语义分析（latent semantic analysis，LSA），也称为 LSI（latent semantic index）。与传统向量空间模型一样，该方法使用向量来表示索引词（terms）和文档（documents），并通过向量间的关系（如夹角）来判断索引词及文档间的关系。不同的是，LSA 通过对索引词和文档矩阵进行奇异值分解，将其映射到低维潜在语义空间中，从而去除了原始向量空间中的一些“噪音”，提高了信息检索的精确度。LSI 随后被融入概率模型框架中，形成了概率潜在语义索引（probabilistic latent semantic index，PLSI）[109]和 LDA（latent dirichlet allocation）[110]。其中，LDA 是一个三层贝叶斯概率模型，包含词、主题和文档三层结构。文档到主题服从 Dirichlet 分布，主题到词服从多项式分布。它可以用来识别大规模文档集（document collection）或语料库（corpus）中潜藏的主题信息。

3.2.3　聚类检索模型

聚类检索模型建立在聚类假设的基础上。该假设认为相似的文本会匹配同一用户需求。因此，该模型首先采用聚类算法和相似性方法将这些文本组合成文档类，对于每个类又创建一个“平均”来代表整个类。检索时通过匹配类的“平均”和用户需求来决定最合适的类，而不是将每个对象和用户需求进行匹配。最后返回匹配类中所有的对象给用户浏览。划分类的算法有很多，其中还包括允许类层次结构的层次聚类技术。

3.2.4　概率模型

在概率模型中，系统对对象（文档）和通过查询表示的用户需求之间的相关性概率进行估计，按相关性递减的顺序返回给用户。类似地，对象或是查询都是用一个向量来表示，每个分量代表某一特征或术语。给定一个查询和对象，将计算 $P(O,Q)$，它表示对象 O 被认为和查询 Q 相关的概率。根据贝叶斯理论和一系列关于对象中特征分布的独立性假设，就可以计算概率并按大小返回结果。

3.3　TF×IDF 权值

如第 3.2.2 节所述,向量空间模型将每个文档看成一系列索引词及其权重的集合,同一个索引词 term_i 可以在同一文档中多次出现,TF_i 就表示一个文档中 term_i 出现的次数。TF_i 越大,表明 term_i 在文档中的重要性越高。相反地,同一索引词 term_i 可以在多个文档中出现,DF_i 就是 term_i 至少在其中出现一次的文档数目,DF_i 越大,该 term_i 对于查询越不重要。另外定义了 $\text{IDF}_i = \log(N_{\text{doc}}/\text{DF}_i)$($N_{\text{doc}}$ 是文档总数)。文档中所有的索引词 term_i 可以计算出权重:$w_i = \text{TF}_i \times \text{IDF}_i$,没有出现的索引词权重设为 0。设文档集合中一共有 t 个不同的关键字,那么每个文档都可以看成 t 维空间中的向量。

TF×IDF(term frequency-inverse document frequency)是一种用于信息检索与文本挖掘的常用加权技术[110]。TF×IDF 是一种统计方法,用以评估某一索引词对于一个文档的重要程度。索引词的重要性随它在文档中出现的次数成正比增加,但同时会随它在语料库中出现的频率成反比下降。TF×IDF 加权的各种形式常被搜索引擎应用,作为文件与用户查询之间相关程度的度量或评级。

在一个给定的文档里,词频(term frequency,TF)指的是某一个给定的索引词在该文件中出现的次数。这个数字通常会被归一化,以防止它偏向长的文件(同一个词语在长文件里可能会比短文件有更高的词频,而不管该词语重要与否)。对于在文档 d_j 中的索引词 t_i,其对应词频可表示为

$$\text{TF}_{ij} = \frac{n_{ij}}{\sum_k n_{kj}} \tag{3.6}$$

其中,n_{ij} 为词语 t_i 在文件 d_j 中的出现次数;而分母则是在文档 d_j 中所有索引词的出现次数之和。

逆向文档频率(inverse document frequency,IDF)是一个索引词普遍重要性的度量。某一特定索引词的 IDF,可以由总文档数目除以包含该索引词的文档数目,再将得到的商取对数得到:

$$\text{IDF}_i = \log \frac{|\boldsymbol{D}|}{|\{d : t_i \in d\}|} \tag{3.7}$$

其中,$|\boldsymbol{D}|$ 为语料库中的文件总数;$|\{d : t_i \in d\}|$ 为包含词语 t_i 的文件数目即 $n_i \neq 0$ 的文件数目。

根据以上定义,可以得到:$\text{TF} \times \text{IDF}_{ij} = \text{TF}_{ij} \times \text{IDF}_i$。这样,对于某一特定文档内的高频率索引词,以及该索引词在整个文档集合中的低文档频率,可以产生出高权重的 TF×IDF。因此,TF×IDF 算法倾向于过滤掉常见的词语,保留重要的词语。

除此以外,TF×IDF 算法还存在一些改进的地方[102,349]。首先,它是建立在这

样一个假设之上：对区别文档最有意义的索引词应该是那些在文档中出现频率高，而在整个文档集合的其他文档中出现频率低的索引词。另外考虑索引词区别不同类别的能力，TF×IDF 算法认为一个单词出现的文档频数越小，它区别不同类别文档的能力就越大。因此，引入了逆文档频度 IDF 的概念，以 TF 和 IDF 的乘积作为特征空间坐标系的取值测度，并用它完成对权值 TF 的调整，调整权值的目的在于突出重要索引词，抑制次要索引词。但是在本质上 IDF 是一种试图抑制噪声的加权，并且单纯地认为文档频率小的索引词就越重要，文档频率大的索引词就越次要，显然这并不是完全正确的。IDF 的简单结构并不能有效地反映索引词的重要程度，无法很好地完成对权值调整的功能，所以 TF×IDF 算法的精度并不是很高。

此外，在 TF×IDF 算法中并没有体现出索引词的位置信息，对于 Web 文档，权重的计算方法应该体现出该文档的结构特征。在不同标记符中的索引词对文档内容的反映程度不同，其权重的计算方法也应不同。因此，需要对于处于文档不同位置的索引词分别赋予不同的系数，以提高文档表示的效果。

3.4 现有支持语义的多媒体检索系统

自从 20 世纪 90 年代以来，基于语义的多媒体检索已经成为一个非常活跃的领域。不管是在商业上还是在研究领域，都出现了很多该类检索系统。这里，将从图片、音乐和视频搜索分别介绍几个典型系统以及它们各自特点。

1. Google 图片搜索

Google 图片搜索是 Google 公司开发的基于关键词的图像查找工具。它可以根据用户的查询关键词，从亿万计图片中快速得到相关图片。早期该系统只提供基于关键词的图片搜索，目前该系统已支持基于内容的图像检索，即允许用户提交一张图片，返回与该图片相似的图片。其主页（图 3.2）为 http://www.images.google.com。

图 3.2 Google 图片搜索界面

2. Flickr 图片搜索

Flickr 是风靡全球的照片分享与管理网站。人们可以在该网站自由地发布、

管理自己的照片,与别人分享你的照片。同时还提供了关键词搜索功能。其主页
(图 3.3)为 http://www.flickr.com/search/? q=&f=hp。

图 3.3　Flickr 图片搜索界面

3. 百度图片搜索

和 Google 一样,百度也提供关键词图片搜索服务。其主页(图 3.4)为 ht-
tp://www.image.baidu.com。

图 3.4　百度图片搜索界面

4. 百度 MP3 搜索

百度音乐搜索提供 MP3 搜索服务,用户可以通过输入歌曲名称的关键词或歌
词等进行搜索。其主页(图 3.5)为 http://www.mp3.baidu.com。

图 3.5　百度 MP3 搜索界面

5. 优酷视频搜索

优酷视频搜索提供基于关键词的视频片段搜索服务。其主页(图 3.6)为 ht-
tp://www.youku.com。

图 3.6　优酷视频搜索界面

3.5　本　章　小　结

　　本章首先介绍了文本检索模型,包括布尔模型、向量空间模型、聚类检索模型及概率模型等;然后给出了向量空间模型中索引词权值的计算方法(TF×IDF);最后又简要介绍了现有支持基于语义特征检索的网络多媒体系统。

第4章 基于内容特征的多媒体检索

第3章介绍了基于语义特征的传统多媒体检索技术。该类方法事先需要对多媒体对象进行人工语义标注,劳动强度非常大。同时,标注信息会根据个人的认知程度及偏好等主观性因素影响,存在一定的差异。因此,到20世纪90年代出现了基于内容的多媒体检索技术。本章将分别介绍基于内容的图像、音频和视频检索技术以及现有系统。

4.1 基于内容的图像检索

4.1.1 图像特征提取

图像特征的提取是基于内容的图像检索技术的基础[112]。从广义上讲,图像的特征包括语义特征(如关键词及注释等)和视觉特征(如色彩、纹理及形状等)两类。本节主要介绍图像视觉特征的提取和表达。一般来说,视觉特征可分为通用的视觉特征和领域相关的视觉特征。前者用于描述所有图像共有的特征,与图像的具体内容无关,主要包括色彩、纹理和形状;后者则建立在对所描述图像内容的某些先验知识(或假设)的基础上,与具体的应用紧密有关,如人的面部特征或指纹特征等。由于领域相关的图像特征主要属于模式识别的研究范围,在此不再详述,而只考虑通用的视觉特征。

下面主要介绍那些有代表性的图像特征和相应的表达方法,分为颜色、纹理和形状特征三部分。

1. 颜色特征

颜色特征是在图像检索中应用最广泛的视觉特征[113],它与图像中所包含的物体或背景紧密相关。此外,与其他视觉特征相比,颜色特征对图像本身的尺寸、方向及视角的依赖性较小,从而具有较高的鲁棒性。在提取颜色特征时,首先需要选择合适的颜色空间来描述颜色特征,然后采用一定的量化方法将颜色特征表达为向量的形式,最后定义一种相似度(距离)标准用来衡量图像之间在颜色上的相似性。本节将主要讨论前两个问题,并介绍颜色直方图、颜色矩、颜色集、颜色聚合向量以及颜色相关图等颜色特征的表示方法。

1) 颜色直方图

在许多图像检索系统中,颜色直方图(color histogram)是一种使用最广泛的颜色特征。早期的颜色直方图所描述的是不同色彩在整幅图像中所占的比例，而并不关心每种色彩所处的空间位置[113]。例如，在图 4.1 中，尽管图 4.1（a）与图 4.1（b）为两张不同的图片，但它们对应的颜色直方图却是相同的。这是因为颜色直方图相同并不代表它们对应的颜色空间分布就一致。因此，颜色的空间信息对于图片的相似度量非常重要。Li 等[114]对传统颜色直方图进行改进，加入空间信息，使查询的准确度得到提高。

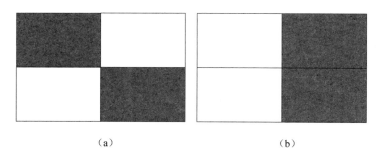

（a）   （b）

图 4.1　颜色直方图比较

颜色直方图可以通过不同的颜色空间和坐标系得到。最常用的颜色空间是 RGB 颜色空间，因为大部分数字图像都采用该颜色空间表达，即任何颜色都可以通过 R、G、B 三种颜色相加得到。然而，RGB 空间结构并不符合人们对颜色相似性的主观判断。因此，研究人员相继提出了基于 HSV 空间、LUV 空间和 Lab 空间的颜色直方图，它们更接近于人们对颜色的感知。其中 HSV 空间是直方图最常用的颜色空间，其颜色空间模型对应于圆柱坐标系中的一个圆锥形子集。它的三个分量分别代表色彩（hue）、饱和度（saturation）和值（value）。从 RGB 空间到 HSV 空间的转化[112]关系如下：

$$\begin{cases} v = \max(r,g,b) \\ s = [v - \min(r,g,b)]/v \\ h = \begin{cases} 5 + b' & 若\ r = \max(r,g,b)\ 且\ g = \min(r,g,b) \\ 1 - g' & 若\ r = \max(r,g,b)\ 且\ g \neq \min(r,g,b) \\ 1 + r' & 若\ g = \max(r,g,b)\ 且\ b = \min(r,g,b) \\ 3 - b' & 若\ g = \max(r,g,b)\ 且\ b \neq \min(r,g,b) \\ 3 + g' & 若\ b = \max(r,g,b)\ 且\ r = \min(r,g,b) \\ 5 - r' & 其他 \end{cases} \\ r' = (v-r)/[v - \min(r,g,b)] \\ g' = (v-g)/[v - \min(r,g,b)] \\ b' = (v-b)/[v - \min(r,g,b)] \end{cases} \quad (4.1)$$

其中,$r,g,b \in [0,1]$;$h \in [0,6]$;$s,v \in [0,1]$。

计算颜色直方图需要将颜色空间划分成若干个小的颜色区间,每个小区间成为直方图的一个 bin。这个过程称为颜色量化(color quantization)。然后,通过计算颜色落在每个小区间内的像素数量可以得到颜色直方图。颜色量化有许多方法,如向量量化、聚类方法或者神经网络方法。最为常用的做法是将颜色空间的各个分量(维度)均匀地进行划分。相比之下,聚类算法则会考虑图像颜色特征在整个空间中的分布情况,从而避免出现某些 bin 中的像素数量非常稀疏的情况,使量化更为有效。

2) 颜色矩

1995 年,Stricker 和 Orengo[115] 提出了另一种简单而有效的颜色特征——颜色矩(color moments)。这种方法的数学基础在于图片中任何的颜色分布均可以用它的矩来表示。此外,由于颜色分布信息主要集中在低阶矩中,因此,仅采用颜色的一阶矩(mean)、二阶矩(variance)和三阶矩(skewness)就足以表达图像的颜色分布。颜色的三个低次矩在数学上表达如下:

$$\mu_i = \frac{1}{N}\sum_{j=1}^{N} p_{ij},\sigma_i = \left[\frac{1}{N}\sum_{j=1}^{N}(p_{ij}-\mu_i)^2\right]^{\frac{1}{2}},s_i = \left[\frac{1}{N}\sum_{j=1}^{N}(p_{ij}-\mu_i)^3\right]^{\frac{1}{3}} \quad (4.2)$$

其中,p_{ij} 是图像中第 j 个像素的第 i 个颜色分量。因此,图像的颜色矩一共只需要九个分量(三个颜色分量,每个分量上三个低阶矩),与其他颜色特征相比是非常简洁的。在实际应用中为避免低次矩较弱的分辨能力,颜色矩常常和其他特征结合使用,而且一般在使用其他特征之前起到过滤缩小范围的作用。与颜色直方图相比,该方法的另一个好处在于不需要对特征进行向量化。

3) 颜色集

为支持大规模图片库中的快速查找,Smith 和 Chang 等[116] 提出了用颜色集(color sets)作为对颜色直方图的一种近似。他们首先将 RGB 颜色空间转化成视觉均衡的颜色空间(如 HSV 空间),并将颜色空间量化成若干个 bin。然后,用色彩自动分割技术将图像分为若干区域,每个区域用量化颜色空间的某个颜色分量来索引,从而将图像表达为一个二进制的颜色索引集。在图像匹配中,比较不同图像颜色集之间的距离和色彩区域的空间关系(包括区域的分离、包含、交等,每种对应于不同的评分)。因为颜色集表达为二进制的特征向量,可以构造二分查找树来加快检索速度,这对于大规模的图像集合十分有利。

4) 颜色聚合向量

由于颜色直方图和颜色矩无法表达图像色彩的空间位置,因此,作为颜色直方图的一种改进,Pass 等[117] 提出了以图像的颜色聚合向量(color coherence vector)作为颜色特征。其核心思想是将属于直方图每一个 bin 的像素分为两部分:如果该 bin 内的某些像素所占据的连续区域的面积大于给定的阈值,则该区域内的像素作为聚合像素,否则作为非聚合像素。假设 α_i 与 β_i 分别代表直方图的第 i 个 bin 中聚合像素和非聚合像素的数量,图像的颜色聚合向量可以表达为 $\langle(\alpha_1,\beta_1),(\alpha_2,\beta_2),\cdots,(\alpha_N,\beta_N)\rangle$,则该图像的颜色直方图为 $\langle\alpha_1+\beta_1,\alpha_2+\beta_2,\cdots,\alpha_N+\beta_N\rangle$。由于包含了颜色分布的空间信息,颜色聚合向量相比颜色直方图可以达到更好的检索效果。

5) 颜色相关图

颜色相关图(color correlogram)是图像颜色分布的另一种表达方式[112]。这种特征不但刻画了某一种颜色的像素数量占整个图像的比例,还反映了不同颜色对之间的空间相关性。实验表明,颜色相关图比颜色直方图和颜色聚合向量具有更高的检索效率,特别是查询空间关系一致的图像。

假设 I 表示整张图像的全部像素,$I_{c(i)}$ 则表示颜色为 $c(i)$ 的所有像素。颜色相关图可以表达为

$$\gamma_{i,j}^{(k)} = \Pr_{p_1\in I_{c(i)},\,p_2\in I}\left[p_2\in I_{c(j)}\mid\mid p_1-p_2\mid=k\right] \tag{4.3}$$

其中,$i,j\in\{1,2,\cdots,N\}$;$k\in\{1,2,\cdots,d\}$;$|p_1-p_2|$ 表示像素 p_1 和 p_2 之间的距离。如果考虑到任何颜色之间的相关性,颜色相关图会变得非常复杂和庞大(空间复杂度为 $O(N^2d)$)。一种简化相关图是颜色自动相关图(color auto-correlogram),它仅考察具有相同颜色的像素之间的空间关系,因此,空间复杂度降到 $O(Nd)$。

2. 纹理特征

纹理特征是一种不依赖于颜色或亮度的反映图像中同质现象的视觉特征[118],刻画了图像像素灰度空间邻域。它是所有物体表面共有的内在特性,例如,石材、树木、砖、织物等都有各自的纹理特征。如图 4.2 所示,纹理特征包含了物体表面结构组织排列的重要信息以及它们与周围环境的联系。正因如此,纹理特征在基于内容的图像检索中得到了广泛的应用,用户可以通过提交包含某种纹理的图像来查找含有相似纹理的其他图像。本节将着重介绍那些在基于内容的图像检索中常用的纹理特征,如 Tamura 纹理特征、自回归纹理模型及小波纹理等。

图 4.2　图像的纹理特征

1) Tamura 纹理特征

基于人类对纹理的视觉感知的心理学的研究,1978 年 Tamura 等提出了用纹理的六种视觉特征来表示纹理,称为 Tamura 纹理[18]。Tamura 纹理特征的六个分量对应于心理学角度上纹理特征的六种属性,分别是粗糙度(coarseness)、对比度(contrast)、方向度(directionality)、线像度(linelikeness)、规整度(regularity)和粗略度(roughness)。其中,前三个分量对于图像检索尤其重要。接下来着重讨论粗糙度、对比度和方向度这三种特征的定义和数学表达。

① 粗糙度:粗糙度计算可分为以下三个步骤进行。首先,计算图像中大小为 $2^k \times 2^k$ 个像素的活动窗口中像素的平均强度值,即有

$$A_k(x,y) = \sum_{i=x-2^{k-1}}^{x+2^{k-1}-1} \sum_{j=y-2^{k-1}}^{y+2^{k-1}-1} g(i,j)/2^{2k} \qquad (4.4)$$

其中,$k=0,1,\cdots,5$;$g(i,j)$ 是位于 (i,j) 的像素强度值。

然后,对于每个像素,分别计算它在水平和垂直方向上互不重叠的窗口之间的平均强度差。

$$\begin{cases} E_{k,h}(x,y) = | A_k(x+2^{k-1},y) - A_k(x-2^{k-1},y) | \\ E_{k,v}(x,y) = | A_k(x,y+2^{k-1}) - A_k(x,y-2^{k-1}) | \end{cases} \qquad (4.5)$$

其中,对于每个像素,能使 E 值达到最大(无论方向)的 k 值用来设置最佳尺寸 $S_{\text{best}}(x,y) = 2^k$。

最后,粗糙度可以通过计算整幅图像中 S_{best} 的平均值来得到,表示为

$$F_{\text{crs}} = \frac{1}{m \times n} \sum_{i=1}^{m} \sum_{j=1}^{n} S_{\text{best}}(i,j) \qquad (4.6)$$

粗糙度特征的另一种改进形式是采用直方图来描述 S_{best} 的分布,而不是像上述方法一样简单地计算 S_{best} 的平均值。这种改进后的粗糙度特征能够表达具有多种不同纹理特征的图像或区域,因此,对图像检索更有利。

② 对比度:对比度是通过对像素强度分布情况的统计得到的。确切地说,它是通过 $\alpha_4 = \mu_4/\sigma^4$ 来定义的,其中 μ_4 是四次矩而 σ^2 是方差。对比度表示为

$$F_{\text{con}} = \sigma/\alpha_4^{1/4} \qquad (4.7)$$

③ 方向度:计算方向度时需要计算每个像素所在位置上的梯度向量。该向量的模和方向分别定义为

$$\begin{aligned} |\Delta G| &= (|\Delta_H| + |\Delta_V|)/2 \\ \theta &= \arctan(\Delta_V/\Delta_H) + \pi/2 \end{aligned} \qquad (4.8)$$

其中,Δ_H 和 Δ_V 分别是通过将图像和下列两个 3×3 操作符进行卷积操作所得的水平和垂直方向上的变化量。

$$\begin{array}{ccc} -1 & 0 & 1 \\ -1 & 0 & 1 \\ -1 & 0 & 1 \end{array} \qquad \begin{array}{ccc} 1 & 1 & 1 \\ 0 & 0 & 0 \\ -1 & -1 & -1 \end{array}$$

当所有像素的梯度向量都被计算出来后,一个直方图 H_D 被构造用来表达 θ 值。该直方图首先对 θ 的值域范围进行离散化,然后统计了每个 bin 中相应的 $|\Delta G|$ 大于给定阈值的像素数量。这个直方图对于具有明显方向性的图像会表现出峰值,对于无明显方向的图像则表现得比较平坦。最后,图片总体的方向性可以通过计算直方图中峰值的尖锐程度获得,如下所示:

$$F_{\mathrm{dir}} = \sum_{p=1}^{n_p} \sum_{\varphi \in w_p} (\varphi - \varphi_p)^2 H_D(\varphi) \tag{4.9}$$

其中,p 代表直方图中的峰值;n_p 为直方图中所有的峰值。对于某个峰值 p,w_p 代表该峰值所包含的所有的 bin,而 φ_p 是具有最高值的 bin。

2) 小波纹理模型

小波变换(wavelet transform)也是一种常用的纹理分析方法[118]。它是将信号分解为一系列的基本函数 $\psi_{mn}(x)$。这些基本函数都是通过对母函数 $\psi(x)$ 的变形得到,如下所示:

$$\psi_{mn}(x) = 2^{-m/2} \psi(2^{-m}x - n) \tag{4.10}$$

其中,m 和 n 是整数。

这样,信号 $f(x)$ 可以被表达为

$$f(x) = \sum_{m,n} c_{mn} \psi_{mn}(x) \tag{4.11}$$

二维小波变换的计算需要进行递归地过滤和采样。在每个层次上,二维的信号被分解为四个子波段,根据频率特征分别称为 LL、LH、HL 和 HH。有两种类型的小波变换可以用于纹理分析,分别是金字塔结构的小波变换(pyramid-structured wavelet transform,PWT)和树结构的小波变换(tree-structured wavelet transform,TWT)。PWT 递归地分解 LL 波段。但是对于那些主要信息包含在中频段范围内的纹理特征,仅分解低频的 LL 波段是不够的。因此,TWT 还能够分解 LH、HL 和 HH 等波段。

3) 自回归纹理模型

自回归纹理模型(simultaneous auto-regressive,SAR)是采用马尔可夫随机场(MRF)模型来表达纹理特征。在 SAR 模型中,每个像素的强度被描述成随机变量,可以通过与其相邻的像素来描述。如果 s 代表某个像素,则其强度值 $g(s)$ 可以表达为它的相邻像素强度值的线性叠加与噪音项 $\varepsilon(s)$ 的和,如下所示:

$$g(s) = \mu + \sum_{r \in D} \theta(r) g(s+r) + \varepsilon(s) \tag{4.12}$$

其中,μ 是基准偏差,由整幅图像的平均强度值决定;D 表示了 s 的相邻像素集;$\theta(r)$ 是一系列模型参数,用来表示不同相邻位置上的像素的权值;$\varepsilon(s)$ 是均值为 0 而方差为 σ^2 的高斯随机变量。

通过式(4.12)可以用回归法计算参数 θ 和标准方差 σ 的值,它们反映了图像的各种纹理特征。例如,较高 σ 表示图像具有很高的精细度或较低的粗糙度。又如,如果 s 正上方和正下方的 θ 很高,表明图像具有垂直的方向性。最小平方误差(least square error)法和极大似然估计(maximum likelihood estimation)可以用来计算模型中的参数。此外,SAR 的一种变种称为旋转无关的自回归纹理特征(rotation-invariant SAR,RISAR),具有与图像的旋转无关的特点。

4) 其他纹理模型

除了上述的 Tamura 特征、SAR 模型和小波变换等纹理特征之外,还有许多其他的纹理特征。早在 20 世纪 70 年代,Haralick 等[119]就提出了用共生矩阵(co-occurrence matrix)表示纹理特征的方法。该方法从数学的角度研究了图像纹理中灰度级的空间依赖关系。它首先建立一个基于像素之间方向性和距离的共生矩阵,然后从矩阵中提取有意义的统计量作为纹理特征。

Gabor 过滤法[120]能够最大限度地减少空间和频率的不确定性,同时还能够检测出图像中不同方向和角度上的边缘和线条。文献[121]和文献[122]中提到了很多方法根据过滤输出结果来描述图像特征。此外,小波变换也常与其他技术结合以获得更好的效果。例如,Gross 等[123]用小波变换与 KL 展开式和 Kohonen 多处理机系统来进行纹理分析。Thyagarajan 等[124]用小波变换和共生矩阵来进行纹理分析,结合了统计和变换两者的优点。

3. 形状特征

作为图像表达和检索中的另一重要特征,物体和区域的形状不同于颜色或纹理等底层特征,它必须以对图像中物体或区域的划分为基础。由于当前的技术无法做到准确而鲁棒的自动图像分割,图像检索中的形状特征只能用于某些特殊应用,在这些应用中图像包含的物体或区域可以直接获得。此外,由于人们对物体形状的变换、旋转和缩放主观上不太敏感,合适的形状特征必须满足对变换、旋转和缩放无关,这给形状相似度的计算也带来了难度。

通常来说,形状特征有两种表示方法:轮廓特征和区域特征。前者只用到物体的外边界,而后者则关系到整个形状区域。这两类形状特征的最典型方法分别是傅里叶描述符和形状无关矩。将在后面详细介绍这两种方法,同时还简单介绍其他形状特征。

1) 傅里叶形状描述符

傅里叶形状描述符(Fourier shape descriptors)的基本思想是用物体边界的傅

里叶变换作为其形状描述。假设一个二维物体的轮廓是由一系列坐标为(x_i,y_i)的像素组成，其中，$i\in[0,N-1]$且N是轮廓上像素的总数。从这些边界点的坐标中可以推导出三种形状表达，分别是曲率、质心距离和复坐标函数。

曲率： 轮廓线上某点的曲率定义为轮廓切向角度相对于弧长的变化率。曲率函数$K(s)$可表示为

$$K(s) = \frac{\mathrm{d}}{\mathrm{d}s}\theta(s) \tag{4.13}$$

其中，$\theta(s)$是轮廓线的切向角度。

由于该曲率函数的傅里叶变换是对称的，即有$|F_{-i}|=|F_i|$，因此，基于曲率函数的形状描述符表示为

$$f_K = \left[\,|F_1|,|F_2|,\cdots,|F_{M/2}|\,\right] \tag{4.14}$$

其中，F_i表示傅里叶变换参数的第i个分量。

质心距离： 质心距离定义为从物体边界点到物体中心(x_c,y_c)的距离，如下所示：

$$R(i) = \sqrt{(x_i-x_c)^2+(y_i-y_c)^2} \tag{4.15}$$

该质心距离所导出的形状描述符为

$$f_R = \left[\frac{|F_1|}{|F_0|},\frac{|F_2|}{|F_0|},\cdots,\frac{|F_{M/2}|}{|F_0|}\right] \tag{4.16}$$

复坐标函数： 复坐标函数是用复数所表示的像素坐标：

$$Z(s) = (x_s-x_c)+\mathrm{j}(y_s-y_c) \tag{4.17}$$

上述复坐标函数的傅里叶变换会产生一系列复数系数。这些系数在频率上表示了物体形状，其中低频分量表示形状的宏观属性，高频分量表达形状的细节特征。形状描述符可以从这些变换参数中得出。为了保持旋转无关性，仅保留了参数的大小信息，而省去了相位信息。缩放的无关性是通过将参数的大小除以DC分量的大小来保证的。同时，对于复坐标函数，正、负频率分量被同时采用。由于DC参数与形状所处的位置有关而被省去。因此，采用第一个非零的频率分量对其他变换参数进行标准化。复坐标函数所导出的形状描述符为

$$f_Z = \left[\frac{|F_{-(M/2-1)}|}{|F_1|},\cdots,\frac{|F_{-1}|}{|F_1|},\frac{|F_2|}{|F_1|},\cdots,\frac{|F_{M/2}|}{|F_1|}\right] \tag{4.18}$$

2) 形状无关矩

形状无关矩（moment invariants）是基于区域的物体形状表示方法。假设R是用二值图像表示的物体，则R形状的第$p+q$阶中心矩为

$$\mu_{p,q} = \sum_{(x,y)\in R}(x-x_c)^p(y-y_c)^q \tag{4.19}$$

其中，(x_c,y_c)是物体的中心。为获得缩放无关的性质，可以对该中心矩进行标准化操作。

基于这些矩，Hu等[125]提出了一系列分别具有变换、旋转和缩放无关性的七

个矩：

$$\begin{cases}
\varphi_1 = \mu_{2,0} + \mu_{0,2} \\
\varphi_2 = (\mu_{2,0} - \mu_{0,2})^2 + 4\mu_{1,1}^2 \\
\varphi_3 = (\mu_{3,0} - 3\mu_{1,2})^2 + (\mu_{0,3} - 3\mu_{2,1})^2 \\
\varphi_4 = (\mu_{3,0} + \mu_{1,2})^2 + (\mu_{0,3} + \mu_{2,1})^2 \\
\varphi_5 = (\mu_{3,0} - 3\mu_{1,2})(\mu_{3,0} + \mu_{1,2})[(\mu_{3,0} + \mu_{1,2})^2 - 3(\mu_{0,3} + \mu_{2,1})^2] \\
\qquad + (\mu_{0,3} - 3\mu_{2,1})(\mu_{0,3} + \mu_{2,1})[(\mu_{0,3} + \mu_{2,1})^2 - 3(\mu_{3,0} + \mu_{1,2})^2] \\
\varphi_6 = (\mu_{2,0} - \mu_{0,2})[(\mu_{3,0} + \mu_{1,2})^2 - (\mu_{0,3} + \mu_{2,1})^2] \\
\qquad + 4\mu_{1,1}(\mu_{3,0} + \mu_{1,2})(\mu_{0,3} + \mu_{2,1}) \\
\varphi_7 = (3\mu_{2,1} - \mu_{0,3})(\mu_{3,0} + \mu_{1,2})[(\mu_{3,0} + \mu_{1,2})^2 - 3(\mu_{0,3} + \mu_{2,1})^2] \\
\qquad + (\mu_{3,0} - 3\mu_{2,1})(\mu_{0,3} + \mu_{2,1})[(\mu_{0,3} + \mu_{2,1})^2 - 3(\mu_{3,0} + \mu_{1,2})^2]
\end{cases} \tag{4.20}$$

除了上述的七种无关矩以外,还有许多计算形状无关矩的方法。Yang 和 Albregtsen[126]提出一种对二值图像进行快速计算矩的方法。Kapur 等[127]开发了一系列算法用来系统地寻找特定的几何不变性。另外,文献[128]还提到了一种代数曲线和不变量的框架,用来在混杂的场景中表示复杂物体。它用多项式拟合来表示局部几何信息,用几何不变量进行对象的匹配和识别。

3）其他形状特征

近年来,形状表示和匹配方面的工作,包括有限元法（finite element method, FEM）、旋转函数（turning function）和小波描述符（wavelet descriptor）等方法。FEM 定义了一个稳定性矩阵来描述物体上的每一个点与其他点之间的联系。这个稳定性矩阵的特征向量被称为特征空间的模合基,所有的形状都首先映射到这个特征空间,再在特征值的基础上计算形状相似性。类似于傅里叶描述符的思路, Arkin 等[129]提出了利用旋转函数比较凹面或凸面多边形的相似性。在文献[130]中,Chuang 和 Kuo 用小波变换来描述物体形状。它几乎包含了符合要求的所有性质,如不变性、单一性、稳定性和空间位置等。在众多的形状匹配算法中,Chamfer 匹配方法吸引了不少研究者的兴趣。Barrow[131]首次提出了 Chamfer 比较法,该方法能够以线性的时间复杂度比较两个的形状块集合。为加快匹配的速度, Borgefors[132]提出了分层 Chamfer 匹配算法,这种匹配算法可以在不同的精确层次上进行,从粗糙到精确。

除了二维形状表示法外,还有许多用于三维形状表达的方法。在文献[133]中,Wallace 和 Wintz 提出了傅里叶描述符的标准化方法,它包含了所有形状信息,而且计算效率很高。他们还利用了傅里叶描述符的良好插补能力,有效地表示了三维空间中的形状。之后,Wallace 和 Mitchell[134]提出了兼顾结构和统计方法的局部形状分析法来表达三维形状特征。Taubin 提出了用一套代数无关矩来同时表示二维空间的形状特征和三维空间的形状特征[135],大大减少了形状匹配的计算量。

4.1.2 图像相似度模型

基于内容的图像检索通常以用户提交的例子图像(sample image)作为查询,通过计算例子图像和数据库中候选图像之间在视觉特征上的相似度来进行匹配。因此,定义一个合适的相似度量模型对检索效果有很大的影响。由于视觉特征大都可以表示成向量形式,常用的相似度方法都是基于向量空间模型的,即将视觉特征看成向量空间中的点,通过计算两个点之间的距离来衡量图像特征间的相似度。

1. L_1 距离和 L_2 距离

如果图像特征的各分量之间是正交无关的,而且各维度的重要程度相同,两个特征向量 $\boldsymbol{A}$ 和 $\boldsymbol{B}$ 之间的距离可以用 L_1 距离或者 L_2 距离(也称欧氏距离)来度量。L_1 距离可以表示为

$$D_1 = \sum_{i=1}^{N} \mid \boldsymbol{A}_i - \boldsymbol{B}_i \mid \tag{4.21}$$

其中,N 是特征向量的维数。类似地,L_2 距离可以表示为

$$D_2 = \sum_{i=1}^{N} (\boldsymbol{A}_i - \boldsymbol{B}_i)^2 \tag{4.22}$$

2. 直方图相交

上述两种距离度量方法常用来计算颜色直方图之间的距离。度量直方图距离的另一种方法是直方图相交(histogram intersection)。它是指两个直方图在每个 bin 中共有的像素数量。假设 $\boldsymbol{I}$ 和 $\boldsymbol{Q}$ 是两个含有 N 个 bin 的颜色直方图,则它们之间的相交距离表示为

$$\sum_{j=1}^{N} \min(\boldsymbol{I}_j, \boldsymbol{Q}_j) \tag{4.23}$$

3. 二次式距离

对于基于颜色直方图的图像检索,二次式(quadratic form)距离已被证明比使用欧氏距离或是直方图相交距离更为有效。原因在于这种距离考虑到了不同颜色之间存在的相似度。两个颜色直方图 $\boldsymbol{I}$ 和 $\boldsymbol{Q}$ 之间的二次式距离可以表示为

$$D = (\boldsymbol{Q} - \boldsymbol{I})^{\mathrm{T}} \boldsymbol{A} (\boldsymbol{Q} - \boldsymbol{I}) \tag{4.24}$$

该方法通过引入颜色相似性矩阵 $\boldsymbol{A}$,使其能够考虑到相似但不相同的颜色间的相似性因素。其中,$\boldsymbol{A} = [a_{ij}]$ 且 a_{ij} 表示直方图中下标为 i 和 j 的两个颜色 bin 之间

的相似度。矩阵 A 可以通过对色彩心理学的研究获得[136]。与此等价的另一种做法是先对颜色直方图进行求闭包操作,使每个颜色 bin 的值都受到来自它相邻颜色 bin 的影响。这样,颜色直方图本身就包含了不同颜色之间的相似性因素,因此,可以直接使用欧氏距离或直方图相交距离。这种对直方图预处理的方法的好处在于在检索过程中计算相似度的代价较小。

4. 马氏距离

如果特征向量的各个分量间具有相关性或者具有不同的权重,可以采用马氏距离(Mahalanobis distance)来计算特征之间的相似度。与欧氏距离不同的是,它考虑到各种特性之间的联系,并且是尺度无关的(scale-invariant)。马氏距离的数学表达为

$$D_{ma} = (A - B)^{\mathrm{T}} C^{-1} (A - B) \tag{4.25}$$

其中,C 是特征向量的协方差矩阵。该距离标准常用来计算 SAR 特征的相似度。

当特征向量的各分量之间没有相关性,马氏距离还可以进一步简化,因为这时只需要计算每个分量的方差 c_i。简化后的马氏距离如下:

$$D_s = \sum_{i=1}^{N} \frac{(A_i - B_i)^2}{c_i} \tag{4.26}$$

对某个图像特征选择一种合适的相似度衡量方法是获取满意的检索效率的重要保证。然而,更重要和困难的是确定不同特征之间或是同一特征的不同分量之间的权重。

5. 非几何度量

上述的各种方法都是基于向量空间模型的,采用几何距离作为相似度度量。这样的距离函数通常要满足距离公理的自相似性、最小性、对称性和三角不等性等条件。然而,早在 1950 年,Attneave 用几何距离对一组四边形的感知相似性进行了实验,发现距离度量方法和人对相似性的感知判断之间存在一定差距[136]。1977 年,Tversky 提出了著名的特征对比模型(contrast model)[137]。与几何距离不同,该模型不把每个实体看成特征空间中的一个点,而将每个实体用一个特征集来表示。设两个实体 a 和 b,它们对应的特征集分别为 A 和 B,则两个特征间应当满足匹配性、单调性和独立性假设。基于这样的假设,对于满足上述的三个假设的度量函数 s,一定存在一个相似度度量函数 S 和一个非负函数 f,以及两个常量 $\alpha > 0, \beta > 0$,对于实体 a、b、c、d 和它们的特征集 A、B、C、D,满足下式:

$$
\begin{aligned}
S(a,b) &> S(c,d) \Leftrightarrow s(a,b) > s(c,d) \\
S(a,b) &= f(A \cap B) - \alpha \times f(A - B) - \beta \times f(B - A)
\end{aligned}
\tag{4.27}
$$

其中,f 是一个反映特征显著性的函数,衡量指定特征对相似度的贡献。当 $\alpha \neq \beta$

时,相似函数是不对称的。Tversky 的理论扬弃了传统几何模型下相似度度量的优缺点,只适合那些特征明显的对象,缺乏一定的实用性,而且对于函数 f 的表示形式并不是唯一的。

4.1.3　图像检索中的相关反馈

相关反馈(relevance feedback)技术最早被应用于传统的文本检索领域中。它是用户和检索系统之间的一个交互过程,具体是指系统根据用户对当前检索结果的评价来调整用户的初始查询,从而优化检索结果的过程。最具代表性的相关反馈方法是由 Rocchio 提出的基于向量空间的反馈模型[138]。在该模型中,无论是文档还是用户查询都可以表达位向量空间中的点,而相关反馈的本质是将代表初始查询 Q 的点移动到靠近相关文档且远离无关文档的位置上。这种方法可以用公式表示为

$$Q' = \alpha \times Q + \beta \times \left(\frac{1}{N_R} \sum_{i \in D_R} D_i \right) - \gamma \times \left(\frac{1}{N_N} \sum_{i \in D_N} D_i \right) \tag{4.28}$$

其中,α、β 和 γ 是常量;D_R 和 D_N 分别代表相关文档和无关文档的集合;N_R 和 N_N 则分别是 D_R 和 D_N 中文档的数量;Q' 代表调整后的查询所对应的点。

Rui 等[22]最早将相关反馈技术运用于基于内容的图像检索。之后出现的用于图像检索的相关反馈算法大多数都是基于向量空间模型的。这些方法大致可分成两类:查询点移动法和权重调整法。

查询点移动法:其本质在于试图把特征空间中的查询点位置向相关图像所在的位置靠近,同时远离无关图像所在的位置。人们希望通过这种方法使查询点更接近人们真实的信息需求。

权重调整法:由于每张图像都是由一个 N 维的特征矢量描绘的,可以把图像看成 N 维特征空间中的点。因此,如果所有相关例子(图像)在某坐标轴 j 上的方差很大,则说明图像的第 j 个特征和查询的相关度较小,给此特征设定一个较小的权重。Ishikawa 等[139]提出的图像检索系统 MindReader 把相关反馈构造成一个参数估计问题。和其他一些图像检索系统不同的是,MindReader 允许距离度量函数和坐标轴不平行,这就使它不仅能够为不同的轴(所对应的特征)加权,还考虑了轴(不同特征)之间的相关因素。Rui 等[22]在图像检索系统 MARS 中实现了一种基于标准方差的权重调整法,将第 j 个特征的权重设为所有相关图像的第 j 个特征值的标准方差的倒数。除了解决最优化问题,还能够处理多层次的图像特征。

4.1.4　现有基于内容的图像检索系统

自 20 世纪 90 年代以来,基于内容的图像检索已经成为一个非常活跃的领域。不管是在商业还是在研究领域上,都出现了一些图像检索系统。这里,将介绍几个

典型的系统以及它们各自特点。

1）QBIC 系统

QBIC[9]是基于图像内容查找的缩写（query by image content），它是第一个基于内容的图像检索的商用系统。这个系统的框架和技术对后来的图像检索系统产生了深刻的影响。

QBIC 支持基于例子（图像）的查找，也支持基于用户构造的草图、轮廓和选定的色彩和纹理样式的查找。在 QBIC 中，颜色特征用直方图等来表示，而纹理特征是用改进了的 Tamura 纹理表示法来表示，也就是粗糙度、对比度和方向性的结合。形状特征主要由形状区域、环状、离心率、主轴定向和一些代数不变矩组成。QBIC 是极少数要处理高维特征索引的系统之一。在它的索引子系统中，首先用 KLT 来完成维数的缩减，然后用 R* 树来构造多维索引结构。在 QBIC 的新版系统中，基于关键字的查询方式和基于内容的查询方式相结合，共同完成查找功能。QBIC 演示程序见 http：//www. qbic. almaden. ibm. com。

2）Virage 系统

Virage 是由 Virage 有限公司开发的基于图像查找的工具[10]。与 QBIC 一样，它也支持基于色彩、色彩分量、纹理和形状（对象边界信息）的查询。但 Virage 比 QBIC 先进之处在于它能够支持以上四种基本查询的任意组合。它采用了图像管理的开放式框架，把视觉特征归为两类，分别是通用特征（如色彩、形状或纹理）和领域相关的特征（如面部特征等）。根据不同领域的需要，各种有用的原语（primitive）就可以加入到这个开放式结构中。Virage 的主页是 http：//www. virage. com/cgi-bin/query-e。

3）Photobook 系统

Photobook[11]是由美国麻省理工学院的媒体实验室开发的用于浏览和查找图像的交互式工具。它由三个子部分组成，分别负责提取图像的形状、纹理和表面特征。因此，系统也允许用户根据不同的特征来进行查找。由于没有一种图像特征对于任何领域都是最优的，因此在 Photobook 最新版本中，Picard 等提出了把用户融入图像注释和检索的过程中。更进一步的是，由于人对图像的理解是主观的，他们又提出了"模型群"来结合人的主观因素。实验表明，这种方法对于交互式图像标注非常有效。

4）VisualSEEK 和 WebSEEK 系统

VisualSEEK[29]是视觉特征检索工具，既支持基于视觉特征的查询，也支持基于空间关系的查询。这就是说，如果查找一幅"日落"的图像，用户可以构造这样一幅草图作为查询：草图上方是桔红色的区域，下面是蓝色或绿色的区域。

WebSEEK[30]是一种基于 Web 的文本或图像的查找工具，既支持基于关键词的查询,也支持基于视觉内容的查询。它由三个模块组成,分别是图像和视频收集模块,主题分类和索引模块以及查找、浏览和检索模块。采用了色彩集和基于纹理特征的小波变换来表示视觉特征。为了加快速度,系统还采用基于二叉树的索引算法。

上述两个原型系统都是由哥伦比亚大学开发的,主页在 http://www.ee.columbia.edu/~sfchang/demos.html。

5) iFind 系统

iFind 系统[140]是微软亚洲研究院的张宏江博士领导的小组研制出的网络图片检索系统。它能提供基于语义和基于内容的图片搜索。

4.2　基于内容的音频检索

与早期图像检索一样,人们也可以使用文本标注方式实现音频数据检索,如对音频数据标注成"音乐"、"演讲"和"爆炸"等。但是这样做存在如下缺点:①人工注释需要大量的人力,尤其是对于大型音频信息库,每天都有大量新资料出现,需要及时把新音频数据归类,如果没有计算机自动或辅助处理,音频数据的更新周期就不能满足用户对信息查询检索的需要;②蕴藏在音频数据中丰富的语义内容很难通过人工标注实现,因为每个人对音频数据的主观感受不同;③对于实时音频数据流的处理,手工标注则完全不可行,而是必须借助计算机达到实时内容分析的目的。

随着互联网上音频数据爆炸性的增长,人们已不满足于通过关键词方式进行音频片段检索,希望通过哼唱的形式查找相似的音乐、歌曲和讲话等,即查找出听觉上相似的同类音频数据流。这将会给用户查找信息带来极大方便。因此,基于内容的音频信息检索研究应运而生[141],成为多媒体检索的一个分支。基于内容的音频检索,是指通过音频特征分析,对不同音频数据赋以不同的语义,使具有相同语义的音频在听觉上保持相似。在这里,首先要区分音频检索和语音识别的不同。语音识别指从话者语音信号中识别出字、单词和短语等基本元素,然后对这些语言符号进行分析和理解,提取里面蕴涵的语义。音频包括语音和非语音(non-speech)两类信号。对语音这类音频信号的处理需要借助语音识别中的许多传统方法,如隐马尔可夫链等。但是,在音频检索中,更多关注的是非语音信号的识别,如不同的环境音和不同风格音乐等。当然,如果能够把音频信号中的语音数据完全分析出来,自然可以极大加强检索效果,如 CMU 的 Informedia 项目[142]最初就是对多媒体数据流中语音音频信号通过识别,转录成文本信息,然后分析达到视频检索目的。

4.2.1　音频特征提取

在基于内容特征的音频检索中,需要经过特征提取、音频分割、音频识别分类和基于内容的音频检索这四个关键步骤(图 4.3)。首先介绍特征提取。

图 4.3　基于内容特征的音频检索

　　音频是多媒体中的一种重要媒体。人耳能够听见的音频频率范围是 60～20000Hz,其中语音大约分布在 300～4000Hz,而音乐和其他自然声响可以分布在 60～20000Hz 的任何区域。人耳听到的音频是连续模拟信号,而计算机只能处理数字化的信息,所以模拟连续音频信号要经过离散化即抽样后变成计算机处理的离散采样点。要说明的是,音频信号数字化时的采样率必须高于信号带宽的两倍,才能正确恢复信号(奈奎斯特采样频率)。

　　在音频处理中,一般假定音频信号特性在很短时间区间内变化是很缓慢的,所以在这个变化缓慢的时间内所提取的音频特征保持稳定。这样,对音频信号的处理可通过将离散音频信号分成一定长度单位进行,即将离散音频采样点分成一个个音频帧(窗口)。这种方法就是音频信号"短时"处理方法,一般一个"短时"音频帧持续时间长度约为几到几十微秒。

　　假设一段连续音频信号流 x 采样后的离散音频信号可以表示为 $x=[x(1),x(2),\cdots,x(n),\cdots,x(K)]$。这意味着从此连续音频信号中得到了 K 个采样数据,其中 $x(n)$ 是时刻 n[①] 得到的数据。在"短时"处理时候,假设将这 K 个数据分成 L 组,每一组就是一帧,每一帧包含 $[K/L]$ 个采样点。如果从每一帧的 $[K/L]$ 个采样点可以提取 m 个特征,最后得到 $L×m$ 个特征就构成了音频数据 x 的特征,这些特征被用来对音频数据流 x 进行分割、识别与检索。从这里可以看出,音频信号"短时"特征处理法是从采样点集合中提取特征,而不像视频处理时,从每个"关键"采样点(视频关键帧)中提取的特征来表示视频数据。

　　从广义角度上讲,连续音频信号经过采样,变成离散信号后,按照对 $[K/L]$ 个采样点提取特征方式不同,可以从音频信号中提取三类基本特征:时域特征、频域特征和时频特征。这三类特征空间从不同角度刻画了音频信号的实质,构成了音频信号的描述算子。本章重点介绍时域和频域特征。

　　另外,按照特征提取单位长短的不同,也可以从音频信号 x 中提取音频帧(audio frame)特征和音频例子(audio clip)特征两种不同形式的特征。

----

① 　对于采样次数 n,以下都满足:$n\in[1,K]$,故不再一一说明。

① 音频帧特征：基于音频帧长度提取特征的思想来自语音信号处理理论，其前提假设是语音信号在短时刻内（如几毫秒）是稳定的。x 的音频帧特征就是从每帧 $[K/L]$ 个采样点中分别提取特征，所有这些采样点中提取的特征就构成了 x 的特征向量。

② 音频例子特征：基于音频例子长度提取特征需考虑到任何音频语义总是要持续一定长的时段，如爆炸和掌声等会持续几秒。如果在该时段内提取特征，能更好反映音频所蕴涵的语义，所以在这种方法中，直接对 x 提取特征，也就是把 x 的所有采样点只看成一个"短时帧"，但是这样处理的结果过于粗糙。实际中，对于 x 的所有采样点 $x(n)$，为了既考虑音频短时平稳特性，又考虑音频信号本质非平稳特性，一般先提取每个含 $[K/L]$ 个采样点的音频帧特征，然后计算音频帧的统计特征（如平均值和方差等），作为 x 的音频例子特征。

需要说明的是，音频信号的频域特征和时域特征的区别和联系如下：①时域特征和频域特征都是从短时音频帧中提取的；②时域特征是直接在原始信号基础上所提取的特征（平均能量、过零率和线性预测系数等），而频域是把原始信号先进行傅里叶变换，将原始信号转换到频域，然后在频域上提取特征（线性预测倒谱系数或 Mel 频率倒谱系数等）。

1. 时域特征提取

连续音频信号 x 经过采样后，得到 K 个采样点 $x(n)$。在音频时域特征提取中，由于每个采样点包含了这一时刻音频信号的所有信息，可以直接从 $x(n)$ 提取音频特征。这里，将 $x(n)$ 序列看成二维数轴，横坐标表示时间（长度为 K），纵坐标表示 $x(n)$ 的值。考察音频信号在这个坐标轴上的能量幅度，可以提取的时域特征有短时平均能量、过零率和线性预测系数等。

1）短时平均能量

对于采样得到的音频信号 $x(n)$，考虑到信号在短时间内的连贯性，首先把音频信号的 K 个采样点分割成前后叠加的音频帧（每个音频帧内包含约几百个采样点），相邻帧之间的叠加率一般为 $30\%\sim50\%$，音频处理中的"短时帧"均是这样得到的。

实际中遇到的离散时间信号总是有限长的，因此，不可避免地要遇到数据截短问题。在信号处理中，离散信号序列的截短是通过离散信号序列与窗口函数相乘来实现的。设 $x(i:i+N)$ 是一个含 N 个采样点的短时帧，$w(i)$ 是长度为 N 的窗函数，用 $w(i)$ 截短 $x(i:i+N)$，得到 N 点序列 $x\overline{(i:i+N)}$，即 $x\overline{(i:i+N)}=x(i:i+N)w(n)$，通过这样的途径，先前每个短时帧中的 N 个采样点 $x(i:i+N)$ 被转换成 $x\overline{(i:i+N)}$。由于时域上信号进行卷积计算，相当于频域上相乘，因此，窗口函数计算也可以表示为

$$X_N(e^{j\omega}) = \frac{1}{2\pi} \int_{-\pi}^{\pi} X(e^{j\theta}) \cdot W[e^{j(\omega-\theta)}] d\theta \tag{4.29}$$

其中,X 和 W 分别表示频谱。

由此可见,窗口函数 $w(n)$ 不仅影响原信号在时域上的波形,而且也影响其频域的形状。常用的窗口函数有矩形窗、巴特利特(Bartlett)窗、三角窗、汉明(Hamming)窗、汉宁(Hanning)窗、切比雪夫(Chebyshev)窗、布莱克曼(Blackman)窗、凯泽(Kaiser)窗等。

短时平均能量指在一个短时音频帧内采样点信号所聚集的平均能量。假定一段连续音频信号流 x 得到 K 个采样点,这 K 个采样点被分割成叠加率为 50% 的 M 个短时帧。每个短时帧和窗口函数大小假定为 N,对于第 m 个短时帧,其短时平均能量可以使用下面公式计算:

$$E_m = \frac{1}{N} \sum_m [x(n)w(n-m)]^2 \tag{4.30}$$

其中,$x(n)$ 表示第 m 个短时帧信号中第 n 个采样信号值;$w(n)$ 是长度为 N 的窗口函数。

短时平均能量特征可以直接应用到有声/静音检测(non-silence/silence detection)中,也称静音检测(silence detection)。对于一个音频例子,如果这个音频例子中的某一短时帧平均能量低于一个事先设定的阈值,则判断该短时帧为静音,否则为非静音。如果这个音频例子中判断为静音的短时帧数目超过了一定比例,则把这个音频例子判断为静音音频例子。

当然,在具体处理时,没有这么简单,还需要考虑其他情况。例如,爆炸一般只持续几个短时帧,并且在爆炸音发生前后的短时音频帧所带的能量都很低。如果采取上面有声/静音检测算法,则会把爆炸音频例子判定为静音。

2) 过零率

过零率(zero-crossing rate)指在一个短时帧内,离散采样信号值由正到负和由负到正变化的次数,过零率大概能够反映信号在短时帧内里的平均频率。对于音频信号流 x 中第 m 帧,其过零率计算如下:

$$Z_m = \frac{1}{2} \sum_m |\text{sign}[x(n)] - \text{sign}[x(n-1)]| w(n-m) \tag{4.31}$$

其中,$x(n)$ 表示第 m 个短时帧信号中第 n 个采样信号值;$w(n)$ 是长度为 N 的窗口函数。当 $x(n) \geq 0$ 时,$\text{sign}[x(n)]=1$;否则 $\text{sign}[x(n)]=0$。

对于语音信号,它一般是由几个单词构成的,每个单词又由元音和辅音交替的音节组成。语音产生模型指出,由于声道阻碍较大,所以辅音的能量集中在 3kHz 以下,所带能量较小;相反,由于受声道阻碍较小,元音所带能量较大。这样,语音信号在波形上表现为较短时间内的低能量辅音信号总是后继一个较长时间高能量元音信号。相应地,辅音信号的过零率低,而元音信号的过零率就高。语音信号开始和结束都大量集中了辅音信号,所以在语音信号中,其开始和结束部分的过零率总会有显著升高,所以利用过零率可以去判断语音是否开始和结束。

另外,大多数音乐信号集中在低频部分,其过零率不表现出突然升高或降落的跌宕特性,所以有时候也用过零率来区分语音和音乐两种不同音频信号。

3) 线性预测系数

对于采样后得到的信号序列 $x(n)$,如果用有限个参数的数学模型来线性近似表示音频序列 $x(n)$,这些参数就成为信号 $x(n)$ 的线性预测系数(linear predictive coefficient,LPC)。

假设模拟音频信号 $x(n)$ 的数学模型为 $x'(n)$,则

$$x'(n) = \sum_{k=1}^{p} a_k x(n-K) \tag{4.32}$$

其中,$x(n-K)$ 为语音采样信号;$\{a_k\}$ 为模型参数(又称线性预测系数);p 为模型阶数。从上面可以看出,可以用信号前面的一些采样值(延时信号采样值)加权后叠加作为产生音频序列 $x(n)$ 的数学模型,也就是用前面的采样信号点去表示后面的采样信号。

借助式(4.32),只需要知道前面 p 个采样点,所有采样点的值就可以计算(预测)出来。由于上面的运算属于线性叠加运算,因此,是用线性模型去为音频信号序列 $x(n)$ 建立产生模型,其系数 $\{a_k\}$ 为线性预测系数。由于 $\{a_k\}$ 反映了音频信号的变化形状,因此可以代表音频特征。

实际中,不是为音频信号流 x 的全部 K 个采样点建立一个线性产生模型,而是为每个音频帧建立一个线性预测模型。每个短时音频帧有 p 个系数,将这 p 个系数作为这个短时音频帧的特征。在计算模型系数时,采用如下最小均方误差解法,定义音频短时帧的平均预测误差 E_m 为

$$E_m = \sum_n \left[x_m(n) - \sum_{k=1}^{p} a_k x_m(n-k) \right]^2 \tag{4.33}$$

其中,$x_m(n) = x(n+m)$。在该式中,令 $\partial E_m / \partial a_k = 0, k = 1, 2, \cdots, p$,就可以得到一组线性方程组,解之即可得出最佳的模型参数。

线性预测模型最大的优点是模型求解是一个线性问题,容易计算。缺点是模型精度不高,只是近似计算,通过模型模拟(预测)的信号与原始信号存在误差。由于音频信号的产生是一个非线性过程,其中存在着混沌随机因素,因而用线性模型来描述语音信号在理论上是不合适的,它不能描述语音信号的非线性本质,导致音频处理效果不理想。非线性模型虽有可能更精确模拟音频信号的产生过程,但其求解是一个非线性寻优过程,计算量大,收敛性及稳定性均无法保证,并且得出一个通用的非线性模型是很困难的。

上面介绍了从音频短时帧中提取最常用音频时域特征的方法,这些短时帧时域特征还可以衍生出其他特征,如特征均值和方差等。

2. 频域特征提取

在上面提取音频信号流 $x(x=(x(1),x(2),\cdots,x(n),\cdots,x(K)))$ 时域特征时,将每个时刻的采样点 $x(n)$ 看成音频在这个时刻信息的全部。音频理论指出:每一个音频信号是由不同时刻、不同频率和不同能量幅度的声波组成的,人们之所以能够感受到音频信号,是因为人耳这个滤波器在不同时候感受到了不同频率带上不同能量信号的结果。

考虑 0.6s 长度的音频信号 x,它可由三种不同频率信号混合而成:100Hz 的余弦信号、260Hz 的正弦信号和零均值的噪音信号。同时,如果 x 的采样频率为 1000Hz,即每隔 0.001s 得到一个离散采样点,所以 0.6s 长的 x 总共得到 600 个采样点。由于采样频率的一半 500Hz 远大于 260Hz,所以按照这个采样率得到的采样数据可以恢复原始连续音频信号。

音频是由不同频率在不同时刻所附带的不同能量形成的,且每个时刻的采样信号 $x(n)$ 只代表部分信息,音频信号的其他信息,需要经过频域分析才能得到。音频频域特征提取的本质是寻找哪些频率在音频信号持续时间内附带主要能量,这些带有主要能量的频率叫做谐波。同时,把音频信号用具有不同频率和幅度的谐波构造出来,然后对这些谐波进行特征系数提取。音频信号频域特征有多种,常用的有线性预测倒谱系数(linear predictive cepstrum coefficient,LPCC)或 Mel 频率倒谱系数(Mel-frequency cepstrum coefficients,MFCC)。通常 MFCC 参数比 LPCC 倒谱系数更符合人耳的听觉特性,在有信道噪声和频谱失真情况下,能产生更高的识别精度。

1) LPCC 系数

对于某个短时音频帧,其 LPCC 倒谱系数提取过程如下:首先用数字滤波器对音频帧所包含的 $[K/M]$ 个采样点进行预加重处理,对预加重处理后的音频帧内信号加窗口函数,然后对它进行自相关分析,把这个结果施以 p 阶线性预测运算,得到长度为 p 的信号序列 x_p,就是音频帧的 LPC 派生倒谱系数;如果对得到的 LPC 派生倒谱系数继续进行 Delta 加权处理,就得到 Delta 倒谱系数。

2) Mel 系数

Mel 频率倒谱系数是建立在傅里叶和倒谱分析基础上的,对短时音频帧中的 $[K/M]$ 个采样点进行傅里叶变换,得到这个短时音频帧在每个频率上的能量大小。如果音频信号的采样率为 25kHz,那么由采样定理知,音频帧的最大频率为 12.5kHz。也就是说,短时音频帧在 0～12.5kHz 的频率带上具有能量,只是每个时刻在不同频率上所带能量大小不同而已。利用人耳的感知特性,把 0～

12.5kHz 的频率带划分为若干个子带。在整个频率带划分为频率子带时，可以采取线性划分和非线性划分两种方式。如果要将整个频率带线性划分成若干个子带，每个子带的宽度可以取为 Mef$(f)=2595\lg(1+f/500)$；非线性划分中每个频率子带宽度的划分就比较复杂了。无论是线性划分子带，还是非线性划分子带，如果整个频率带被划分为 n 个子带，分别计算这 n 个子带上的总能量，就构成了这个短时音频帧的 n 个 MFCC 系数（也叫 Mel 系数）。如果对提取出来的 Mel 系数再计算其对应的倒谱系数，就是 Mel 倒谱系数。

在提取 Mel 系数时要注意以下几点：①将频率带非线性分为若干频率子带，是指每个子带上的频率宽度是不一样的；②生理学研究表明，人耳就是一个滤波器。人耳这个滤波器对某些频率子带的能量敏感，对某些频率子带的能量不敏感。在求 Mel 系数时，如何仿照人耳机制对频率带进行非线性划分，是目前提取音频感知特征研究的热点，在后面还会介绍。

由于 LPCC、MFCC 和 Delta 倒谱特征是从每个短时音频帧中提取出来的，它们反映了音频在很短时刻内的静态特征，音频信号的动态特征可以用这些静态特征的差分来描述，如从前后相邻帧提取的 MFCC 特征相减，就是可以反映这个音频 MFCC 特征的动态特性。把这些动态特征和静态特征一起组成音频的特征向量空间，能够互补，在很大程度上可以提高改善系统的识别性能。

3）其他频域特征

除了上面介绍的频域特征外，还可以提取其他频域特征，如熵（entropy）特征和子带组合特征。熵是用来衡量信息复杂度的一个重要指标。

4.2.2 音频例子检索

音频检索包含两个问题：①原始音频数据流的特征如何表示；②基于这样的特征表示如何进行快速相似度匹配。目前相似度匹配都是基于音频特征时间序列在几何意义上的相似性，非主观内容相似性，所以需要找到一种机制，弥补语义相似性与几何拓扑相似性之间的差距。先前音频例子检索考虑的是前面两个任务。

一般音频特征是从音频帧（frame）中提取，对于一个 3s 的音频，如果每帧提取 11 个音频特征，对于 5000Hz 采样率，其特征矩阵规模为 15000×11，这样表示原始音频，数据量非常大。如果将提取出来的特征聚类为有限数个质心表示的音频例子，将实现特征降维，快速度量音频例子之间的相似性。

目前，随着互联网的普及，对实时处理的需求变得越来越重要。MPEG[143] 凭借其易于传输存储的优点而成为多媒体数据压缩的通用标准[130]。用非压缩域方法来处理 MPEG 压缩格式的多媒体数据时，必须先经过解码，然后再进行特征提取和分析，造成了时间和速度上的瓶颈，运算量无谓增大。在 MPEG 中，结合人的听觉心理学，将音频的语义通过这些编码来体现，直接在 MPEG 压缩域上提取特征。这样可以保证对音频信息的正确理解,同时将解码和特征提取结合为同一个过程,即直接对 MPEG 格式的数据流进行处理可以有效加速基于内容的音频检索。

Zhao 等[144]提出一种在音频压缩域上基于时空约束模糊聚类[145]的音频例子检索:首先音频例子的压缩域特征被提取出来,然后使用时空约束规则对特征进行模糊聚类,将得到的聚类质心用来表征整个音频例子。最后,快速匹配算法去度量两个音频例子质心之间的相似性,完成音频例子的检索。

1. MPEG 压缩域音频特征提取

在介绍音频特征提取之前,先介绍运动图像专家小组(moving picture experts group,MPEG)[143]音频格式。

MPEG 由 MPEG-1 发展而来,目前已经成为包含 MPEG-1、MPEG-2、MPEG-4、MPEG-7 及 MPEG-21 系列的标准体系。MPEG-1 于 1991 年引入,用于加速 CD-ROM 中图像的传输。它的目的是把 221Mbit/s 的 NTSC 图像压缩到 1.2Mbit/s,压缩率为 200∶1。

MPEG 是一种有损的非平衡编码。有损意味着为达到低比特率,一些图像和伴音信息将丢失,通常这些信息是人眼和人耳最不敏感的信息。非平衡编码意味着压缩一幅图像比解压缩慢得多。

MPEG 的数据流包含三个组成部分:视频流、伴音流和系统流。视频流包含图像流信息,伴音流包含音频信息,系统流实现视频和音频的同步。同时,MPEG 伴音压缩编码可以实现三种压缩等级。等级 I 是简单压缩,它是一种听觉心理学模型下的亚抽样编码。等级 II 加入了更高的精度,等级 III 加入了非线性量化、赫夫曼编码和其他实现低速率高保真图像的先进技术。

MPEG 在对任何类型音频编码时,原始音频流首先通过 32 个过滤器组转换成对应频谱分量,同时运用心理生理学模型来控制每一子带的位分配,通过对各个子带编码来实现原始信号编码。MPEG 编码是非平衡编码,因此,相对于复杂而又耗时的编码过程,其解码过程是十分简单的:各子带的序列按照位分配段的信息被重建,然后各子带的信号通过一个合成过滤器组生成 32 个连续的 16 位 PCM 格式的声音信号。本节中所要提取的基于压缩域的音频特征就是在 32 个子带的信号合成之前计算的。

在 MPEG 编码过程中,音频信号的频谱通过一组等距带通滤波器被映射到 32 个子带上。在频谱映射过程中,使用多相过滤器结构。过滤器组包含 512 个系数,在频域上是等距的,对于采样频率为 22050Hz 的原始信号,按照奈奎斯特采样定律,信号实际最大频率为 11025Hz,因此,每一个子带的带宽为 11025/32 = 345Hz。第 k 个子带的冲击响应 $h_k(n)$ 是低通过滤器 $h(n)$ 乘上一个将低通响应转换到对应的频率子带中去的调幅相移函数 $\Phi(i)$ 来实现。

MPEG 音频压缩利用了"心理声学模型"(psychoacoustics model),在 MPEG

压缩领域上直接提取特征,可以保留这些感知特性,实现对音频语义内容的理解。

实验中使用的数据是 MPEG-2 Layer III,采样频率为 22050Hz 的单声道 mp3 格式音频信号(相似的过程也能应用于其他类型的 mp3 文件)。对于 mp3 文件,先分割成大约为 20ms 的帧,每一帧对应于 $32 \times 18 = 576$ 个采样值。对于每一帧,首先求出每一个子带矢量值的均方根:

$$M[i] = \sqrt{\frac{\sum_{t=1}^{32} (\boldsymbol{S}_t[i]^2)}{32}}, \qquad i = 1, 2, \cdots, 32 \tag{4.34}$$

其中,$\boldsymbol{S}_t$ 是 32d 的子带矢量且 $i \in [1, 32]$,M 表征了这一帧的特性。由此可以得到以下的具体压缩域特征。

① **质心**(centroid):$C = \sum_{i=1}^{32} iM[i] / \sum_{i=1}^{32} M[i]$,指一个矢量的平衡点,质心反映了在压缩域上音频信号的基本频率带。

② **衰减(roll off)截止频率**:指音频信号能量衰减 3dB 时的截止频率。

③ **频谱流量**(spectral flux):指相邻两帧的 M 矢量正规化后以 2 为模的差分,它体现了音频信号的动态特征。

④ **均方根**(RMS):$\mathrm{RMS} = \sqrt{\dfrac{\sum_{i=1}^{32} M[i]^2}{32}}$,用来衡量这一帧音频信号强度。

上述四个特征反映了音频的静态和动态特性,构成了压缩域上音频信号的描述算子。实验中使用这四个特征值来表征每一帧音频信息,也可窗口化每一帧,使用这四个特征的统计信息。

2. 聚类质心提取

通常的聚类方法是将众多对象归为几个子类,每个对象属于其中一个且只有一个子类,如 k 平均聚类和混合高斯聚类算法。但对于音频,由于其本质上是非平稳信号(短时帧内信号平稳),对它进行明确地归类不是一件容易的事情,如很多歌曲,究竟它们属于音乐,还是属于语音就很难确定。因此,引入模糊聚类概念实现音频例子压缩域特征表达[145],即对象可以属于每一类别,只是隶属度有所不同。并且为了保持聚类结果的均匀性,对于这样的聚类结果,使用时空约束规则来进行调整。

假设集合 $\boldsymbol{\chi} = \{\boldsymbol{\chi}_{1l}, \boldsymbol{\chi}_{2l}, \cdots, \boldsymbol{\chi}_{Nl}\}$ 表示一个音频例子包含的所有短时帧。N 为短时帧总数,$\boldsymbol{\chi}_{jl}$ 表示第 j 短时帧中所提取的第 l 个压缩域特征,是一个四维向量;集合 $\boldsymbol{V} = \{\boldsymbol{V}_{1l}, \boldsymbol{V}_{2l}, \cdots, \boldsymbol{V}_{Kl}\}$ 表示 K 个质心,K 为聚类质心数目。引入 $K \times N$ 阶矩阵 $\boldsymbol{U}$ 表示每个短时帧 $\boldsymbol{\chi}_j$ 对每个质心 $\boldsymbol{V}_i$ 的隶属度,则模糊聚类的基本思想就是使 $J_q(\boldsymbol{U}, \boldsymbol{V})$ 值最小化:

$$J_q(\boldsymbol{U}, \boldsymbol{V}) = \sum_{j=1}^{N} \sum_{i=1}^{K} (u_{ij})^q d^2(\boldsymbol{\chi}_{jl}, \boldsymbol{V}_{il}) \tag{4.35}$$

其中,q 是模糊聚类因子且 $q > 1$;u_{ij} 是 $\boldsymbol{\chi}_j$ 对第 i 个聚类质心 $\boldsymbol{V}_i$ 的隶属度;$d^2(\boldsymbol{\chi}_{jl}, \boldsymbol{V}_{il})$ 是 $\boldsymbol{\chi}_{jl}$ 与 $\boldsymbol{V}_{il}$ 之间的距离,$j \in [1, N]$ 且 $l \in [1, 4]$。这里选用余弦距离且 $K \leqslant N$。

1) 压缩域特征高斯化处理

值域的差异,导致值域范围小的特征对计算结果基本没影响。首先对提取出来的特征进行高斯归一化。对于某个压缩域特征 $\boldsymbol{\chi}_{jl}$,计算该数列的平均值 μ_l 和标准方差 σ_l,然后用式(4.36)对数列中的每个数进行归一化处理,使其在 $(0, 1)$。

$$\boldsymbol{\chi}_{jl} = \frac{\boldsymbol{\chi}_{jl} - \mu_l}{3\sigma_l} \tag{4.36}$$

根据 3σ 规则,经过对式(4.36)归一化后,$\boldsymbol{\chi}_{jl}$ 的值落在区间 $[-1, 1]$ 中的概率约为 99%。再通过以下的平移操作使这些值最终落在 $[0, 1]$:

$$\boldsymbol{\chi}_{jl} = \frac{\boldsymbol{\chi}_{jl} + 1}{2} \tag{4.37}$$

经过这样的移动后,可以认为 $\boldsymbol{\chi}_{jl}$ 中所有的值都在 $[0, 1]$。

2) 聚类质心 $\boldsymbol{V}_i$ 形成

使用一个滑动窗口判断压缩域特征是否发生突变,每一短时帧与前面窗口第一帧和后面窗口最后一帧特征同时进行相似性比较,取相似性作为判断突变的依据。选取突变最大的前 K 个短时帧作为初始聚类质心。实验中窗口大小取 20 帧,N 为音频中短时帧的数量。

$$\text{sim}(\boldsymbol{\chi}_{jl} \cdot \boldsymbol{\chi}_{(\lfloor (j-19+N)/N \rfloor)l}) = \sum_{l=1}^{4} \left[\boldsymbol{\chi}_{jl} \cdot \boldsymbol{\chi}_{(\lfloor (j-19+N)/N \rfloor)l} \right] / \mid \boldsymbol{\chi}_{jl} \mid \times \mid \boldsymbol{\chi}_{(\lfloor (j-19+N)/N \rfloor)l} \mid$$

$$\tag{4.38}$$

其中,$\boldsymbol{\chi}_{jl} \cdot \boldsymbol{\chi}_{(\lfloor (j-19+N)/N \rfloor)l}$ 表示两个向量之间点积,$\mid \boldsymbol{\chi}_{jl} \mid$ 表示向量模。第 j 个短时帧,与它后面窗口第一帧(实际上是第 $\lfloor (j+19+N)/N \rfloor$ 帧)相似度的计算同样如式(4.38)。对于 $\boldsymbol{\chi}_{jl}$ $(1 \leqslant j \leqslant N)$,突变因子为

$$\text{change}(\boldsymbol{\chi}_{jl}) = \left[\text{sim}(\boldsymbol{\chi}_{jl} \cdot \boldsymbol{\chi}_{(\lfloor (j-19+N)/N \rfloor)l}) + \text{sim}(\boldsymbol{\chi}_{jl} \cdot \boldsymbol{\chi}_{(\lfloor (j+19+N)/N \rfloor)l}) \right] / 2$$

$$\tag{4.39}$$

3) 模糊聚类与聚类质心形成

得到初始聚类质心后,计算每个短时帧对每个质心的隶属度 u_{ij}:

$$u_{ij} = \left[\frac{1}{d^2(\boldsymbol{X}_j, \boldsymbol{V}_i)} \right]^{\frac{1}{q-1}} / \sum_{k=1}^{K} \left[\frac{1}{d^2(\boldsymbol{X}_j, \boldsymbol{V}_k)} \right]^{\frac{1}{q-1}} \tag{4.40}$$

根据计算出来的隶属度,形成新的聚类质心 $\hat{\boldsymbol{V}}_i$。

$$\hat{V}_i = \frac{\sum_{j=1}^{N} (u_{ij})^q X_j}{\sum_{j=1}^{N} (u_{ij})^q} \qquad (4.41)$$

用新的聚类质心 $\hat{V}_i$ 更换式(4.40)中的 V_i,得到新的隶属度 $\hat{u}_{ij}$。如果 $\max_{ij}[\,|u_{ij} - \hat{u}_{ij}|\,] < \varepsilon$,则聚类停止,否则继续迭代调整聚类质心($\varepsilon$ 是 $0 \sim 1$ 的阈值)。

最后对结果进行空间时间约束检查。因为某些情况下,某些聚类子集中的元素可能很少,而某些聚类质心之间的距离太近。因此,引入空间和时间规则来约束聚类过程。所谓聚类空间约束指,每个聚类子集中短时帧不能太少(空)或者太多,即保证聚类均匀;所谓聚类时间约束指,如果两个聚类的质心很接近,意味着这两个聚类中的短时帧是前后重复出现,要把它们合并到一起重新聚类。

可以借助隶属度矩阵 u_{ij} 实现聚类约束判断:对于每个聚类质心 v_i,用 U_i 表示所有短时帧对它的隶属度,即 $U_i = \sum_{j=1}^{N} u_{ij}$。首先判断 U_i 的值是否过大或过小,如果过大或过小,说明该聚类中的短时帧分布不均匀,则将该聚类质心从聚类质心中删除。在剩下的短时帧中选取一个突变最大的作为新的初始聚类质心,重新按照如上步骤求聚类质心,保证了空间约束关系;然后,再比较 U_i 之间的大小,如果其中两个 U_i 的数值非常接近,则说明与两个 U_i 对应的两个聚类质心 v_i 有相等的可能性,再进一步比较两个聚类质心的余弦相似度证明两个聚类质心是否相似,如果相似则合并这两个聚类质心,选择新的短时帧作为初始聚类质心重新聚类,保证时间约束关系。通过以上方式得到每个音频例子的 K 个质心作为音频索引。

3. 相似度比较

既然每个音频用 K 个质心来表示,那么两个音频之间的相似度就可以通过质心来计算。假设 $V = \{v_1, v_2, \cdots, v_K\}$ 表示用户提交检索的例子音频 request 的模糊聚类质心,$W = \{w_1, w_2, \cdots, w_K\}$ 表示音频检索数据库中与 V 进行相似度比较的某个音频例子 clip 的聚类质心,则按如下方法计算 request 和 clip 的相似度。

① 对于 V 中的每个 v_i,在 W 中找到与其最相似的 w_j,记为

$$g(v_i, W) \equiv \operatorname*{argmin}_{w \in W} d(v_i, w) \qquad (4.42)$$

其中,d 表示余弦相似度且 $i, j \in [1, K]$。同理,对于 W 中的每个 V 中的每个 w_j,在 V 中找到与其最相似的 v_i,记为

$$g(w_j, V) \equiv \operatorname*{argmin}_{v \in V} d(w_j, v) \qquad (4.43)$$

② request 和 clip 之间的相似度为

$$\operatorname{dis}(V, W) \equiv \frac{1}{|V| + |W|} \Big\{ \sum_{v \in V} d[v, g(v, W)] + \sum_{w \in W} d[w, g(w, V)] \Big\} \qquad (4.44)$$

由 dis 求出音频数据库中所有音频与 request 的相似程度,然后选择若干最相似的音频返回给用户,完成检索。

4.2.3 现有基于内容的音频检索系统

1) OMRAS 系统

OMRAS(online music recognition and searching)是由伦敦大学开发的一个在线音乐识别与检索系统。该系统可以支持基于内容的音乐检索。该系统网址为 http://www.omras.org/。

2) QueST 系统

QueST 系统[146]是由北京大学开发的音乐检索系统。该系统支持基于内容的音乐检索。首先从音乐片段中提取听觉特征,然后采用主成分分析法对其降维处理。最后,采用 RBF 神经网络对某一相似度进行权重调节。将该音乐片段映射到高维空间的一个点,这样可以使用传统相似查询技术得到相似的音乐片段。

4.3 基于内容的视频检索

数字视频可以看成一系列静止图像帧组成的序列,因此,视频检索在很大程度上可以借鉴图像检索的技术。视频检索的一般做法是把视频分割成镜头和场景等结构,并选取关键帧来代表这些结构的特征,然后基于关键帧之间的相似度来计算视频之间的相似度。

4.3.1 视频预处理技术

原始的视频流是本身具有一定长度且非结构化的特性,因而没有信息可以提供给检索使用。为了有效地组织和检索,必须先解决如何表达视频信息的问题。一个最通常的表示方法是用结构化的模型法。在此方法中,视频流首先被分为许多镜头,用来表示最基本的操作单元。然而,这样的单层结构往往有缺乏高层语义文本信息的特点,不便于检索。这一问题的解决导致了双层结构的产生[147],即在镜头层次上还有一个称为场景的高层结构,将许多在语义上有联系的镜头组合起来。场景中的镜头拥有一些共同属性,如地点、演员、事件等。

目前比较常见的视频结构化模型是如图 4.4 所示的四层视频表示结构,即"场景—镜头组—镜头—关键帧"的层状结构。其中各层的定义如下所述。

镜头(shot):相机摄下的不间断的帧序列。它是视频的基本组成单元,在物理上是一个整体,由镜头边界来定界。

关键帧(key-frame):代表镜头显著内容的帧。一个镜头中可以提取的关键帧数目取决于镜头的复杂程度。

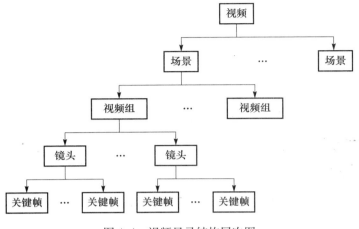

图 4.4　视频目录结构层次图

场景(scene):一个语义上相关,时间上相邻的镜头集合,表达了一个高层抽象的概念和故事。

视频组(group):介于物理镜头和语义场景之间的结构部分。例如,一段采访录像,镜头在主持人与被采访者之间频繁切换,整个采访属于一个场景,而那些关于主持人的镜头属于一组,关于被采访者的镜头属于另一组。

将视频切割成这样的层次结构有许多算法,下面将简要地予以介绍。

1. 镜头检测

视频镜头是时间上、空间上某一连续动作的帧集合,是视频结构模型的一个最基本的操作单元,它的划分好坏与整个结构的划分好坏紧密相关。现有的切分镜头算法有很多种[148]。

像素差法:如果两帧图像对应像素的变化个数超过一个预定的阈值,则认为这两个帧之间发生较大变化。然后,再将总的变化值与第二个预定的阈值比较,如超过范围,则判断其为镜头边界。但该法对镜头移动十分敏感,对噪声的容错性较差。

数值差法:该法是对像素差方法的扩展,它将图像分成若干个子区域,在这些区域中分别比较对应像素在数值上的差(如灰度标准方差等)。该法有较好容错性,但计算量太大。

颜色直方图法:比较两帧图像的颜色直方图,如果差别大于某个预定义的阈值,则进行镜头切分。

运动矢量法:通过从压缩的 MPEG 文件中直接提取运动矢量信息进行比较,可以克服摄像机镜头前后移动引起焦距变化(zoom)或摄像机角度转变(pan)所引起的噪声。

2. 关键帧提取

在完成了镜头边界检测以后,接下来的工作就是从视频中找一些代表性的关键帧来表示复杂的视频。目前,关键帧提取的方法也有很多种。

基于镜头边界法:以镜头首帧或尾帧或首帧加上尾帧为关键帧。这种方法虽简单,但它不考虑当前镜头视觉内容的复杂性。限制了关键帧的个数,并不合理。事实上,首帧或尾帧往往并非关键帧,不能精确地代表镜头信息。

基于颜色特征的方法:将镜头的当前帧与前一个关键帧相比,如有较多内容被改变,则把当前帧作为一个新的关键帧。但是由于基于颜色特征的方法对摄像机的运动(如摄像机镜头拉伸造成焦距的变化及摄像机镜头平移转变)很不敏感,无法量化地表示运动信息的变化。

基于运动分析的方法:摄像机运动造成的显著运动信息变化是产生图像变化的重要因素,也是提取关键帧的一大依据。它将相机运动造成的图像变化分成两类:一类是相机焦距变化造成的;一类是相机角度变化造成的。对前一类,选择首、尾两帧为关键帧;对后一类,如当前帧与上一关键帧重叠小于 30%,则选取其为关键帧。

基于聚类的方法:此方法将两帧的相似度定义为两帧颜色直方图的相似度。计算当前帧 F 与现存某群质心间的距离,如果该值小于阈值 δ,则认为该帧与该群之间不够接近而不能加入该群中。若 F 无法加入到任何一个群中,则 F 形成一个新的群,并以 F 为新群的质心;否则将 F 加入到与之相似度最大的群中,并调整该群质心。群形成后,则从该群中选取离质心最近的帧作为关键帧。

3. 场景和镜头组的构造

在视频结构中,相似的镜头组被组合到一个镜头组中。其中,镜头间的相似度定义为镜头关键帧的相似度。而如果两个非相似镜头组在语义上是相关的,它们就能被组合到一个场景。也就是说,镜头组中的镜头在物理上是相似的,而场景中的镜头组则是在语义上相似的。

镜头组和场景结构的构造,分成两个步骤进行:①通过时间连续性特性将相似镜头归成组;②将语义相关的组归并成一个场景。现有的常用场景和镜头组构造算法[135]中,通常分为独立进行的两个步骤:以视频镜头序列为输入,测试某一镜头是否可以被组合到现存镜头组中去。若可以,则加到现存镜头组中,并加到该镜头组所属场景中;否则,则新建一个镜头组和场景。

这种方法仅将当前镜头与单独镜头组进行比较,没有将场景当成整体来考虑,可能会产生误差。如一个镜头与某个场景中每个的镜头组都在视觉上不很相似,但和它们语义相关，理应归入该场景，而上述算法却会建立一个新的镜头组和场景。基于此，改进算法[136]可以从镜头出发直接组合成场景，并能在程序中动态调整镜头组和场景的结构。

4.3.2　系统体系结构

　　一个完整的基于内容的视频检索系统包括视频采集、视频处理和储存以及视频的检索等主要功能。下面以一个比较成熟的视频检索系统——Webscope CBVR[148]为例来介绍这类系统常用的体系结构。Webscope CBVR 包含了视频获取、视频处理和视频查询三个子系统。

　　① 视频获取子系统：核心是一个能在 Web 中搜索包含视频的网页的 Web Crawler。它工作原理是从某个初始 URL 开始，顺着网页上的超链接按一定算法选择一些网站来访问，下载网页中的视频和文本。Web Crawler 一般在服务器端以后台方式长时间运行，将采集到的原始数据下载到服务器上。

　　② 视频处理子系统：上部分采集到的原始数据（包括视频或文本）无法直接用于查询检索，需要对它们进一步处理，建立起便于检索的索引结构。目前，可以作为视频索引的有颜色、纹理等视觉特征，视频语义，视频层次结构，视频中物体的运动情况和时空关系等。Webscope CBVR 中相应的模块是视频结构化模块和视觉特征分析模块。前者作用在于将无结构的原始视频流切分成的层次结构，如比较常见的"视频—场景—镜头组—镜头—关键帧"的结构。视觉特征分析模块则基于视频中某些有代表性的关键帧提取出颜色、纹理和形状等视觉特征。视频的结构和特征都将作为其索引被保存。

　　③ 视频查询子系统：这部分的功能在于根据用户的需求在视频库中查找符合要求的视频。现有的查询方式有基于关键字的和基于例子视频的两种。前者是指用户输入若干感兴趣的关键字，如视频的主题和内容等，由系统采用传统的文本检索在视频的注释中查找相关视频。通过基于例子视频的查询是基于内容的检索中比较具有代表性的查询方式，它要求用户提交一段视频作为例子，由系统查找和它相似的视频。这就要求定义衡量视频之间相似度的模型。

4.3.3　视频检索技术

　　视频中包含的信息非常多，如语义、语音和视觉信息等，因此基于内容的视频检索一直都是多媒体检索领域的研究热点。下面介绍三种基于内容的视频片段检索及索引方法。

　　1. 基于 ViSig 模型的方法

　　针对视频相似度量中存在的复杂性，Cheung[149]较早提出一种基于视频签名

（video signature，ViSig）的视频相似度量方法——理想视频相似度（ideal video similarity，IVS）。在该方法中，首先将视频片段看成帧的集合，其中每一帧可表示为特征空间中的高维向量。这样将任意两段视频的相似度量看成两段视频中共同的相似帧对应的类所占的比例。由于 IVS 对于海量视频数据处理会带来较高计算代价，因此，又提出一种基于 Voronoi 视频相似度量（Voronoi video similarity，VVS）的方法来近似表示 IVS。在 VVS 中，视频相似度可通过转换表示为相似类对应的 Voronoi Cells 相交部分的体积。为了得到 VVS 值，首先对视频片段进行摘要，得到一些称为视频签名的采样帧。然后，对这些采样帧采用随机算法来估计对应的 VVS 值。最后，计算来自两个 ViSig 对应帧的距离。

2. 基于 ViTri 模型的方法

受 ViSig 模型[149]的启发，Shen 等[150]提出一种基于 ViTri 模型的视频序列检索及索引方法。假设视频序列的每一帧可由一个高维特征向量表示。视频序列 X 可以表示为 $X=\{x_1, x_2, \cdots, x_f\}$，其中 f 表示该视频序列的帧数，$d(x, y)$ 表示任意两个帧（x、y）之间的相似度。令两个帧（x、y）相似当且仅当 $d(x, y) \leqslant \varepsilon$，其中，$\varepsilon$ 为一个帧相似的阈值。因此，两个视频序列的相似度量可表示为

$$\mathrm{sim}(X, Y) = \frac{\sum_{x \in X} 1_{\{y \in Y: d(x, y) \leqslant \varepsilon\}} + \sum_{y \in Y} 1_{\{x \in X: d(x, y) \leqslant \varepsilon\}}}{|X| + |Y|} \qquad (4.45)$$

其中，$|\cdot|$ 表示视频 $\cdot$ 中的帧总数。

以上给出视频序列相似度计算公式，其计算复杂度为 $O(|X||Y|)$。对于海量视频检索，采用该相似度量方法将产生非常高的 CPU 代价。因此，在该相似度量基础上，本书提出一种视频摘要表达模型，称为 Video Triplet（记为 ViTri）。首先将视频序列进行聚类处理，每个类（C_i）中会包含相似的帧，且该类可以表示为一个 n 维空间的超球（hypersphere）。该超球可用一个三元组形式来表示：

$$\mathrm{ViTri}\colon\colon = (\mathrm{position}, \mathrm{radius}, \mathrm{density}) \qquad (4.46)$$

其中，position 表示该类的中心；radius 表示类的半径；density 表示该类中的帧数除以该类的体积。

这样视频序列就转化为由若干个类（ViTri）构成的集合。下面介绍如何衡量任意两个 ViTri 的相似性。

与两个视频相似度量类似，比较任意两个 ViTri 的相似性是通过它们中的相似帧个数来度量，该度量方法通过对两个 ViTri 的相交部分的体积乘以最小密度来估计。给定两个 ViTri：$\mathrm{ViTri}_1(O_1, R_1, D_1)$ 和 $\mathrm{ViTri}_2(O_2, R_2, D_2)$，两者的相似度可分为以下四种情况来度量。不失一般性，假设 $R_1 > R_2$。

情况 1　$d(O_1, O_2) \geqslant R_1 + R_2$

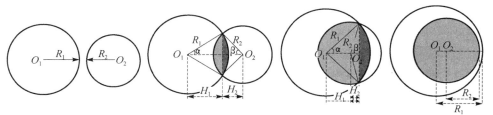

$\qquad$(a) $d(O_1,O_2)\geqslant R_1+R_2$　(b) $R_2\leqslant d(O_1,O_2)<R_1+R_2$　(c) $R_1-R_2\leqslant d(O_1,O_2)<R_2$　(d) $d(O_1,O_2)<R_1-R_2$

图 4.5　四种情况

如图 4.5(a)所示，由于超球(O_1,R_1)和(O_2,R_2)不相交，因此 $\text{sim}(\text{ViTri}_1,\text{ViTri}_2)=0$。

情况 2　$R_2\leqslant d(O_1,O_2)<R_1+R_2$

如图 4.5(b)所示，两个超球相交部分的体积可表示为

$$\text{sim}(\text{ViTri}_1,\text{ViTri}_2)=[v_{\text{hypercap}}(O_1,R_1,\alpha)+v_{\text{hypercap}}(O_2,R_2,\beta)]\times\min(D_1,D_2)$$

情况 3　$R_1-R_2\leqslant d(O_1,O_2)<R_2$

如图 4.5(c)所示，两个超球相交部分的体积可表示为

$$\text{sim}(\text{ViTri}_1,\text{ViTri}_2)=[v_{\text{hypercap}}(O_1,R_1,\alpha)+v_{\text{hypersphere}}(O_2,R_2)$$
$$-v_{\text{hypercap}}(O_2,R_2,\beta)]\times\min(D_1,D_2)$$

情况 4　$d(O_1,O_2)<R_1-R_2$

如图 4.5(d)所示，由于小的超球完全被大的超球所包含，因此两个超球相交部分的体积可表示为

$$\text{sim}(\text{ViTri}_1,\text{ViTri}_2)=v_{\text{hypersphere}}(O_2,R_2)\times\min(D_1,D_2)$$

上述这四种情况下的超球体积的求法可参照文献[150]。其中，第 i 个超球的密度 D_i 可表示为

$$D_i=\frac{|C_i|}{v_{\text{hypersphere}}(O_i,R_i)}\tag{4.47}$$

其中，$|C_i|$ 表示类 C_i 中帧的个数；$v_{\text{hypersphere}}(O_i,R_i)$ 表示中心为 O_i 且半径为 R_i 的超球体积。

到目前为止，已经将度量两个视频序列相似度的时间复杂度减少到与 ViTri 数量的乘积成比例。将 ViTri 存储于数据库中用以检索。然而，对于海量视频数据库，它包含百万级以上的视频序列，通过顺序检索这些视频序列中所包含的 ViTri 用于相似视频度量显然非常耗时。如何利用索引技术来提高搜索效率是一个重要的问题。

类似 iDistance[52]，将每个视频序列看成 ViTri 构成的一组集合，表示为$(\text{ViTri}_1,\text{ViTri}_2,\cdots,\text{ViTri}_n)$。在高维空间取参考点，将每个 ViTri 的中心与该参考点计算距离，并将该距离用 B^+-Tree 建立一维索引。在该索引的叶节点层，将每个 ViTri

对应的体积和密度信息保存其中用于进一步相似计算。

3. 其他检索方法

彭宇新等[151]提出一种通过视频片段进行视频检索的方法。由于视频片段检索是基于内容的视频检索的主要方式，它需要解决两个问题：①从视频库里自动分割出与查询片段相似的多个片段；②按照相似度从高到低排列这些相似片段。首次尝试运用图论的匹配理论来解决这两个问题。针对问题①，把检索过程分为两个阶段：镜头检索和片段检索。在镜头检索阶段，利用相机运动信息，一个变化较大的镜头被划分为几个内容一致的子镜头，两个镜头的相似性通过对应子镜头的相似性计算得到；在片段检索阶段，通过考察相似镜头的连续性初步得到一个个相似的片段，再运用最大匹配的匈牙利算法来确定真正的相似片段。针对问题②，考虑了片段相似性判断的视觉、粒度、顺序和干扰因子，提出把最优匹配的 Kuhn-Munkres 算法和动态规划算法相结合，来解决片段相似度的度量问题。实验对比结果表明，所提出的方法在片段检索中可以取得更高的检索精度和更快的检索速度。

在 ViTri 模型[150]基础上，Huang 等[152]提出一种基于包围坐标系统（bounded coordinate system，BCS）的视频片段表示模型。该模型能够较好地表达视频片段的主要内容及内容的变化趋势。通过一个坐标系来表示该片段，其中每个坐标通过主成分分析确定，数据投影在该坐标轴上。这样 BCS 的相似度量可看成坐标系统的旋转及缩放的操作。

4.3.4　现有基于内容的视频检索系统

当前已经有一些实验性的视频检索原形系统被开发出来。尽管它们的性能还不足以应用于商业目的，但其理论价值很值得参考。下面介绍了几种比较典型的系统。

1）VideoQ 系统

VideoQ[19]（http://www.ctr.columbia.edu/VideoQ）是一套全自动的面向对象基于内容的视频查询系统。它拓展了基于关键字或主题浏览的传统检索方式，提出了全新的基于丰富视觉特征和时空关系的查询技术，可以帮助用户查询视频中的对象。其目的在于探究视频中潜在的所有视觉线索并用于面向对象基于内容的视频查询中。VideoQ 所具有的特性如下所述。

① 全自动切分并跟踪视频中任意形状的对象。

② 提供包括颜色、纹理、形状和运动在内的丰富视觉特征库。

③ 基于多对象时空关系（包括绝对位置和相对位置）的视频检索。

目前，VideoQ 支撑着一个巨大的视频数据库。单个视频被自动切分成镜头集合。现在视频库中有超过 2000 段视频，每段都被压缩并以三层结构保存。

除了通过缩略图来查询之外，用户还可以浏览视频库或选择采用关键字来查询视频。其中视频根据各自的主题被分类保存，以便于用户的浏览和定位。每一段视频还同时用手工进行标注，使用户可以通过输入简单的关键字来查找视频。

2) WebSEEK 系统

WebSEEK[30]（http：//www. ctr. columbia. edu/webseek）是一个面向 WWW 基于内容的图像/视频查询和分类系统。WebSEEK 通过一个 Web 自动引擎收集网络中的图像和视频。该引擎能够对视频或图像自动分析和建立索引，并可以将它们归入一定的主题类别中。该系统的创新之处在于它能够有机地结合文本和视觉特征来提供对图像/视频的查询和分类。整套系统包括了某些功能强大的模块，主要有基于内容的图像检索，根据用户相似度反馈的查询优化，视觉信息的自动提取，查询结果视频/图像的缩略表示，图像/视频的主题浏览功能，基于文本查找功能以及对查询结果的操作（如插入、删减、合并等）。目前该系统中有来自于 Web 的超过 650000 幅的图像和超过 10000 段的视频。

同时采用全新的算法自动对任意图像/视频进行语义层次上的主题分类。一个图像/视频类别以半自动的方式在 WebSEEK 原形系统中被构造出来。该分类算法探索了视觉特征（如颜色、纹理和空间层次）与文本特征（如相关的 html 标识符、标题和文章）之间最优的结合点。

3) UQLiPS 系统

UQLiPS 系统[153]（http：//uqlips. itee. uq. edu. au/）是由昆士兰大学开发的在线视频检索系统，是一个面向 Web 的重复视频片断检测和检索系统。它设计和开发的目的是为了支持大规模视频数据库检索和在线连续视频流的重复检测。

随着视频处理技术在硬件（如摄像头的广泛可用性）和软件（如视频编辑软件）方面的最新进展，视频数据量在众多领域，如广播、广告、电影、个人视频、档案和科学视频资料库等呈现爆炸性增长的趋势。此外，由于庞大的互联网用户的迅速崛起和更多的视频技术的开发，视频发布和共享、社交网站、博客、网络电视及移动电视等多种形式，已成为流行趋势。主流媒体正在向网络拓展，它催生出了许多新的应用，如以新颖的方式生成和欣赏视频。开放式的网络视频发布和共享会产生很大比例的重复影片，这给版权保护带来了新的挑战。该系统能够对在线视频流的内容实施重复检测/检索。这对网络版权执法、广播监控/过滤、内容跟踪/管理和 Web 搜索结果清洗等有重要的意义和实用价值。

4) Informedia 系统

Informedia 数字视频库工程[142]（http：//informedia. cs. cmu. edu/）是卡内基·梅隆大学关于数字视频媒体的处理与管理的一个重大项目，是较为完整的基于内容视频分析原型系统的先驱。该系统率先将数字音频处理技术和文本处理技术运用到基于内容视频分析中,通过语音识别和文字识别获取视频语义、辅助视频分段、抽取有意义的视频片段生成视频摘要,支持自动的全方位的视频信息查询,以支撑基于内容的视频浏览、检索和服务。

5) CVEPS 系统

CVEPS[154] 是哥伦比亚大学开发的视频检索和操作系统的软件原型,支持自动视频分割,基于关键帧和对象的视频检索和压缩视频编辑。

6) JAKOB 系统

JAKOB 是意大利 Plerm 大学开发的视频数据库查询系统,该系统通过镜头提取器把视频数据分割成镜头,从每个镜头中选取一些具有代表性的帧。根据颜色和纹理描述这些代表帧,然后计算与这些短序列相关的运动特征并给出一个动态描述。当向该系统提交一个查询或例子直接查询时,查询模型会对它做出解释,排列好匹配参数,给出最相似的镜头。用户可以浏览这些结果,必要时,可以改变参数,反复地进行查询。

7) viSION 系统

viSION 是堪萨斯州大学开发的数字视频图书馆原型系统,在该系统中综合了视频处理和语音识别,根据基于视频和音频内容的两段式算法,自动把视频分成大量具有逻辑语义的视频剪辑,在系统中加入标题译码器和字指示器提取文本信息,通过它们索引视频剪辑。

8) goalgle 系统

goalgle 足球视频搜索引擎[155] (http://staff. science. uva. nl/∼ cgmsnoek/goalgle)是阿姆斯特丹大学开发的足球视频分析系统。该系统基于 Web 应用,具有树形结构框架。用户可以很方便地找到如进球、黄牌、红牌警告、换人或者搜索到特殊的球员。

9) Tv-FI 系统

Tv-FI(tsinghua video find it)是由清华大学开发的视频节目管理系统,功能包括视频数据入库,基于内容的浏览、检索等。

10) iVideo 系统

iVideo 是由中国科学院计算技术研究所数字化技术研究室开发的视频检索系统,是一套基于 J2EE 平台的具有视频分析、内容管理、基于 Web 检索和浏览等功能的视频检索系统。

11) Videowser 系统

Videowser 是由国防科技大学胡晓峰教授和李国辉教授主持的研究组所开发

的原型系统。该研究组的研究工作主要集中在视频的结构分析方面,他们对镜头分割、关键帧提取和镜头聚类等问题进行了研究和探讨。最近该研究组开始了对音频特征提取和检索方面的研究以及多媒体研究中心和系统工程系研究开发出了新闻节目浏览检索系统(News video CAR)和多媒体信息查询和检索系统。

4.4　本章小结

　　作为多媒体检索技术发展的第二阶段,基于内容特征的多媒体检索一直是近年来国内外学术界研究的热点问题。然而,由于目前计算机视觉、认知技术的局限性,其检索准确度还并不理想。本章分别介绍了基于内容特征的图像检索、音频检索及视频检索的关键技术,同时给出了相关原型系统。

第5章　基于多特征的多媒体检索

早期的多媒体检索技术主要针对语义或内容等单一特征,然而基于单一特征的多媒体检索的查询性能往往不是很理想。本章面向传统多媒体对象①,从多特征角度,探索多特征对多媒体检索性能的影响。在第 5.1、5.2 和 5.3 节分别介绍基于多特征的图片、音频及视频检索技术。

5.1　基于多特征的图片检索

5.1.1　基于语义和内容的图片检索

Yang 等[156-157]在语义网络的基础上,提出了综合图片的视觉特征和语义特征的检索方法。为了得到图片库对应的语义网络,首先提出了一种基于 WordNet 词典[158]的图片自动学习语义特征的方法。

1. 语义的表达和获取

首先简要介绍本节方法中使用的电子词典 WordNet,然后描述代表图片语义特征的语义网络,最后介绍一种用于学习语义特征的方法。

1) WordNet 简介

WordNet[158]是一部描述英语中词汇知识的电子词典。它包含了大约 57000 个名词词条,被组织成 48800 个 synset。WordNet 最显著的特点是它将词汇知识以词义(而不是词本省)为线索组织,也即将具有相同含义的单词(关键词)组成一个叫做 synset 的集合(同义词集合),因此,这个 synset 就代表了某个特定的词义。很显然,在单词和 synset 之间存在一种多对多的关系:有些单词可能含有多个词义(称为 polysemy 现象),有些不同的单词具有相同的词义(称为 synonymy 现象)。Word-Net 能够表达不同词义之间的各种关系,具体体现为 synset 之间的链接。

同时,WordNet 可以看成一个词汇继承系统,其中具体、特定的概念(synset)都是通过继承笼统、抽象的概念的属性而建立的。因此,所有的 synset 被组织成一个树形层次结构,树的顶部是比较通用、笼统的概念,而树的底部则是比较专业、独特

---

① 由于传统多媒体对象与社交媒体对象最大的区别在于用户标注(tagging),因此,本章只讨论传统多媒体对象的多特征检索。社交媒体对象检索将在第 7 章介绍。

的概念。通用概念和专业概念之间的关系是上下位关系(hyponymy/hypernymy,类似于 IS-A 关系),如 tree 这个概念是 conifer 的上级概念,反之 conifer 是 tree 的下级概念。WordNet 中并非只有一个树形层次结构,而是有许多这样的树形结构,每棵树的根节点是像{food}、{animal}和{substance}这样表达通用概念的 synset。其他所有的 synset 都属于某一个确定的树形层次结构中。除了上下位关系之外,WordNet 中还有一些其他的关系,如整体部分关系(meronym/holonym),反义词关系(antonym)。图 5.1 显示了 WordNet 中的一些 synset 和它们之间的关系。

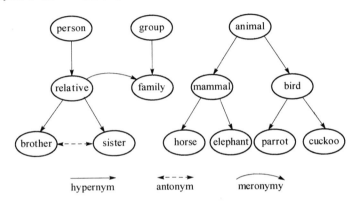

图 5.1 WordNet 中的一些 synset 和它们之间的关系

2)语义网络

引入语义网络作为表达图片语义特征的工具。如图 5.2 所示,语义网络包含两个部分:上半部分是概念层次,由一些相互关联的语义概念组成;下半部分描述了一个图片集合中的图片和语义概念之间的关联。

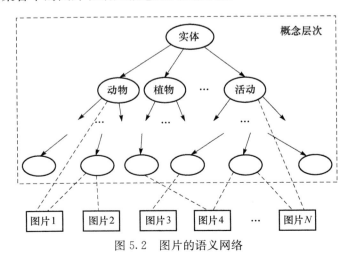

图 5.2 图片的语义网络

概念层次可以从 WordNet 直接映射得到：每个概念都对应于 WordNet 中的 synset，而 synset 中包含的名词就成为属于此概念的关键词。很显然，一个关键词可能属于多个概念，因此，概念和关键词之间的关系也是多对多的。将某个关键词 t_i 所对应的概念的集合表述如下：

$$C(t_i) = \{c_{i1}, c_{i2}, \cdots, c_{ik}, \cdots, c_{iN}\} \qquad (5.1)$$

在语义网络中，概念之间的关系等同于 WordNet 中 synset 之间的上下位关系（IS-A 关系），因此，这些概念也组成了一个层次结构。没有在语义网络中体现整体部分关系和反义关系等其他关系，因为从检索角度看这些关系的作用并没有上下位关系那么重要。另外，定义了"实体"这个概念，作为 WordNet 中所有层次结构的父节点，这样就形成了统一的层次结构。在概念层次中，父节点、子节点、祖先节点、后代节点的定义都和一般树结构中的定义相同。

在语义网络的下半部分，图片库中的每张图片都与相关的语义概念通过链接联系在一起。每条链接上有一个权值，用来表示该图片和语义概念之间的关联程度。当然，每张图片可以和多个概念相连，而每个概念也可以连着多张图片，形成了多对多的关系。这里将图片 I_i 的语义特征定义为

$$S(I_i) = \{\langle c_{i1}, w_{i1}\rangle, \cdots, \langle c_{ik}, w_{ik}\rangle, \cdots, \langle c_{iM}, w_{iM_i}\rangle\} \qquad (5.2)$$

其中，c_{ik} 表示与 I_i 相连的第 k 个概念，w_{ik} 代表它们之间的权重。尽管概念之间的关系可以从 WordNet 中直接得到，图片和概念之间的关联在一开始并不存在。后面将介绍如何通过学习用户的交互行为来获取这种关联。

和关键词相比，语义网络能够更好地表达图片的语义特征，因为它不受同义词的影响，同时还反映出不同概念（关键词）之间的联系。另外，语义网络的存储访问都是很方便高效的。对于每个图片，只需要存储与它相关的所有概念的 ID，通过这个 ID 可以在 WordNet 中找到相应的 synset。为了提高检索效率，为每个概念建立了"逆索引"，即记录下与每个概念相关的所有图片。关键词和概念（synset）之间的映射可以通过 WordNet 的数据文件来完成，因此并不需要存储额外的映射文件。概念之间的各种关系也可以从 WordNet 中获得。

3）语义学习策略

获取图片和概念之间关联（图片的语义特征）的最简单办法是手工建立所有的链接。然而，这种方法需要大量的人力和时间。同时，人的判断可能存在主观性，因此，该方法的正确性会受到主观错误的影响，不适用于大规模的图片库。

Yang 等[156]提出了一种从用户的查询和反馈等交互中自动学习"图片-概念"关联的方法。例如，当用户用关键词构造了一个查询，然后把系统返回的一些图片标记为相关结果，可以认为其行为已经暗示了这些图片和查询中的关键词之间存在联系。这时，就可以在图片和关键词所对应的概念之间建立关联。同时，还要努力消除个别用户的主观错误所产生的影响。为此，提出了一种"投票"算法来学习

和更新语义网络。首先记录用户查询以及用户在相关反馈中所标记的相关与无关图片。对于查询中的每个关键词 t_i，利用式(5.1)得到它对应的概念集合 $C(t_i)$。设 $C=C(t_1)\cup\cdots\cup C(t_i)\cup\cdots\cup C(t_N)$，其中，$N$ 表示关键词数目。对于每个相关图片 I_i，检查是否存在概念 c_j 与 I_i 相关联。如果存在这样的概念 c_j，则建立它和 I_i 之间的关联链接，并设初始权重为 1；否则，将 I_i 和 c_j 间链接的权重加 1。对于每个不相关图片 I_i，检查是否存在概念 c_j 和 I_i 相关联。如果存在这样的概念 c_j，则建立它和 I_i 之间的关联链接的权重除以 5，如果得到的权重小于 1，则删除此链接。

上述方法能够随着用户交互的进行不断改进"图片-概念"关联的广度和质量。根据算法，对于某张特定的图片，那些获得大多数用户认可的相关概念会获得较高的权重。即使因为个别用户的主观错误导致了错误关联的建立，这些关联也受到用户正确的交互行为的影响而被很快纠正，所以算法的鲁棒性是很不错的。

2. 检索及反馈算法

在基于关键词的检索中，用户通过输入描述自己所需图片的关键词来查找图片；在基于内容的检索中，用户通过提交一个例子图片来寻找与这个例子在视觉上相似的其他图片。在大多数现有的图片检索系统中，这两种方法是互斥的。然而，关键词和视觉特征描述了图片互补的两方面的属性，因此，将两者相结合可以获得更好的检索效果。

本节介绍一种基于语义和视觉特征的图片检索和反馈方法。由于采用了概念（而不是关键词）作为图片的语义特征，首先构造了一种新的语义相似度的定义，然后把它和基于视觉特征的相似度（简称视觉相似度）相结合来构成统一的检索算法。

1）基于词典的语义相似度

关键词匹配是计算语义相似度最常用的算法，但这种方法没有考虑不同关键词之间的相关性。因此，如果互相匹配的关键词（通常是查询和图片的关键词标注）符合以下情况的时候，检索的准确性就会受到影响。

① 同义词：如查询是"soccer"，而图片被标注为"football"。

② IS-A 关系：如果查询是"运动"，则无法与标注为"足球"或者"网球"的图片匹配。

③ 相近的关键词：如查询是"足球"，在关键词匹配中一个标注为"篮球"的图片和一个标注为"动物"的图片的相似度是相同的，而实际情况是大多数人都会认为前者更接近查询一些。

尽管在 IR 领域中，人们已经充分认识到上述问题，很少有人意识到在图片检索中这个问题更为严重。一方面，不同用户很可能采用不同的关键词去描述同一张图片；另一方面，查询和图片标注中所包含的关键词数量很少，因此两者之间没有相同关键词的可能性也增大了。

关键词匹配所带来的弊端可以用基于词典的相似度方法来解决，这一点在许多 IR 方法中已得到了验证。因此，提出了一种基于语义网络（从 WordNet 中构造得到）的语义相似度方法，专门针对图片检索。这种相似度的计算包含两步：①计算两个概念之间的相似度；②计算查询和图片或者图片之间的语义相似度。

2）概念的相似度

如图 5.3 所示，概念之间的相似度可通过语义网络中的概念层次计算得到。具体来讲，可以通过两个概念的公共祖先节点中（在概念层次中）位置最低的那个节点的深度决定的。概念（节点）的深度是指从根节点开始到达此节点的最短路径上的链接数量（根节点所对应的概念"实体"的深度为 0）。两个节点的最低公共祖先节点也就是两者的所有祖先节点中深度最大的那个节点。同时，还将该相似度除以概念层次中最大可能的节点深度，使相似度的值归一化到 $[0,1]$。概念 c_i 和 c_j 之间相似度的定义为

$$\mathrm{sim}(c_i,c_j)=\begin{cases}d(c^*)/\max_{c_k}[d(c_k)], & c_i \neq c_j \\ 1, & \text{其他}\end{cases} \tag{5.3}$$

其中，c^* 表示 c_i 和 c_j 的最低公共祖先节点；而 $d(c)$ 表示概念 c 的深度；而 c_k 的值取遍了整个概念层次中所有的节点。当 c_i 和 c_j 为同一概念时，它们之间的相似度设为 1。

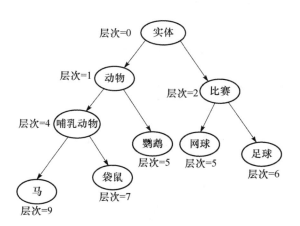

图 5.3　概念相似度的计算

这个相似度方法是基于这样一个事实：WordNet 以及概念层次可以看成一个继承系统，其中每个概念都从祖先那里继承得到一些属性，同时自身又具备一些新

的属性。从这个意义上来讲,最低公共祖先节点 c^* 代表了概念 c_i 和 c_j 共有的属性。因此,概念 c^* 的细致程度(定义为 c^* 的粒度)可以作为 c_i 和 c_j 之间相似度的一个指标。在上述方法中,c^* 的粒度是通过 c^* 的深度来衡量的,因为一般来说位置低的概念比位置高的概念更为细致,反之亦然。例如,在图 5.3 和图 5.4 中(两个节点之间的虚线表示它们之间还有中间节点),"马"和"袋鼠"的相似度是 4/12,(12 是最大可能的深度),因为两者的最低公共祖先节点是"哺乳动物"。"马"和"鹦鹉"的相似度是 1/12,因为它们的最低公共祖先节点"动物"比"哺乳动物"笼统宽泛得多。根据定义,概念"马"和"足球"之间相似度为零,这一点也符合人们的常识。

3) 图片相似度计算

基于上述概念之间的相似度,可以很容易地计算图片之间或者图片与查询之间的相似度。两张图片之间的相似度是基于它们各自的语义特征来计算的。在图片 I_i 的语义特征中,权重 w_{ik} 表示概念 c_{ik} 和图片 I_i 之间的相关程度。但从检索的角度来看,还需要调整 w_{ik} 使其能够包含 c_{ik} 的分辨因素,也就是说通过 c_{ik} 的存在与否来区分图片的能力。因此,给出了从 w_{ik} 计算调整后的权重 r_{ik} 的公式,如下所示:

$$r_{ik} = w_{ik}\left(\log_2 \frac{N}{N_{ik}} + 1\right) \tag{5.4}$$

其中,N 表示图片的总数;N_{ik} 表示在语义网络中与概念 c_{ik} 相关的图片数量。式(5.4)包含的思想和 IR 领域中的逆文档频率(inverse document frequency)是一致的:一个和许多图片都有关联的关键词(或概念)的权重应该相应减少,因为难以通过它来区分图片,反之亦然。

图片 I_i 和 I_j 之间在语义上的相似度定义为

$$\begin{aligned} \text{sim}(I_i, I_j) &= \frac{\sum_{k=1}^{M_i} \max_{s=1,2,\cdots,M_j}\left[\text{sim}(c_{ik}, c_{js}) \cdot r_{ik} r_{js}\right]}{M_i} \\ &+ \frac{\sum_{k=1}^{M_j} \max_{s=1,2,\cdots,M_i}\left[\text{sim}(c_{is}, c_{jk}) \cdot r_{is} r_{jk}\right]}{M_j} \end{aligned} \tag{5.5}$$

其中,右侧第一项中,对于 I_i 的每个概念,都可以找到 I_j 的概念中与之相似度最大的那个概念,然后计算所有这些最大相似度的平均值(通过遍历 I_i 的所有概念)。第二项对图片 I_j 进行了相同的操作。最终的相似度是这两个平均相似度之和。在上述公式中考虑了概念的权重 r(由式(5.4)计算),因为权重高的概念往往代表了图片的主要含义,因此,和低权重的概念相比对最终相似度的贡献值也应该更大。

用户查询可以表达为一个关键词的列表,即 $Q=\{t_1,t_2,\cdots,t_i,\cdots,t_q\}$。用户查询 Q 和图片 I_i 之间的相似度为

$$\text{sim}(Q,I_i) = \frac{\sum\limits_{s=1}^{q} \max\limits_{t=1,\cdots,M_i} \left\{ \max\limits_{c_k \in C(t_s)} \left[\text{sim}(c_k,c_{it}) \cdot \delta(c_k,c_{it}) \right] \cdot r_{js} \right\}}{q} \quad (5.6)$$

其中,$\delta(c_i,c_j) = \begin{cases} 1, & c_i \text{ 为 } c_j \text{ 的祖先节点} \\ \varepsilon, & \text{其他}(0<\varepsilon<1) \end{cases}$ 。

上述的相似度公式可以进行如下解释:对于查询中的每个关键词 t_s,外层的 max 函数用来找到图片 I_i 的相关概念中与 t_s 的相似度最大的概念 c_{it}。遍历查询中所有关键词,并将所有最大相似度的平均值作为图片和查询之间的最终相似度。由于每个关键词 t_s 可能对应多个概念,用内层的 max 函数来遍历这些概念从而找到和 c_{it} 的相似度最大的那个概念,而这个最大相似度就被作为关键词 t_s 和概念 c_{it} 的相似度。

式(5.6)中的加权因子 $\delta(c_i,c_j)$ 是针对两个相匹配的概念之间继承顺序而引入的。考虑图 5.4 中所显示的两个匹配情况:在(a)中,查询 tree 和标注着 pine 的图片相匹配,而(b)中查询和图片标注则正好相反。从直观角度出发,很自然地认为情况(a)的相似度要大于(b),因为"松树"(pine)图片作为查询"树"(tree)的结果是顺理成章的,而树的图片却不一定能作为查询"松树"的结果。在这种情况下,两个概念的相似度并不对称,而式(5.5)并没有考虑到这一点。为了解决这个问题,引入了 δ,当查询包含的概念不是图片相关的概念的祖先节点时,δ 会起到削弱相似度的效果。不过请注意这个因子只适用于这个特殊场合(匹配查询和图片的语义特征),在其他情况下这个因子并没有用。

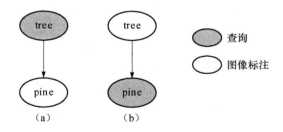

图 5.4　查询和图片语义特征之间的匹配

4)综合检索算法

前面几节介绍了表达和获取图片语义特征的方法,并给出了语义相似度的定义。描绘图片视觉信息的特征对于图片检索也具有相当的重要性。特别是在最初还没有获取(足够的)语义特征的时候,必须利用视觉特征来维持检索系统的运行,

这样才有可能从用户交互中逐渐学习图片的语义特征。因此,视觉特征确保了检索系统可以"热启动"。每种视觉特征都可以表达成矢量的形式,并且可以用欧拉距离作为相似度度量方法。两张图片在视觉上的相似度是它们在各种视觉特征上相似度的加权和。

完整的检索过程包括三个阶段:查询阶段、反馈阶段和改进阶段。这三个阶段中的每一个都同时用到了图片的语义特征和视觉特征。在查询阶段,用户提交一些关键词作为查询,采用式(5.6),把查询和每张图片的语义特征相匹配,其中相似度超过一个阈值的图片当成检索结果返回。如果没有找到任何匹配图片,则系统返回随机的图片序列。由于图片语义特征的缺乏,经常出现的情况是,匹配到的图片数量很少。这时,用这些匹配到的图片作为例子图片,然后基于它们的视觉特征来寻找和它们在视觉上相近的其他图片。通过这次附加搜索所得的结果排在通过语义特征匹配到的结果之后。

在第一次检索结果返回后,用户可以通过将某些结果指定为相关或不相关来进行反馈。在接到这些反馈意见后,会同时更新图片的语义特征和视觉特征。在语义方面,采用学习策略来更新所涉及图片的语义特征。在视觉特征方面,采用很多相关反馈的算法。在这些方法中,选择了 Rui 等提出的方法[18]来调整不同特征的权重和每个特征中不同分量的权重,使得那些具有代表性的特征在相似度函数中的贡献加大。

最后,基于更新后的视觉和语义特征重新计算了每个候选图片与查询的相似度,并返回改进后的检索结果。采用了以下的统一相似度函数来重新计算相似度(S_i):

$$S_i = \mathrm{sim}(I_i, Q) + \alpha \sum_{k \in N^+} S_{ik}[1 + \mathrm{sim}(I_i, I_k^+)] - \beta \sum_{k \in N^-} S_{ik}[1 + \mathrm{sim}(I_i, I_k^-)]$$

$$(5.7)$$

其中,$\mathrm{sim}(I_i, Q)$ 是用式(5.6)计算的 I_i 到初始查询 Q 的相似度;N^+ 和 N^- 分别代表用户给出的相关例子和无关例子的数量;$\mathrm{sim}(I_i, I_k^+)$ 是由式(5.5)计算的 I_i 和第 k 个相关(或无关)图片之间的语义相似度;S_{ik} 则是两者之间的视觉相似度;常数 α 和 β 用来调整相关例子和无关例子对整个相似度的贡献大小。

5.1.2　基于内容和主观性特征的图片检索

本节从特征的主观性角度研究一种有效的图片检索新方法——基于视觉和主观特征的统一图片概率检索方法。它是对传统 CBIR 技术的扩展。具体来说,图片通过三种类型特征(视觉特征、风格特征和情感特征)来表达。采用线性加权得到图片间的统一相似距离,其中权重参数通过多元回归得到。不同于常规图片检索方法,只采用视觉相似度作为查询的相似尺度,该方法允许用户选择三种特征作为查询元素,而且,通过引入概率模型实现对检索结果的基于概率保证的进一步细化。实验表明该检索方法的有效性。

1. 引言

基于内容的图片检索(content-based image retrieval,CBIR)已在很多领域被广泛研究。一般来说,传统检索技术[9,11-12]从图片中提取颜色、纹理和形状作为底层视觉特征。然而,由于语义鸿沟的存在[112],其检索效果(如查全率和查准率)往往不理想。根据最新的人类认知研究,上述视觉特征无法表达图片需要传递的情感和概念信息。因此,除了广泛采用的视觉特征外,一些主观特征如图片风格(style),甚至图片所传达的某种情感(sentiment)在一定程度上将能够影响检索的准确性。这在传统相似检索中还尚未被考虑。

以服装图片检索为例,用户的检索意图不光希望得到视觉上相似的服装,而且希望得到满足用户主观意图(如衣服风格甚至情感等)的图片。在图 5.5 中,对于两张具有相似视觉特征(颜色)的不同服装,存在两种不同的风格(如"时尚"和"优雅"),这些风格可以被用户主观地确定。同时可以发现,在图 5.6(a)和(b)中,这两张图片分别传递不同的情感(如"高兴"和"悲伤")。在多数情况下,人们更愿意得到一些特定风格和情感传递的查询结果图片,而这往往是传统基于视觉特征检索方法难以做到的。因此,Zhuang 等[159]提出一种基于混合特征图片检索方法,其中包含视觉和主观特征。

|　　　(a) 时尚　　　　　　　(b) 优雅　|　　　(a) 高兴　　　　　　　(b) 悲伤|

　　　图 5.5　两张服装图片的不同风格　　　　　图 5.6　两张服装图片所传达的不同情感

事实上,由于图片内容的复杂性、个人知识水平的局限性以及在特征提取中出现的误差,对于表 5.1 和表 5.2 的图片,其对应主观特征(如图片风格及情感)的选择较难且不确定。例如,对于表 5.1 中的图片,首先将其作为学习样本(或参考图片),事先通过多个用户对其图片风格进行选择,并且进行统计分析,得到该图片风格的概率分布情况:该图片的风格属于"时尚"、"优雅"、"哈日"和"时尚和哈日"的概率分别为 60%、25%、5% 和 10%。同理,又如表 5.2 中的另一个例子,由于个人心情、情绪等主观因素存在不同,该图片所传递的情感属于"高兴"、"愤怒"、"郁闷"、"悲伤"和"受鼓舞"的概率分别为 5%、5%、75%、10% 和 5%。因此,为了实现基于概率模型的混合特征查询,首先需要引入一个概率模型来表达图片的主观特征。再通过对图片进行基于视觉和主观特征的混合建模能在一定程度上提高检索准确度,将图片 I_q 的概率 Top-k 查询转化为一维空间的范围查询。

表 5.1　图片风格的概率分布

图片	风格	概率
	时尚	60%
	哈日	25%
	优雅	5%
	时尚和哈日	10%

表 5.2　图片传达情感的概率分布

图片	情感	概率
	高兴	5%
	愤怒	5%
	郁闷	75%
	悲伤	10%
	受鼓舞	5%

2. 图片混合特征概率模型

首先给出一些符号及其说明(表 5.3)。

表 5.3　符号说明

符　号	意　义
Ω	图片集
I_i	第 i 张图片且 $I_i \in \Omega$
n	Ω 中图片的数量
m	支点图片的数量
I_q	用户提交的查询图片
$\mathrm{sim}(I_i, I_j)$	统一相似距离
$\mathrm{vSim}(I_i, I_j)$	视觉相似距离
$\mathrm{stSim}(I_i, I_j)$	风格相似距离

续表

符　号	意　义
$\text{seSim}(I_i, I_j)$	情感相似距离
$\Theta(I_q, r)$	以 λ_q 为中心 r 为半径的查询超球
I_R	参考图片
ε	阈值

对于一张图片,包含两种特征:视觉特征和主观特征。而对于图片的主观特征,存在不同的风格和情感特征等(图 5.12 和图 5.13)。则图片 I_i 能表示为一个四元组:

$$I_i :: = \langle i, \text{vfea}, \text{style}, \text{sentiment}\rangle \tag{5.8}$$

其中,i 为 Ω 中的第 i 张图片;vfea 指该图片对应的视觉特征,如颜色直方图、纹理和形状等;style $= \{\text{styID}, \text{styval}, P_{\text{ST}}\}$,其中,styID 为图片 I_i 的风格标识;styval 为图片 I_i 的风格,如"时尚"、"优雅"、"经典"等,P_{ST} 为图片 I_i 的风格标识为 styID 的平均概率,表示为 $P_{\text{ST}} = \text{Prob}$(图片 I_i 的风格标识为 styID);sentiment $= \{\text{senID}, \text{senval}, P_{\text{SE}}\}$,其中,senID 为图片 I_i 的情感标识;senval 为图片 I_i 所传达的情感,如"高兴的"、"悲伤的"、"受鼓舞的"等;P_{SE} 为图片 I_i 的情感标识为 senID 的平均概率,表示为 $P_{\text{SE}} = \text{Prob}$(图片 I_i 的情感标识为 senID)。

与传统基于视觉的图片检索不同,为了充分利用上述两种主观特征来实现图片的多特征概率检索。在该方法中,假设数据库中的每张图片的风格及所表达的情感已在预处理阶段已获得。

定义 5.1(视觉向量)　图片 λ_i 的视觉向量(VIV)为一个向量,记为 $\text{VIV}_i = \langle \text{VI}_{i1}, \text{VI}_{i2}, \cdots, \text{VI}_{id}\rangle$。其中,$\text{VI}_{ij}$ 指第 j 个视觉向量中的第 i 个桶的值,$i \in [1, n]$,$j \in [1, d]$;d 是视觉向量的维数。

定义 5.2(风格向量)　图片 λ_i 的风格向量(STV)为一个向量,记为 $\text{STV}_i = \langle \text{ST}_{i1}, \text{ST}_{i2}, \cdots, \text{ST}_{id'}\rangle$。其中,$\text{ST}_{ij} = (\text{styval}_{ij}, \text{prob}_{ij})$,$i \in [1, n]$,$j \in [1, d']$;styval$_{ij}$ 可以表示为"时尚"、"优雅"、"哈日"和"经典"等;d' 是风格向量的维数。

例如,对于第 i 张图片,其对应不同风格的概率分布为 $\langle 60\%, 25\%, 5\%, 10\%\rangle$。对于第 j 张图片,不同风格的概率分布为 $\langle 50\%, 30\%, 10\%, 10\%\rangle$。则风格相似距离(stSim)表示为

$$\text{stSim}(\lambda_i, \lambda_j) = \sqrt{(60\% - 50\%)^2 + (25\% - 30\%)^2 + (5\% - 10\%)^2 + (10\% - 10\%)^2} \approx 0.1225$$

定义 5.3(情感向量)　图片 λ_i 的情感向量(SEV)为一个向量,记为 $\text{SEV}_i = \langle \text{SE}_{i1}, \text{SE}_{i2}, \cdots, \text{SE}_{id''}\rangle$。其中,$\text{SE}_{ij} = (\text{sentval}_{ij}, \text{prob}_{ij})$,$i \in [1, n]$,$j \in [1, d'']$;sentval$_{ij}$ 可以是"高兴"、"愤怒"、"郁闷"或"悲伤"等;d'' 是情感向量的维数。

对于第 i 张图片,该图片对应情感属于"高兴"、"愤怒"、"郁闷"或"悲伤"的概率分别为〈70%,15%,5%,10%〉。对于第 j 张图片,其所传递的不同情感概率分布为〈50%,30%,10%,10%〉。因此,两张图片的情感相似距离(seSim)表示为

$$\text{seSim}(\lambda_i, \lambda_j) =$$
$$\sqrt{(70\% - 50\%)^2 + (15\% - 30\%)^2 + (5\% - 10\%)^2 + (10\% - 10\%)^2} \approx 0.2549$$

3. 预处理阶段

1) 基于用户日志的学习

作为预处理的第一步,假设存在 m 张参照图片,对于每张参照图片 I_{Ri},由 t 个用户对其对应的风格和传达的情感进行选择,这样参照图片 I_{Ri} 可以表示为一个五元组:

$$I_{Ri} :: = \langle i, j, \text{fname}, \text{fval}, \text{prob}_{ij} \rangle \tag{5.9}$$

其中,i 指参照图片 I_{Ri} 的编号,$i \in [1, m]$;j 指用户编号,$j \in [1, t]$;fname 指主观特征名称,如风格或情感;fval 表示特征值;prob_{ij} 表示第 j 个用户选择参照图片 λ_{Ri} 中的主观特征(fname)的概率。

下表为一个用户日志文件的例子,其中 id 表示该图片编号,uid 指用户编号。

id	uid	fname	fval	prob_{ij}
i	j	风格	时尚	60%
i	$j+1$	风格	时尚	70%
i	$j+2$	风格	时尚	80%

假设有 t 个用户参与到图片的主观特征的选择,则其平均概率(prob_X)可表示为

$$\text{prob}_X(I_{Ri}) = \frac{1}{t} \sum_{j=1}^{t} \text{prob}_{ij} \tag{5.10}$$

其中,X 可表示为 ST(风格)或 SE(情感)。

2) 特征概率分布表

如上所述,对于图片 I_i,其对应的不同特征(如视觉特征、风格特征及情感特征等)的概率分布是实现基于混合特征的图片概率检索的基础。因此,作为检索的预处理阶段,需要对每张图片分别建立一张特征概率分布表。

定义 5.4(特征概率分布表,FPDT) 第 i 张图片对应的特征概率分布表,记为 FPDT_i,可表示为一个四元组:

$$\text{FPDT}_i : = \langle i, \text{fname}, \text{fval}, \text{prob}_X \rangle \tag{5.11}$$

其中,i 指图片编号;fname 表示特征名称(如风格和情感等);fval 表示特征值;prob_X 表示特征值等于 fval 的概率,X 可以是风格或情感。

表 5.4 为 FPDT 的例子。在该表中第一张图片对应的风格及其传达的情感等同以下不同特征值(fval)的概率(prob_X)如下所示。

表 5.4　FPDT 例子

id	i	fname	fval	prob/%
1	1	风格	时尚	60
2	1	风格	优雅	20
3	1	风格	经典	30
4	1	风格	哈日	10
5	1	情感	高兴	20
6	1	情感	愤怒	10
7	1	情感	悲伤	70
8	1	情感	受鼓舞	0

对于 Ω 中的 n 张图片而言,通过人工方式得到 n 张 FPDT 将非常费时。因此,在预处理阶段,为了得到每张图的 FPDT,提出一种基于参照学习(reference-learning,RL)的推导方法。该方法的基本思想是对于任意一张图片 I_i,借助与其最近邻的二张参照图片(I_{Ri} 和 I_{Rj})推导得出该图片对应的 FPDT。在该方法中,首先随机选择 m 张图片作为参照图片且 $m \ll n$。这些参照图片对应的 FPDT 可以首先通过人工方式得到。

一旦得到 m 个 FPDT,下一步是推导出另外 $(n-m-1)$ 张图片对应的 FPDT,第 i 个图片(I_i)对应的主观性特征值等于 Y 的概率可表示为

$$\textbf{Prob}[I_i \text{ 的某一主观性特征}(X) \text{ 值} = Y]$$
$$= \textbf{Prob}[I_{Rj}(i) \text{ 的主观性特征}(X) \text{ 值} = Y] + \textbf{Prob}[I_{Ri}(i) \text{ 的主观性特征}(X) \text{ 值} = Y]$$
$$- \textbf{Prob}[I_{Rj}(i) \text{ 的主观性特征}(X) \text{ 值} = Y] \times \frac{\text{vSim}[I_{Rj}(i), I_i]}{\text{vSim}[I_{Ri}(i), I_i] + \text{vSim}[I_{Rj}(i), I_i]}$$

$$(5.12)$$

其中,X 可表示为格调或心情等;若 X 指格调,则 Y 可以是"时尚"、"优雅"、"经典"和"浪漫"等;若 X 指心情,则 Y 可以是"高兴"、"愤怒"、"悲伤"和"受鼓舞"等。

在图 5.7 中,假设存在七张图片为 I_1、I_2、I_3、I_4、I_{R1}、I_{R2} 和 I_{R3},其中图片 I_{R1}、I_{R2} 和 I_{R3} 可看成参照图片。对于图片 I_3,图片 I_{R1} 和 I_{R2} 可作为 I_3 对应的两张最近邻参照图片。

令 $\text{vSim}(I_3, I_{R1}) = 0.15$,$\text{vSim}(I_3, I_{R2}) = 0.25$,图片 I_{R1} 和 I_{R2} 的风格特征概率分布如

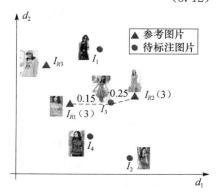

图 5.7　基于参考学习的概率推导

图 5.8(a)和(b)所示,根据式(5.12),有

$$\mathbf{Prob}(I_3 \text{ 的风格为"时尚"}) = \mathbf{Prob}(I_{R1} \text{ 的风格为"时尚"})$$
$$+ \big[\mathbf{Prob}(I_{R2} \text{ 的风格为"时尚"})$$
$$- \mathbf{Prob}(I_{R1} \text{ 的风格为"时尚"})\big] \times \frac{0.15}{0.15 + 0.25}$$
$$= 8.75\%$$

算法 5.1   The RL-based FPDT construction algorithm

输入:n images including m reference images I_{Rj};
输出:the feature probability distribution table of the $(n-m-1)$images;
1. **for** each image I_i **do**
3.   find its corresponding two nearest neighbor reference images:I_{R1} and I_{R2};
4.   the probabilities that the features(X)of I_i belongs to Y can be derived by Eq.(5.12);
5. **end for**
6. **return** FPDT;   //   return the probability distribution table

风格	概率
时尚	5%
优雅	10%
经典	80%
哈日	5%

（a）图片 I_{R1} 的风格特征概率分布

风格	概率
时尚	15%
优雅	5%
经典	60%
哈日	20%

（b）图片 I_{R2} 的风格特征概率分布

风格	概率
时尚	8.75%
优雅	8.125%
经典	72.5%
哈日	10.625%

（c）图片 I_3 的风格特征概率分布

图 5.8   借助参考图片 I_{R1} 和 I_{R2} 得到的 I_3 的概率分布情况

类似地,图片 I_3 风格属于"优雅"、"经典"及"哈日"的概率可以得出,如图 5.8(c)所示。

4. 概率范围检索算法

如上所述,由于传统基于内容的图片检索方法[16]都只针对视觉特征而忽略了图片风格甚至图片所传达的情感特征等。因此,这些方法的检索准确度往往不十分理想。同时,在传统图片检索技术中,特征提取中存在一定的不确定性,它能在一定程度上保证查询结果更精确和更客观。本节介绍图片的概率范围检索算法(probabilistic range retrieval,PRR)算法。该类检索可通过以下两种方式实现。

1）传统检索方法

传统检索方法分为三步：首先通过对图片集进行基于视觉特征的相似计算，过滤掉一部分不相似的图片，得到候选图片对象（第 2～4 行）。然后，对候选对象，进一步分别进行基于主观性特征（风格或情感）相似度和概率的求精计算（第 5～9 行）。最后将满足条件的结果图片返回（第 10 行）。

算法 5.2　naivePRR algorithm

输入：query image I_q, styID or senID, r, ε;
输出：query results S;
1. $S_1 = S \leftarrow \varnothing$;　　　　　// 　 initialization
2. **for** each image $I_i \in \Omega$ **do**
3. 　　**if** vSim$(I_q, I_i) < r$ **then** $S_1 \leftarrow S_1 \bigcup I_i$;
4. **end for**
5. **for** each candidate image $I_i \in S_1$ **do**
6. 　　calculate the subjective similarity distance(dis)between I_i and I_q;
7. 　　calculate the probabilities of the subjective features(prob)between I_i and I_q;
8. 　　**if** (dis⟨r and prob⟩ε)**then** $S \leftarrow S \bigcup I_i$;
9. **end for**
10. **return** S;

2）多特征融合的检索方法

除了上面介绍的传统多特征检索方法，本节提出一种基于多特征融合的检索方法，即将多个特征通过一个统一的距离度量来表示。在介绍多特征融合的检索方法之前，先介绍基于多元回归的特征权重选择。

对于得到的图片视觉相似度（vSim）、风格相似度（stSim）和情感相似度（seSim），如何对其进行融合分析，得到统一的相似度（sim）表达是实现多特征概率检索的关键。本节提出基于多元回归的多特征权重选择方法。

一般来说，人类感知系统理论认为，在图片的识别过程中，视觉特征（如颜色直方图，纹理等）和主观特征（风格及情感）所对应的权重是不同的，即不同的图片特征在图片检索中所扮演的角色是不同的。如何得到以上三个不同特征所对应的权重是一个很重要的问题。如上所述，这三种特征在图片相似度量中的作用是不同的。由于相似度量很大程度上受图片风格和主观情感影响，因此，简单地将多种特征组合成一个单一的高维特征无助于提高检索准确度。

基于多元回归确定不同特征权重的方法应用线性和非参数式的回归模型来研究每种特征类型的距离和图片间内在相似性之间的相关性。这是因为该模型能提供一个更快的基于机器学习的参数精确估计。在该模型中，任意两张图片的相似距离（sim）可看成其视觉特征距离和情感特征距离的线性函数。形式化表示如下：

$$\text{sim}(I_i, I_j) = w_v \times \text{vSim}(I_i, I_j) + w_s \times \text{stSim}(I_i, I_j) + w_e \times \text{seSim}(I_i, I_j)$$

$$(5.13)$$

其中,$w=[w_v,w_s,w_e]$为一个权重系数的向量(v,s 和 e 表示视觉、风格和情感特征),$d=[\mathrm{vSim}(I_i,I_j),\mathrm{stSim}(I_i,I_j),\mathrm{seSim}(I_i,I_j)]$为每种特征对应的距离值的向量表示。

为了得到式(5.13)中的三个权重系数,采用多元回归方法。为了达到训练目的,从数据库中选取 $2n$ 张图片$[m_1,m_2,\cdots,m_{2n}]$,同时得到它们的相似距离$[\mathrm{dsim}_1,\mathrm{dsim}_2,\cdots,\mathrm{dsim}_n]$,其中 sim_i 表示 m_i 和 m_{i+1} 的距离。本方法将两张图片的距离值规范化为一个布尔值。对于任意两张相似图片,其最终距离设为 1,否则为 0。为了相似评估,定义相似度的更多层次。然而,发现二层是简单且能够会取得好的性能。用户能判断两张图片是否相似。

在得到每对训练图片数据的相似度之后,得到 $n\times4$ 的矩阵。每行包含四项$[\mathrm{vSim},\mathrm{stSim},\mathrm{seSim},\mathrm{dsim}]$,分别为独立特征(视觉特征、风格特征和情感特征)对应的距离值,且 dsim 为表示相似度的布尔值。借助该矩阵,可以通过多元回归计算得到三个不同特征对应的权重。

3)检索方法

对于用户查询,根据查询元素存在四种情况:①查询图片;②查询图片和图片风格;③查询图片和图片情感;④查询图片、图片风格和图片情感。为了支持上述检索,根据可能出现的四种情况,两张图片的相似性(sim)及概率值(prob)可表示如下。

对于第一种情况,有

$$\begin{cases}\mathrm{sim}(I_q,I_i)=\mathrm{vSim}(I_q,I_i)\\\mathrm{prob}(I_i)=1\end{cases}\tag{5.14}$$

对于第二种情况,有

$$\begin{cases}\mathrm{sim}(I_q,I_i)=w_{v1}\times\mathrm{vSim}(I_q,I_i)+w_{s1}\times\mathrm{stSim}(I_q,I_i)\\\mathrm{prob}(I_i)=P_{\mathrm{ST}}(I_i)\end{cases}\tag{5.15}$$

对于第三种情况,有

$$\begin{cases}\mathrm{sim}(I_q,I_i)=w_{v2}\times\mathrm{vSim}(I_q,I_i)+w_{e1}\times\mathrm{seSim}(I_q,I_i)\\\mathrm{prob}(I_i)=P_{\mathrm{SE}}(I_i)\end{cases}\tag{5.16}$$

对于第四种情况,有

$$\begin{cases}\mathrm{sim}(I_q,I_i)=w_{v3}\times\mathrm{vSim}(I_q,I_i)+w_{s2}\times\mathrm{stSim}(I_q,I_i)+w_{e2}\times\mathrm{seSim}(I_q,I_i)\\\mathrm{prob}(I_i)=P_{\mathrm{ST}}(I_i)\times P_{\mathrm{SE}}(I_i)\end{cases}$$

$$\tag{5.17}$$

需要注意的是,式(5.14)~式(5.17)的权重(如 $w_{v1},w_{v2},w_{v3},w_{s1},w_{s2},w_{e1}$ 和 w_{e2})可以通过本节介绍的多元回归方法得到。

对于 PRR 算法,如图 5.9 所示,当用户提交一张查询图片 I_q、r、概率阈值 ε 及其对应的风格名称和情感名称。首先,扫描整张 FPDT 计算两张图片(I_q 和 $I_i\in$ FPDT)的统一相似度及对应的概率(第 2～7 行),最后将满足条件的结果图片返回(第 8 行)。

算法 5.3　Fusion-based PRR algorithm

输入:query image λ_q,styID or senID,r,ε and a FPDT;

输出:query results S;

1. $S \leftarrow \varnothing$;　　　　　　// initialization
2. **for** each image $I_i \in \Omega$ **do**
3. 　scan the whole FPDT;
4. 　calculate the uniform similarity distance(dis)between I_q and I_i based on Eqs. (5.14～5.17);
5. 　calculate the probability(prob)between I_q and I_i based on Eqs. (5.14～5.17);
6. 　**if**(dis$\langle r$ and prob$\rangle \varepsilon$)**then** $S \leftarrow S \bigcup I_i$;
7. **end for**
8. **return** S;

5. 概率 Top-k 检索算法

对于图片检索,概率 Top-k 检索(PTKR)是使用较频繁的检索操作。它能返回与提交图片最相似的 k 张图片并且满足一定的概率阈值。在概率范围检索基础上,介绍一种图片的概率 Top-k 检索方法。例如,当用户提交一张查询图片和阈值 ε,要求返回图片的风格名称及情感名称分别为“时尚”和“高兴”的前 k 张图片。算法 5.4 为整个检索过程的描述,其中函数 PRR()是概率范围查询的主函数,它返回以 λ_q 为中心 r

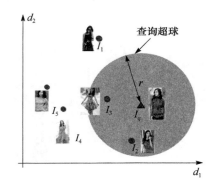

图 5.9　图片概率检索

为半径且概率大于 ε 的候选图片。Farthest()返回 S 中与 λ_q 距离最远的图片。

算法 5.4　PTKR algorithm

输入:query image λ_q,k, styID or senID,ε;

输出:query results S;

1. $r \leftarrow 0$,$S \leftarrow \varnothing$;　　　　// initialization
2. **while** ($|S| < k$)　　　　// $|S|$ refers to the number of candidate images in S
3. 　$r \leftarrow r + \Delta r$;
4. 　$S \leftarrow$ **PRR**(I_q,r,ε,styID,senID);
5. 　**for** each image $I_i \in S$ **do**
6. 　　**if** sim(I_q,I_i)$>r$ or prob$<\varepsilon$ **then** $S \leftarrow S - I_i$;　//the refinement
7. 　**end for**
8. 　**if** ($|S| > k$)**then**
9. 　　**for** $i:=1$ to $|S| - k$ **do**
10. 　　　$I_{far} \leftarrow$ **Farthest**(S,I_q);
11. 　　　$S \leftarrow S - I_{far}$;
12. 　　**end for**
13. 　**end if**
14. **end while**
15. **return** S;

6. 实验

本节通过实验验证该检索及索引方法的有效性。实验测试采用的图片数据来自 Taobao.com，其中包含了 50000 张商品图片。用 C 语言实现了 PTKR 检索方法。所有实验都运行在 Pentium IV CPU 2.0GHz，2G Bytes 内存。以下实验中采用页面访问次数和响应时间作为性能衡量的尺度。

1）原型系统

本实验实现一个在线交互式图片检索系统，如图 5.10 所示。最右部分所示，当用户提交一张例子图片、风格说明（如时尚）及概率阈值设为 60%，图中右边为检索结果，其中每张检索图片下面为该图片与查询图片的相似度及其概率值。

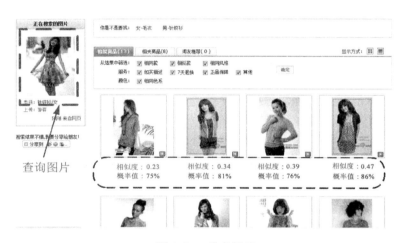

图 5.10　检索例子

2）查全率与查准率比较

在本实验中，将验证该检索方法的有效性。采用查全率（recall）和查准率（precision）来进行衡量，定义如下：

$$查全率 = \frac{检出的相关图片量}{检索系统中相关图片总量}, \quad 查准率 = \frac{检出的相关图片量}{检出图片总量}$$

(5.18)

本实验验证两种相似尺度对查询精度的影响。图 5.11 为传统基于视觉的检索方法与本节提出的概率检索的查全率和查准率的比较。随机从数据库中取 20 张图片作为查询例子，其中每张图片都包含至少四种不同的风格和情感。实验表明在相同查全率条件下，概率检索的查准率要明显高于传统方法。这是因为与传统相似检索方式相比，基于混合特征模型的方法能更好地表达用户的查询需求。

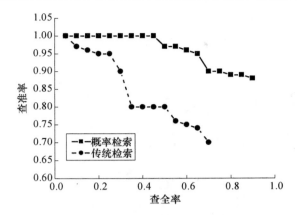

图 5.11　两种检索方法的查全率和查准率的比较

3）参考图片数量对查询精度的影响

本实验验证参考图片的数量对查询精度的影响。图 5.12 显示随着参考图片数量的增加，其查准率逐步提高。当参考图片数量超过 220 时，其查准率不再增加。

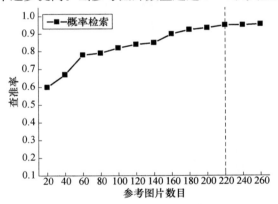

图 5.12　参考图片数量对查准率影响

5.1.3　基于多内容特征的书法字图片检索

本节以中文书法字图片检索为例。对中文书法字图片具有的多个特征：字形、字体及笔画数等进行统一建模，实现基于多内容特征的书法字检索。

1. 引言

中国古代书法作品（图 5.13）是中国传统文化的重要组成部分。为了有效地保护这些作品因年代久远而损坏，需要对其进行数字化保存。对这些数字化的书法作品进行有效的检索和索引已成为新的技术挑战。传统的书法字检索和索引方法仅使用轮廓点作为特征信息进行基于形状的相似检索[160]。没有考虑将其他特征如风格、类型甚至笔画数作为查询尺度进一步裁剪(pruning)查询区域。

图 5.13　一个书法字字帖图片

同时,由于书法字图片识别与检索[160-161]在计算机视觉和信息检索领域已经得到了广泛的研究。在之前的研究工作中[162],提出了基于轮廓点相似性的书法字检索。然而,在图 5.14 和图 5.15 中,对于同一个字"书",可能存在两种字体风格(如颜体和米体等)和不同的字体类型(如楷书和隶书等)。在大多数情况下,人们希望得到一些他们设定的特定风格或类型的书法字,这些新的特征可看成能够对搜索区域进行进一步裁剪的尺度。

| （a）颜体 | （b）米体 |　　| （a）楷书 | （b）隶书 |

图 5.14　同一字的不同风格　　　图 5.15　同一字的不同类型

另外,由于书法字的形状复杂性,个人认知水平局限,以及特征提取中出现的误差,如表 5.5～表 5.7 所示,对于书法字"书",其对应特征(如书法字类型、风格和笔画数)的识别和获取并不简单,书法字检索的查准率往往不够理想。例如,对于表 5.5 中的书法字,首先采用第 5.1.2 节的学习方法得到该书法字的风格概率分布:该字字体风格为颜体、米体和柳体的概率分别为 10%、85% 和 5%。对于另一个特征,由于形状扭曲的原因,对于表 5.7 中的类型为草书的书法字,较难直接得出笔画数。但该笔画特征的概率分布如表 5.7 所示。因此为了实现书法字的概率检索,首先需要对书法字特征进行概率建模,这样检索的准确率将得到进一步提高。在基于形状相似的检索算法基础上[162],针对海量书法字检索,Zhuang 等[163]首次提出一种基于多特征尺度的书法字概率查询算法。

表 5.5　字体风格的概率分布

书法作品	风格	概率
	颜体	10%
	米体	85%
	柳体	5%

表 5.6　字体类型的概率分布

书法作品	类型	概率
	楷书	85%
	隶书	5%
	草书	5%
	行书	5%

表 5.7　笔画数的概率分布

书法作品	笔画数	概率
	9	15%
	10	80%
	11	5%

在介绍该查询方法前,简单回顾文献[162]中介绍的基于形状的书法字检索方法。表 5.8 给出符号说明。

表 5.8　符号说明

符　号	意　义	符　号	意　义
Ω	中文书法字集合	λ_q	查询书法字
λ_i	第 i 个书法字且 $\lambda_i \in \Omega$	$\mathrm{sim}(\lambda_i, \lambda_j)$	相似距离(式(5.22)中定义)
p_{ij}	从第 i 个书法字提取的第 j 个轮廓点	$\Theta(\lambda_q, r)$	以 λ_q 为中心 r 为半径的查询超球
$\langle x, y \rangle$	点 p_{ij} 对应的坐标值	λ_R	参考书法字
n	Ω 中书法字个数	ε	阈值

由于书法字是表形的，如图 5.16(a)所示，因此采用基于采样轮廓点的书法字形状的表达，通过比较字形的相似性来检索。一般而言，采用如图 5.16(b)所示的极坐标比笛卡儿坐标能更好地描述笔画的方向性。对轮廓点的获取，原始的书法页面在切分过程中已经过去噪、二值化，因此，轮廓提取就较为简单，可以直接找出黑白邻接点即为轮廓点。

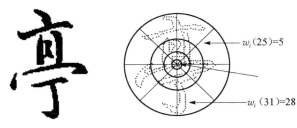

（a）一个已切分好的书法字　　（b）轮廓点的提取

图 5.16　书法字轮廓点提取

图 5.16(b)的坐标系的选取类似雷达扫描系统构造法，将整个空间从方向上划分出八个区域，接着在弦上按 $\log_2 r$ 划为四份。这样整个空间就被分为 32 份（32 个 bin），每个 bin 所占空间从里往外增大。对轮廓上的一给定点 p_i，其属性用落入以 p_i 点为中心的坐标系的 32 个 bin 中的像素点个数 $w_i(k)$ 来描述：$w_i(k) = \#\{q_j \neq p_i : q_j \in \mathrm{bin}(k)\}, k \in [0, 31]$，其中，$q_j$ 为落入第 k 个 bin 中的不同于 p_i 点的轮廓上的点。图 5.16(b)中落入第 25 个 bin 的像素个数为 5，落入第 31 个 bin 的像素个数为 28，即 $w_i(25)=5, w_i(31)=28$。对样本字轮廓上的某一点 p_i，寻找候选书法字中对应点 q_j 时，此两点满足如下不等式：

$$\mathrm{dist} = |\, p_i - q_j \,| = \sqrt{(x_i - x_j)^2 + (y_i - y_j)^2} \leqslant \sigma\, \mathrm{length} \tag{5.19}$$

其中，$\mathrm{length} = 32$ 为归一化的像素方阵长度，$\sigma = 1/3$。在这一约束下进行两个非 OCR 书法字的形状相似度匹配：对样本字中的每一个点 p_i，在候选字中寻找匹配点 q_j。令 $C_{ij} = C(p_i, q_j)$ 表示两点的近似匹配程度大小，值越小则表明越相似。

$$C_{ij} = C(p_i, q_j) = \frac{1}{2} \sum_{k=1}^{32} \frac{[w_i(k) - w_j(k)]^2}{w_i(k) + w_j(k)} \tag{5.20}$$

在两个字完全相同的极端情况下，可找到精确的对应点 q_j，使 $C_{ij} = C(p_i, q_j) = 0$，即两个点完全匹配。否则该点的匹配值 PMC_i 按下列公式计算：

$$\mathrm{PMC}_i = \min\{C(p_i, q_j) : j = 1, 2, \cdots, m\} \tag{5.21}$$

最后，两个书法字的匹配值可以用它们的所有轮廓点匹配值的总和 TMC 来表示：

$$\mathrm{TMC} = \sum_{i=1}^{n} (\mathrm{PMC}_i + \alpha \,||\, p_i - \mathrm{corresp}(p_i) \,||^2) \tag{5.22}$$

其中，$||\, p_i - \mathrm{corresp}(p_i) \,||$ 表示点 p_i 与点 $\mathrm{corresp}(p_i)$ 之间的欧式距离，$\alpha = 0.1$。

2. 书法字概率建模

在图 5.14 和图 5.15 中,对于一个相同书法字,存在不同的风格和类型。为了将这些特征用于检索,有效地裁剪搜索空间,本节提出一种概率检索方法,其中形状相似匹配算法基于之前的研究工作[162]。在预处理阶段,每个书法字的笔画数、字体风格和类型分别被计算和得到,这样书法字 λ_i 能用一个五元组表示:

$$\lambda_i :: = \langle i, \text{shape}, \text{style}, \text{type}, \text{num}\rangle \tag{5.23}$$

其中,i 表示书法字的编号;style$=\{\text{styID}, P_S\}$,其中 styID 表示 λ_i 的风格编号,$P_S=\textbf{Prob}(\lambda_i$ 的风格编号为 styID);type$=\{\text{tyID}, P_T\}$,其中 tyID 表示 λ_i 的类型编号,$P_T=\textbf{Prob}(\lambda_i$ 的类型编号为 tyID);num$=\{\text{numS}, P_N\}$,其中 numS 为 λ_i 的笔画数,$P_N=\textbf{Prob}(\lambda_i$ 的笔画数为 numS)。

3. 预处理阶段

如上所述,对于 Ω 中的任意书法字 λ_i,其对应的不同特征(如类型、风格和笔画数等)的概率分布对实现基于多特征的概率书法字检索非常重要。因此,作为预处理阶段,需要对数据库中的每个书法字建立一张特征概率分布表(FPDT),参见定义 5.4。

对于 Ω 中 n 个书法字,得到其对应的 n 个特征概率分布表非常耗时。因此在预处理阶段,采用基于参考学习(RL)的推导方法来快速得到。也就是说,通过与字 λ_i 最相邻的两个参考字来推导出该字对应的 FPDT。在该方法中,首先选取 m 个书法字作为参考字且 $m \ll n$。这些参考字对应的 FPDT 通过用户交互方式得到,如表 5.5~表 5.7 所示。

一旦 m 个参照字对应的 FPDT 创建完成,下一步是推导出其余 $(n-m-1)$ 个字的 FPDT。具体方法参照"预处理阶段"小节。

例如,如图 5.18 所示,假设存在六个书法字为 λ_1、λ_2、λ_3、λ_4、λ_{R1} 和 λ_{R2},其中两个书法字(λ_{R1} 和 λ_{R2})作为参照字。对于书法字 λ_3,假设 vSim$(\lambda_3, \lambda_{R1})=1.8$,vSim$(\lambda_3, \lambda_{R2})=2.5$,图片 I_{R1} 和 I_{R2} 的风格特征概率分布如图 5.17(a)和(b)所示,根据式(5.12),则有

$$\textbf{Prob}(\lambda_3 \text{ 的风格为 "楷书"}) = \textbf{Prob}(\lambda_{R1} \text{ 的风格为 "楷书"})$$
$$+ [\textbf{Prob}(\lambda_{R2} \text{ 的风格为 "楷书"})$$
$$- \textbf{Prob}(\lambda_{R1} \text{ 的风格为 "楷书"})] \times \frac{1.8}{1.8+2.5}$$
$$= 6.67\%$$

类似地,如图 5.17(c)所示,书法字 λ_3 的字体类型属于隶书、草书和行书的概率通过计算得到。

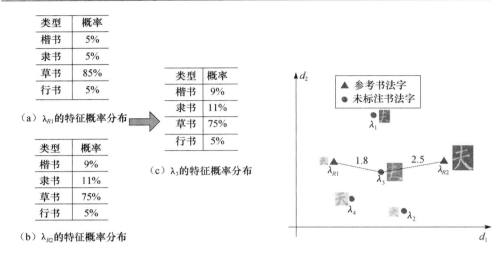

类型	概率
楷书	5%
隶书	5%
草书	85%
行书	5%

(a) λ_{R1} 的特征概率分布

类型	概率
楷书	9%
隶书	11%
草书	75%
行书	5%

(c) λ_3 的特征概率分布

类型	概率
楷书	9%
隶书	11%
草书	75%
行书	5%

(b) λ_{R2} 的特征概率分布

图 5.17　通过 λ_{R1} 和 λ_{R2} 得到 λ_3 的特征概率分布　　　图 5.18　基于参照学习的推导

4. 概率范围检索算法

本节介绍一种书法字的概率范围检索(PRR)算法。对于 n 个高维书法字,当用户提交一个查询书法字图片"天"且阈值为 ε,要求返回与该查询书法字相似,同时字体类型和风格分别为楷书和宋体,且概率大于 ε,如图 5.19 所示。整个检索分为三步:①首先得到 λ_q 对应的特征概率分布(第 2 行);②通过形状相似性得到候选的书法字(第 3~4 行);③对这些候选书法字通过比较字形、风格和字数等特征,得到基于概率保证的查询结果(第 5~20 行)。

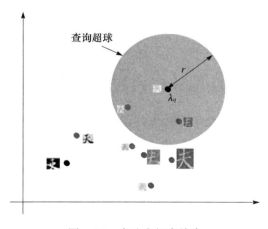

图 5.19　书法字概率检索

算法 5.5　The PRR Algorithm

输入：query character λ_q, r, styID or tyID or numS, ε；
输出：query results S；

1. $S = S_1 \leftarrow \varnothing$；　// S is a candidate character set, S_1 is a answer character set
2. **for** each character λ_i **do**
3. 　 calculate the similarity between λ_i and λ_q；
4. 　 **if** $sim(\lambda_i, \lambda_q) \leqslant r$ **then** $S_1 \leftarrow S_1 \bigcup \lambda_i$；
5. 　　 **if** user submits a λ_q and its style **then**
6. 　　　 **if** $\lambda_i . P_S \geqslant \varepsilon$ **then** $S \leftarrow S \bigcup \lambda_i$；
7. 　　 **else if** user submits a λ_q and its type **then**
8. 　　　 **if** $\lambda_i . P_T \geqslant \varepsilon$ **then** $S \leftarrow S \bigcup \lambda_i$；
9. 　　 **else if** user submits a λ_q and the number of strokes **then**
10. 　　　 **if** $\lambda_i . P_N \geqslant \varepsilon$ **then** $S \leftarrow S \bigcup \lambda_i$；
11. 　　 **else if** user submits a λ_q, its style and the number of strokes **then**
12. 　　　 **if** $\lambda_i . P_S \times \lambda_i . P_N \geqslant \varepsilon$ **then** $S \leftarrow S \bigcup \lambda_i$；
13. 　　 **else if** user submits a λ_q, its type and the number of strokes **then**
14. 　　　 **if** $\lambda_i . P_T \times \lambda_i . P_N \geqslant \varepsilon$ **then** $S \leftarrow S \bigcup \lambda_i$；
15. 　　 **else if** user submits a λ_q, its type and style **then**
16. 　　　 **if** $\lambda_i . P_T \times \lambda_i . P_S \geqslant \varepsilon$ **then** $S \leftarrow S \bigcup \lambda_i$；
17. 　　 **else if** user submits a λ_q, its type, style and the number of strokes **then**
18. 　　　 **if** $\lambda_i . P_T \times \lambda_i . P_S \times \lambda_i . P_N \geqslant \varepsilon$ **then** $S \leftarrow S \bigcup \lambda_i$；
19. 　　 **end if**
20. 　 **end if**
21. **end for**
22. **return** S；　　 // 　return the answer character set

---

5. 实验

1）原型系统

本节实现了一个在线交互式书法字概率检索系统[163]，并且将其与传统检索方法[162]进行比较。如图 5.20 右边部分所示，当用户提交一个书法字"天"且给出笔画数为 4，查询半径和阈值分别设为 0.8 和 60%，快速得到候选书法字。图的左侧显示查询结果。

下述实验验证该检索方法的有效性。采用查全率和查准率来进行衡量，其定义与式(5.18)相同。

2）两种相似尺度的比较

在本实验中，验证两种相似尺度对查询精度的影响。图 5.21 显示了基于概率检索方法与基于形状相似方法[162]比较的 recall-precision 曲线。随机从数据库取 20 个字作为查询例子，其中每个字具有四种以上不同的字体类型和风格，比较平均查全率下的平均查准率。从图中可以看出概率检索方法要大大优于传统的基于形状的方法。与基于欧式距离的相似度相比较，首先，测地距离能更好地表达书法字图片间的固有相似性。其次，概率模型的引入使查询的准确度进一步提高。

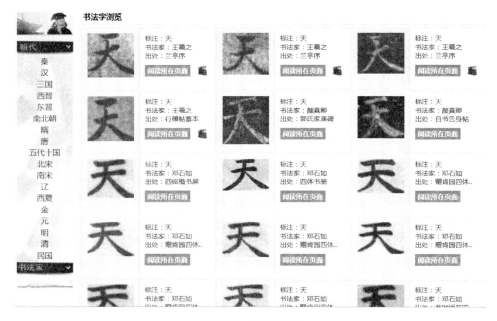

图 5.20　检索例子

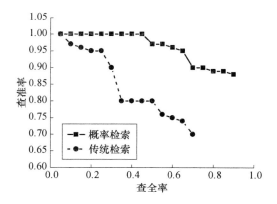

图 5.21　查全率与查准率比较

3）参考字对查询的影响

本实验测试参考字数量对查询精度的影响。图 5.22 表明随着参考字的增加,查准率逐步提高。当参考书法字数量超过 180 时,查准率不再提高。

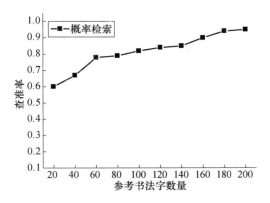

图 5.22　参考书法字数量对查准率的影响

5.2　基于多特征的音频检索

根据特征的类型,基于多特征的音频检索可分基于多内容特征的检索及基于语义和内容的检索。

Cui 等[275] 提出一种基于多内容特征的音频片段检索方法。该方法将四个音频压缩域特征:rhythm、pitch、timbre 和 DWCH 进行"拼接",得到一个高维向量。再对其进行 PCA 降维处理。最后通过多元回归方法得到四个特征的权值及其统一相似度量方法。

如第 4.2.3 节所述,QueST 系统[146] 是一个支持语义和内容特征的音频混合检索系统。其基本思想是,当用户查询包含关键词和内容特征时,首先分别对其进行基于关键词和内容的检索,得到的两个搜索结果 S_1 和 S_2;然后,对 S_1 和 S_2 进行基于快速阈值算法(quick threshold algorithm,QTA)的结果合并处理;最后将结果返回用户。需要指出的是,为了将不同内容特征得到的相似度进行高效合并,Cui 等[146] 提出一种基于代价敏感的算法,称为快速阈值算法。由于来自关键词索引中所有对象具有相同的分值(score),因此,QTA 算法只用于合并来自不同音频内容特征的分值列表。

5.3　基于多特征的视频检索

如第 4.3 节介绍的,基于内容的视频检索(content-based video retrieval)已经得到了广泛研究。然而,由于视觉特征的表示本身存在一定的局限性,单通过基于视觉内容的方法进行视频检索,很难保证较高的查询准确性。为此,Rautiainen 等[164] 提出了在视频检索中将语义概念(semantic concept)、转录文本(transcript text)

及视觉特征融合分析的方法,提高视频检索的准确率。

为了将来自不同搜索方式的搜索结果进行汇总分析,本方法采用后融合(late fusion)方式。在后融合处理中,如图 5.23 所示,将每个搜索模型看成一个输出,对每个输出结果进行融合分析得到最终输出结果。它也描述搜索主题 t 的查询定义,包含搜索问题的文本、概念描述,同时还有搜索需求的例子。

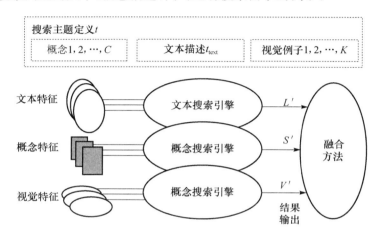

图 5.23 不同搜索范例的融合分析

视频片段中的转录文本信息来自通过自动语音识别(automatic speech recognition,ASR)得到的数据。这些数据需要经过预处理,包括去除停顿词及词干分析,然后保存在数据库中。查询关键词与某一镜头相应的转录文本信息的相似度可通过 TF×IDF[110] 来计算得到。在进行 TF×IDF 计算之前,通过词干分析去除查询关键词中的任意前缀或后缀。

文本查询的结果是对数据项的一个排序,记为排序表 L^t。初始时,L^t 包含了与查询关键词匹配的结果。然而,对不同搜索引擎的输出结果的融合需要对那些尚未被文本搜索返回的数据项的处理。因此,那些不包含在 L^t 中的不匹配数据项同时被添加到列表排名,这些排名不会影响输出的融合。文本查询结果的规范化(text result normalization)可表示为

$$l^t(n) = \left\{ [l^t(n) - 1] \cdot \frac{N}{L^t_{\max}} \right\} + 1 \tag{5.24}$$

对于视觉特征,计算在底层特征空间中与查询例子的相似距离会得到最初的排序表 $D^t_l(k)$,其中,根据查询主题 t,使用在视觉特征空间 l 中的查询例子表述 k 生成该列表。通过计算向量在特征空间 l 的 L_1 距离查询得到排序结果列表,该列表包含了数据项 n 及其排序值,记为 $d^t_l(k,n)$。然后,由 L 个特征空间生成的排序列表集 $D^t_l(k)$ 通过 Borda 计数法的变体来合并得到,其中,本节中 $L=2$,TGC (temporal gradient correlogram)和 TCC(temporal color correlogram)分别为两个视觉特征：

$$r^t(k,n) = \mathrm{sum}\left\{\frac{d_1^t(k,n)}{D_{l\max}^t(k)}, \cdots, \frac{d_L^t(k,n)}{D_{L\max}^t(k)}\right\} \tag{5.25}$$

其中，$r^t(k,n)$ 表示数据项 n 与查询例子 k 在特征空间 $1,2,\cdots,L$ 的排序；$d_l^t(k,n)$ 表示数据项 n 在特征空间 l 中对查询例子 k 的排序；$D_{l\max}^t(k)$ 表示在结果集中查询例子 k 的最大排名值。

当用户希望提交一个新的查询，可以借助上述介绍的三种搜索方式或它们之间的组合来完成。这样最终的查询结果是对上述搜索结果的合并。例如，用户定义以下复杂查询，该查询主题 t 是关于搜索埃及金字塔和/或 Sphinx 的相关视频片段。

① 文本搜索："sphinx"，"pyramid"。
② 视觉内容搜索：两张关于"Sphinx"的图片。

整个查询按照如下方式进行。初始时，按照上面介绍的方法分别进行基于视觉特征、基于语义概念及基于文本特征的查询。最后，查询结果列表 V^t 和 L^t 包含了每个数据项的排名值。搜索系统对由各个搜索引擎的搜索结果赋予不同权值，建立一个列表 F^t 的最终的融合为

$$f^t(n) = \mathrm{sum}\left\{\frac{w_v \cdot v^t(n)}{V_{\max}^t}, \frac{w_l \cdot l^t(n)}{L_{\max}^t}\right\} \tag{5.26}$$

其中，$f^t(n)$ 表示结果镜头 n 对搜索主题 t 的整体排名；$v^t(n)$、$l^t(n)$ 分别表示不同搜索引擎得到的 n 个数据项的排序结果；w_v，w_l 分别表示不同特征的权重；$V_{\max}^t$、$L_{\max}^t$ 分别表示独立的搜索结果列表的大小。

5.4　本 章 小 结

本章介绍了基于多特征的多媒体检索方法。较传统基于单一特征（语义或内容等）的多媒体检索，该方法在检索准确度上有明显提高。

第6章　跨媒体检索

本章介绍一种面向互联网的海量多媒体信息跨媒体检索技术。跨媒体检索代表了当前多媒体检索研究领域的最新方向。它试图通过对不同模态媒体对象之间的相关性分析，建立一个交叉参照图模型，实现不同模态间的"跨越式"搜索。本章从语义、链接和底层特征信息等角度，较系统地介绍异构媒体对象间相关性度量的方法。

6.1　引　　言

随着互联网和多媒体技术的不断发展，特别是近几年来，互联网上多媒体信息的爆炸性增长，使海量网络多媒体信息检索[112]已成为一个热门的研究领域。在这些海量的多媒体信息当中，不同模态媒体对象之间往往存在某种语义相关性。如图 6.1 所示，"老虎"的图片对应"老虎"的音频和视频等。传统的多媒体检索都是针对单一模态媒体对象，如基于内容的图像、音频和视频检索等[112]。较少有文献系统地研究基于多模态多媒体信息的交叉检索，即通过一种模态的媒体对象检索出另外一种或几种基于相同语义的不同模态的媒体对象。早在 1976 年，

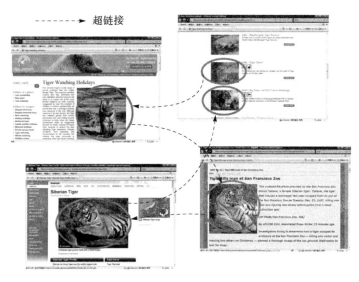

图 6.1　网页中不同媒体对象存在的潜在语义关联

McGurk 就已经揭示了人脑对外界信息的认知需要跨越和综合不同的感官信息,以形成整体性的理解[25]。同时认知神经心理学方面的研究也进一步验证了人脑的认知过程呈现出跨媒体的特性[165],即对来自视觉、听觉等不同感官的信息相互刺激、共同作用而产生认知结果。将这类检索称为跨媒体检索[166],它作为一种新兴的多媒体检索方式越来越受到国内外学术界的关注。

从 20 世纪 90 年代早期以来,基于内容的多媒体检索已经成为一个非常活跃的研究领域。其中最有代表性是基于内容的图像检索,如 QBIC[9],Virage[10],Photobook[11]和 MARS[13]等。基于内容的视频分析与检索系统包括 CMU 的 Informedia[12]。然而这些检索系统都只是针对单一模态的媒体对象检索。随着互联网及多媒体技术的飞速发展,互联网中许多不同模态的媒体对象呈现相同的语义特性,文献[167]中提出的 Octopus 是一个具有跨媒体特性的检索系统,它能够实现从一种模态的媒体对象中检索出另一种模态的媒体对象的功能。Shen 等[15]针对图片的视觉和语义特征,提出了一种混合的索引方式,将两种模态的特征信息采用同一个索引进行表示,但其适用性非常有限,不支持多种模态媒体对象的索引表达。Zhuang 等[16,26-27]较早提出了跨媒体检索的概念,并且给出了实现跨媒体检索的一系列方法。

本章介绍跨媒体检索的相关技术,包括交叉参照图模型,基于语义分析、链接分析及底层特征相关性分析的交叉参照图生成方法。

6.2　交叉参照图模型

多媒体文档是一种逻辑上的文档[27],它是由一些在语义上相关的媒体对象(文本、图像、音频、视频或者图形)组成的。语义上相近的多媒体文档之间存在着某种关联,这种关联可以用它们之间的链接来表示。多媒体文档的概念在现实生活中存在着许多实例。一个包含了图像和视频的网页就可以看成一个多媒体文档,并且这种多媒体网页通过其所包含某个媒体对象的链接指向其他多媒体页面,这种网页目前已经大量存在。其语义框架用来描述多媒体文档和其包含的全部媒体对象以及与其他多媒体文档之间的链接关系。

定义 6.1　每个多媒体文档 MD 可表示为一个五元组:

$$MD := \langle docID, URI, keywList, elemSet, linkSet \rangle \qquad (6.1)$$

其中,docID 为文档的标识;URI 为文档的统一资源定位标识;keywList 为文档的关键字描述;elemSet 为文档中包含的媒体对象集合;linkSet 为文档包含的链接集合,包括该文档被其他文档所指向的链接和该文档指向其他文档的链接。elemSet 中的每个媒体对象可以由它的语义特征和底层感知特征描述,如图像 image = $\langle imgID, keywList, imgFeature \rangle$。

为了达到跨越多种模态媒体对象统一检索的目的,需要将多媒体文档语义框架中的各种媒体对象之间的高层联系提取出来。本节采用交叉参照图模型(cross reference graph model,CRG)来描述媒体对象之间的(语义)相关性。媒体对象之间的高层语义关联可以通过链接关系表示,如两个媒体对象之间存在超链接,就可以认为它们之间有一定的语义相关性。这种关联与媒体的底层特征无关,并且两个不同模态的媒体对象之间也能够建立关联。如某个多媒体文档中包含了一个图像,该图像通过超链接指向另一个文档中的一个音频对象,虽然音频的听觉感知特征与图像的视觉感知特征差异很大,但是它们之间存在的超链接表示这两个不同模态的媒体对象在语义上有某种关联,通过这种语义上的相关性可以实现不同模态媒体对象之间相互检索的目的(如通过图像检索到音频)。由此,交叉参照图模型也可以看成各种媒体对象之间的交叉参照索引,是指导跨媒体检索的基础。

定义 6.2　交叉参照图模型是一个无向图,可形式化表示为 $CRG = (V, E)$,其中 V 表示媒体对象集;E 表示该图的边集,即两个媒体对象(V_i 和 V_j)之间的相似度或相关度。需要说明的是,当两种媒体对象为同模态时,它们之间的关联称为相似度(similarity),如图 6.2 中的实线所示;当两种媒体对象为不同模态时,它们之间的关联称为相关度(correlation),如图 6.2 中的虚线所示。

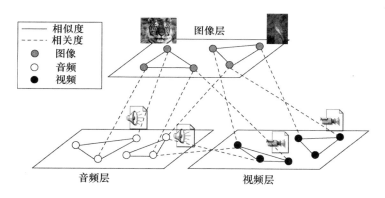

图 6.2　交叉参照图模型例子

表 6.1 给出了不同媒体对象的相似度距离函数,用于基于内容的跨媒体检索。

表 6.1　各种媒体对象的特征和相似度计算函数

媒体类型	特征	相似度计算函数
图像	256 HSV 32-d Tamura 方向度	欧式距离
音频	四个压缩域特征:质心(centroid);衰减(roll off)截止频率;频谱流量(spectral flux);均方根(RMS)	用模糊聚类算法提取音频例子的聚类质心,用计算质心的余弦相似度[144]
视频	镜头切分,用 k 平均算法生成关键帧	基于 ViTri 模型的视频相似度量[150]

6.3　异构媒体对象相关性挖掘

综上所述,交叉参照图模型是实现跨媒体检索的基础,它包含了异构媒体对象(文本、图片及音频等)之间的相关性信息。而该参照图的构建和完善是建立在对这些异构媒体对象进行相关性挖掘的基础上。一般来说,相关性挖掘方法主要可分为三类:①基于语义标注的方法;②基于链接分析的方法;③基于异构特征分析的方法。除此之外,还将介绍一些其他的相关性分析方法。

6.3.1　基于语义标注的方法

基于语义标注的方法又称跨媒体语义标注。该方法的基本思想是通过其他类型媒体对象的语义信息来进行自我标注。最终建立异构媒体对象之间的基于语义的关联。

如图 6.3 所示,以无语义信息图片为例,首先通过与其同类型媒体对象(图像)

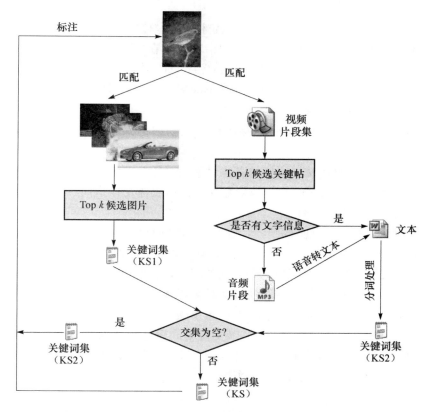

图 6.3　基于语义标注的异构媒体相关性分析

进行基于内容相似查询,得到前 k 张图片。同时这些图片都自带语义信息,这样得到一个候选关键词集(KS1)。与此同时,将该图片与视频库中的关键帧进行相似匹配,得到前 k 个关键帧。将这些关键帧对应的音频信息通过转换软件转化成文字信息,再通过进一步分词处理,得到另一个候选关键词集(KS2)。最后将两个候选关键词集求交集,将得到的新的关键词集合作为该图片对象的语义信息。

6.3.2　基于链接分析的方法

为了支持高效的跨媒体检索,庄毅等[168]提出基于链接分析和相关反馈结合的多模态媒体对象相关性挖掘算法。通过相关性挖掘和分析后得到的交叉参照图模型是进行跨媒体检索的关键所在。

正如前面介绍的,跨媒体检索[168]是指通过一种媒体对象检索出另外一种或几种基于相同语义的不同的媒体对象。如通过提交一张"老虎"的图片,检索出语义为"老虎"的音频或视频。本节通过对多媒体文档(网页)的链接分析建立交叉参照图模型,通过用户的相关反馈来逐步修正交叉参照图,从而实现有效的跨媒体检索。

如图 6.2 所示,交叉参照图模型[168]描述了媒体对象之间潜在的语义联系。在计算媒体对象之间的权重前,由于互联网中网页存在"噪声"链接信息,如广告栏、菜单条等,这些对于交叉参照图的建立会产生负面的影响。需要预先对网页链接信息进行一定的过滤,排除网页周围的噪声链接。然后通过以下三个先验知识(启发式规则)来初步建立交叉参照:

① 属于同一个多媒体文档的媒体对象之间在语义上被认为具有一定的相关性;

② 被同一个多媒体文档所指的媒体对象在语义上被认为具有一定的相关性;

③ 一个媒体对象被另一个媒体对象所属的多媒体文档指向,那么它们在语义上被认为具有一定的相关性。

根据对 1 万张实际网页的统计,大约 90% 的网页所存在的多媒体网页和媒体对象之间的链接关系满足以上三个先验知识。结合上面的先验知识和多媒体文档语义框架的描述,可以计算媒体对象之间的权重,这种权重反映了媒体对象之间语义关联的强弱。因此,可以按照算法 6.1 计算媒体对象之间的权重。

通过算法 6.1 得到的无向边 e_{ij} 的权重反映了媒体对象 X_i 和 X_j 在语义上的关联强弱。基于交叉参照图 CRG 可以实现不同模态媒体对象之间的相互检索。通过上面的方法,已经建立起各种媒体对象的交叉参照图。对于该交叉参照图,还需要通过用户的相关反馈进行逐步调整。

算法 6.1　基于链接分析的方法

输入：e_{ij} 为初始的媒体对象 X_i 和 X_j 的权重（设为 0）；

输出：CRG 为交叉参照图；

1. $\forall X_i \in \Omega$, $\forall X_j \in \Omega$；$e_{ij} = 0$；　　　// initialization
2. **for** any two media objects $X_i, X_j \in \Omega$ **do**
3. 　　**if** X_i 和 X_j 属于同一个网页 **then**
4. 　　　　$e_{ij} \leftarrow e_{ij} + 1$；
5. 　　**else if** X_i 和 X_j 属于被同一个网页所指向或指向同一个网页 **then**
6. 　　　　$e_{ij} \leftarrow e_{ij} + 1$；
7. 　　**else if** X_j 被 X_i 所属的网页所指向 **then**
8. 　　　　$e_{ij} \leftarrow e_{ij} + 1$；
9. 　　**end if**
10. **end for**
11. **return** CRG；

6.3.3　基于异构特征分析的方法

第 6.3.1 节和 6.3.2 节已经分别从语义标注和链接分析两个层面来建立异构媒体对象的相关性，本节将从分析多媒体对象底层特征的角度，建立不同模态媒体对象的相关性，实现跨媒体检索。跨媒体检索需要处理不同模态的媒体数据，例如，以图像和音频为例，一个 400 维的视觉特征向量和一个 550 维的听觉特征向量，尽管两者维数不同且具有不同属性，但可能都表达了相似的语义概念，如老虎嚎叫的画面与老虎的叫声。计算机却很难根据两个特征向量度量两者在语义层面上的相关程度。

张鸿等[169] 提出一种基于典型相关性分析（canonical correlation analysis，CCA）的异构媒体对象相关性分析方法。本节以图像视觉特征和音频听觉特征之间的典型相关性分析为基础，通过子空间映射解决了不同模态数据特征异构性问题，实现了在检索过程中不同模态之间的灵活跨越。同时提出基于增量学习的相关反馈方法，实现跨媒体相关性的准确度量。

1. 视觉和听觉特征的相关性保持映射

不同模态的媒体数据在底层特征匹配上面临异构性和难以度量的挑战，本节通过典型相关性分析方法对视觉特征矩阵和听觉特征矩阵进行相关性求解和子空间映射，解决异构性和不可度量的问题，最大程度上保证了视觉和听觉特征之间的典型相关性不变。

1）相关性学习

相同语义、不同模态的媒体数据在底层特征上具有潜在相关性，例如，"松鼠"图像的视觉特征和"松鼠"音频的听觉特征在统计意义上存在一定相互关联。本节采用典型相关分析方法挖掘这种不同模态之间的典型相关性。

　　两个变量场 X 与 Y 之间的相关性定义如下。设有 n 个样本、p 个变量组成的变量场记为 $X_{(n \times p)}$，另有 n 个样本、q 个变量组成的变量场 $Y_{(n \times q)}$，以最大限度地提取 X 与 Y 之间相关性的主要特征为准则，从 X 中提取组合变量 L，从 Y 中提取组合变量 M，如下所示:

$$X_{(n \times p)} \xrightarrow{W_{X(p \times m)}} L_{(n \times m)}, \quad Y_{(n \times q)} \xrightarrow{W_{Y(q \times m)}} M_{(n \times m)} \tag{6.2}$$

其中，W_X, W_Y 为空间特征向量，又称典型变量。按式(6.2)把具有较多个变量的变量场 X 与 Y 之间的相关转化为较少组合变量 L 与 M 间的相关，通过 W_X, W_Y 的数值分布来确定 X 与 Y 的空间相关分布形式，而 W_X, W_Y 的数值大小则表示了所对应变量的重要程度。于是问题归结为如何求解典型变量 W_X, W_Y。定义相关系数为 $\rho = r(L, M)$，在式(6.4)的约束下，使相关系数最优化。

$$\rho = r(L, M) = \frac{W_X^T C_{XY} W_Y}{\sqrt{W_X^T C_{XY} W_Y W_Y^T C_{YY} W_Y}} \tag{6.3}$$

$$v(L) = L^T L = W_X^T X^T X W_X = 1, \quad v(M) = M^T M = W_Y^T Y^T Y W_Y = 1 \tag{6.4}$$

其中，式(6.3)的 C_{XY} 表示 $X_{(n \times p)}$ 和 $Y_{(n \times q)}$ 构成的协方差矩阵。结合式(6.3)和式(6.4)，使用拉格朗日乘法可以得到 $C_{XY} C_{YY}^{-1} C_{YX} W_X = \lambda^2 C_{XX} W_X$，即将最优化问题转换为形如 $Ax = \lambda Bx$ 的特征根问题，并进一步根据式(6.2)得到最小变量组合 $L_{(n \times m)}, M_{(n \times m)}$，以最大限度地揭示 $X_{(n \times p)}$ 和 $Y_{(n \times q)}$ 之间的相关性。

　　2) 同构子空间的映射

　　给定多个语义类别的图像和音频作为训练数据，设已知语义类别的个数为 z，未知每幅图像和每段音频例子与语义类别之间的所属关系，可以采用如下的半监督式相关性保持映射方法构建包含图像和音频对象的同构子空间 S^*。

　　半监督式相关性保持映射:

　　① 对每个语义类别 $C_i (i \in [1, z])$，随机选择一些图像 A_i，音频 B_i 进行语义标注;

　　② 分别求出 A_i, B_i 的聚类质心 O_{Ai}, O_{Bi};

　　③ 分别以 O_{Ai}, O_{Bi} 为初始质心对图像数据集和音频数据集进行 k 平均聚类;

　　④ 聚类结果中与初始聚类质心 O_{Ai} 划分到相同类别的图像被赋予与 O_{Ai} 相同的语义;

　　⑤ 聚类结果中与初始聚类质心 O_{Bi} 划分到相同类别的音频被赋予与 O_{Bi} 相同的语义;

　　⑥ 对每个语义类别 C_i 中所有图像和音频数据提取视觉特征矩阵 X 和听觉特征矩阵 Y，计算 X 和 Y 之间的典型变量，以此为基向量映射得到低维子空间。

　　上述方法在只对少量图像和音频数据进行语义标注的情况下，通过 k 平均聚类划分语义类别,分别求取每个类别的视觉和听觉典型变量,将典型变量映射得到的子空间命名为 CCA 子空间 S^*。

2. CCA 子空间中的跨媒体检索

1) 不同模态间的相关性度量

设 $\boldsymbol{x}_i=(x_{i1}, \cdots, x_{ik}, \cdots, x_{ip})$ 表示初始的视觉特征向量,$\boldsymbol{y}_j=(y_{j1}, \cdots, y_{jk}, \cdots, y_{jq})$ 表示初始的听觉特征向量,其中 $x_{ik}, y_{jk} \in R$。经过半监督式的相关性保持映射后生成大量复数,x_i 经过子空间映射后的向量为 $\boldsymbol{x}'_i=(x'_{i1}, \cdots, x'_{ik} \cdots, x'_{im})$,其中 $x'_{ik}=a+bi$ 且 $a, b \in R$,同理可得 y_i 对应 CCA 空间中的映射结果 $\boldsymbol{y}'_j$,则图像 $\boldsymbol{x}'_i$ 和音频 $\boldsymbol{y}'_j$ 之间的距离定义为

$$\text{CCAdis}(\boldsymbol{x}'_i, \boldsymbol{y}'_j) = \sqrt{\sum_{k=1}^{m}(\,|x'_{ik}|^2 + |y'_{ik}|^2 - 2 \cdot |x'_{ik}|\,|y'_{jk}|\cos|\beta_{ik} - \beta_{jk}|\,)}$$

(6.5)

其中,$x'_{ik}=(\beta_{ik}, |x'_{ik}|)$,$\beta_{ik}=\arctan(b/a)$,$|x'_{ik}|=\sqrt{a^2+b^2}$。

从而,对于用户提交的图像查询例子 R,可以采用 CCAdis 计算子空间中图像 R 与音频对象之间的距离以衡量跨媒体相关性大小。然而,由于语义鸿沟的存在,CCA 子空间 S^* 的映射过程虽然保留了视觉和听觉特征间的典型相关性,但是 CCAdis 的计算结果不能准确反映整个数据集范围内的跨媒体语义关系。因此,需要对 CCAdis 的结果进行修正,定义修正后的跨媒体相关性为

$$\text{crossCor}(\boldsymbol{x}'_i, \boldsymbol{y}'_j) = \text{CCAdis}(\boldsymbol{x}'_i, \boldsymbol{y}'_j) + \gamma(\boldsymbol{x}'_i, \boldsymbol{y}'_j)$$

(6.6)

其中,$\gamma(\boldsymbol{x}'_i, \boldsymbol{y}'_j)$ 为修正因子,表示子空间中不同模态样本之间 CCAdis 与真实的跨媒体语义关系之间的差值。$\gamma(\boldsymbol{x}'_i, \boldsymbol{y}'_j)$ 初始化为 0,并在基于增量学习的相关反馈过程中通过提取用户交互中的先验知识进行更新。

2) 基于增量学习的相关反馈

相关反馈方法结合用户的先验知识,以修正查询向量和整个数据集的拓扑关系,从而提高查询准确度。本节提出的基于增量学习的跨媒体相关反馈作用于 CCA 子空间 S^*。该子空间是基于相关性保持映射而得到的,这种相关性保持映射特性使图像和音频数据在子空间中形成一定的聚类效果。因此,假设在子空间 S^* 中,相似语义、相同模态的媒体对象分布在比较集中的区域。基于上述假设,本节以增量学习方式传播相关反馈中的跨媒体语义信息,修正图像和音频数据集在 CCA 子空间中的拓扑结构,同时更新修正因子 γ 的取值,使式(6.6)的计算结果更准确地反映图像和音频对象在语义上的跨媒体相关程度。

设 R 为提交的图像查询例子,用户对返回的音频例子进行评判,得到音频正例集合 P 和音频负例集合 N,相关反馈算法描述如下所述。

① $\forall p_i \in P$，调用 CCAdis 找到 p_i 在音频数据库中的 k 近邻 $T = \{t_1, \cdots, t_j, \cdots, t_k\}$，并按距离进行升序排列。

② 令 $\gamma(R, p_i) = -\tau (\tau > 0)$，以等差的方式依次修改集合 T 中每个元素对应的修正因子 γ 值：$\gamma(R, t_j) = -\tau + j \times d_1 (d_1 = \tau/k)$。

③ $\forall n_i \in N$，调用 CCAdis 找到 n_i 在音频数据库中的 k 近邻 $H = \{h_1, \cdots, h_j, \cdots, h_k\}$，并按距离进行升序排列。

④ 令 $\gamma(R, n_i) = \tau (\tau > 0)$，以等差的方式依次修改集合 H 中每个元素对应的修正因子 γ 值：$\gamma(R, h_j) = \tau - j \times d_2 (d_2 = \tau/k)$。

⑤ 根据式(6.6)重新计算与查询例子 R 相似的音频对象，作为新的查询结果返回。

3）新媒体对象在 CCA 子空间中的定位

如果查询例子不在数据库中，则此查询例子定义为"新"媒体对象。同构子空间映射算法不能对单一的媒体对象分析相关性并降维映射。为了实现"新"媒体对象在 CCA 子空间中的定位，需要结合用户反馈中的先验知识。设"新"媒体对象为 Z，如果可以准确计算出 Z 的 CCA 坐标，则以 Z 为查询例子的跨媒体检索可以用上述方法实现。Z 的 CCA 坐标的计算如下所示。

① 提取 Z 的底层特征，使用欧氏距离，检索与 Z 同模态的媒体对象数据库，找到 Z 的 k 近邻作为返回结果。

② 用户标注两个反馈正例 $\{y_1, y_2\}$，设 $y_j (j = 1, 2)$ 的 CCA 坐标表示为 $y_j = (y_{j1}, y_{j2}, \cdots, y_{jm})$，则 Z 的 CCA 坐标为 $Z = \{z_1, \cdots, z_k, \cdots, z_m\}$，其中 $z_k = \text{mean}(y_{1k} + y_{2k})$。

此外，还可以根据反馈正例对应的典型变量实现 Z 的子空间坐标映射。

6.3.4 其他方法

除了上述三种相关性分析方法，不少学者针对多媒体文档（multimedia document，MMD）中所包含的多模态媒体对象提出了一些相关性学习方法[170-172]，以支持基于多媒体文档的跨媒体查询。

在文献[16]中，针对多媒体文档中的异构媒体对象，Zhuang 等提出一种基于传导学习（transductive learning）的方法挖掘不同模态媒体对象之间的语义相关性。根据媒体对象的底层特征及其伴随信息（co-existence），构建一个统一的交叉参照图。在该图中，对不同模态的媒体对象进行统一表达。为了实现跨媒体检索，首先将一个正分值赋予查询对象，然后该分值沿着该交叉查找图进行传递，最终得到目标媒体对象或分值最高的多媒体文档对象。同时，为了提高检索的准确度，又提出了相关反馈方法。

同样针对多媒体文档，Yang 等[27]提出一种层次式的流形学习方法，用于理解多媒体文档对象之间的语义相关性。在该方法中，分别在多媒体文档层面和媒体对象层面构建一个二层流形结构。首先构建一个拉普拉斯媒体对象空间（Laplacian media object space）用于表示每种模态的媒体对象。同时，创建一个 MMD 语义图模型，用于表示 MMD 之间的语义相关性。媒体对象的相关信息沿着 MMD 语义图进行传递，从而实现跨媒体检索。

6.4 本章小结

针对互联网环境异构媒体对象之间存在语义关联，本章介绍了跨媒体检索的基础——交叉参照图模型。为了构建该交叉参照图，主要采用三种方式：语义分析、链接分析及底层特征分析等。

第7章 社交媒体检索与推荐

7.1 引　　言

2000 年以来，互联网上以 Blog、Wiki、BBS、SNS、Podcast 为代表的 Web 2.0[173] 运动发展十分迅速，用户注册数和用户创造内容（UGC）的规模急剧膨胀。各种社交网络服务的发展不仅丰富了社会信息传播与交流渠道，也提高了普通个体（社交用户）的大众传播能力。随着互联网媒体形式的创新与发展，一种全新的网络媒体形态——社交媒体逐渐浮现[173]。从美国的"德拉吉报道"到国内的"虐猫案"、"铜须门"、"周老虎"等新闻事件的产生与发展来看，社交媒体的影响已经不可小觑[174]。通过网络和人际传播，社交媒体不仅能够制造、发布和传播新闻，还能掀起社会舆论，并左右新闻事件的进程，其广泛影响力已经给传统媒体和整个社会带来了明显冲击。

近年来，Web 2.0 技术的兴起和发展使网络多媒体技术研究，特别是对社交媒体数据的研究已成为一个研究热点[176-182]。由于采用的数据模型不同，社交媒体数据主要呈现五种特性：海量（large-scale）、异构（heterogeneous）、动态（dynamic）、高维（high-dimensional）和不确定（uncertain）。

① 海量：随着网络信息量的急剧增长及用户参与社交媒体数据发布的热情高涨，其数据量将呈现指数级增长趋势。

② 异构：由于社交媒体系统中包含多种类型媒体（如文字、图像和视频等），这些不同类型媒体数据采用的数据模型各不相同，因此数据呈现异构特性。

③ 动态：社交媒体数据由用户创建，存在频繁添加、删除和更新等操作，因此该类数据呈现动态特性。

④ 高维：由于社交媒体系统包含多种类型的媒体对象，从这些社交媒体对象中提取的特征往往具有多（高）维特性，如图像的颜色直方图、视频关键帧等。

⑤ 不确定：由于社交媒体发布的内容包含用户的标注、评论、意见和见解等信息，往往带有明显的个人倾向等主观性特征。不同用户对同一媒体对象（事件）所表达的意见或程度不同，使这些社交媒体数据呈现不确定性。

如何高效地对这些海量高维不确定性社交媒体数据进行管理、查询、索引与分析已成为目前国内外学术界关注的一个重要研究课题，受到国内外学者广泛关注，并在每年的三大国际数据库顶级会议 SIGMOD、VLDB 和 ICDE 及多媒体研究方面的权威会议 ACM Multimedia 上都有相关的最新研究成果发表,具有较强的理论研究价值及现实应用前景。

与传统多媒体相似查询[112]不同,社交媒体数据包含多种特征信息,特别是用户交互(标注及评论等)信息。由于用户标注信息(语义甚至情感信息等)往往带有较强的主观性和不确定性,根据不同用户的认知、喜好和心情等主观因素,对同一媒体对象的标注可能存在一定差异,这样使查询结果存在不确定性。因此,对于这些多(高)维主观性特征,需要引入概率模型来衡量不确定媒体对象成为结果集中元素的可能性,即每个不确定对象可表示为满足一定概率分布的记录。这类查询称为社交媒体对象的概率查询(probabilistic query)。正因为这类媒体对象的某些特征具有一定的不确定性,传统多(高)维索引方法(如 R-Tree[32]、VA-File[39] 等)难以对其进行有效处理,往往会导致查询结果出现偏差,不能满足用户需求。同时,高维概率查询会导致较高的 CPU 运算和 I/O 代价,因此如何最大限度减少运算代价已成为不确定性社交媒体概率查询研究中的难点和突破口。

另外,社交媒体系统包含多种类型媒体对象信息。将社交媒体对象(social media object)和社交用户对象(social user object)统称为社交对象(social object)。在这些海量社交媒体系统中,不同类型(模态)社交对象之间往往存在某种(语义)相关性或联系,如"老虎"的图片对应"老虎"的音频、视频和喜欢老虎的用户等。传统多媒体检索大都针对单一类型媒体对象,如基于内容的图像、音频和视频检索等[112],或多种媒体对象间的跨媒体检索[166]。作为一种新兴的检索方式,跨媒体检索越来越受到国内外学术界的关注。然而,它只是针对不同类型媒体对象(不是用户对象)实现"跨越式"查询,即通过一种类型(模态)的媒体对象检索出另外一种或几种不同类型(模态)的相关媒体对象。鲜见将社交用户作为一种查询元素,并且将用户对象的交互(标注)及喜好等信息作为实现社交对象的类型(模态)"跨越式"查询的依据之一,将这类查询称为社交对象的相关性查询(correlation query)。

不失一般性,作为社交媒体的重要代表之一,本章将以社交图片作为研究对象,介绍社交媒体对象的检索与推荐。

7.2　国内外研究现状分析

1. 社交媒体技术的发展

社交媒体的发展历史最早可以追溯到 20 世纪 70 年代产生的 Usenet、ARPA-NET 和 BBS(或称网络论坛)系统。早期的 BBS 系统是报文处理系统,用于用户之间交流电子报文。随着时间的推移,BBS 系统的功能有了扩充,增加了文件共享功能。80 年代以后,随着个人计算机的普及,BBS 系统开始在西方的大学和科研领域流行,但主要用于科学交流。1995 年,Wiki 和 SNS 网站产生。1998 年, Blog 系统产生。2004 年以后,Web 2.0 运动兴起,社交服务网站开始蓬勃发展,社交媒体由此成为一类不可忽视的媒体力量[174]。

就定义而言,"社交媒体"还没有一个精确的概念。维基百科对其的解释为"人们彼此之间用来分享意见、见解、经验和观点的工具和平台。内容形式包括文本、图像、音乐和视频,媒介形式包括 Blog、Wiki、BBS、Podcast 等"[174]。从技术视角看,社交媒体是一种完全基于互联网的数字媒体,它依赖于各种社交软件而存在。社交媒体内存在两类群体,一类是平台运营商,他们提供各种数字信息的生产、发布、存储、传播和交流平台;另一类群体是普通大众,他们既是社交媒体内容的生产者、传播者,还是最终的消费者,因而他们是社交媒体的主体角色。社交媒体以一种自下而上的方式赋予了大众"全民记者"的力量,重新开启了"大众的反叛"。从内容特征看,社交媒体内流动的内容主要是个人意见、专业见解、工作经验等感性认知,这与传统媒体以硬性新闻和事实报道为主的风格有较大差异。随着互联网技术的发展与完善,社交媒体在社会传播中的地位日益提高,并对传统主流媒体的消费者形成了一定的分流。同时,对于个人,社交媒体是一种社会纽带,是个体吸纳与整合社会能量的接收器,同时也是个体能量放大为社会能量的转换器。它的产生和发展离不开用户基础。通过以博客、微博等为代表的社交媒体,个体可以不断拓展自己的人际关系,构建与延伸自己的人际关系网络,从而为个人的发展蓄积社会资源能量。从宏观角度来看,基于互联网的社交媒体不仅影响着人与人之间的交往模式,改变人们的行为方式,也对社会公共领域进行了重构[174]。

从社交媒体的主体形式来看,当前中西方的社交媒体市场生态略有不同。在中国,从 1991 年 BBS 系统首次进入中国互联网络以后,各种 BBS 就逐渐成长为社交媒体的主要形式。据中国互联网络信息中心预计,截至 2008 年 6 月底,中国 Blog 用户规模已经突破 1 亿人关口,达到 1.07 亿人。与此同时,中国 BBS 注册用户为 30 亿,80% 的中国网站都有自己的 BBS 系统,每天发布的帖子总数超过 1000 万,日页面浏览量达到 16 亿。相反的是,在美国和西欧,BBS 远不如 Blog、Wiki 和 SNS 流行。Alexa 统计的网络流量排名显示[175],目前全球排名前十位的网站中有五个是社会媒体网站,它们分别为 Youtube、Myspace、Wikipedia、Facebook 和 Blogger。美国 Compete 网站的调查还发现,2006 年美国网民耗费时间最多的网站并非 Yahoo,而是 Myspace。这些数字表明,从全球来看,社交媒体网站已经十分丰富,其类型不仅多样,用户量和浏览量也十分庞大,整体上已经成为当代最重要的媒体形式之一。

随着社交媒体技术的发展,用户创造内容越来越丰富,大众在社交媒体上花费的时间也越来越多。艾瑞咨询集团发布的一份研究报告则指出,2007 年 36.3% 的中国网民每天在 BBS 网站上花费 1~3h,44.7% 的网民花费时间则达到了 3~8h。

这些数字表明大众的信息消费习惯已经发生重大变化,社交媒体已经成为大众获取信息的主要渠道之一,这种变化不仅给传统出版传媒产业带来了挑战,对整个媒体生态也产生了不可逆转的影响。

与传统媒体相比,社交媒体具有以下六种明显特征。

① 参与性:社交媒体可以激发感兴趣的人主动地贡献和反馈,它模糊了媒体和用户之间的界限。

② 公开性:大部分的社交媒体都可以免费参与其中,鼓励人们评论、反馈和分享信息,参与和利用社交媒体中的内容几乎没有任何障碍。

③ 交流性:传统的媒体采取的是"播出"的形式,内容由媒体向用户传播,单向流动;而社交媒体的优势在于,内容在媒体和用户之间双向传播,这就形成了一种交流。

④ 对话性:传统媒体以"播出"的形式,将内容单向传递给用户;而社交媒体则多被认为具有双向对话的特质。

⑤ 社区化:在社交媒体中,人们可以很快地形成一个社区,并以摄影、政治话题或者电视剧等共同感兴趣的内容为话题,进行充分交流。

⑥ 连通性:大部分的社交媒体都具有强大的连通性,通过链接,将多种媒体融合到一起。

2. 社交媒体数据管理

作为一种新兴媒体,社交媒体数据的高效管理已成为国内外学术界关注的热点。Siersdorfer 等[176]给出了一种分析和预测社交图片主观性信息的算法。该方法采用 SentiWordNet 词库从图片伴随的文字信息中提取主观性信息,但尚未给出概率查询算法。之后,其又提出了一个社交推荐系统的构建方法[177]。文献[178]中,针对传统社交网络中用户间紧密度(social strength)存在的单一性描述,Zhuang 等提出一种基于内核学习的更为精确的用户紧密度模型。Jin 等[179]把Flicker 网站作为研究对象,通过对"用户投票"(voting)情况进行统计分析,发现进行图片之间潜在的相关性,并通过机器学习技术进行意见和趋势的预测。Li 等[180]通过对视觉相似的邻近社交图片的"邻近投票"(neighbor voting),发现图片之间标签与视觉内容之间的潜在相关性。

针对社交媒体的特点,Cui 等[17]提出一种基于多特征融合的社交媒体检索与推荐方法,通过构建改进型倒排文件索引,将社交媒体检索及推荐转化为子图匹配问题。在文献[28]中,Zhuang 等提出一种基于超图谱散列(hypergraph spectral hash)模型的社交图像相似检索方法。但以上检索方法尚未将社交媒体对象所包含的主观性特征信息融入检索。Bu 等[181]提出一种基于超图(hyper-graph)模型的社交音乐推荐方法,该方法尚未考虑用户的个性化需求。近期,Zhuang 等[182]针对基于位置的社交图片查询的特点,提出一种基于地理标注信息及视觉特征的移动社交图像检索方法。

7.3　社交(媒体)对象概率建模

如图 7.1 所示,对于任意社交(媒体)对象 λ_i,主要分为六类特征:语义特征、视觉特征、听觉特征、主观性特征、用户特征和其他特征,其中主观性特征包括格调及心情特征等,其他特征包括位置信息(loc)及创建时间(time)等。

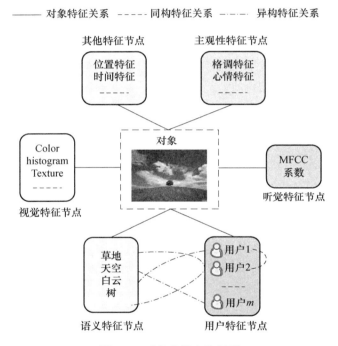

图 7.1　对象多模态特征图

定义 7.1　社交(媒体)对象 λ_i 可表示为一个七元组:

$$\lambda_i ::= \langle i, \text{sem}, \text{vis}, \text{aud}, \text{sub}, \text{user}, \text{oth} \rangle \tag{7.1}$$

其中,i 为第 i 个(媒体)对象;sem 指该对象对应的语义特征,如关键词标注信息、标题和文本信息等;vis 指该对象对应的视觉特征,如颜色直方图、纹理和形状等;aud 指该对象对应的听觉特征,如压缩域特征等;sub 指该对象对应的主观性特征,包括对象体现的格调及用户所传达的心情等。user 指该媒体对象的用户特征,如创建者(uploader)、将该对象设为最爱或共享该对象的用户组用户等;oth 指该对象的其他特征,如位置信息及创建时间等。sub 可形式化表示为 $\text{sub} = \{\text{style}, \text{mood}\}$ 其中,style::=｛sID,sVal,P_S｝,其中,sID 为对象 λ_i 的格调标识,sVal 为对象 λ_i 的格调,如"时尚"、"优雅"、"经典"等,P_S 指对象 λ_i 的格调标识等于 sID 的平均概率,表示为 $P_S=$ **Prob**(对象 λ_i 的格调标识为 sID);其中,mood::=｛mID,mVal,P_M｝,其中,mID 为对象 λ_i 所传达的用户心情标识,mVal 指对象 λ_i 所传达的用户心情,如"高兴"、"悲伤"、"受鼓舞"等,P_M 指对象 λ_i 的心情标识等于 mID 的平均概率,表示为 $P_M=$ **Prob**(对象 λ_i 的心情标识为 mID)。

一般来说,社交(媒体)系统包括同构和异构的(媒体)对象。

1) 同构媒体对象间的相似性(similarity)度量

① 对于语义特征,采用 WordNet 和 Term co-occurrence 算法来衡量词的相似度。

② 对于视觉特征,采用欧式距离对颜色、纹理进行相似度量。

③ 对于听觉特征,采用模糊聚类算法提取音频例子的聚类质心,再用计算质心的余弦相似度对四个压缩域特征(质心、衰减截止频率、频谱流量及均方根)进行相似度计算。

④ 对于主观性特征,采用基于 KL-Divergence 的相似度量。

⑤ 对于用户信息,在社交媒体系统中,每个用户根据兴趣,都会属于一个或多个兴趣组。应用最新机器学习技术挖掘潜在的用户组,建立基于兴趣组的用户相似度量方法。

2) 异构(媒体)对象间的相关性(correlation)度量

不同类型的异构媒体对象在社交媒体系统中经常出现,例如,关键词"狗"常常与喜爱动物的用户联系起来。通过高级机器学习和概率统计分析方法,从链接分析、语义标注、用户分析和底层特征的相关性学习四方面建立和完善异构媒体对象的关联。

7.4　基于多特征融合的社交图片对象查询与推荐

在社交媒体的多特征查询方面,Cui 等[17] 在 SIGMOD 2011 上首次提出了社交图片的多特征融合的查询方法。图 7.2 为 Flickr 图片共享网站的例子。在该图对应的网页中既有"松鼠"的图片,也包含网友对该图片的人工标注及评论信息等。这类媒体对象包含多个特征:视觉特征、语义特征及用户信息等。

在该方法中,首先针对社交图片的特征建立一个特征交互图(feature interaction graph,FIG)数据模型,如图 7.3 所示。该模型将特征作为节点,将相关度作为节点间的边。然后,采用基于马尔可夫随机场(Markov random field)的概率模型来描述媒体对象中用于相似度量的特征交互图。在此基础上,设计了一种海量社交媒体数据的高效检索算法。同时,又结合时态信息提出一种社交媒体推荐方法。

图 7.2　一张 Flickr 中图片例子(来自文献[17])

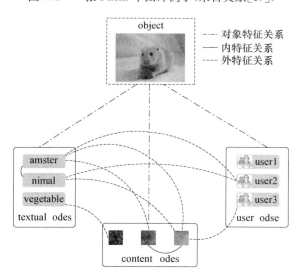

图 7.3　对应的特征交互图例子(来自文献[17])

7.5　结合视觉特征和标签语义不确定性的社交图片概率查询

　　一般来说,由于用户对社交图片对象的标注或描述具有一定的随意性及不确定性,因此,标签语义不确定性(模糊性)已成为对社交图片数据管理和分析面临的首要问题。同样以社交图片为例,本节介绍一种结合视觉特征的基于语义不确定性的社交图片概率查询。

7.5.1　语义特征概率建模

在图 7.1 的基础上,对于社交图片数据库中的所有图片对象,允许用户对该对象进行语义标注。不同用户对同一张图片的认知和理解程度不同,所标注的语义信息会存在差异。通过统计分析 m 位用户的标注信息,得到该媒体对象的语义特征分布概率模型。

定义 7.2　语义标签可表示为一个六元组:
$$Tag::=\langle tID, mID, tName, tUser, prob, prob_1 \rangle \qquad (7.2)$$
其中,tID 为该语义标签的编号,mID 为所标注的图片编号,tName 为该语义标签的内容,tUser 为进行标注的用户,prob 表示该标签在编号为 mID 的图片中出现的概率,$prob_1$ 表示该标签在所有标签中出现的概率。

假设有 m 位用户对一个图片对象(图 7.4 左图)进行标注,表 7.1 为这 m 位用户所标注的信息。从该表中,可以统计每个标签(关键词)出现的次数,进而得到它们的出现概率,如图 7.4 右图所示。

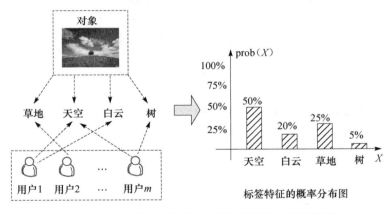

图 7.4　社交图片对象的标签语义特征分布概率建模

表 7.1　图片 λ_i 对应的用户语义标注信息表例子

用户信息	标注信息
用户 1	天空、白云
用户 2	草地
...	...
用户 m	天空、树

将 m 个用户的标注情况进行统计,得到每张图片的语义特征概率分布情况并且将其保存在一张标签语义特征概率分布表(tag semantic feature probabilistic distribution table,TPDT)中。

定义 7.3　标签语义特征概率分布表可表示为一个三元组:

$$\text{TPDT}::=\langle \text{mId, ks, prob}\rangle \tag{7.3}$$

其中,mId 为所标注的图片的编号,ks 指所标注的关键词,prob 指该图片被标注为
ks 的概率。

7.5.2　查询算法

1. 基于代价模型的查询策略选择

对于该类社交图片的混合概率查询,一般采用两种查询策略:①先进行基于标
签的概率查询,再对候选图片进行基于视觉特征的相似查询,得到结果;②先进行
基于视觉特征的相似查询,再对候选图片进行基于标签的概率查询,得到结果。对
于海量社交图片数据库,上述两种查询策略导致的查询代价是不同的。因此,分别
提出两种基于直方图模型的查询代价估计方法:标签信息的概率直方图模型(tag
probabilistic histogram,TPH)及基于参考点的视觉特征直方图模型(reference-
based visual feature histogram,RVH)。

在标签信息的概率直方图模型中,通过统计及机器学习的方法得到每个标签
对应的图片分布情况。首先,假设与标签 T_1 相关的图片集为 Ω 且其中图片总数
为 $|\Omega|$,则 T_1 在图片 $\lambda_i \in \Omega$ 的对应标签集中的出现概率记为 P。

定义 7.4(标签概率直方图)　标签概率直方图可表示为一个三元组:

$$\text{TPH}:=\langle \text{tag,ran,per}\rangle \tag{7.4}$$

其中,tag 表示标签特征名称;ran 表示采样概率范围;per 表示标签 tag 在单张图
片中的出现概率(prob)在范围 ran 内的概率,形式化表示为 $\text{per}=\sum\limits_{\text{prob}\in \text{ran}} 1/|\Omega|$。

例如,假设存在六张图($\lambda_1 \sim \lambda_6$)及三个标签($T_1 \sim T_3$),图 7.5(a)表示这三个标

prob/% 标签　图片	T_1	T_2	T_3
λ_1	11	21	29
λ_2	13	69	31
λ_3	35	20	35
λ_4	61	11	49
λ_5	13	89	31
λ_6	75	25	55

(a)

per/% 标签　采样范围	T_1	T_2	T_3
[0, 20%]	50	33	0
[21%,40%]	17	33	67
[41%,60%]	0	0	33
[61%,80%]	33	17	0
[81%,100%]	0	17	0

(b)

图 7.5　标签概率直方图的转化

签在六张图片中的出现概率。对于每个标签,其在相关图片标注信息中的出现概率可分为五部分,即$[0,20\%]$、$[21\%,40\%]$、$[41\%,60\%]$、$[61\%,80\%]$和$[81\%,100\%]$,如图 7.5(b)所示。然后可以分别求得图 7.5(a)中的出现概率落在这五个采样范围的概率。当用户提交一个查询标签为 $T_q = T_1$,且需满足出现概率为$[45\%,69\%]$。由于$[35\%,69\%] \in [41\%,80\%]$,因此通过查找 TPH,得到近似查询代价为 $0\% + 33\% = 33\%$。这里,将 33% 作为标签概率查询的代价估计 P_1。显然当采样范围越小,查询代价估计的准确度就越高。算法 7.1 为基于标签的查询代价估计。

算法 7.1　Tag query cost estimation

输入:Ω:the image set;T_q:query tag information;ε:threshold range;

输出:P_1:the estimated query cost;

1. $P_1 \leftarrow 0$;
2. user submits a T_q and ε;
3. the affected sub-ranges are identified according to ε;
4. **for** each affected sub-range ran$_i$ of T_q **do**
5. 　　$P_1 \leftarrow P_1 + \text{per}_i$;
6. **end for**
7. **return** P_1;

　　类似地,对于相似查询,又提出一种基于参考点的视觉特征直方图。在该模型中,首先随机选取 m 张图片作为参考图片 λ_R,然后通过设定不同的采样半径,得到每张参考图片对应的视觉特征直方图。

　　定义 7.5(基于参考点的视觉特征直方图)　参考图片 λ_R 的视觉特征直方图,可表示为一个三元组:

$$\text{RVH} := \langle \text{rId}, R, \text{per} \rangle \qquad (7.5)$$

其中,rId 表示参考图片的编号;R 表示采样半径;per 表示以图片 rId 为中心,R 为采样半径得到的候选图片总数占所有图片总数的比例,形式化表示为 $\text{per} = \sum\limits_{\lambda_i \in \Theta(\lambda_{\text{rId}}, R)} 1 / |\Omega|$。

　　在图 7.6 中,假设存在三张参考图片 λ_{R1}、λ_{R2} 及 λ_{R3},其采样半径分别为 0.2、0.4、0.6、0.8 和 1,可以得到这三张参考图片对应的视觉特征直方图,如表 7.2 所示。

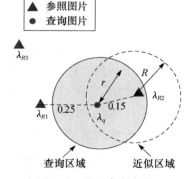

图 7.6　基于参考点的
视觉特征直方图

表7.2 RVH 例子

per/% R 参考图	0.2	0.4	0.6	0.8	1
λ_{R1}	11	21	29	38	44
λ_{R2}	13	19	31	42	53
λ_{R3}	15	20	35	48	60

当给定查询图片 λ_q 及查询半径 $r=0.18$,首先搜索其最近邻参考点 λ_{R2},同时根据查询半径 r 找到该参考点对应的最相近的采样半径 $R=0.2$,再通过查找表7.2得到候选图片总数占所有图片总数的比例 per$=13\%$,将 per 值近似作为以查询 λ_q 及半径 r 的相似查询代价 P_2。从理论上分析,随着参考点数量的增加,采样半径的细分程度的提高,P_2 将接近以查询 λ_q 为中心、r 为查询半径的真实查询代价。算法7.2为基于视觉特征的查询代价估计。

算法 7.2 Visual feature query cost estimation

输入:Ω:the image set;I_q:query image;r:query radius;

输出:P_2:the estimated query cost;

1. $P_2 \leftarrow 0$;
2. user submits a I_q,r;
3. find the nearest neighbor reference image(NNR)of I_q;
4. for a new hypersphere(HS)centered as NNR(I_q)and r as radius
5. $P_2 \leftarrow$ HS. per;
6. **return** P_2;

---

2. 查询算法

整个查询分为如下三个阶段。①用户提交查询请求,包括查询图片 λ_q、查询半径 r、查询标签 T_q 及阈值 ε。②查询策略选择:根据查询条件,首先从 TPH 中得到与 T_q 及阈值 ε 对应的候选结果图片所占比例 P_1,再对 λ_i 寻找最近邻的参照图片 λ_R,同时在 λ_R 对应的 RVH 中根据查询半径 r 近似得到候选相似图片所占比例 P_2。当 $P_1 < P_2$ 时,可选择第一种查询策略(第5~10行);反之亦然(第12~18行)。③返回查询结果(第19行)。

算法 7.3 Semantic and visual probabilistic query

输入:Ω:the social image set;λ_q:query image;ks:keyword;ε:threshold value;

输出:S:the query result;

1. $S = S_1 \leftarrow \varnothing$;
2. user submits a query image,keyword and a threshold value;

3. the query cost estimation is conducted；
4. **if** $P_1 < P_2$ **then**
5.   **for** each social image $\lambda_i \in \Omega$ **do**
6.   **if** ks＝TPDT(λ_i). ks and $\varepsilon <$ TPDT(λ_i). prob **then** $S_1 \leftarrow S_1 \cup \lambda_i$；
7.   **end for**
8.   **for** each candidate social image $\lambda_i \in S_1$ **do**
9.   **if** vSim$(\lambda_i , \lambda_q) < r$ **then** $S \leftarrow S \cup \lambda_i$；//vSim means the similarity measurement
10.   **end for**
11. **else**
12.   **for** each social image $\lambda_i \in \Omega$ **do**
13.   **if** vSim$(\lambda_i , \lambda_q) < r$ **then** $S_1 \leftarrow S_1 \cup \lambda_i$；
14.   **end for**
15.   **for** each candidate social image $\lambda_i \in S_1$ **do**
16.   **if** ks＝TPDT(λ_i). ks and $\varepsilon <$ TPDT(λ_i). prob **then** $S \leftarrow S \cup \lambda_i$；
17.   **end for**
18. **end if**
19. **return** S；

7.6　结合视觉特征的社交图片主观性概率查询

传统社交图片查询往往是针对语义或内容的查询,较少将用户喜好、感觉和点评等主观性信息作为查询依据。本节介绍一种结合视觉特征的基于主观性模型的社交图片查询方法。该方法包括三种支撑技术:基于主观性特征的概率分布模型,基于多参考点学习的概率传播及多特征融合分析。

7.6.1　主观性特征概率分布模型

考虑到不同用户的喜好及当时的情绪等主观因素,对同一个社交图片对象的认知存在不同,为了实现社交图片对象的主观性(如格调和心情等)查询,需要首先对该类图片对象进行主观性特征建模,即对每张社交图片建立一张反映用户主观性特征的概率分布表。而该分布表的定义与第5.1.2节中的定义5.4一致,不再介绍。

对于社交图片,为了实现主观性概率查询,需要获得该对象对应的主观性特征概率分布情况。通过两种方法获得:对于用户已手动进行主观性标注的情况,直接进行主观性特征统计分析;否则,采用第5.1.2节介绍的基于参考学习的概率推导方法。

7.6.2　查询算法

在介绍社交图片对象的主观性概率查询算法之前,首先从线性和非线性两个角度,分别采用两种多特征权值选择方法,基于多元回归(multi-variable regression)的方法[275]和基于支持向量机回归（support vector regression，SVR）的方法，将对象视觉相似度（vSim）、格调相似度（sSim）和心情相似度（mSim）进行线性和非线性融合分析，得到统一的加权相似度量：

$$\text{sim}(\lambda_i,\lambda_j) = w_1 \times \text{vSim}(\lambda_i,\lambda_j) + w_2 \times \text{sSim}(\lambda_i,\lambda_j) + w_3 \times \text{mSim}(\lambda_i,\lambda_j)$$

$$(7.6)$$

其中，w_1、w_2 和 w_3 为加权参数。

最后，社交图片的主观性概率查询可分为三个阶段：①提交查询请求（第 2 行）；②不确定性图片对象的快速过滤处理（第 3～5 行）；③对候选对象进行概率计算，得到结果集（第 6～8 行）。

算法 7.4　Subjectivity and visual probabilistic query

输入： Ω：the social image set；λ_q：query image；r：query radius；ε：threshold value；

输出： S：the query result；

1. $S_1 = S \leftarrow \varnothing$；
2. user submits a query image，keyword and a threshold value；
3. **for** each social image $\lambda_i \in \Omega$ **do**
4. 　　**if** $\text{sim}(\lambda_q,\lambda_i) < r$ **then** $S_1 \leftarrow S_1 \bigcup \lambda_i$；　　　//see Eq. (7.6)
5. **end for**
6. **for** each candidate social image $\lambda_i \in S_1$ **do**　　　// refinement by scanning the FPDT
7. 　　**if** λ_i. prob $> \varepsilon$ **then** $S \leftarrow S \bigcup \lambda_i$；
8. **end for**
9. **return** S；

7.7　结合地理标注信息和视觉特征的社交图片复合查询

随着 Web 2.0 和基于位置查询技术的不断发展，移动环境下基于位置的图片查询研究越来越受到关注。传统基于位置信息的图片查询方法尚未将图片对应的地理信息和视觉特征进行综合分析。图 7.7 为 Google 地图上标注的图片信息。在该图中，不同的图片被标注在地图的不同位置，该过程称为地理信息标注（geo-tagging）。图片的地理标签可以帮助用户以直观的方式浏览不同地理位置的图片。例如，通过键入或者通过 GPS 定位得到用户所在的经度和纬度坐标（表 7.3），可以快速搜索到该位置附近的相似图片。

表 7.3　具有地理标签信息的图片

图片	GPS
I_1	(30,50)
I_2	(10,150)
I_3	(60,20)

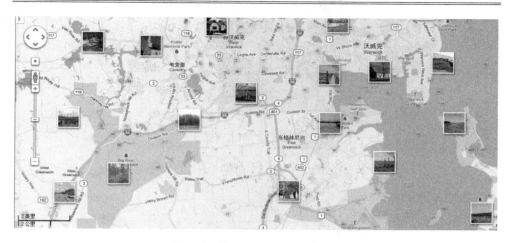

图 7.7　基于 geo-tagging 的图片

在某些情况下，人们希望获得一些具有特定位置信息的图片，如基于位置的景点图片搜索、基于位置的移动购物等。然而，传统的基于语义或内容特征的图片查询方式无法提供位置信息。结合位置信息可提高图片查询的准确度。因此，本节介绍一种基于位置信息的复合社交图片查询方法。该方法结合了图片的地理标签（geo-tag）信息及视觉特征信息。

定义 7.6　地理标签（记为 GTag）可表示为一个三元组：
$$GTag::=\langle tID,mID,GPS\rangle \tag{7.7}$$
其中，tID 为该地理标签的编号；mID 为该图片的编号；GPS 表示该图片对应的位置信息。

7.7.1　基于代价模型的查询策略选择

本节提出了一种基于代价模型的查询策略选择（cost-based query scheme selection，CQS）。对于基于位置信息的社交图片复合查询，存在如下两种查询策略。

① 首先进行基于地理标签信息的查询，再对候选图片进行基于视觉特征的相似计算，得到结果图片。

② 首先进行基于视觉特征的相似查询，再对候选图片进行基于地理标签信息的查询，得到结果图片。

对于海量社交图片查询，上述两种查询策略会产生两种不同的查询代价。因此，为了得到最小的查询代价，提出一种基于代价的查询策略选择方法。

1）地理标签直方图模型

首先，提出一种地理标签直方图（geo-tag histogram，GTH）模型。如图 7.8 所示,在该模型中,将空间分成 $n \times m$ 个块。对于每个块,保存有地理标签的图片落在该块上的概率。

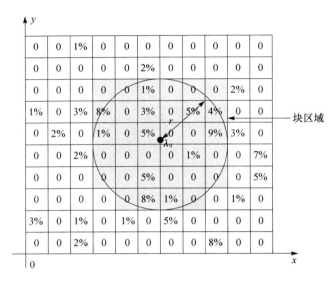

图 7.8　地理标签直方图

定义 7.7(地理标签直方图)　地理标签直方图可表示为一个二元组:
$$\text{GTH} := \langle \text{blockID}, \text{per} \rangle \tag{7.8}$$
其中,blockID 表示块的编号;per 指有地理标签的图片落在该块上的概率,记为
$$\text{per} = \sum_{\lambda_i \in \text{blockID}} 1 / |\Omega| 。$$

在图 7.8 中,对于一个以 λ_q 为查询中心、r 为半径的查询,其查询所涉及的块区域(affected blocks)如阴影部分所示。随着块数量的增加,所有与该查询所涉及的块的概率之和将接近实际出现概率。算法 7.5 为基于地理标签的查询代价估计。

算法 7.5　Gtag query cost estimation

输入:Ω:the image set;T_q(GPS. x,GPS. y):GPS information of λ_q;R:spatial radius;

输出:P_1:the estimated query cost;

1. $P_1 \leftarrow 0$;
2. user submits a T_q and R;
3. the affected blocks are identified;
4. **for** each affected blocks B_i **do**
5. 　$P_1 \leftarrow P_1 + B_i.\text{per}$;
6. **end for**
7. **return** P_1;

---

2) 视觉特征直方图模型

类似地,对于相似查询,采用第 7.5.2 节提出基于参考点的视觉特征直方图模型(visual feature histogram model)进行查询代价估计,具体参见第 7.5.2 节。在该模型中,随机选择 m 张图片作为参考图片 λ_R。

在上述两种查询直方图基础上,可以近似地比较两种查询策略的查询代价,进而优化查询。

7.7.2　查询算法

本节介绍基于位置的图片查询算法。整个查询分成三个阶段。①查询提交,包括查询图片 λ_q、查询半径 r、查询地理标签 T_q 及空间查询半径 R;②查询顺序选择,根据查询条件,首先从 GH 中得到对应 T_q 及半径的候选图片所占比例 P_1;接着,找到 λ_q 的最近邻参考图片(λ_R),从 RVH 中得到以 λ_R 为中心 r 为半径的候选图片比例 P_2。若 $P_1 < P_2$,则选择第一种查询策略(第 5～10 行);反之亦然(第 12～17 行)。③返回查询结果(第 19 行)。其中,函数 dist(λ_i. GPS, λ_q. GPS)表示 λ_i 与 λ_q 之间的空间距离。

算法 7.6　Location-based composite query

输入:Ω:the image set;λ_q:query image;r:query radius;T_q(GPS. x,GPS. y):GPS information of λ_q;R:
　　spatial radius;

输出:S:the query result;

1. $S_1 = S \leftarrow \varnothing$;
2. user submits a λ_q, r and GPS information;
3. the query order selection is conducted;
4. **if** $P_1 < P_2$ **then**
5. 　　**for** each image $\lambda_i \in \Omega$ **do**
6. 　　　　**if** dist(λ_i. GPS, λ_q. GPS) $< R$ **then** $S_1 \leftarrow S_1 \bigcup \lambda_i$;
7. 　　**end for**
8. 　　**for** each image $\lambda_i \in S_1$ **do**
9. 　　　　**if** vSim(λ_i, λ_q) $< r$ **then** $S \leftarrow S \bigcup \lambda_i$;
10. 　　**end for**
11. **else**
12. 　　**for** each image $\lambda_i \in \Omega$ **do**
13. 　　　　**if** vSim(λ_i, λ_q) $< r$ **then** $S_1 \leftarrow S_1 \bigcup \lambda_i$;
14. 　　**end for**
15. 　　**for** each image $\lambda_i \in S_1$ **do**
16. 　　　　**if** dist(λ_i. GPS, λ_q. GPS) $< R$ **then** $S \leftarrow S \bigcup \lambda_i$;
17. 　　**end for**
18. **end if**
19. **return** S;

7.8 社交对象的相关性概率查询

与第 6 章介绍的跨媒体查询类似,作为社交媒体对象查询的扩展,为了实现社交对象(媒体对象和用户对象)相关性查询,首先提出一种交叉关联概率图模型。它是相关性概率查询的基础。

7.8.1 交叉关联概率图模型

一般来说,社交对象信息都存在网页之中,将该类网页称为社交网页(social webpage, SP),它是一种逻辑上的文档,由一些在语义上相关的社交媒体对象(文本、图像、音频、视频和图形等)或者与这些媒体对象有联系的社交用户对象信息组成。为了达到跨越多种类型(模态)社交对象统一检索的目的,引入交叉关联概率图模型来描述对象之间的潜在相关性。

定义 7.8　交叉关联概率图模型(cross correlation probabilistic graph model, CCPG)是一个多层无向图,形式化表示为 CCPG=(V, E),其中,V 表示社交对象集且 $\lambda_i \in V$;E 表示该图的边集,即两个对象(λ_i 和 λ_j)之间的相似度或相关度,以及相应概率值,表示为 $\langle sim(cor), (prob) \rangle \in E$。

图 7.9 中的交叉关联概率图模型描述了社交对象之间潜在的联系。当两个对象为同类型(模态)时,它们之间的关联性称为相似度(similarity),用实线表示,记为 $\langle sim \rangle \in E$;否则,称为相关度(correlation),用虚线表示,记为 $\langle cor, prob \rangle \in E$,其中 prob 表示两个异构对象相关度等于 cor 的概率值。通过四种方法:链接相关性分析,标签语义相关性分析,用户相关性分析及底层特征相关性分析,得到异构对象

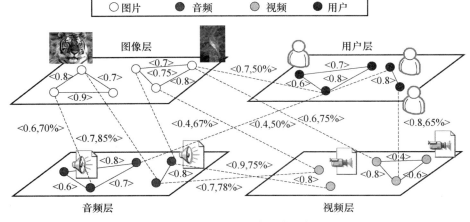

图 7.9　交叉关联概率图模型例子

之间的潜在(语义)相关性。

①链接相关性分析。计算(媒体)对象之间的相关性拟通过如下 3 个先验知识来初步建立交叉关联概率图。①属于同一个 SP 的(媒体)对象之间(在语义上)被认为具有一定的相关性;②被同一个 SP 所指的(媒体)对象(在语义上)被认为具有一定的相关性;③一个(媒体)对象被另一个(媒体)对象所属的 SP 所指向,那么它们(在语义上)被认为具有一定的相关性。

②标签语义相关性分析。标签信息蕴涵了不同媒体对象之间或强或弱的语义关联信息。通过对不同媒体对象的标签信息分析,挖掘它们之间的相关度。为此,建立基于标签信息的对象间相关性度量如下:

$$\mathrm{cor}(\lambda_i, \lambda_j) = \frac{\sum\limits_{\forall \lambda_i.\, \mathrm{tag} \in \lambda_j.T} 1 + \sum\limits_{\forall \lambda_j.\, \mathrm{tag} \in \lambda_i.T} 1}{|\lambda_i.T| + |\lambda_j.T|} \tag{7.9}$$

其中,$\lambda_i.T$ 和 $\lambda_j.T$ 分别表示 λ_i 和 λ_j 的标签集合,$|\cdot|$ 表示 $\cdot$ 的个数。

③用户相关性分析。根据对用户上传、标注社交(媒体)对象的日志信息,以及用户所在兴趣组信息的综合统计分析,从用户角度,采用最新机器学习方法得到异构对象的相关性度量。其中,用户对象之间的相关度可通过分析其所在的兴趣组和联系人之间的关系来得到,如定义 7.12。

④底层特征相关性分析。首先对任意两个不同类型的社交媒体对象提取底层特征,然后对这些特征,采用经典相关性分析方法进行相关性学习,建立相关性。

7.8.2　查询算法

如图 7.10 所示,当提交一个查询媒体对象 X_q,首先得到 X_q 的 k 近邻对象 X_{qj} 且 $j \in [1, K]$。对于每个 X_{qj},通过对 CCPG 进行扫描,定位与其相关的其他类型(模态)的(媒体)对象。最后将每个 X_{qj} 对应的相关媒体对象返回。

算法 7.7　Correlation query

输入:Ω:the social media object set;X_q:query media object;

输出:S:the query result;

1. $S = S_1 \leftarrow \varnothing$;
2. user submits a query media object X_q;
3. return its k nearest neighbor(kNN)media objects(X_{qj})with the same modality;
4. **for** each kNN media object X_{qj} **do**
5. 　　scan the whole CCPG;
6. 　　return its corresponding correlated media objects with different modalities to S_1;
7. 　　$S = S \cup S_1$;
8. **end for**
9. **return** S;

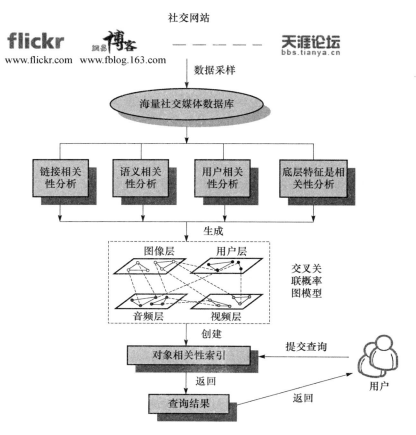

图 7.10　社交媒体对象的相关性查询系统框架

7.9　基于用户偏好概率模型的社交图片个性化推荐

一般来说,用传统图片查询方法得到的结果包含各种信息,信息未加以分类,使用户无从快速、准确地得到所需的图片。个性化推荐恰恰弥补了该缺陷,通过分析和挖掘用户的历史查询记录,返回与用户最相关的图片,大大缩短了用户获取有效查询信息的时间。因此,个性化推荐对用户非常重要。本节介绍一种基于用户偏好概率模型的社交图片个性化推荐方法。

7.9.1　用户偏好概率分布表

考虑到不同用户的偏好、习惯及兴趣点等存在差异,且该差异随时间、空间的变化而发生变化,为了实现社交图片的个性化推荐,首先对社交用户进行建模。

定义 7.9　社交用户(U_i)可以表示为一个五元组：
$$U_i::=\langle i,O,N,G,D\rangle \tag{7.10}$$
其中，i 指用户 U_i 的编号；O 指用户 U_i 上传的媒体对象集合；N 表示出现在用户 U_i 中的联系人集合；G 表示用户 U_i 被邀请加入的兴趣组集合；D 为用户 U_i 的偏好概率分布情况，记为 $D::=\langle$偏好，概率值$\rangle$。

在社交用户模型的基础上，为实现个性化推荐，对每个用户建立一张用户偏好概率分布表。

定义 7.10　用户偏好概率分布表可以表示为一个三元组：
$$\text{UPDS}::=\langle i,\text{pref},\text{prob}\rangle \tag{7.11}$$
其中，i 指用户 U_i 的编号；pref 表示用户 U_i 的偏好；prob 表示用户 U_i 选择该偏好 pref 的概率值。

考虑到对每个用户分别建立一张 UPDS 非常耗时。为了提高创建效率，通过分析每个用户与所对应联系人和相同兴趣组中的用户之间的关系，建立"伙伴图(friend graph)"模型。再采用参考学习的概率传播方法，得到所有用户的UPDS。

1. 显式 UPDS 创建

对于用户，为了实现个性化推荐，需要获得每个用户的偏好概率分布情况。可通过两种方法获得：①通过用户个人设定自己的偏好情况；②对于尚未设置偏好的用户，可采用基于多参考点学习(multi-reference-learning, MRL)的概率传播方法得到偏好分布情况。具体如下所述。

对所有用户而言，存在一部分用户会主动进行偏好设置，还有部分用户只能通过分析和挖掘他们与已完成偏好设置的那部分用户的关联度来进行偏好的自动设定。为此，提出一种基于多参考点学习的自动概率传播方法。在图 7.11 中，首先随机取 m 个已完成偏好设置的用户作为参考用户，将其后 $(n-m)$ 个用户对应的 UPDS 通过概率传播得到，其中 $m<n$。具体步骤如下所述。

第 i 个用户(U_i)对应的偏好值等于 Y 的概率可表示为

$\textbf{Prob}(U_i$ 的某一偏好 $=Y)$

$=\textbf{Prob}[U_{R1}(i)$ 的偏好 $=Y]+\{\textbf{Prob}[U_{R2}(i)$ 的偏好 $=Y]$

$\quad-\textbf{Prob}[U_{R1}(i)$ 的偏好 $=Y]\}\times\dfrac{\text{uSim}[U_{R1}(i),U_i]}{\text{uSim}[U_{R1}(i),U_i]+\text{uSim}[U_{R2}(i),U_i]}$

$$\tag{7.12}$$

其中，函数 uSim 表示两个用户间的相关度，见定义 7.11；$U_{Rj}(i)$ 表示用户 U_i 对应的两个最近邻用户且 $j\in[1,2]$；偏好 Y 可以是"动物"、"历史"、"运动"和"娱乐"等。

定义 7.11　社交用户对象相关度(strength of social users)给定任意两个用户 U_i 和 U_j，其相关度可表示为

$$\text{uSim}(U_i, U_j) = \begin{cases} 0.5 & \text{con}(U_i, U_j) = \text{TRUE 且 inte}(U_i, U_j) = \text{TRUE} \\ 1 & \text{con}(U_i, U_j) = \text{TRUE 或 inte}(U_i, U_j) = \text{TRUE} \\ \text{NULL} & \text{其他} \end{cases}$$

(7.13)

其中，$\text{con}(U_i, U_j) = \text{TRUE}$ 表示 U_j 是 U_i 的联系人，$\text{inte}(U_i, U_j) = \text{TRUE}$ 表示 U_j 与 U_i 在一个兴趣组中。

例如，如图 7.11 所示，假设用户 U_3 尚未进行偏好设置，且其最近邻参考用户 (U_{R1} 和 U_{R2})与 U_3 存在以下关系：U_3 是 U_{R1} 的联系人，同时 U_3 也是 U_{R2} 的联系人，且 U_3 与 U_{R2} 在一个兴趣组中，则根据式(7.13)可以得到：$\text{uSim}(U_3, U_{R1}) = 1$，$\text{uSim}(U_3, U_{R2}) = 0.5$。图 7.12 为通过 U_{R1} 和 U_{R2} 得到 U_3 的偏好概率分布情况。

算法 7.8　UPDS construction

输入：$\text{US}_1 : m$ reference users set, and their UPDS;

输出：$\text{US}_2 :$ the $(n-m)$ users set, and their UPDS;

1.　**for** each user $U_i \in \text{US}_2$ **do**
2.　　find his two nearest neighbor reference users: $U_{R1}(i)$ and $U_{R2}(i)$;
3.　　**do**
4.　　　**if** $\text{uSim}(U_i, U_{R1}(i)) = \text{NULL}$ or $\text{uSim}(U_i, U_{R2}(i)) = \text{NULL}$ **then**
5.　　　　re-find another one or two nearest neighbor reference users of U_i;
6.　　　**end if**
7.　　**while** $\text{uSim}(U_i, U_{R1}(i)) = \text{NULL}$ and $\text{uSim}(U_i, U_{R2}(i)) = \text{NULL}$
8.　　the corresponding UPDS of U_i can be derived according to Eq. (7.12);
9.　**end for**
10.　**return** the UPDS of the $(n-m)$ users;

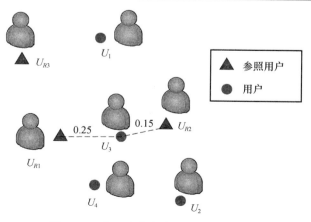

图 7.11　基于多参考点学习的概率传播

偏好	概率
历史	15%
体育	5%
娱乐	75%
美食	5%

（a）U_{R1} 的偏好概率分布

偏好	概率
历史	9%
体育	16%
娱乐	65%
美食	10%

（b）U_{R2} 的偏好概率分布

偏好	概率
历史	11%
体育	12.3%
娱乐	68.3%
美食	8.3%

（c）U_3 的偏好概率分布

图 7.12　通过 U_{R1} 和 U_{R2} 得到 U_3 的偏好概率分布

2. 隐式 UPDS 创建

"显式 UPDS 创建"小节介绍了通过用户显示设置偏好的 UPDS 创建方式，本节介绍通过对用户查询行为的分析和挖掘，特别是对用户所提交的关键词进行统计分析，得到每个关键词对应的出现概率。同时，在预处理中，事先将这些查询关键词与对应的主题建立联系。这样可以初步得到每个用户感兴趣的主题，即隐式 UPDS 创建。

7.9.2　个性化推荐算法

最后，在上述支撑技术的支持下，介绍一种基于 UPDS 模型的社交媒体对象个性化概率推荐。在介绍之前，先举如下两个例子。

① 向用户"张三"推荐"动物"方面的图片；

② 向在上海的用户"王五"推荐近期在杭州拍到的"桂花"图片。

整个个性化推荐分为三个阶段：①提交推荐请求（所推荐用户信息）；②根据该用户信息（uid），通过查找 UPDS 得到该用户在各个时段及空间位置上的兴趣点（第 2～3 行）；③将 UPDS 中的偏好概率分布与定义 7.3 中的标签语义特征概率分布表中的图片对象进行语义匹配，以及时空和概率的相似匹配，排序后得到结果集（第 4～10 行）。

算法 7.9　Personalized recommendation

输入：uid：user ID；

输出：S：the recommendation result；

1.　$S \leftarrow \varnothing$；
2.　scan the whole UPDS；
3.　obtain the preferences distribution of the uidth user；
4.　**for** each preference of the uidth user **do**
5.　　scan the whole TPDT；
6.　　**if** TPDT. ks＝UPDS. pref and TPDT. prob－UPDS. prob$<\varepsilon$ and the spatial and temporal information of λ_i is matched with user's preferences **then**
7.　　　$S \leftarrow S \bigcup \lambda_i$，where i＝TPDT. mId；
8.　　**end if**
9.　**end for**
10. **return** S；

7.10　本 章 小 结

随着 Web 2.0 技术的发展与成熟，社交媒体已成为一种重要的网络多媒体形式。对其进行高效地检索、索引及个性化推荐已成为当前社交媒体管理研究的重要方向。本章从不同方面介绍了社交媒体检索与推荐的相关技术。

第 8 章　语义网数据检索

8.1　语义网和 RDF 数据

　　语义网是万维网之父蒂姆·伯纳斯·李(Tim Berners Lee)在 1998 年提出的概念,它提供了一种在不同的应用和个体之间共享和重用数据的整体框架[183],其核心是构建以数据为中心的网络,即 Web of Data。目前的万维网,通常被称为 Web of Pages。众所周知,万维网是利用超链接技术将不同的文档链接起来,从而方便用户浏览和共享文档。例如,HTML 文档的语法告诉浏览器按照何种格式来显示该文档,而并不是告诉计算机文档中的数据分别表示什么语义信息。图 8.1 是一篇描述一个人基本信息的网页,HTML 文档只是告诉网页浏览器哪些部分需要什么颜色和什么字体来显示,但是计算机并不能理解 HTML 文档所表达的语义,如所描述的对象的姓名,Email 地址,以及所发表论文的信息等。虽然随着自然语言处理技术的发展,计算机也能够从非结构化的文档中提取出部分语义信息,然而这种方式的准确率和效率都很低。

```
URL: http://www.icst.pku.edu.cn/intro/leizou/index.html
<html>
  <font size= "3" color= "red" > Lei Zou </font>
  Email:<a href= "mailto: zoulei@pku.edu.cn" >zoulei@pku.edu.cn</a>
  <font size= "3"  color= "black" >Publications: </font>
  <div>
      Lei Zou, Jinhui Mo, Lei Chen,M. Tamer Özsu, Dongyan Zhao,
      gStore: Answering SPARQL Queries Via Subgraph Matching,
      VLDB, 2012
  </div>
</html>
```

图 8.1　HTML 文档

　　语义网的核心是让计算机理解文档中的数据以及数据和数据之间的语义关联关系,从而使机器可以更加智能化地处理这些信息。因此,可以把语义网想象成是一个全球性的数据库系统。以语义网中的一项技术 RDFa(Resource Description Framework attribute)为例来阐述语义网如何做到让机器来理解文档中的丰富的语义。RDFa 通过在 HTML 中插入一些属性标签,来表示其中数据所表示的语义,如图 8.2 中粗体部分所示。例如,〈span property="http://xmlns.com/foaf/

0.1/name"〉Lei Zou〈/span〉表示这个网页所描述对象的 name 属性（名字）是"Lei Zou"；〈a property＝"http：// xmlns. com/ foaf/0. 1/mbox" href＝ "mailto：zoulei @ pku. edu. cn"〉zoulei@pku. edu. cn〈/a〉表示其描述对象的 mbox 属性（电子邮箱）是 zoulei@pku. edu. cn。RDFa 通过在 HTML 文档插入语义标签使原有 HTML 中的语义信息能够被计算机理解。注意到，http：//xmlns. com/foaf/是描述人和人之间关系的元数据词汇表。另外，http：//purl. org/dc/terms/是描述出版物的元数据词汇表。元数据是相对于数据而言的，用于描述数据的本质属性，是对数据的概括性、实质性的描述。例如，将一本书的内容看成数据，用来描述这本书基本属性的作者、出版时间、字数及页数等数据就是元数据。元数据描述了数据，而且同一类数据通常拥有相似的元数据，因此，元数据的管理与维护对更好地利用数据有很大的意义。正是由于这些公用的元数据词汇表，计算机才能理解所表示数据的具体语义。Google 早在 2009 年就开始利用网页中的 RDFa 等页面内元数据标记来提高其查询的准确度。由于语义网技术涉及面较广，本章仅涉及语义网框架中的一项核心概念资源描述框架（resource description framework，RDF）。

```
URL: http://www.icst.pku.edu.cn/intro/leizou/index.html
……
<div resource= "#me" typeof= "Person" >
<font size="3" color="red"><span property= http://xmlns.com/foaf/0.1/name>Lei Zou
</span></font>
<a property= "http://xmlns.com/foaf/0.1/mbox" href= "mailto:zoulei@pku.edu.cn" >
zoulei@pku.edu.cn</a>
<font size= "3" color= "black" >Publications: </font>
<div resource= "www.vldb.org/pvldb/vol4/p482-zou.pdf" >
    <span property= "http://purl.org/dc/terms/contributor" >Lei Zou</span>,
    <span property= "http://purl.org/dc/terms/contributor" >Jinghui Mo</span>,
    <span property= "http://purl.org/dc/terms/contributor" >Lei Chen</span>,
    <span property= "http://purl.org/dc/terms/contributor" >M. Tamer Özsu</span>,
    <span property= "http://purl.org/dc/terms/contributor" >Dongyan Zhao</span>,
    <span property= "http://purl.org/dc/terms/title" >gStore:  Answering  SPARQL
Queries Via Subgraph Matching </span>,
    <span property= "http://purl.org/dc/terms/Publisher" > VLDB </span>
    <span property= "http://purl.org/dc/terms/Date" >2011</span>
</div>
……
```

图 8.2　带有 RDFa 标签的 HTML 文档

RDF 数据模型是由 W3C 组织的 Resource Description Framework 工作组为了构建一个综合性的框架来整合不同领域的元数据，实现 Web 上互相交换元数据，促进网络资源的自动化处理而提出的。随着因特网的发展和信息的丰富，对元数据的研究逐步深入，出现了多种元数据标准，如 DC（dublin core）、PICS（platform of internet content selection）等。这些元数据描述、组织和重新整理了网络信息，使用户可以更方便地利用网络数据。用户可以通过元数据对数据进行检索,如同在图书馆中通过书号等信息来查找图书;也可以通过元数据对数据进行管理。规范化的元数据描述对网络信息的组织、挖掘、检索和利用都十分有益。由于各种元数据是各自发展的,其内容有一定的重复,同时由于标准的不统一,也为各个领域的数据集成带来了困难。因此,W3C 尝试提出一个用综合性的框架来解决这个问题。RDF[184] 是 W3C 于 1999 年提出的一个解决方案,并于 2004 年 2 月正式成为 W3C 推荐标准。RDF 的目标是为元数据在 Web 上的各种应用提供一个基础架构,使应用程序能够在 Web 上互相交换元数据,促进网络资源的自动化处理。RDF 的基本数据模型包括了三个对象类型,资源(resource)、属性(property)及陈述(statements)。

资源:所有能够用 RDF 表示的对象都称为资源,包括网络上的所有信息、虚拟概念、现实事物等。资源以唯一的统一资源标识(uniform resource identifiers, URI,通常使用的 URL 是它的一个子集)来表示,不同的资源拥有不同的 URI。

属性:描述资源的特征或资源间的关系。每一个属性都有其意义,用于定义资源在属性上的属性值(property value),描述属性所属的资源形态及与其他属性或资源的关系。

陈述:一条陈述包含三个部分,通常被称为 RDF 三元组〈主体,属性,客体〉。其中,主体一定是一个被描述的资源,由 URI 来表示。客体表示主体在属性上的取值,它可以是另外一个资源(由 URI 来表示)或文本。

一个 RDF 文档就是由一系列的 RDF 陈述构成的。利用 RDFa 工具,可以很容易地从上述例子中含有 RDFa 标签的 HTML 文档中抽取出 RDF 数据。可以将所抽取出来的 RDF 数据表示成三元组的形式,如图 8.3 所示。

主体	属性	客体
http://www.icst.pku.edu.cn/intro/leizou/index.html#me	http://xmlns.com/foaf/0.1/name	"Lei Zou"
http://www.icst.pku.edu.cn/intro/leizou/index.html#me	http://xmlns.com/foaf/0.1/mbox	zoulei@pku.edu.cn
www.vldb.org/pvldb/vol4/p482-zou.pdf	http://purl.org/dc/terms/contributor	"Lei Zou"
......	......	......
www.vldb.org/pvldb/vol4/p482-zou.pdf	http://purl.org/dc/terms/title	"gStore: Answering SPARQL Queries Via Subgraph Matching"
www.vldb.org/pvldb/vol4/p482-zou.pdf	http://purl.org/dc/terms/ Publisher	"VLDB"
www.vldb.org/pvldb/vol4/p482-zou.pdf	http://purl.org/dc/terms/Date	"2012"

图 8.3　RDF 三元组

总体来说,RDF 是语义网框架中的基础数据模型。要实现从 Web of Pages 到语义网所提出的 Web of Data 的转变,构建海量和分布式的 RDF 数据集是一项重要且不可或缺的步骤,为此 W3C 组织提出了 Linked Open Data (LOD)项目将各个零散的 RDF 数据链接起来构成未来语义网的基础。目前的 LOD 项目已经从 2009 年的 89 个数据集增长到 2012 年的 325 个数据集,总规模超过了 250 亿条三元组。RDF 数据的获取和构建目前有人工编辑,基于信息抽取方法构建和基于 Web 2.0 的协同编辑三种方法。传统的人工编辑只限定单个领域的小规模 RDF 数据的构建;基于信息抽取技术,可以自动地实现从大规模非结构化数据中抽取和构建 RDF 数据。例如,Barton[185] 抽取自 MIT 图书馆数据,目前的 Yago[186] 和 DBpedia[187] 都是从维基百科上通过信息抽取的方法来构建 RDF 数据集合;另外利用类似于维基百科的协同编辑方法,由一个网络社区的用户共同构建一个 RDF 数据集合也是构建高质量 RDF 数据的一种可行的方法,典型的项目如 Freebase[188] 等。由于本章的重点是综述目前的海量 RDF 数据存储和查询的现状,因此,有兴趣的读者可以参考文献[191]~文献[196]等来了解获取和构建 RDF 数据集合的相关研究内容。

8.2   RDF 数据管理研究现状

目前海量 RDF 数据的存储和查询的方案分为两种:一种是将三元组数据映射成关系数据库中的表结构,利用现有的 RDBMS(关系数据库系统)来完成面向 RDF 查询检索;另一种是基于图结构的存储方式。因为 RDF 数据本身就是基于图结构的,因此,可以利用图数据库中的操作来完成对 RDF 数据的查询。第 8.2.1 节介绍面向 RDF 的查询语言 SPARQL,同时引入一个 SPARQL 查询的例子。第 8.2.2 节将详细介绍基于关系数据库方式的存储和检索 RDF 数据的几种代表性的方法。第 8.2.3 节将介绍现有基于图模型的 RDF 数据的管理方法。

8.2.1   SPARQL 查询语言

SPARQL 查询语言是由 W3C 的 RDF Data Access 工作组(DAWG)开发的一种面向 RDF 数据的查询语言,目前已经成为 W3C 的 RDF 查询语言的推荐标准。SPARQL 语言与目前关系数据库中的 SQL 语言是很相近的,这方便了用户对于 SPARQL 语言的使用。例如,在 SPARQL 语法中,也是在 SELECT 部分指定查询变量,在 WHERE 部分指定查询条件,而查询条件通常由三元组构成,其中三元组的某一项或者某几项可以由变量来表示。用一个例子介绍 SPARQL,具体的语法细节请参考文献[197]。

图 8.4 给出了一个 RDF 数据集的例子。假设需要在上面的 RDF 数据中查询

"在 1809 年 2 月 12 日出生，并且在 1865 年 4 月 15 日逝世的人的姓名？"这个自然语言的问题，可以表示成如图 8.5 所示的 SPARQL 语句。

Prefix:y=http://en.wikipedia.org/wiki/

主体	属性	客体
y:Abraham_Lincoln	hasName	"Abraham Lincoln"
y:Abraham_Lincoln	BornOnDate	"1809-02-12"
y:Abraham_Lincoln	DiedOnDate	1865-04-15
y:Abraham_Lincoln	DiedIn	y:Washington_D.C
y:Washington_D.C	hasName	"Washington D.C."
y:Washington_D.C	FoundYear	1790
y:Washington_D.C	rdf:type	y:city
y:United_States	hasName	"United States"
y:United_States	hasCapital	y:Washington_D.C
y:United_States	rdf:type	Country
y:Reese_Witherspoon	rdf:type	y:Actor
y:Reese_Witherspoon	BornOnDate	"1976-03-22"
y:Reese_Witherspoon	BornIn	y:New_Orleans,_Louisiana
y:Reese_Witherspoon	hasName	"Reese Witherspoon"
y:New_Orleans,_Louisiana	FoundYear	1718
y:New_Orleans,_Louisiana	rdf:type	y:city
y:New_Orleans,_Louisiana	LocatedIn	y:United_States

图 8.4　RDF 例子

```
SELECT ?name                          //查询返回的变量值
WHERE
{ ?m<hasName>        ?name.           //查询条件
  ?m <BornOnDate> "1809-02-12".
  ?m <DiedOnDate> "1865-04-15".
}
```

图 8.5　SPARQL 查询的例子

也可以将 RDF 和 SPARQL 分别表示成图的形式。例如，在 RDF 中，主体和客体可以分别表示成 RDF 图中的节点，一个 RDF 三元组可以表示成一条边，其中属性是边的标签。SPARQL 语句同样可以表示成一个查询图。图 8.6 显示了上例所对应的 RDF 图和 SPARQL 查询图结构。回答 SPARQL 查询本质上就是在 RDF 图中找到 SPARQL 查询图的子图匹配的位置。这就是基于图数据库的回答 SPARQL 查询的理论基础。

8.2.2　基于关系数据模型

由于目前大部分的数据管理软件都是基于关系型数据模型的，同时 RDF 数据的三元组模型可以很容易完成对于关系模型的映射，因此，大量研究者都在尝试使用关系数据模型来设计 RDF 存储方案。W3C 也致力于推进使用关系数据库来存

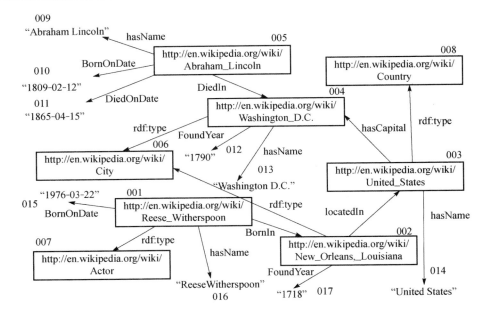

（a）RDF图

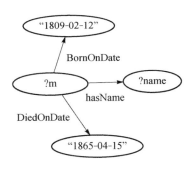

（b）SPARQL查询图

图 8.6 RDF 图和 SPARQL 查询图

储 RDF 数据[198-200]。根据所设计的表结构的不同,其存储和查询的方法也各异,下面介绍几种经典的方法。

1. 简单三列表

一种最简单的是将 RDF 数据映射到关系数据库表的方法是构建一张只有三列(subject,property,object)的表,将所有的 RDF 三元组都放在这个表中。给定一个 SPARQL 查询,设计查询重写机制将 SPARQL 转化为对应的 SQL 语句,由关系数据库来回答此 SQL 语句。例如,可以将图 8.5 中的 SPARQL 查询转换为图 8.7中的 SQL 语句。

```
SELECT T3.Subject
FROM  T as T1, T as T2, T as T3
WHERE T1. Property="BornOnDate"
and T1.Object="1809-02-12"
and T2.Property="DiedOnDate"
and T2.Object="1865-04-15"
and T3.Property="hasName"
and T1.Subject = T2.Subject
and T2. Subject= T3.subject
```

图 8.7　转换以后的 SQL 查询

这种方法具有很好的通用性,然而最大的问题是其查询性能。首先这张三列表的规模可能非常大。如图 8.7 所示的 SQL 语句中有多个自连接部分,这些将严重地影响查询其查询性能。

2. 水平存储

文献[201]中提到的水平方法(horizontal schema)是将一个 RDF 主体(subject)表示为数据库表中的一行。表中的列包括该 RDF 数据集合中所有的属性。这种策略的好处在于设计简单,同时很容易回答面向某单个主体的属性值的查询。图 8.8是一个水平存储的例子。

Subject	rdf:type	hasName	BornOn-Date	DiedOn-Date	DiedIn	Found-Year	hasCap-ital	locatedIn	bornIn
y:Abraham_Lincoln		Abraham Lincoln	1809-02-12	1865-04-15	y:Washing-tonD.C				
y:Washingt-on_D.C	y:city	Washington D.C.				1790			
y:United_St-ates	y:country	United States					y:Washing tonD.C		
y:Reese_Wi-therspoon	y:actor	ReeseWithe-rspoon	1976-03-22						y:New_Or-leans,Lo-uisiana
y:New_Orle-ans,_Louisiana	y:city					1718		y:unted·states	

图 8.8　水平存储

根据图 8.8 的结构,为了回答图 8.5 中的 SPARQL 查询,可以转换为如图 8.9所示的 SQL 语句。与图 8.7 比较,下面的 SQL 语句没有耗时的连接操作,因此,其查询效率要远高于图 8.7 中的 SQL 语句。

```
SELECT hasName from T WHERE
BornOnDate="1809-02-12" and
DiedOnDate="1865-04-15".
```

图 8.9　水平存储上的 SQL 查询

　　然而这种水平存储方法的缺点也是很明显的[201-201]。其一,表中存在大量的列。一般来讲,属性数目会比主体和属性值的个数少很多,但是还是有可能超过当前数据库能够承受的数量。文献[200]中所用的数据包括 5000 余个属性,但他们使用的数据库如 DB2、Oracle 的表结构只能支持到 1012 列[201]。其二,表的稀疏性问题。通常一个主体并不在所有的属性上有值。相反,主体仅在极少量的属性上有值。然而一个主体存成一行,表中将存在大量空值。空值不仅增加了存储负载,而且带来了其他问题,如增大了索引大小,影响查询效率。文献[201]~文献[203]详述了空值带来的问题。其三,水平存储存在多值性的问题。一个表中列的数量是固定的,这就使一个主体在一个属性上只能有一个值。而真实数据往往并不符合这个限制。例如,要用 RDF 数据刻画朋友关系,那么可能存在多值数据〈张三,有朋友,李四〉、〈张三,有朋友,王五〉等。这样的数据很难在水平方案中存储。其四,数据的变化可能带来很大的成本。在实际应用中,数据的更新(如处理不同领域的数据)可能导致增加属性或删除属性等改变,这就涉及整个表结构的变化,水平结构很难处理类似的问题。最后,在查询时往往只有很少量的列会被涉及,但在水平存储时所有的列都必须被访问,这将很大程度上制约查询性能的提高。

3. 属性表

　　属性表是将三元组根据属性分类,每一类采用水平存储策略的数据库表。属性表在继承了水平存储策略优势的基础上,又通过对相关属性的分类避免了表中列数过多等问题。Jena2[204-205]中使用属性表以提高对 RDF 三元组的查询效率。研究者提出了两种不同的属性表,一类为聚类属性表(clustered property table),另一类称为属性类别表(property-class table)。

　　聚类属性表将概念上相关的属性聚成一类,每一类定义一个单独的数据库表,使用水平方式存储这些三元组。如果有一些三元组不属于任何一个类别,它们被放在一张剩余表(left-over table)中。在图 8.9 中,根据属性的相关性,将所有的属性聚类成三个类,每个类用一张水平表来存储。同样,根据图 8.10 给出的属性表结构,也可以将图 8.5 中的 SPARQL 查询转换成类似于图 8.9 的 SQL 语句。属性类别表将所有的实体按照 rdf:type 分类,每一类用一个张水平表来表示。这种组织方式要求每个实体都必须有一个 rdf:type 属性。

Prefix:y=http://en.wikipedia.org/wiki/

People

Subject	hasName	BornOnDate	DiedOnDate	DiedIn	BornIn	rdf:type
y:Abraham_Lincoln	"Abraham Lincoln"	1809-02-12	1865-04-15	y:Washington_D.C		
y:Reese_Witherspoon	"ReeseWitherspoon"	1976-03-22		y:Washington_D.C	y:New_Orlea-ns,_Louisiana	y:Actor

City

Subject	FoundYear	rdf:type	locatedIn	hasName
y:New_Orleans,_Louisiana	1718	y:city	y:United_States	
y:Washington_D.C	1790	y:city	y:United_States	"Washington D.C."

Country

Subject	hasName	hasCapital	rdf:type
y:United_States	"United States"	y:Washington_D.C	Country

图 8.10　聚类属性表

　　属性表最主要的优点在于可以减少查询时主体-主体间的自连接,这样可以极大地提高查询效率。属性表的另外一个优点是与一个属性相关的属性值存储在一列中,就可以针对该列的数据类型设计一些存储策略来减少存储空间。这样就避免了三元组存储策略中由于数据类型不同的属性值存储在一列中造成存储上的不便。Jena2 等的研究工作以及其他的一些研究工作证明了属性表的有效性,但属性表也有着先天性的缺陷,这使得除了某些特殊应用以外,属性表的应用并不广泛。其一,文献[206]指出,虽然属性表对于某些查询能够提高查询性能,但是大部分的查询都会涉及多个表的连接或合并操作。对聚类属性表而言,如果查询中属性作为变量出现,则会涉及多个属性表;对属性分类表而言,如果查询并未确定属性类别,则查询会涉及多个属性表。在这种情况下,属性表的优点就较不明显了。其二,RDF 数据由于来源庞杂,其结构性可能较差,从而属性和主体间的关联性可能并不强,类似的主体可能并不包含相同的属性。这时,空值的问题就出现了。数据的结构性越差,空值的问题就越明显。其三,在现实中,一个主体在一个属性上可能存在多值。例如,一本书可能有多个作者,或者一个作者可能写了多本书。这时,用 RDBMS 管理这些数据时就带来麻烦。其中,前两个问题是相互影响的。当一个表的宽度减小时,对结构性要求较低,空值问题得到缓解,但查询会涉及更多的表;而当表的宽度加大时,如果数据结构性不强,就会出现更多空值的问题。

4. 二元存储

　　Abadi 等[206]以一种完全的分解存储模型(decomposed storage model, DSM[207])为基础,将 DSM 引入了语义网数据的存储,提出了垂直分割技术。在垂直分割的结构下,三元组表被重写为 N 张包含两列的表,N 等于 RDF 数据中属性的个数。每一张表都以相对应的属性为表名,其第一列是所有在这个属性上有属性值的主体,第二列是该主体在这个属性上的值。每一张表中的数据按照主体进行排序,从而能够迅速定位特定主体,而且将所有涉及主体-主体的表连接转换为可以迅速完成的排序合并连接。在对存储空间限制较少时,也可以对属性值这一列建立索引或对每个表建立一个按照属性值排序的副本,以提高涉及对特定属性值的访问和属性值-主体、属性值-属性值连接的性能。图 8.11 显示了将图 8.4 中的 RDF 数据集分解成八个二元表,并且每个二元表按照主体进行排序。

Prefix:y=http://en.wikipedia.org/wiki/

hasName

Subject	Object
y:Abraham_Lincoln	"Abraham Lincoln"
y:Washington_D.C	"Washington D.C."
y:Reese_Witherspoon	"ReeseWitherspoon"
y:United_States	"United States"

Found Year

Subject	Object
y:Washington_D.C	1790
y:New_Orleans,_Louisiana	1718

BornOnDate

Subject	Object
y:Abraham_Lincoln	"1809-02-12"
y:Reese_Witherspoon	"1976-03-22"

rdf:type

Subject	Object
y:Washington_D.C	y:city
y:United_States	Country
y:Reese_Witherspoon	y:Actor
y:New_Orleans,_Louisiana	y:city

DiedOnDate

Subject	Object
y:Abraham_Lincoln	"1865-04-15"

BornIn

Subject	Object
y:Reese_Witherspoon	y:New_Orleans,_Louisiana

DiedIn

Subject	Object
y:Abraham_Lincoln	y:Washington_D.C

LocatedIn

Subject	Object
y:New_Orleans,_Louisiana	y:United_States

图 8.11 二元垂直分割表

　　相比较于三元组存储,这种二元存储方式有如下的优点。属性名不再重复出现,因此,有效地减少了存储空间。在查询时,只需要处理涉及查询条件的表,从而有效地减少了 I/O 代价。相比属性表方式,垂直分割的优点在于以下几条。垂直分割适应于多值数据。如三元组存储方式一样,当一个主体在一个属性上有多个属性值时,只需要将其存储为多行。垂直存储也很适用于结构化较差的数据,如果一个主体未定义某个属性,那么这个记录就不会在这种存储方式中出现,避免了空值的产生。二元存储技术不需要对属性进行聚类,因此,不需要寻找好的聚类算法。在查询时,如果属性名被限定,那么查询的内容就不会出现在多个表中,减少了合并操作。SW-Store[206] 利用了垂直分割技术,更进一步地减少了主体存储的冗余。但垂直分割技术同样存在缺点。首先,这种存储方式增加了表连接的运算数。即使这些连接都是时间代价较低的合并连接,总的运算代价也是不可忽略的。

其次,表的增多增加了数据更新的难度。对一个主体的更新需要涉及多个表,就可能因为外存存储方式的影响增加 I/O 代价。当表上存在索引时,更新代价更是昂贵。另外,文献[203]和文献[209]认为在多个表中存储结构化不强的数据(如某些 RDF 数据集)会存在一些问题,将多个表返回的结果重构成一张视图所进行的运算可能代价较高。他们建议将较稀疏、结构化较差的数据存储于一张表中,并对存储结构加以描述。

5. 全索引策略

如前所述,简单的三列表存储的缺点在于自连接次数较多。为了提高简单三列表存储的查询效率,目前一种普遍被认可的方法是"全索引"(exhaustive indexing)策略,例如,RDF3X[209]和 Hexastore[210]。列举三列表(Subject, Property, Object)的所有排列组合的可能性(六种),并且按照每一种排列组合建立聚集 B^+-树。建立这样全索引的好处有两点。其一,对于 SPARQL 查询中的每个查询三元组模式,都可以转换成对于某个排列组合上的范围查询。例如,? m⟨BornOnDate⟩"1809-02-12"这个查询三元组模式,可以转换为对于(P, O, S)排列上的范围查询。因为在(P, O, S)排列中,所有 P、S 为⟨BornOnDate⟩和"1809-02-12"的三元组都连在一起。其二,全索引的好处在于可以利用归并连接(merge join)降低连接的复杂度。嵌套循环(nested loop join)连接的复杂度是$O(|L_1| \times |L_2|)$,这里,$|L_1|$ 和 $|L_2|$分别表示两个待连接列表的长度。然而归并连接的复杂度是$O(\max(|L_1|, |L_2|))$。例如,从(P, O, S)排列中可以得到满足? m⟨BornOnDate⟩"1809-02-12"查询条件的? m 的取值,并且这些取值按照顺序进行排列。同样,从(P, O, S)排列中也可以得到满足? m⟨DiedOnDate⟩"1865-04-15"查询条件的? m 的取值,并且这些取值也按照顺序进行排列。通过归并排序,可以很容易找到同时满足这两个查询条件的? m的取值。

虽然用多重索引可以弥补一些简单垂直存储的缺点,但三元存储方式难以解决的问题还有很多。其一,不同的三元组其主体/属性/属性值可能重复,这样重复出现会浪费存储空间。其二,复杂的查询需要进行大量表连接操作,即使精心设计的索引可以将连接操作都转化为合并连接,当 SPARQL 查询复杂时,其连接操作的查询代价依然不可忽略。其三,随着数据量的增长,表的规模会不断膨胀,系统的性能下降严重,而且目前此类系统都无法支持分布式的存储和查询,这限制了其系统的可扩展性。其四,由于数据类型多样,无法根据特定数据类型进行存储的优化,可能会造成存储空间的浪费(例如,客体的值可能多种多样,如 URI、一般字符串或数值。客体一栏的存储空间必须满足所有的取值,无法进行存储优化)。

8.2.3　基于图数据模型

通过将 RDF 三元组看成带标签的边,RDF 数据自然地符合图模型结构。因此，有的研究者从 RDF 图模型结构的角度看待 RDF 数据，将 RDF 数据视为一张图，并通过对 RDF 图结构的存储来解决 RDF 数据存储问题。图模型符合 RDF 模型的语义层次，可以最大限度地保持 RDF 数据的语义信息，也有利于对语义信息的查询。此外，以图的方式来存储 RDF 数据，可以借鉴成熟的图算法、图数据库来设计 RDF 数据的存储方案与查询算法。然而，利用图模型来设计 RDF 存储与查询也存在难以解决的问题。第一，相对于普通的图模型，RDF 图上的边具有标签，并可能成为查询目标；第二，典型的图算法往往时间复杂度较高，需要精心设计以降低实时查询的时间复杂度；第三，图算法大多需要基于内存进行演算且难以并行，不适合处理数据规模较大的情形。

Bönström 等[211]提出，相比将 RDF 数据视为 XML 格式数据或三元组的集合，RDF 的图模型包含了 RDF 数据涵盖的语义信息。他们认为，用图结构存储 RDF 数据的好处在于：①图结构能够直接映射 RDF 模型，避免了对 RDF 数据进行转换以适应存储结构的损失；②查询 RDF 数据的语义信息需要重构 RDF 图，以图结构存储 RDF 数据省去了重构的损失。在存储方案的具体实现上，他们采用了面向对象的数据库，并论证了其有效性。

更进一步地，在文献[212]中，Angles 和 Gutierrez 对用图模型数据库存储 RDF 数据的一些细节问题进行了讨论。他们比较了各种抽象存储模型如关系数据模型、语义模型、面向对象数据模型等与 RDF 数据模型之间的关系，并重点关注了图数据库模型。另外，他们还讨论了现有的 RDF 查询语言对图数据查询的适应能力和图数据库查询语言对 RDF 数据的适用性。

此外，Hayes 和 Gutierrez[213]引入了一种新的 RDF 图模型。他们将 RDF 三元组中三个元素均视为顶点，并构造一条边连接这三个顶点，将超图引入 RDF 模型中。通过抽象化 RDF 三元组，将这个超图演化为一个二部图模型。通过这种方式，他们将边上带有标签的 RDF 图结构化为普通的图模型。Matono 等[214]研究基于路径的 RDF 关系数据库模型，也类似于 RDF 图结构的思想。

Udrea 等[215]提出 GRIN 算法来回答 SPARQL 查询。GRIN 的核心是构建一个类似 M-Tree 结构[48]的 GRIN 索引。所有的 RDF 图上的节点表示成 GRIN 索引上的叶子节点。GRIN 索引上的非叶子节点包括两个元素（center, radius），其中，center 是一个中心点，radius 是半径长度。在 RDF 图上离 center 最短路径距离小于等于 radius 的节点在 GRIN 上是该非叶子节点的子孙节点。利用距离约束，GRIN 可以迅速判断 RDF 图哪些部分不能满足查询条件，可以迅速被过滤从而提高查询性能。

Zou 等[216]提出 gStore 系统来存储 RDF 和回答 SPARQL 查询语句。具体地，首先通过编码的方法，将 RDF 图 G 中的每个实体节点和它的邻居属性和属性值编码成一个带有 Bitstring 的节点，从而得到一张标签图 G^*。同样，也可以将查

询图 Q 表示成一张查询的标签图 Q^*，如图 8.12 所示。可以证明 Q^* 在 G^* 上的匹配是 Q 在 G 上匹配的超集。为了有效地支持在 G^* 上查找 Q^* 的匹配位置，gStore 系统提出 VS-Tree 索引。具体地，如图 8.13 所示，首先在所有的 G^* 的叶子节点

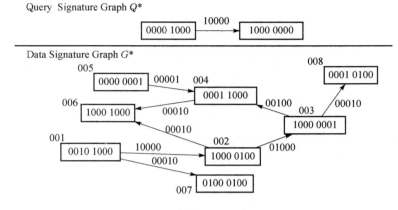

图 8.12 转换以后的标签图

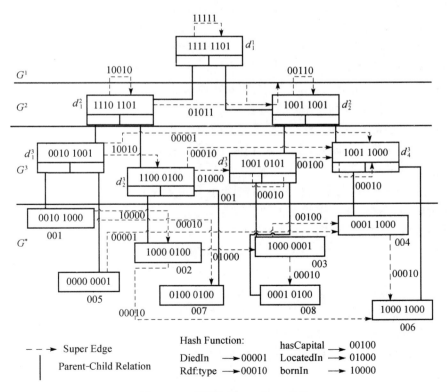

图 8.13 所构建的 VS-Tree 结构

上建立 S-Tree 索引[217]，S-Tree 每个叶子节点对应 G^* 上的一个点。为了构建 VS-Tree，引入一条边连接 S-Tree 上的两个非叶子节点，当且仅当这两个非叶子节点的子孙节点之间在 RDF 图上存在一条边。也就是，VS-Tree 每个非叶子层是底层 G^* 的不同粒度的摘要图（summary graph）。利用每层的摘要图，gStore 系统提出 VS-Query 算法来削减查询空间，加快查询速度。

8.3　面向 RDF 的智能检索方法

第 8.2 节详细介绍了目前回答面向 RDF 的 SPARQL 查询的代表性方法。与 SQL 语言一样，SPARQL 查询也是一种结构化查询语句，这要求用户掌握 SPARQL 的语法和所查询的 RDF 数据集的模式（schema），然而这些对于普通用户而言是非常困难的。为此，本节介绍几种智能化的 RDF 检索方法。

1. 关键字查询

结构化查询语言要求用户了解数据的模式信息并掌握复杂的查询语法。对于 RDF 查询，要求用户了解 RDF 数据构成和查询信息在 RDF 数据中的精确表示。例如，当用户需要查找一个人的信息，而只知道这个人姓名的时候，可以得到一个三元组表示〈主体 1，姓名，张三〉。但是由于自然语言的多义性，属性的表示方式可以有多种。具体在这个例子中，属性可以表示成"姓名"或"中文名"或"has-Name"等。这样，用户在查询前首先需要知道属性的精确表示，否则很难得到理想的结果。而关键字查询为用户提供了友好便捷的查询方式，用户不需要了解模式信息和掌握复杂的查询语法，只需要提交简单的关键字，即可让计算机自动处理并返回最相关的数据。因此，在 RDF 查询中提供关键字查询可以方便用户的使用，大大提高其灵活性。

在进行在 RDF 数据上的关键词查询时，研究者常使用 RDF 的图模型结构，将问题转化为在一个图结构数据上的关键字查询。许多研究者将在 RDF 数据上的关键字查询方法转化到图结构数据上来[218-220]。假设一个查询有 N 个关键字，所有节点按照是否含有某个关键字可以被分为顶点集合 $S_1, S_2, \cdots, S_n$（不同的 S_i 可以重合）。假设存在这样一个节点，从这个节点出发，沿有向边可以到达所有 S_i 中的至少一个节点。则称这个节点为一个根节点，从这个根节点出发到达每个 S_i 中至少一个节点的路径构成一棵树，这个子树就是查询的答案。再根据评价函数，可以对所有的解答进行评价，最终按照评价的高低排序返回给查询者。这样做的本质是在图结构上进行关键字匹配，然后将匹配结果重新组合成图结构作为查询结果。

另一种进行关键字查询的思路是，将这个问题视为查询语言间的转换。Tran

等[221]将关键词查询问题转化为一个更普遍的问题：用户使用的查询语言称为用户查询语言（如自然语言、关键词）；查询引擎使用的查询语言称为系统查询语言（如 RQL、SPARQL）；当用户查询语言和系统查询语言不一致时，就需要某种转换使用户查询语言可以转换为系统查询语言，从而查询引擎能够对查询进行处理。在关键字查询问题下，问题就特化为如何将关键字转化为查询引擎使用的系统查询语言。由于许多结构化查询语言将 RDF 查询问题看成子图匹配问题，Tran 等的重要工作就是将关键字进行重构得到一个用来进行查询的子图（图形模式）。此外，由于自然语言的多义性，关键字与 RDF 数据中的表示可能有差别，Tran 等在查询时使用的是概念而非对关键字的精确匹配。自然语言的多义性也是在实现关键字查询时必须要考虑到的。

　　2. 半结构化查询

　　结构化查询表达能力更强、查询结果更精确但难以掌握，关键字查询使用简单却难以精确表达查询需求。因此，近年来一些研究者尝试综合结构化查询与关键字查询两方面的优点，提出一种便于使用而且功能强大的查询方法。这种尝试可以从两个方面入手，一种是以结构化查询为主，辅以关键字查询；另一种是以关键字查询为主，辅以结构化查询。

　　Elbassuoni 等[223]提出了对 SPARQL 语言进行改进使其部分支持关键字的方法。希望通过在 SPARQL 语句中扩展关键字的查询实现以下目标。①适应结构不规范，同样的意义有多种表达方式的数据。②扩展查询返回结果，使查询可以排序而非仅查询是否存在，缓解信息过载的问题。③查询一些附带文本说明（如影评、评论、说明等）的 RDF 三元组。在具体实现上，Elbassuoni 等借鉴了 XQuery Full-Text[222]查询语言的思想，只是将 XML 的树形查询转换成 RDF 的图形模式查询。他们首先对特定的查询语句放宽限制（如减少一些属性约束），这样就更适应于结构性较差的数据，返回较多的查询结果，但可能有一些结果与查询需求无关。其次，他们允许每一个三元组图形模式附加一些关键词信息，这样就可以通过自然语言统计模型用关键词对查询结果进行过滤与排序。这是一个很初步的做法，但可以逐步向 SPARQL 语句中加入更多的语义信息，未来还有很大的改进空间。

　　Pound 等[224]提出了一种基于关键字构建的结构化查询。他们定义，一个查询是若干表达式的集合或嵌套（如查询"german, has won (nobel award), born in (Germany)"，代表查询国籍是德国，获得过诺贝尔奖的一个主体）。这些表达式可能是：①若干关键字（如 german, has won 等），②一个表达实体包含属性的结构（如 born in(Germany)，表示某个主体含有属性"出生"，并且属性值为"德国"），③一些由逗号运算符连接的表达式，表示这些表达式是连接关系，都描述同一类主体。在进行查询时，系统首先根据关键词找到相关的主体、属性或属性值，再根据这些关键词以及表达式和表达式之间的关系构建结构化查询语句。这样就可以帮助计算机理解用户的查询需求,避免生成一些错误表达查询需求的查询语句。在这些查询语句得到返回结果后,通过考虑查询语句与关键词之间的语义相似度、查询语句与关键词查询表达式之间的结构相似度,将查询结果排序后返回给用户。

以结构化查询为主的方法,在保证了查询表达能力、查询精确性的基础上,改善了由于查询条件过于苛刻而返回结果有缺漏,或由于数据不够规范而难以构建查询语句的情况。以关键字查询为主的方法,在保证了查询易用性的基础上,增加了一些结构化信息,使查询结果更精确,表达能力更强大。这些尝试得到了期望中的结果,也为以后的研究打下了基础。

8.4　本 章 小 结

本章介绍了目前海量 RDF 数据的存储和查询的基本的关键技术,包括以关系数据库的方式检索 RDF 数据,以及利用图模型来存储和查询 RDF 数据。最后,本章还讨论了面向 RDF 的智能检索方式,即关键词查询和半结构化查询。目前语义网技术仍然处于起步状态,提高海量 RDF 数据管理的性能将是语义网应用得到普及的关键之一。

索　引　篇

第 9 章　文 本 索 引

文本索引技术的历史可以追溯到 20 世纪 70 年代中期。最早的具代表性的有倒排索引[226]和签名文件[227]表示等。

9.1　倒排文件索引

倒排索引(inverted file)是一种索引结构[226],它包含两个散列索引表或 B+ 树索引表 document_table(文档表)和 term_table(词表),其中,

① document_table 由文档记录的集合组成,每个包含两个字段:doc_id 和 pos_list,其中 pos_list 是出现在文档中的词(或指向词的指针)的列表,按照某种相关度量排序。

② Term_table 由词记录的集合组成,每个包含两个字段:term_id 和 pos_list,其中 pos_list 是出现该词的文档标识符的列表。

使用这种组织方式,可以很容易回答如"找出与给定词集相关联的所有文档"或"找出与给定文档集相关联的所有的词"这样的查询。例如,为了找出与一个词集相关的所有文档,可以首先找出每个词在 term_table 中的文档标识列表,然后取其交集,得到相关文档的集合。

下面关于热带鱼的四段话来自维基百科[225],它们分别构成四个文档,如下所示。

D1:Tropical fish include fish found in tropical environment around the world, including both flesh water and salt water species.

D2:Fishkeepers often use the term tropical fish to refer only those requiring fresh water,with saltwater tropical fish referred to as marine fish.

D3:Tropical fish are popular aquarium fish,due to their often bright coloration.

D4:In freshwater fish,this coloration typically derives from iridescence,while salt water fish are generally pigmented.

图 9.1 为以上文档的倒排索引表示。可以看出,图中每个索引项由如下三部分构成:

$$\text{index\_term} ::= \langle \text{term}, \text{docID}, \text{pos} \rangle \tag{9.1}$$

其中,term 表示该索引项;docID 表示该索引项所在的文档编号;pos 表示该索引项在该文档中的位置。

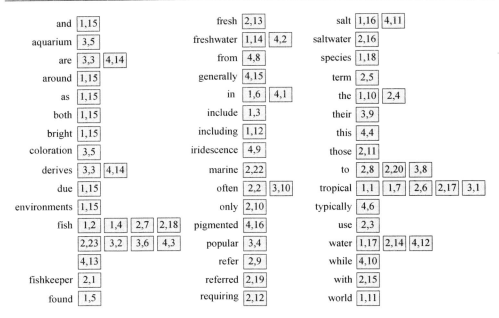

图 9.1　文档对应的倒排索引

9.2　签名文件索引

签名文件(signature file)[227]是一个存储数据库中每个文本(text)的特征记录的文件。首先,将该文本分割若干等长的块(block),然后采用哈希函数或签名函数(signature function)将每块的文本信息映射为有固定的 b 位长度的特征。

图 9.2 列举了文本"This is a text. A text has many words. Words are made from letters."对应的签名文件表示。首先将该文本分为等长的四块(如从块 1 到块 4)。对于每个块,选取非停止词(non stop-words),并对其进行哈希映射。

对于块 1,该块中的非停止词为"text","text"对应的哈希编码为"000101"。因此,块 1 对应的签名码为"000101"。

对于块 2,该块中的非停止词为"text"和"many","text"和"many"对应的哈希编码分别为"000101"和"110000"。因此,块 2 对应的签名码为"000101"OR"110000"="110101"。

对于块 3,该块中的非停止词为"words","words"对应的哈希编码为"100100"。因此,块 3 对应的签名码为"100100"。

对于块 4,该块中的非停止词为"made"和"letters","made"和"letters"对应的哈希编码分别为"001100"和"100001"。因此,块 4 对应的签名码为"001100"OR"100001"="101101"。

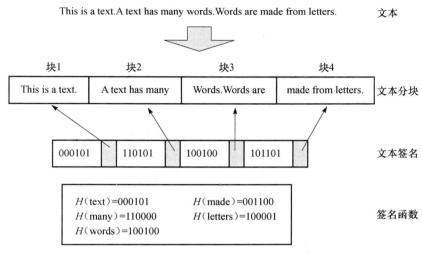

This is a text.A text has many words.Words are made from letters. 文本

| 块1 | 块2 | 块3 | 块4 |
| This is a text. | A text has many | Words.Words are | made from letters. | 文本分块 |

| 000101 | 110101 | 100100 | 101101 | | 文本签名 |

H(text)=000101 H(made)=001100
H(many)=110000 H(letters)=100001   签名函数
H(words)=100100

图 9.2 文档对应的签名文件索引

当用户提交一个查询词,首先将其转化为哈希编码 W,然后将其与每块对应的编码 B_i 比较,当 W OR $B_i = W$ 时,表示该查询词可能出现在第 i 块中。

9.3 本 章 小 结

在互联网搜索中,网页搜索占据很大比例。然而,对于海量网页信息,从中快速地找到用户所需的信息非常重要。文本索引技术对于提高大规模网页搜索效率起到重要的作用。本章介绍了文本索引的两种主要的方法:倒排文件和签名文件。

第 10 章　高 维 索 引

　　20 世纪 90 年代末,随着网络带宽的增长,大规模存储介质的普及以及多媒体应用的兴起,多媒体数据在互联网、数字图书馆等资源库中占的比重越来越大,其数据的规模也日益庞大。提高海量多媒体信息的检索效率需要借助数据库索引技术,特别是高维索引技术。高维索引技术对提高海量多媒体数据的查询效率非常重要。借助索引技术,可以快速定位到要访问的媒体对象所在的数据块,大大减少读取数据块的 I/O 次数,显著提高大数据量时的查询性能。

　　根据所采用计算模式的不同,可分为集中式高维索引和分布式高维索引技术。同时,根据所采样的高维数据的变化特性,分为确定性高维索引和不确定性高维索引。本章将分别进行介绍。

10.1　集中式高维索引

　　多维索引技术的历史可以追溯到 20 世纪 70 年代中期[31,228]。最早的具代表性的多维索引,如 Cell 算法、四叉树和 k-d 树[228]等,但其查询效果都不尽如人意。在 GIS 和 CAD 系统对空间索引技术的需求推动下,Guttman 提出了 R-Tree 索引结构[32]。在他的工作基础上,许多 R-Tree 的变种被开发出来,Sellis 等提出了 R^+-Tree[33]。在 1990 年,Beckman 和 Kriegel 提出了最佳动态 R 树的变种——R^*-Tree[34]。然而,即便是 R^*-Tree,也无法处理维数高于 20 的情况。由于基于内容的海量多媒体数据检索所提取的特征值的个数一般都在 100 维以上,文献[32]表明用传统的 R-Tree 建立索引,查询速度还不如顺序检索快。

　　一般来说,从多媒体数据提取的底层特征信息(如颜色直方图、纹理等)具有高维特征,为了加快相似匹配效率,需要对其建立索引。该索引属于高维索引范畴[31]。以下分别回顾五种类型的高维索引方法,如基于数据和空间分片的树形索引,基于向量近似表达的索引方法,基于空间填充曲线的索引方法,基于尺度空间的索引方法和基于距离转换的索引方法。

10.1.1　基于数据和空间分片的索引方法

　　基于数据和空间分片的树形索引,如 R-Tree[32]、R^+-Tree[33]、R^*-Tree[34]、TV-Tree[35]、X-Tree[36]、SS-Tree[37] 和 SR-Tree[38] 等。该方法的基本思想是对数据空间进行分片,对分片结果建立基于树形的层次索引结构。

　　早在 1984 年，Guttman[32] 提出了一种空间索引结构——R-Tree，它是一种在空间访问中对多维信息，如地理坐标、矩形或多边形等，建立索引的树形数据结构，已在研究和实际应用中发挥重要的作用。

　　如图 10.1 所示，R-Tree 的基本思想是将邻近的空间对象聚在一起，用最小包围矩形（minimal bounding rectangle，MBR）来表示。同时将最小包围矩形的信息记录在该索引树的更高一层；由于那些对象包含在该包围矩形中，因此，不与查询矩形相交的包围矩形，也不会和其中所包含的对象相交。在叶节点层面，每个矩形被描述为一个单一对象；同时，该节点对象被更上一层索引节点对象所包含。然而，R-Tree 仅适合维数较低的情况，随着维数的增加，其查询性能往往还不及顺序检索。该类现象称为"维数灾难"。

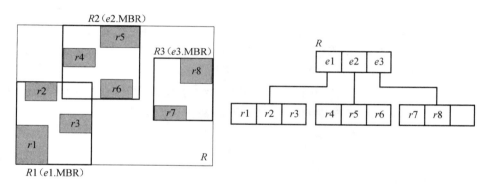

图 10.1　R-Tree 的表示

　　在 R-Tree 提出之后，人们对它的结构和算法进行了一些改进，以期望得到更好的性能，下面列出主要的几种。

　　① R*-Tree[34]：R*-Tree 对 R-Tree 的插入算法和分裂算法进行了一些改进，主要体现在以下两点：第一，提出了强制重新插入的概念，即当一个节点在插入过程中发生了溢出，并不急于进行分裂，而是首先看一下该层节点在这次插入过程中有没有进行过重新插入，如果没有，则选择一定比例的项从该节点中删除并重新插入到树中，而如果该层已经有节点进行过重新插入，才对该节点进行分裂；第二，当节点进行分裂时，不仅要考虑分裂后两个新节点的面积，还要考虑分裂后节点周长以及该层节点的重叠面积等因素。

　　② X-Tree[35]：X-Tree 中引入了超节点的概念，当节点发生溢出时，首先对节点选择合适的分裂算法，以使节点分裂以后重叠区域小到一定程度，假如无法避免分裂后出现较严重的区域重叠，则不分裂节点，而是扩大节点大小以放入更多的项，形成超节点。

　　③ SS-Tree[37]：SS-Tree 中采用超球代替原来进行数据划分地超矩形，以更好

地支持相似性查询。

④ SR-Tree[38]:它是在分析了超矩形和超球两种不同的数据划分方法的优缺点后,将两者结合起来,形成了 SR-Tree,从而取得更好的性能。

10.1.2　基于向量近似表达的索引方法

该方法的基本思想是通过对高维数据进行压缩和近似存储来加速顺序查找速度。典型的代表,如 VA-File[39]、IQ-Tree[40]、A-Tree[41]、VA⁺-File[229] 及 VA-Trie[230]等。

Weber 等[39]提出 VA-File,它利用量化的方法得到近似矢量,并将这些近似矢量按照顺序排列形成 VA-File,通过减少矢量的存储空间来减少查询期间的磁盘开销。尽管 VA-File 在一定程度上提高了查询效率,但数据压缩和量化带来的信息丢失使首次过滤后的查询精度并不令人满意。同时尽管它能显著减少了磁盘的 I/O 次数,但由于对位串解码和对查询点距离的上界和下界的计算会导致很高的 CPU 运算代价。IQ-Tree[40]通过维护一个 Flat Directory 来提高查询效率。

此后,Sakurai 等将量化近似思想与树结构结合起来,提出了 A-Tree[41],大大提高了 R-Tree 类索引结构中间节点的扇出度,减少了内部节点的数量以及树的高度,获得了更高的查询性能增益。A-Tree 则是将近似的想法应用到 R-Tree 类索引结构上。对于 R-Tree 类索引结构,当维数逐渐增大时,每一个节点中可以存放的项数迅速减少,这必然会降低查询的性能,因此,在 A-Tree 中提出了虚拟包围矩形(virtual bounding rectangle,VBR)的概念。其中,VBR 是根据子 MBR 在父 MBR 中的相对位置得到的。

Ferhatosmanoglua 等[229]提出一种改进的索引方法——VA⁺-File。它采用尺度量化的方法来提高高维查询性能。

在 VA-File 和 A-Tree 的基础上,董道国等[230]提出了 VA-Trie 索引,其主要思路是吸取 VA-File 和 A-Tree 中近似量化的思想以实现矢量的大幅度数据压缩,然后引入数据结构 Trie 来组织和管理近似矢量,并通过近似范围查询实现快速的近似 k 近邻查询。

10.1.3　基于空间填充曲线的索引方法

基于空间填充曲线的索引方法[42-43,232]的特点是希望找到某种方法对多维空间中的数据进行近似排序,使原来在空间中较为接近的数据能在排序后以比较高的概率靠在一起,那么就可以用一维数据对它们进行索引。用这种方法在点查询操作中能够取得良好的效果,但进行范围查询时就会比较麻烦了。根据这种思路,人们提出了几种将多维空间中的点数据影射到一维空间并进行排序的方法,图 10.2列出了四种。

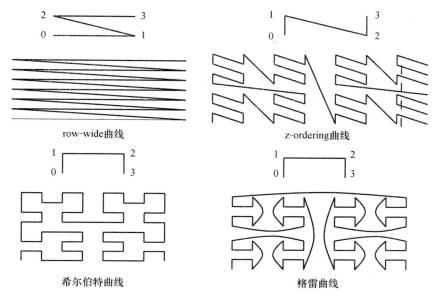

图 10.2 四种空间填充曲线

所有的空间填充曲线都有一个重要的优点,就是对任何维数的数据都可以处理,前提是影射到的一维空间的键值可以任意大。但这种方法也有一个明显的缺点,当将两个不同区域的索引组合到一起时,至少要对其中的一个进行重新编码。

10.1.4 基于尺度空间的索引方法

基于尺度空间索引方法[44-45],如 VP-Tree[45]、GNAT[46]、MVP-Tree[47]、M-Tree[48]、Dynamic VP-Tree[234]、Slim-Tree[49]和 Omni-Family[50]。

VP-Tree[45]是第一种支持相似性查询的层次索引结构,它使用数据对象到代表点之间的相对距离和三角不等式来进行数据空间的过滤。因为 VP-Tree 索引结构较小的扇出(因而索引的高度很高)而引起了大量的距离计算,从而极大地影响了它的查询性能。应该指出的是,在度量空间中距离计算是非常复杂且非常耗时。

为了克服上述问题,MVP-Tree 索引结构[47]使用多个代表点,从而增加了索引的扇出,降低了索引的高度。VP-Tree[233]利用数据对象到特定受益点间的距离来分割数据空间,而 MVP-Tree 扩展了 VP-Tree 的思想,将受益点个数增加到两个以上,同时采用距离预计算来减少距离计算次数。它们都是静态的基于度量空间的索引结构,它们采用一种自上而下的方法来构建。这就意味着,这些索引无法支持数据的更新和删除。对于二元 MVP-Tree,在每一个中间节点,首先根据第一个受益点将数据空间分为两个子空间;然后,根据第二个受益点将数据空间进一步分割为四个子空间;MVP-Tree 的这种空间分割策略增加了索引的扇出数,降低了树的高度,因而极大地提高了查找性能。但它是一种静态索引结构,不能进行动态调整。为了保证索引性能,必须进行索引的重建。

M-Tree[48]是基于度量空间的动态索引结构的代表,是一种页面结构的平衡树,采用自下而上的索引构造方法,具有节点提升和分裂机制。因此,它适合作为一种磁盘索引结构,并能处理数据的更新而不需要重构整个索引。M-Tree 第一个认识到了距离计算的高代价,因此,它将大多数距离预计算好并存储在索引中。这样就可以避免很多距离的动态计算。与 VP-Tree 和 MVP-Tree 相比,M-Tree 是一种动态索引结构。它是一个分页平衡树,采用自底向上的建树方法,引入节点上移和分裂机制,实现了索引结构的动态化,从而避免了静态索引结构的索引重建。M-Tree 第一次考虑了距离计算的复杂性,实现了范围查询,并在范围查询的基础上,采用启发式规则,实现了高维数据的最近邻查询。M-Tree 的出现具有划时代的意义,至今仍被看成性能最优的索引之一。但由于 M-Tree 的每个节点都对应一个超球体的区域,节点之间重叠非常大。同时,受磁盘页面大小的限制,M-Tree 索引树具有相对较高的高度。

但是,M-Tree 的兄弟节点索引空间的重叠是一个非常值得注意的问题,因为它对查询处理的性能有着非常大的影响。为此,基于 M-Tree 索引结构的基本思想,几种改进的索引技术被提了出来,如 MB$^+$-Tree[235]、Slim-Tree[49]、M$^+$-Tree[237]。冯玉才等[236]基于数据空间优化划分的概念,提出了基于距离的相似性结构 opt-树及其变种 η 树。

10.1.5　基于距离的索引方法

基于距离转换的索引方法的基本思想是通过将高维数据转化为一维数据(距离值)来进行高维检索,包括 NB-Tree[51]、iDistance[52] 和 EDD-Tree[239] 等。

NB-Tree[51]通过计算高维空间中的每个点与原点 $O(0,0,\cdots,0)$ 的距离,将高维数据点映射到一维空间,然后对这些距离值建立 B$^+$ 树索引,使高维检索转变为一维空间的检索。尽管该方法能够快速得到查询结果,但是由于它不能有效缩减查询空间,特别当维数很高时,查询效率较差。

定义 10.1(始点距离)　给定高维对象 V_i,其始点距离(start-distance,SD)表示其到原点 V_0 的距离,记为 SD$(V_i)=d(V_i,V_0)$,其中,$V_0=\{0,0,\cdots,0\}$。

给定高维对象 V_i,其索引键值表示为

$$\text{key}(V_i) = \text{SD}(V_i) \tag{10.1}$$

然后,对式(10.1)中的索引键值进行 B$^+$ 树索引。这样,给定高维范围查询 $\Theta(V_q,r)$,其在该 B$^+$ 树的搜索范围为 $[\text{SD}(V_q)-r,\text{SD}(V_q)+r]$。

上面介绍的 NB-Tree 索引虽然实现非常简单,但在执行高维查询时,特别是在维数较高的情况下,会导致搜索空间非常大。为此,Jagadish 等[52]提出一种基

于多参考点的高维索引方法——iDistance。该方法通过引入多参考点,结合聚类等方法有效地缩小了数据搜索空间范围,提高了查询效率。然而该方法的查询效率很大程度上取决于参考点的选取并且依赖数据聚类和分片。最坏的情况下,查询空间几乎会覆盖整个高维空间。

假设 n 个高维对象 V_i 通过 k 平均聚类得到 K 个类。对于任意一个类 C_j,其中 $i \in [1, n]$ 且 $j \in [1, K]$,该类中对象的个数记为 $\| C_j \|$ 且满足 $\sum_{j=1}^{K} \| C_j \| = n$。

定义 10.2(类半径)　对于任意类 C_j,其质心 O_j 与该类中距离其最远的点的距离,称为它的类半径,记为 R_j,其中 $j \in [1, K]$。

定义 10.3(类超球)　给定任意类 C_j 和类半径 R_j,类超球表示为 $\Theta(O_j, R_j)$。

定义 10.4(质心距离)　给定高维对象 V_i,其质心距离(centroid-distance,CD)是其到所在类 C_j 的质心 O_j 的距离,表示为 $\mathrm{CD}(V_i) = d(V_i, O_j)$ 且 $V_i \in \Theta(O_j, R_j)$,其中 $i \in [1, \| C_j \|]$ 且 $j \in [1, K]$。

首先,将空间中的对象分为 T 个类,默认情况下,将每个类 C_j 对应的质心作为参考点 O_j。将该类中的每个对象与该参考点计算距离,同时加上类的编号信息,得到该索引键值的表示:

$$\mathrm{key}(V_i) = j \times c + \mathrm{CD}(V_i) \tag{10.2}$$

其中,j 为所在类的编号,常数 c 为一个较大的值。

通过式(10.2)可得,类 C_j 中的所有对象被映射到值域范围:$[j \times c, (j+1) \times c]$,如图 10.3 所示。这样高维相似查询就转化为一维空间的范围查询。具体来说,给定高维范围查询 $\Theta(V_q, r)$,对于每个类 C_j,存在以下三种情况。

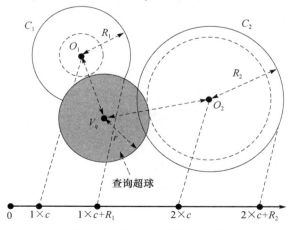

图 10.3　iDistance 映射一维值

① 当满足不等式:$d(O_j,V_q)-r\leqslant R_j$,表示 $\Theta(V_q,r)$ 与类 C_j 存在相交关系。则类 C_j 中的候选对象对应的查询范围为$[j\times c+d(O_j,V_q)-r,j\times c+R_j]$。

② 当满足不等式:$d(O_j,V_q)-r>R_j$ 时,表示 $\Theta(V_q,r)$ 与类 C_j 不相交,则不需要处理。

③ 否则,表示 $\Theta(V_q,r)$ 与类 C_j 存在包含关系。该情况又可分为两种:当 $O_j\in\Theta(V_q,r)$,则类 C_j 中的候选对象对应的查询范围为$[j\times c,j\times c+\mathrm{CD}(V_q)+r]$;否则,类 C_j 中的候选对象对应的查询范围为$[j\times c+\mathrm{CD}(V_q)-r,j\times c+\mathrm{CD}(V_q)+r]$;

通过上述查询得到候选对象 V_i,再通过计算其与 V_q 的距离,当满足 $d(V_i,I_q)\leqslant r$ 时,将 V_i 作为结果对象。

iDistance 索引采用 k-Means 等聚类技术来获取数据的分布信息。但是,聚类参数的确定需要根据经验来确定,缺乏对聚类与查询性能之间关系的理论分析。张军旗等[238]提出了一种基于聚类分解的高维度量空间 B$^+$-Tree 索引,通过聚类分解,对数据进行更细致的划分来减少查询的数据访问。该方法对聚类与查询代价的关系进行了讨论,通过查询代价模型,给出了最小查询代价条件下的聚类分解数目等理论的计算方法。实验表明该索引方法明显优于 iDistance 等索引,最优聚类分解数的估计接近实际最优查询时所需的聚类参数。

以上介绍的距离索引方法都是基于单一尺度的,而单一尺度对搜索空间的"裁剪"效果有限。为此,庄毅等[239]提出一种基于编码的双距离树高维索引方法——EDD-Tree,将双尺度距离通过编码进行统一索引键值表达。相比上面的单尺度的距离索引,搜索范围进一步缩小,查询效率提高。

在介绍该索引之前,先介绍双尺度编码。

定义 10.5(始点片,start-slice)　对于任意一个类超球 $\Theta(O_j,R_j)$,按照该类中的点所对应的始点距离均匀切分成 α 片,将该类超球中的第 λ 个始点片表示为 $\mathrm{SS}(\lambda,j)$,其中,α 为偶数且 $\lambda\in[1,\alpha]$。

始点片的编号基于以下原则:假设 $V_i\in\Theta(O_j,R_j)$,当 $\mathrm{SD}(V_i)\in[\mathrm{SD}(O_j),\mathrm{SD}(O_j)+R_j]$,即图 10.4 中类超球的阴影部分,该对象对应始点片的编号随着其始点距离的增加而减少;当 $\mathrm{SD}(V_i)\in[\mathrm{SD}(O_j)-R_j,\mathrm{SD}(O_j))$,即图 10.4 中的类超球的空白部分,该对象对应始点片的编号随着其始点距离的增加而增加。

定义 10.6(质心片,centroid-slice)　对于任意一个类超球 $\Theta(O_j,R_j)$,按照该类中的对象所对应的质心距离均匀切分成 β 片,第 μ 个质心片表示为 $\mathrm{CS}(\mu,j)$,其中 $\mu\in[1,\beta]$。质心片的编号随着其中对象所对应的质心距离的增加而减少,如图 10.5所示。

首先通过 k 平均聚类将高维空间中的 n 个数据点聚成 T 类,对于每个类超球

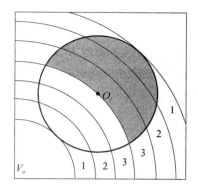

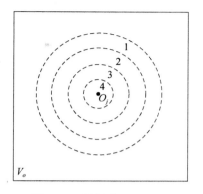

图 10.4　类超球 $\Theta(O_j, R_j)$
对应的始点片的编码举例

图 10.5　类超球 $\Theta(O_j, R_j)$
对应的质心片编码举例

$\Theta(O_j, R_j)$，将其均匀切分成 α 个始点片和 β 个质心片，满足 $\alpha/2+1=\beta$。这样点 V_i 可以用四元组表示：

$$V_i :: = \langle i, \mathrm{CID}, \mathrm{SD\_ID}, \mathrm{CD\_ID} \rangle \tag{10.3}$$

其中，CID 表示 V_i 所在类的编号；SD_ID 表示 V_i 所在的始点片的编号；CD_ID 表示 V_i 所在的质心片的编号。

这样，对于每个类超球中的对象 V_i，其对应的 SD_ID 和 CD_ID 表示为

$$\mathrm{SD\_ID}(V_i) = \left\lceil \frac{\mathrm{CR}_j - |\,\mathrm{SD}(V_i) - \mathrm{SD}(O_j)\,|}{\mathrm{CR}_j/\alpha} \right\rceil + 1$$

$$\mathrm{CD\_ID}(V_i) = \left\lceil \frac{\mathrm{CR}_j - d(V_i, O_j)}{\mathrm{CR}_j/\beta} \right\rceil + 1 \tag{10.4}$$

因此，V_i 的统一对称编码可以表示为

$$\mathrm{UID}(V_i) = c \times \mathrm{SD\_ID}(V_i) + \mathrm{CD\_ID}(V_i)$$

$$= c \times \left[\left\lceil \frac{\mathrm{CR}_j - |\,\mathrm{SD}(V_i) - \mathrm{SD}(O_j)\,|}{\mathrm{CR}_j/\alpha} \right\rceil + 1 \right] + \left\lceil \frac{\mathrm{CR}_j - d(V_i, O_j)}{\mathrm{CR}_j/\beta} \right\rceil + 1 \tag{10.5}$$

图 10.6 为类超球 $\Theta(O_j, R_j)$ 的编码举例。该类超球中始点片个数为 6，质心片个数为 4，其中常量 $c=10$。

在对称编码基础上，提出一种基于编码的双距离树索引键值的统一表达方法。该方法将每个类超球中数据点的统一编号与对应的质心距离有机结合地组合表达成一个统一的索引键值，如下所示：

$$\mathrm{key}(V_i) = \mathrm{UID}(V_i) + \mathrm{CD}(V_i)/\mathrm{MCD}$$

$$= c \times \mathrm{SD\_ID}(V_i) + \mathrm{CD\_ID}(V_i) + \mathrm{CD}(V_i)/\mathrm{MCD} \tag{10.6}$$

由于式(10.6)中的 $\mathrm{CD}(V_i)$ 可能大于 1，需要通过对其分别除以常量 MCD 进行归

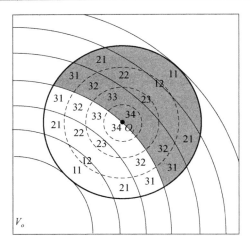

图 10.6　类超球 $\Theta(O_j,R_j)$ 的编码举例

一化,使其值小于 1,其中对于真实数据,MCD 取 $\sqrt{2}$。而对于均匀分布的随机数据,MCD 取 $\sqrt{d}$。这样使每个点对应的质心距离的值域尽量不重叠。

需要说明的是,尽管式(10.6)给出了一种统一索引键值的表达,但由于采用对称编码,可能会导致某两个不同的数据点 V_i 和 V_j 对应的键值相同,其中,V_i 和 V_j 分别在同一个类超球中的两个不同的区域,即满足 $\mathrm{SD}(V_i)\in[\mathrm{SD}(O_j),\mathrm{SD}(O_j)+R_j]$ 且 $\mathrm{SD}(V_i)\in[\mathrm{SD}(O_j)-R_j,\mathrm{SD}(O_j)]$。因此,在这种情况下,需要对式(10.6)中的键值采用线性扩展避免上述情况发生,如式(10.7)所示:

$$\mathrm{key}(V_i)=\begin{cases}\mathrm{SCALE\_1}+c\times\left[\left\lceil\dfrac{R_j-\mid\mathrm{SD}(V_i)-\mathrm{SD}(O_j)\mid}{R_j/\alpha}\right\rceil+1\right]+\left\lceil\dfrac{R_j-\mathrm{CD}(V_i)}{R_j/\beta}\right\rceil\\[3mm]+1+\dfrac{\mathrm{CD}(V_i)}{\mathrm{MCD}},\qquad \mathrm{SD}(V_i)\in[\mathrm{SD}(O_j),\mathrm{SD}(O_j)+R_j]\\[3mm]\mathrm{SCALE\_2}+c\times\left[\left\lceil\dfrac{R_j-\mid\mathrm{SD}(V_i)-\mathrm{SD}(O_j)\mid}{R_j/\alpha}\right\rceil+1\right]\\[3mm]+\dfrac{R_j-\mathrm{CD}(V_i)}{R_j/\beta}+1+\dfrac{\mathrm{CD}(V_i)}{\mathrm{MCD}},\qquad \mathrm{SD}(V_i)\in[\mathrm{SD}(O_j)-R_j,\mathrm{SD}(O_j)]\end{cases}$$

$$(10.7)$$

其中,SCALE_1 和 SCALE_2 为两个常数,用于线性扩展以区分不同情况下的键值的值域,避免重叠。

10.1.6　基于数据分布的索引方法

为了改进高维数据库的查询效率,通常需要根据数据分布来选择合适的索引策略。然而,经典的分布模型难以解决实际应用中图像、视频等高维数据复杂的分布估计问题。张军旗等[240]提出一种基于查询采样进行数据分布估计的方法,并在此基础上提出了一种支持最近邻查询的混合索引,即针对多媒体数据分布的不均匀性,自适应地对不同分布的数据使用不同的索引结构,建立统一的索引结构。为了实现混合索引,采用构造性方法:首先通过聚类分解分割数据并建立树形索引;然后使用查询采样算法,对数据实际分布进行估计;最后根据数据分布的特性,把稀疏数据从树状索引中剪裁出来,进行基于顺序扫描策略的索引,而分布比较密集的数据仍然保留在树形索引中。实验结果显示,该索引方法明显优于 iDistance[52]和 M-Tree[48]等度量空间索引,在维数达到 336 时,查询效率仍高于顺序扫描。该查询采样算法在采样数据量仅为 N(N 为数据量)的情况下即可获得满足索引需要的分布估计结果。

10.1.7　基于 LSH 函数的索引方法

局部敏感的哈希(locality sensitive Hashing,LSH)及其变种是一种用于求解近似和精确的高维空间的最近邻查询方法[241-243]。其主要思想是使用一组哈希函数对数据点进行哈希映射,得到一些哈希值。这样使高维空间中相近的数据点具有相同哈希值的概率很高。对于相似查询,基于 LSH 的方法只需要检索与查询点有相同哈希值的点即可。由于 LSH 需要一组哈希表,因此,它需要消耗较大的内存空间。文献[242]又提出一种基于 LSH 的高维索引——LSH Forest。该方法提高了传统基于 LSH 的索引的查询性能。具体来说,它通过消除 LSH 索引中不同的数据依赖的参数的设定。同时,较传统的 LSH 索引,对于偏斜数据分布的查询,其查询性能进一步提高的同时保持了相同的存储与查询负荷。Lv 等[243]提出一种改进的 LSH 方法,即 multi-probe LSH。它可以智能地试探可能包含在一个哈希表中的查询结果对应的多个桶。实验表明,该索引在时间和空间效率上都大大优于其他方法。

10.1.8　子空间索引方法

前面介绍的多(高)维相似查询通常都针对整个高维空间(full space)进行。然而越来越多的应用(如交互式多媒体检索等)出现,往往需要进行基于子空间相似查询。与全空间相似查询不同的是,子空间相似查询是查找在对应子空间中与查询对象相似的所有对象。由于传统相似查询及索引技术较难有效处理该问题,为了有效支持子空间查询,国内外许多学者提出了一些索引方法。

局部 VA-File(partial VA-File)索引[244]是第一个针对子空间相似查询提出的索引方法。该方法的基本思想是将原始 VA-File 分为 D 个局部 VA-Files,其中, D 表示数据维数。这样,每一维对应一个文件,包含原始 VA-File 索引在该维中的近似表示。同时,可以得到数据对象和查询对象距离的上界和下界。这样子空间相似查询只需要扫描相关的维度对应的文件,最后对候选对象进行距离计算,得到最终结果。

Lian 等[245]提出一种任意子空间下的高维索引方法。它通过一种有效的基于多参考点(multi pivot)的过滤技术,首先根据参考点对每个数据对象赋予一定的分值,然后通过这些分值来过滤这些候选对象。同时又提出一种基于代价模型的过滤策略,使过滤效果最佳。最后,每个数据对象的分值保存于一个排序列表中以支持高效的子空间相似查询。实验表明该方法的有效性。

Bernecker 等[246]提出了支持任意子空间下的 k 近邻查询。该方法是基于一维索引结构组合的思想提出的。为了得到一个最佳距离近似值,设计一种从不同维度得到一种排序(ranking)方法,用于快速过滤候选对象。

10.2　分布式高维索引

分布式计算已经经历了 50 多年的发展,从最初的传统分布式并行网络,发展到基于 P2P 网络、网格,直到目前流行的云计算环境。以下分别对这四种计算环境下的高维查询及索引算法进行介绍。

1. 传统分布式网络

在传统分布式网络环境下,分布式高维查询及索引最具代表性的如下所述。Berchtold 等[53]提出了一种基于近似的最优数据项分布的快速并行相似检索。该方法的核心思想是将高维数据尽可能"打散"分布在不同的节点,这样能够使并行查询加速比最大化。之后,Papadopoulos 等[54]提出一种基于磁盘阵列(RAID)的并行相似检索,实验表明该并行相似查询算法性能上明显优于传统的分支定界算法及贪心算法。Papadopoulos 等[55-56]相继提出了空间数据的分布式并行最近邻查询及在不共享(shared-nothing)环境下的并行最近邻查询方法。

2. P2P 网络环境

对等计算(peer-to-peer computing,P2P)已经成为工业界和学术界的研究热点。目前,众多研究工作集中在 P2P 环境下的数据管理[58-61]上,而 P2P 环境下的查询处理问题显得尤为重要。早期的 P2P 系统[234]仅支持匹配查询,查询处理效率低下。为了改善查询处理性能,文献[60]提出了一些基于启发式规则的查询路由策略和路由索引技术。虽然这些方法提升了 P2P 系统的查询处理效率,但无法实现基于语义或内容的复杂查询处理。针对这个问题,来自数据库领域的研究人员探索了如何在 P2P 环境下实现关系查询处理和多维范围搜索。

在过去 10 年左右的时间里,P2P 网络环境下的高维查询研究已成为一个学术研究热点[247]，发表了大量学术论文。学术界已经提出了几种 P2P 环境下的相似搜索方法。例如，SCRAP 和 MUCK[236] 分别在结构化 P2P 系统 Chord[58] 和 CAN[59] 上实现了多维范围搜索。Skip Index[250] 将基于 k-d 树的空间划分方法和 Skip Graph[251] 结合在一起，提出了高维最近邻搜索算法。本质上，这些方法都是考虑如何对数据空间进行划分，在保持数据局部性的前提下，在数据子空间与节点之间建立起映射关系。不同于结构化 P2P 环境下的范围搜索，Crespo 等[60] 提出了一种路由索引的结构，解决了非结构化 P2P 环境下的 k 近邻搜索问题。此外，Kalnis 等[62] 提出 P2P 环境下的高维相似查询算法。由于其综合采用基于路由索引及语义缓存机制，使其查询效率较 CAN[59] 和 pSearch[61] 要高。Jagadish 等[252] 提出一种在 P2P 环境下的多维索引方法——VBI-Tree。

　　针对结构 P2P 网络环境的特点，徐林昊等[253] 采用了一种有效的空间划分策略，提出了一种基于 Chord 系统[58] 的相似搜索方法。首先，利用预先选定的代表点对整个数据空间进行划分，使每个代表点对应唯一的一个子空间且所有子空间的体积之和等于整个数据空间的体积。然后，将这些代表点映射到一维区间，使每个代表点被赋予一个唯一的标识。将代表点的标识作为 Chord 系统中的节点散列值，就构造出一种改进的 Chord 系统。最后，利用 Chord 系统的路由协议，以代表点的标识为查找键就可以访问到所有与搜索区域相交的子空间对应的节点。仿真实验表明，在查询处理代价和调节负载均衡方面，与现有的方法相比（如 MUCK），该方法更加有效。

　　针对非结构 P2P 网络环境的特点，徐林昊等[254] 又提出了非结构化对等计算系统的多维范围查询算法。由于现有的非结构化对等计算数据共享系统仅支持简单的查询处理方法，即匹配查询处理。将近似技术和路由索引结合在一起，设计了一种简单、有效的索引结构扩展近似向量路由索引（EVARI）。利用 EVARI，每个节点不仅可以在本地共享的数据集上处理范围查询，而且还可以将查询转发给最有希望获得查询结果的邻居节点。为了建立 EVARI，每个节点使用空间划分技术概括本地的共享内容，并与邻居节点交换概要信息。而且，每个节点都可以重新配置自己的邻居节点，使相关节点位置相互邻近，优化了系统资源配置，提升了系统性能。仿真实验证明了该方法的良好性能。

3. 网格环境

　　研究网格环境下的相似查询相对较少。庄毅等[57] 提出一种数据网格环境下的 k 近邻查询算法。整个数据网格结点由查询结点、数据结点和执行结点构成。当用户在查询结点提交一个查询对象和 K 时，首先以一个较小的查询半径，在数据结点进行基于混合距离尺度的高维对象过滤，然后将过滤后的候选高维对象以"打包"传输的方式发送到执行结点，在执行结点并行地对这些候选对象进行距离

(求精)运算,最终将结果返回到查询结点。当返回的对象个数小于 K 时,扩大半径值,继续循环,直到得到 K 个最近邻对象为止。理论分析和实验表明,该方法在减少网络通信开销、增加 I/O 和 CPU 并行、降低响应时间方面具有较好的性能。

4. 云计算环境

针对云计算环境的特点,同时结合高维查询面临的挑战,Wang 等[63]提出云计算环境下的多维索引方法——RT-CAN。该方法集成了基于 CAN[59] 的路由协议及 R-Tree 结构。将计算与存储结点组织成一个 overlay 网络。同时将全局索引分布在不同结点上,构成一个 overlay 网络。Zhang 等[255]在 CloudDb'09 上提出云数据管理中的多维索引。采用 R-Tree 和 KD-Tree 的混合结构索引来建立。同时,提出一种基于代价的索引维护算法,提高索引更新的效率。最近,Zhuang 等[64]提出一种移动云计算环境下的海量医学图像分布式并行查询及索引方法。该查询及索引方法充分考虑移动云计算网络的特点及医学图像处理所面临的高计算代价等技术难点。

10.3　不确定性高维索引

前面介绍的高维索引技术都假定高维对象中每一维数据是确定,不变的。然而,在现实生活中的很多工程应用,如无线传感器网络[256]和 RFID(radio frequency identification)[257]等技术在环境、水资源监测、移动查询和军事监控等领域的应用时刻会产生大量采样数据,由于采用的数据模型不同,这些数据呈现四种特性:**海量**(large-scale)、**异构**(heterogeneous)、**高维**(high-dimensional)和**不确定**(uncertain)。同时,对于多媒体对象,由于特征提取方法存在一定的误差或人的主观判断的不同,特征提取过程中不可避免地也会存在一定的不确定性。目前,不确定数据,特别是高维不确定数据的查询处理受到了越来越多的关注[258],已成为国内外学术界关注的一个重要研究课题,具有较强的理论研究价值及现实应用前景。

与传统高维数据相似查询[31]不同,高维不确定数据的概率查询(probabilistic query)[258-259]研究将概率引入高维数据模型中来衡量不确定对象成为结果集中元素的可能性,即每个不确定对象可表示为具有一定概率密度函数(probability density function)的记录。因此,对高维不确定数据采用传统多维索引方法(如 R-Tree[32]、VA-File[39]等)难以对其进行有效处理,往往会导致查询结果出现偏差。同时,由于其概率查询存在大量积分运算,因此,处理代价非常高[259]。而且随着数据量的增长,其查询效率往往并不理想。

10.3.1　相关工作

与确定性高维索引[31]不同的是,不确定高维索引所针对的数据对象是随着时间推移而变化的、不确定的,如移动对象的运动轨迹[260]、传感器采集得到的数据[256]等。由于不确定高维概率查询计算代价非常大。为了加快其检索效率,需要对其建立索引机制。Cheng 等[258]较早提出一种基于 R-Tree 的最近邻概率查询(PNN)的索引方法。文献[264]提出另一种加速执行 PNN 查询的方法,其中每个对象表示为一组从该对象对应的连续的概率密度函数采样得到点构成。最近,文献[262]和文献[264]分别提出采用一个对象存在于数据库中的概率(称为存在概率)来推导出下界和上界,从而对求得其对应的最近邻对象进行有效"裁剪"。另外,U-Tree[259]作为一种多维不确定索引,其原理是在概率范围查找中将不满足条件的数据事先过滤,但该方法对高维概率查询效果不十分理想。为了提高 PNN 查询的判定概率的计算,Cheng 等[261]又提出 PNN 查询的变种,但不太适合 k 近邻概率查询(kPNN)(其中 $K \geqslant 1$)。针对不确定数据的 k 近邻概率查询,Beskales 等[263]提出一种新型的查询类型,它会对每个对象作为查询对象 q 的最近邻的概率进行排序,返回出现概率最高的 K 个对象。在文献[265]中,Ljosa 等提出一种加速 kNN 查询的高效的索引结构——APLA-Tree。

最近几年国内外相继开发出一些不确定数据管理系统,如美国斯坦福大学的 Trio 系统[266]、华盛顿大学的 Mystiq 项目[267]、普渡大学的 Orion 项目[268]和牛津大学的 MayBMS[269]等。国内对不确定数据的研究尚处于起步阶段,丁晓锋等[270]提出移动环境的不确定移动对象索引方法。谷峪等[257]提出在移动阅读器上的基于 RFID 的概率查询算法。下面重点介绍两种不确定高维索引:ISU-Tree[271]和 CU-Tree[272]。

10.3.2　预备工作

表 10.1 给出本节将要用到的符号及其意义。

表 10.1　常用符号

符号	意义
Ω	高维不确定数据库,$\Omega = \{U_1, U_2, \cdots, U_n\}$
n	不确定对象个数
U_i	第 i 个不确定对象
pdf	概率密度函数
prob	概率
vol(·)	· 的体积
$d(U_i, U_j)$	相似距离
$\Theta(q, r)$	查询超球,其中 q 为查询对象,r 为查询半径

定义 10.7(高维不确定对象)　高维不确定对象 U_i 是一个 D 维空间中的数据点,并且满足以下两个条件:①U_i 存在一个概率密度函数(pdf$_i$);②U_i 对应一个不确

定区域,即其在该不确定区域内活动,出现概率满足 pdf_i,其中 $U_i \in \Omega$ 且 $i \in [1, n]$。

定义 10.8(高维不确定区域)　给定高维不确定对象 U_i,其对应不确定区域可表示为以 U_i 为球心,ε 为半径的超球,记为 $\text{UR}(U_i) = \Theta(U_i, \varepsilon)$,其中 ε 是对应不确定区域的活动半径且 $U_i \in \Omega$ 同时 U_i 在 $\Theta(U_i, \varepsilon)$ 里的出现满足一个概率密度函数(pdf_i)。

根据定义 10.8,在图 10.7 中,不确定对象 U_i 会在阴影区域内按照一定概率密度函数(pdf_i)分布出现。简单起见,假设高维空间任意对象 U_i 在虚线圆区域的出现概率满足均匀分布,则其概率密度函数为 $\text{pdf}_i = 1/\text{vol}[\Theta(U_i, \varepsilon)]$。

定义 10.9(高维不确定数据库)　高维不确定数据库(Ω)由 n 个高维不确定对象 U_i 构成,记为 $\Omega = \{U_1, U_2, \cdots, U_n\}$ 且 $U_i \in \Omega$。

图 10.8 中用虚线圆表示的为四个不确定对象(如 U_1、U_2、U_3 和 U_4)对应的不确定区域。假设 U_i 在不确定区域 $[\Theta(U_i, \varepsilon)]$ 出现概率满足均匀分布,即其概率密度函数为 $\text{pdf}_i = 1/\text{vol}[\Theta(U_i, \varepsilon)]$,则出现概率表示为

$$
\begin{aligned}
\mathbf{Prob}[U_i \text{ 落在 } \Theta(q, r)] &= \int_{\Theta(U_i, \varepsilon) \cap \Theta(q, r)} \text{pdf}_i \cdot dU_i \\
&= \int_{\Theta(U_i, \varepsilon) \cap \Theta(q, r)} \frac{1}{\text{vol}[\Theta(U_i, \varepsilon)]} \cdot dU_i \\
&= \frac{\text{vol}[\Theta(U_i, \varepsilon) \cap \Theta(q, r)]}{\text{vol}[\Theta(U_i, \varepsilon)]}
\end{aligned}
\tag{10.8}
$$

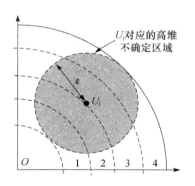

图 10.7　$\Theta(U_i, \varepsilon)$ 对应的初始片举例

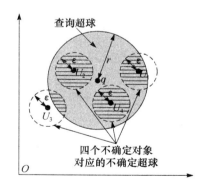

图 10.8　基于阈值 T 的概率范围查询

根据式(10.8),在图 10.8 中,其出现概率可表示为 U_i 出现在不确定超球 $\Theta(U_i, \varepsilon)$ 与查询超球 $\Theta(q, r)$ 相交部分(用栅格表示)的概率。

10.3.3　ISU-Tree 索引

为了减少不确定查询中的概率计算代价,庄毅[271]提出一种基于初始分片的

不确定高维索引方法——ISU-Tree(initial-slice-based uncertain high-dimensional indexing tree),以支持高效的概率范围查询。该方法通过对每个不确定超球进行基于初始距离的"切片",再将得到初始片进行连续邻接组合,将分片组合编码与每个分片对应的存在概率表达成一个统一的索引键值,将高维空间的范围概率查询转化成一维空间的基于启发式的范围查询及求精运算。较传统查询方法,如顺序检索、U-Tree[259],ISU-Tree 能显著缩小搜索空间,从而更有效地快速过滤掉不相关的对象。理论和实验分析表明该方法能有效提高查询效率,尤其适合海量不确定高维数据的概率查询。

1. 基于初始片的超球编码及索引表达

由于概率查询涉及大量积分运算,为了提高查询效率,首先提出一种基于初始距离的分片编码方式。通过预先计算不同初始片的概率,尽可能减少查询中的概率计算量。

定义 10.10(初始距离)　给定不确定对象 U_i,其初始距离(initial-distance,ID)表示为它到原点 O 的距离,记为 $ID(U_i)=d(U_i,O)$,其中 $O=\{0,0,\cdots,0\}$。

由于 U_i 可表示为一高维向量,因此预先对 n 个对象 U_i 通过 k 平均聚类得到 M 个类。对于任意一个类 C_j,其中 $j\in[1,M]$,该类中对象的个数记为 $|C_j|$ 且满足 $\sum_{j=1}^{M}|C_j|=n$。

定义 10.11(初始片)　对于任意不确定超球 $\Theta(U_i,\varepsilon)$,按照初始距离将其均匀切分成 τ 片,将该超球中的第 λ 个初始片(initial-slice)表示为 $IS(\lambda,i)$,其中 $\lambda\in[1,\tau]$ 且 $i\in[1,n]$。

由于可以用不确定区域 $\Theta(U_i,\varepsilon)$ 中的随机对象 X_t 来模拟 U_i 在不确定区域中的出现且 $t\in[1,n_1]$,因此,对于随机对象 $X_t\in\Theta(U_i,\varepsilon)$,其对应初始片的编号随其初始距离的增加而增加。如图 10.7 所示,包含四个初始片,编号从 1 到 4。

对于每个不确定超球 $\Theta(U_i,\varepsilon)$,将其均匀切分成 τ 个初始片,则该不确定超球中的任意一随机对象 X_t 可以用三元组表示:

$$X_t::=\langle t,\text{cid},\text{IS\_id}\rangle \tag{10.9}$$

其中,cid 表示 X_t 所在类的编号;IS_id 表示 X_t 所在的初始片的编号且

$$IS\_id(X_i)=1+\left\lceil\frac{ID(X_i)-ID(U_i)+\varepsilon}{\varepsilon/\tau}\right\rceil。$$

定义 10.12(初始片下界编号,low bound id of initial-slice)　给定两个相交的超球:$\Theta(U_q,r)$ 和 $\Theta(U_i,\varepsilon)$,$\Theta(U_i,\varepsilon)$ 对应初始片的下界编号是指离 O 最近的初始

片编号,表示为 LBI(i)。

定义 10.13(初始片上界编号,upper bound id of initial-slice) 给定两个相交的超球:$\Theta(U_q,r)$ 和 $\Theta(U_i,\varepsilon)$,$\Theta(U_i,\varepsilon)$ 对应初始片的上界编号是指离 O 最远的初始片编号,表示为 UBI(i)。

一般来说,对于 τ 个分片,其连续邻接编码的组合共有 $\tau(1+\tau)/2$ 个。由于查询超球与不确定超球相交部分的初始分片是连续的,假设其相交部分对应的初始分片范围为 [LBI,UBI],则其对应的组合编码为

$$\text{code(LBI,UBI)} = \text{LBI}^3 + \text{UBI}^3 \tag{10.10}$$

表 10.2 初始片编码举例

ID_id	连续邻接组合	LBI	UBI	编码值(code)
	{1}	1	1	2
	{1,2}	1	2	9
	{1,2,3}	1	3	28
1	{1,2,3,4}	1	4	65
2	{2}	1	2	16
3	{2,3}	2	3	35
4	{2,3,4}	2	4	72
	{3}	3	3	54
	{3,4}	3	4	91
	{4}	4	4	128

表 10.2 为不确定超球 $\Theta(U_i,\varepsilon)$ 的编码举例。将不确定超球分成四个初始片,共有 10 组连续邻接组合。基于以上的编码规则,得到高维数据的编码算法。

算法 10.1. 基于初始片的编码

输入:Ω:高维不确定对象集;

输出:$H(1 \text{ to } \tau)$:τ 个初始片对应的编码表示;

1. **for** each $U_i \in \Omega$ and **do**
2.   **for** $X_t \in \Theta(U_i,\varepsilon)$ **do**
3.   calculate the initial-distance of X_t;
4.   obtain an encoding value of X_t by Eq. (10.10);
5.   **end for**
6. **end for**

在初始片编码基础上,为了能有效地将不确定区域(超球)中分片的统一编码(code(LBI,UBI))与存在概率值(prob(U_i))结合起来组成一个有效的索引键值,提出一种索引键值的统一表达方法。该方法将 code(LBI,UBI) 与 prob(U_i) 通过线性组合表达成一个统一的索引键值,如下所示:

$$\text{key}(U_i) = \text{code(LBI,UBI)} + \text{prob}(U_i) \tag{10.11}$$

其中,code(LBI,UBI)为大于 1 的整数;prob(U_i)表示随机点 X_t 落入从第 LBI 个初始片到第 UBI 个初始片的不确定区域的概率且 prob(U_i)<1。

为了得到 prob(U_i),假设在该区域随机产生 n_1 个点(X_t),则当前的 prob(U_i)可表示为 $\sum_{t=1}^{n_1} \text{pdf}(X_t)$ 且 $t \in [1, n_1]$。

式(10.11)不包含任何对象及其对应类信息,为了将这些信息包含其中,将上式改写为

$$\text{key}(U_i) = c_1 \times \text{cid} + c_2 \times i + \text{code(LBI,UBI)} + \text{prob}(U_i)$$

$$= c_1 \times \text{cid} + c_2 \times i + \text{LBI}^3 + \text{UBI}^3 + \sum_{t=1}^{n_1} \text{pdf}(X_t) \qquad (10.12)$$

其中,常数 c_1 和 c_2 分别是两个较大的整数,使每个类中的对象对应的键值进行进一步线性放大,其值域不重叠,$c_1 \gg c_2$。算法 10.2 为 ISU-Tree 索引的创建。

算法 10.2　索引创建

输入:Ω:高维数据库;

输出:bt:ISU-Tree 不确定高维索引;

1. cluster n high-dimensional uncertain objects U_i by using k-Means algorithm;
2. **for** each uncertain sphere $\Theta(U_i, \varepsilon)$ in M clusters **do**
3. 　　 τ initial-slices are equally divided;
4. 　　 the encoding values of $\tau(1+\tau)/2$ combination of slices are obtained by Algorithm 10.1;
5. 　　 The unified index key of such $\tau(1+\tau)/2$ combination of slices are obtained by Eq. (10.12),which are inserted by B$^+$-Tree;
6. **end for**
7. **return** ISU-Tree bt;

---

2. 概率 k 近邻查询

本节介绍 ISU-Tree 索引支持的高维不确定概率 k 近邻查询算法——PkN-NQ。由于 PkNNQ 查询通过依次扩大查询半径执行范围概率查询来得到最终查询结果。因此先讨论范围概率查询。不失一般性,首先假设查询超球 $\Theta(U_q, r)$ 与不确定超球 $\Theta(U_i, \varepsilon)$ 相交,研究该超球 $\Theta(U_i, \varepsilon)$ 中的哪些分片与 $\Theta(U_q, r)$ 相交。

定义 10.14(高维 k 近邻概率查询)　给定查询对象 q、阈值 T 和 k,其 k 近邻概率查询返回 k 个对象 U_i,使其出现在以 q 为中心 r 为半径的区域中的概率大于 T,记为 **Prob**[U_i 出现在 $\Theta(q, r)$ 中]>T,其中 $U_i \in \Omega$,r 为虚拟半径。

在图 10.9 中,不确定超球 $\Theta(U_i, \varepsilon)$ 被切分成 4 个初始片。与 $\Theta(U_q, r)$ 相交的

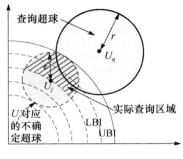

图 10.9　基于初始片的 $\Theta(U_q,r)$
对应的搜索区域

初始片共两个,是第 3 和第 4 个初始片,表示为 LBI(i)＝3,UBI(i)＝4。

不失一般性,假设存在两个不确定超球 $\Theta(U_i,\varepsilon)$ 与查询超球 $\Theta(U_q,r)$ 且 $r<\varepsilon$,则存在两种情况。

① 当 $\Theta(U_i,\varepsilon)$ 与 $\Theta(U_q,r)$ 相交,即 $d(U_q, U_i)<r+\varepsilon$,同时根据初始距离尺度,又可分为如下三种情况。

(a) 当 ID$(U_q)+r>$ID$(U_i)+\varepsilon$ 时,则该上、下界值可表示为

$$\mathrm{LBI}(i) = \left\lceil \frac{\mathrm{ID}(U_q) - r - \mathrm{ID}(U_i) + \varepsilon}{2\varepsilon/\tau} \right\rceil + 1, \mathrm{UBI}(i) = \tau \qquad (10.13)$$

(b) 当 ID$(U_q)+r>$ID$(U_i)+\varepsilon$ 且 ID$(U_q)-r>$ID$(U_i)-\varepsilon$ 时,则该上、下界值可表示为

$$\mathrm{LBI}(i) = \left\lceil \frac{\mathrm{ID}(U_q) - r - \mathrm{ID}(U_i) + \varepsilon}{2\varepsilon/\tau} \right\rceil + 1$$
$$\mathrm{UBI}(i) = \left\lceil \frac{\mathrm{ID}(U_q) + r - \mathrm{ID}(U_i) + \varepsilon}{2\varepsilon/\tau} \right\rceil + 1 \qquad (10.14)$$

(c) 当 ID$(U_q)-r<$ID$(U_i)-\varepsilon$ 时,则该上、下界值可表示为

$$\mathrm{LBI}(i) = 1, \qquad \mathrm{UBI}(i) = \left\lceil \frac{\mathrm{ID}(U_q) + r - \mathrm{ID}(U_i) + \varepsilon}{2\varepsilon/\tau} \right\rceil + 1 \qquad (10.15)$$

② 当 $\Theta(U_i,\varepsilon)$ 包含 $\Theta(U_q,r)$,即 ID$(U_q)+r>$ID$(U_i)+\varepsilon$ 且 ID$(U_q)-r>$ID$(U_i)-\varepsilon$,则该上、下界值可表示为

$$\mathrm{LBI}(i) = \left\lceil \frac{\mathrm{ID}(U_q) - r - \mathrm{ID}(U_i) + \varepsilon}{2\varepsilon/\tau} \right\rceil + 1$$
$$\mathrm{UBI}(i) = \left\lceil \frac{\mathrm{ID}(U_q) + r - \mathrm{ID}(U_i) + \varepsilon}{2\varepsilon/\tau} \right\rceil + 1 \qquad (10.16)$$

其中,$\lceil\cdot\rceil$表示$\cdot$的整数部分。

如图 10.10 所示,对于概率范围查询,首先判断查询超球与 M 个类超球是否相交。如不相交,则可以很快排除这些类中包含的不确定对象。否则,将每个与查询超球相交的类超球中不确定超球与查询超球判断是否相交,对相交的不确定对象,通过 ISU-Tree 索引快速进行得到其相交部分的近似概率。具体来说,在图 10.9 中,由于相交部分小于或等于从第 LBI 到第 UBI 初始片的部

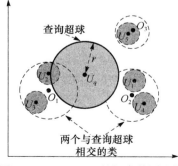

图 10.10　$\Theta(U_q,r)$ 的概率范围查询

分,所以概率表示为

$$\text{prob} = \int_{\Theta(U_i,\varepsilon)\bigcap\Theta(U_q,r)} \text{pdf}_i \cdot dU_i \simeq \sum_{i=1}^{n_1} \text{pdf}(X_i) \qquad (10.17)$$

对任意不确定超球 $\Theta(U_i,\varepsilon)$,当 $\sum_{i=1}^{n_1} \text{pdf}(X_i) < T$,则放弃概率计算。否则进一步进行求精计算(refinement),即精确求得出现概率。假设查询超球与不确定超球相交部分的初始分片为 $[\text{LBI},\text{UBI}]$,则其对应的编码为 $\text{LBI}^3 + \text{UBI}^3$。又因为出现概率取值范围为 $[0,1]$,所以求索引键值的取值范围为 $[c_1 \times \text{cid} + c_2 \times i + \text{LBI}^3 + \text{UBI}^3, c_1 \times \text{cid} + c_2 \times i + \text{LBI}^3 + \text{UBI}^3 + 1]$。算法 10.3 为以 U_q 为中心和 T 为阈值的 k 近邻概率查询函数,其中 $|S|$ 表示查询结果的个数;函数 $\text{PRQ}(U_q,r,T)$ 为概率范围查询;$\text{Refinement}(U_q,r,U_i)$ 用于对候选对象精确求得其出现概率;$\text{Far-thest}(S,U_q)$ 用于返回结果集中距离 U_q 最远的对象 U_{far};$\text{BRSearch}(\text{left},\text{right},j)$ 用于对第 j 个子索引进行标准的范围查询。

算法 10.3　PkNNQ(U_q,r,T,k)

输入:查询对象 U_q,r,T;

输出:查询结果 S;

1. $S \leftarrow \varnothing, r \leftarrow 0$;　　/*　initialize　*/
2. **while** $(|S|<k)$　　/*　when $|S|$ is les then k, continue loop * /
3. 　　　$r \leftarrow r + \Delta r$;
4. 　　　$S \leftarrow \textbf{PRQ}(U_q,r,T)$;
5. 　　**if**$(|S|>k)$**then**
6. 　　　**for** count：=1 to $|S|-k\times1$ **do**
7. 　　　　$U_{\text{far}} \leftarrow \textbf{Farthest}(S,U_q)$;
8. 　　　　$S \leftarrow S - U_{\text{far}}$;　　/*　del U_{far} from S　*/
9. 　　　**end for**
10. 　　**end if**
11. **end while**

PRQ(U_q,r,T)

12. $S = S_1 \leftarrow \varnothing$;　　/*　initialize　*/
13. **for** each cluster sphere $\Theta(O_j,R_j)$**do**
14. 　　**if** $\Theta(O_j,R_j)$ dose not intersect with $\Theta(U_q,r)$ **then break**;
15. 　　**else if** $\Theta(O_j,R_j)$ is contained by $\Theta(U_q,r)$ **then**
16. 　　　**return** the all objects in $\Theta(O_j,R_j)$ to S_1;
17. 　　　**break**;
18. 　　**else**
19. 　　　**for** each uncertain sphere $\Theta(U_i,\varepsilon) \in \Theta(O_j,R_j)$**do**
20. 　　　　**if** $\Theta(U_i,\varepsilon)$ intersects with $\Theta(U_q,r)$ **then**
21. 　　　　　$S_1 \leftarrow \textbf{GetProb}(U_q,r,j,i)$;
22. 　　　　　**if** $S_1 < T$ **then** end loop;
23. 　　　　　**else Refinement**(U_q,r,U_i);　　//get an exact probability

24.　　　　　　**end if**

25.　　　　　**end for**

26.　　　**end if**

27.　　　$S \leftarrow S \cup S_1$;

28. **end for**

29. **return** S;

GetProb(U_q, r, cid, i)

30. $\text{LBI}(i), \text{UBI}(i)$ are obtained by Eqs. $(10.13 \sim 10.16)$;

31. $\text{left} \leftarrow c_1 \times \text{cid} + c_2 \times i + \text{LBI}^3 + \text{UBI}^3$;

32. $\text{right} \leftarrow c_1 \times \text{cid} + c_2 \times i + \text{LBI}^3 + \text{UBI}^3 + 1$;

33. $S_3 \leftarrow$ **BRSearch**$[\text{left}, \text{right}, j]$;

34. **return** the decimal fraction of S_3;

Refinement(U_q, r, U_i)

35. $\text{prob} = 0$;

36. **for** each $X_j \in \Theta(U_q, r)$ and $X_j \in \Theta(U_i, \varepsilon)$ do

37.　　　$\text{prob} = \text{prob} + \sum\limits_{j=1}^{n_1} \text{pdf}(X_j)$

38. **end for**

39. **return** prob;

10.3.4　CU-Tree 索引

在 ISU-Tree 索引[271]基础上，庄毅等[272]又提出一种基于质心片的不确定高维索引方法——CU-Tree（centroid-slice-based uncertain high-dimensional indexing Tree）。

1. 基于质心片的超球编码及索引表达

与"基于初始片的超球编码及索引表达"小节基于初始片编码类似，CU-Tree 索引采用基于质心距离的分片编码方式。通过预先计算出现在不同质心片的概率，尽可能减少查询中的概率计算量。

定义 10.15（质心距离）　给定不确定超球 $\Theta(U_i, \varepsilon)$ 中的随机对象 X_t，其质心距离（centroid-distance，CD）是 X_t 到所在不确定超球中心 U_i 的距离，表示为 $\text{CD}(X_t) = d(U_i, X_t)$ 且 $X \in \Theta(U_i, \varepsilon)$，其中，$t \in [1, \| C_j \|]$，$i \in [1, n]$。

定义 10.16（质心片）　对于任意一个不确定超球 $\Theta(U_i, \varepsilon)$，按照质心距离将其均匀切分成 β 片，第 μ 个质心片表示为 $\text{CS}(\mu, i)$，其中 $\mu \in [1, \beta]$ 且 $i \in [1, n]$。

首先对 n 个对象进行聚类处理得到 K 个类 C_j，$j \in [1, K]$。由于 U_i 在不确定区域中的出现可以用不确定区域 $\Theta(U_i, \varepsilon)$ 中的随机对象 X_t 来模拟，$t \in [1, n_1]$，其中 n_1 表示 U_i 在不确定区域中出现的次数。因此，质心片的编号基于以下原则：在图 10.11 中，假设随机点 $X_t \in \Theta(U_i, \varepsilon)$，该点对应质心片的编号随着其质心距离的增加而减小。

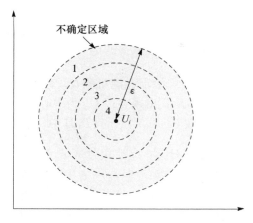

图 10.11 $\Theta(U_i,\varepsilon)$对应的质心片举例

对于每个不确定超球 $\Theta(U_i,\varepsilon)$,将其均匀切分成 τ 个质心片,则该不确定超球中的任意一随机点 X_t 可以用三元组表示:

$$X_t::=\langle\ t,\text{CID},\ \text{CD\_ID}\rangle \tag{10.18}$$

其中,CID 表示 X_t 所在类的编号;CD_ID 表示 X_t 所在的质心片编号且 $\text{CD\_ID}(X_t)=\left\lceil\dfrac{\varepsilon-\text{CD}(X_t)}{\varepsilon/\tau}\right\rceil+1$。

一般来说,对于 τ 个分片,其编码的组合共有 $\tau(1+\tau)/2$ 个。由于查询超球与不确定超球相交部分的质心片是连续的,所以假设其相交部分的质心分片编号为 $[\text{LBC},\text{UBC}]$,即从第 LBC 片到第 UBC 片,则其对应的编码采用"概率 k 近邻查询"小节介绍的编码方法来表示。

定义 10.17(质心片的下界编号,low bound id of centroid-slice) 给定两个相交的超球:$\Theta(U_q,r)$ 和 $\Theta(U_i,\varepsilon)$,$\Theta(U_i,\varepsilon)$ 对应质心片的下界编号是指离类质心 O_j 最远的质心片编号,表示为 $\text{LBC}(i)$。

定义 10.18(质心片的上界编号,upper bound id of centroid-slice) 给定两个相交的超球:$\Theta(U_q,r)$ 和 $\Theta(U_i,\varepsilon)$,$\Theta(U_i,\varepsilon)$ 对应质心片的上界编号是指离类质心 O_j 最近的质心片编号,表示为 $\text{UBC}(i)$。

与 ISU-Tree 索引键值[271]表达类似,CU-Tree 的键值可表示为

$$\text{key}(U_i)=c_1\times\text{CID}+c_2\times i+H(U_i)+\text{prob}(U_i)$$

$$=c_1\times\text{CID}+c_2\times i+\text{LBC}^3+\text{UBC}^3+\sum_{t=1}^{n_1}\text{pdf}(X_t) \tag{10.19}$$

由于 CU-Tree 索引的创建步骤与算法 10.2 类似,因此不再重复介绍。

2. 概率范围查询

本节介绍 CU-Tree 索引支持下的概率范围查询。

定义 10.19(概率范围查询)　给定查询对象 U_q、查询半径 r 和阈值 T,其概率范围查询返回对象 U_i,使 U_i 满足其出现在以 U_q 为中心且 r 为半径的区域中的概率大于 T,记为 **Prob**$[U_i$ 出现在 $\Theta(U_q,r)$ 中$]>T$,其中,$U_i\in\Omega$。

在图 10.12 中,不确定超球 $\Theta(U_i,\varepsilon)$ 被切分成五个质心片。与 $\Theta(U_q,r)$ 相交的质心片共三个,是第 1 到第 3 个质心片,表示为 LBC$(i)=1$,UBC$(i)=3$。对于查询超球 $\Theta(U_q,r)$,对应的质心距离的查询范围为 $[d(U_q,U_i)-r,\varepsilon]$。同时,假设不确定超球 $\Theta(U_i,\varepsilon)$ 分别被切分成 τ 个质心片。当查询超球与该不确定超球相交时,对于质心片,一定存在一些连续的分片(如从第 LBC(j) 个质心片到第 UBC(j) 个质心片,其中 LBC$(j)\leqslant$UBC(j))被相交。因此,得到质心片的下界(LBC)、上界(UBC)的编号:

$$\text{LBC}(j)=\begin{cases}\left\lceil\dfrac{d(U_q,U_i)+r}{\varepsilon/\tau}\right\rceil+1, & d(U_q,U_i)+r\leqslant\varepsilon\\[2mm]1, & d(U_q,U_i)-r\leqslant\varepsilon\end{cases}\quad(10.20)$$

$$\text{UBC}(j)=\begin{cases}\left\lceil\dfrac{\text{CD}(U_q)+r}{2\varepsilon/\tau}\right\rceil+1, & d(U_q,U_i)-r\leqslant\varepsilon\\[2mm]\tau, & d(U_q,U_i)\leqslant r\end{cases}\quad(10.21)$$

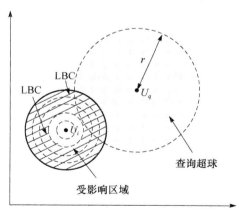

图 10.12　基于质心片的 $\Theta(U_q,r)$ 对应的搜索区域

在图 10.13 中,查询前,由于已经对 n 个不确定对象进行聚类,得到 K 个类超球。因此,可以先判断查询超球与这 K 个类超球是否相交。若不相交,则可以很快排除这些类中包含的不确定对象。否则,将每个与查询超球相交的类超球中不

确定超球与查询超球再判断是否相交,对相交的不确定对象,通过 CU-Tree 索引快速进行得到其相交部分的近似概率。具体过程如图 10.13 所示,由于相交部分小于或等于从第 LBC 到第 UBC 质心片的部分,所以其概率表示如式(10.17)所示。

对任意一个不确定超球 $\Theta(U_i, \varepsilon)$,当 $\sum_{i=1}^{n_1} \mathrm{pdf}(X_i) < T$ 时,则放弃概率计算。否则进一步进行概率计算。假设查询超球与不确定超球相交部分的质心片为 $[\mathrm{LBC}, \mathrm{UBC}]$,则其对应的编码为 $\mathrm{LBC}^3 + \mathrm{UBC}^3$。又因为出现概率取值范围为 $[0,1]$,所以求索引键值的取值范围为 $[c_1 \times \mathrm{CID} + c_2 \times i + \mathrm{LBC}^3 + \mathrm{UBC}^3, c_1 \times \mathrm{CID} + c_2 \times i + \mathrm{LBC}^3 + \mathrm{UBC}^3 + 1]$。算法 10.4 为以 U_q 为中心,r 为半径和 T 为阈值的范围概率查询。

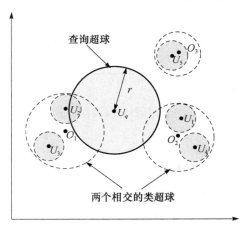

图 10.13　$\Theta(U_q, r)$ 的概率范围查询

算法 10.4　pRSearch(U_q, r, T)

输入:查询对象 U_q, r, T;

输出:查询结果 S;

1. $S = S_1 \leftarrow \varnothing$;　　　　/ *　初始化　* /
2. **for** each cluster sphere $\Theta(O_j, R_j)$ **do**
3. 　　**if** $\Theta(O_j, R_j)$ dose not intersect with $\Theta(U_q, r)$ then break;
4. 　　**else if** $\Theta(O_j, R_j)$ is contained by $\Theta(U_q, r)$ then
5. 　　　　**return** the all objects in $\Theta(O_j, R_j)$ to S_1;
6. 　　　　break;
7. 　　**else**
8. 　　　　**for** each uncertain sphere $\Theta(U_i, \varepsilon) \in \Theta(O_j, R_j)$ **do**
9. 　　　　　　**if** $\Theta(U_i, \varepsilon)$ intersects with $\Theta(U_q, r)$ **then**
10. 　　　　　　　$S_1 \leftarrow$ **getProb**(U_q, r, j, i);
11. 　　　　　　　**if** $S_1 < T$ **then** end loop
12. 　　　　　　　**else Refinement**(U_q, r, U_i);　 / *　计算出现概率　* /
13. 　　　　　　**end if**
14. 　　　　**end for**

15.　　　**end if**

16.　　　$S \leftarrow S \cup S_1$;

17. **end for**

18. **return** S;/ * 返回候选点 　 * /

GetProb$(U_q, r, \mathrm{cid}, i)$

19. get the $\mathrm{LBC}(i)$, $\mathrm{UBC}(i)$ obtained by Eqs. (10.20~10.21);

20. left $\leftarrow c_1 \times \mathrm{cid} + c_2 \times i + \mathrm{LBC}^3 + \mathrm{UBC}^3$;

21. right $\leftarrow c_1 \times \mathrm{cid} + c_2 \times i + \mathrm{LBC}^3 + \mathrm{UBC}^3 + 1$;

22. $S_3 \leftarrow$ **BRSearch**$[\mathrm{left}, \mathrm{right}, j]$;

23. **return** the decimal fraction of S_3;

Refinement(U_q, r, U_i)

24. prob $= 0$;

25. **for** each $U_j \in \Theta(U_q, r)$ and $X_j \in \Theta(U_i, \varepsilon)$ **do**

26.　　prob $= \mathrm{prob} + \sum_{j=1}^{n1} \mathrm{pdf}(X_j)$;

27. **end for**

28. **return** prob;

10.4　实例:基于局部距离图的交互式书法字索引

本节将以中文书法字图片为例,介绍一种针对书法字特点的交互式高维索引结构——局部距离图(记为 PDM)[162],以支持高效精确的基于内容的书法字相似查询。较其他基于距离尺度的高维索引[51-52],PDM 通过结合用户的相关反馈信息,能更有效缩小查询空间,提高查询效率的同时保证了较高的查准率。其基本思想是对于一个查询字 V_q,借助其最近邻字 V_p 和预生成的 PDM 来完成查询。

10.4.1　问题定义及动机

给定一个查询字 V_q 和半径 r,该查询超球表示为 $\Theta(V_q, r)$。给定任意两个书法字 V_i 与 V_j,它们间的距离用 $d(V_i, V_j)$ 来表示。对于给定的书法字 V_i,在书法字库 $\Omega = \{V_1, V_2, \cdots, V_n\}$ 中必定存在一个与其距离最短的书法字 V_j 且 $V_j \in \Omega$,称 V_j 是 V_i 的最近邻字,记为 $V_j = \mathrm{NN}(V_i)$,其中 $i, j \in [1, n]$。给定任意一个书法字 V_i,其最近邻距离表示到它的最近邻字的距离,记为 $\Delta(V_i) = d(V_i, V_j)$。

交互式局部距离图索引的提出基于以下三点。首先,在高维空间中,书法字之间的相似性可以通过该字与某个参考字之间的距离来度量和排序;同时,由于距离是一维值,这样可以用其来表示高维空间对应的字,同时可以使用 B+ 树来对这些一维距离值进行索引。其次,在书法字检索中,用户通过相关反馈可以快速而准确地区别出与例子书法字在语义上不相同的字。而对于图片检索,由于每个人的审美观不同,对一张图片会存在不同的理解,所以对图片的相关反馈是因人而异的,很难准确界定两张图片的相似性,没有书法字的反馈明确和容易。最后,给定一个

查询字 V_q，在书法字库中一定存在一个与其最近邻（最相似）的字 V_p。因此，对 V_q 的查询可以借助 V_p 和预先生成的局部距离图完成。

10.4.2　局部距离图索引

根据对书法字检索结果的观察，对于一个任意给定的书法字 V_i，与该字距离值小于 150（下面定义为 M_VDT）的字都很有可能与其相似，换而言之，两个距离大于 150 的字就完全不可能相似，因此只需考虑与该字距离小于 150 的字作为候选索引键值即可。同时对于任意字 V_i，与它相似且离它最远的距离值（下面定义为 VDT (V_i)）都可能不完全一样，可借助用户的相关反馈[①]来设定。因此，在 PDM 中，分别将每个书法字作为参考字，将与其距离值小于某一阈值的邻近的字作为索引的键值。

定义 10.20（虚拟距离阈值）　给定两个书法字 V_i 和 V_j，V_i 的虚拟距离阈值（记为 VDT (V_i)）是指 V_i 与 V_j 的距离，其中 V_j 是通过用户相关反馈指定为与 V_i 相似且距离最长的字，形式化表示为

$$\mathrm{VDT}(V_i) = d(V_i, V_j) \tag{10.22}$$

其中，满足 $\mathrm{maxdist}(V_i, V_j) = \mathrm{TRUE} \bigcap \mathrm{sim}(V_i, V_j) = \mathrm{TRUE}$，$\mathrm{maxdist}(V_i, V_j) = \mathrm{TRUE}$ 表示 V_j 与 V_i 的距离最远，同时 $\mathrm{sim}(V_i, V_j) = \mathrm{TRUE}$ 表示 V_i 与 V_j 相似且 $V_i, V_j \in \Omega$。

例如，如图 10.14 所示，给定一个查询书法字 V_q 且 $V_q \notin \Omega$，V_p 为 V_q 的最邻近书法字，必定存在一个字 V_R，使它与 V_p 相似且距离最长，该距离表示为 VDT (V_p)。假设 VDT (V_p) 等于 100，意味着 V_p 中的字的最远相似距离为 100。不同的书法字 V_i 存在不同的 VDT。虚拟距离阈值表（VDTT）用来记录每个字的 VDT，同时通过用户的相关反馈更新 VDTT 并且修正 PDM 从而能够持续地保证一个高的查准率。

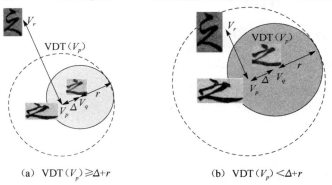

(a)　VDT $(V_p) \geqslant \Delta + r$　　　　　　(b)　VDT $(V_p) < \Delta + r$

图 10.14　"之"对应的虚拟查询半径

————————————————

① 仅指用户正常的相关反馈，排除恶意的反馈。

定义 10.21(局部距离图)　局部距离图(记为 PDM)表示为一个邻接表,其中,$d_{ij} \in$ PDM 且 d_{ij} 表示第 i 个字与它邻近的第 j 个字的距离。

定义 10.22(虚拟距离阈值表)　虚拟距离阈值表(记为 VDTT)是一个记录每个字对应的 VDT 的序列,表示为

$$\text{VDTT} = \langle \langle 1, \text{VDT}(V_1) \rangle, \langle 2, \text{VDT}(V_2) \rangle, \cdots, \langle n, \text{VDT}(V_n) \rangle \rangle \quad (10.23)$$

其中,$\text{VDT}(V_i)$ 表示第 i 个字的虚拟距离阈值。

定义 10.23(最大虚拟距离阈值)　最大虚拟距离阈值(记为 M_VDT)指每个字的初始虚拟距离阈值都要大于其本身的 VDT,即 $\text{M\_VDT} \geqslant \max\{\text{VDT}(V_1), \text{VDT}(V_2), \cdots, \text{VDT}(V_n)\}$。

对于书法字,根据经验将 M_VDT 设为 150,表示 VDTT 中每个字的初始 VDT 值为 150。根据用户的相关反馈信息,逐步调整每个字的 VDT 值。算法 10.5 表示 VDTT 的增量式维护,它是一个持续和动态的过程。首先通过用户的每次近似伪 kNN 查询(记为 PkNNQuery,该算法具体参见第 10.4.5 节)的相关反馈信息,分成两种情况动态更新 VDTT。需要注意的是,对于 VDTT 的更新,MIN_K 为用户设定的在书法字库中所有与查询字相似的字的最小个数,一般设定为 40。只有当 k 大于 MIN_K 时,返回的候选字才能包括书法字库中与 V_q 相似的全部字,没有遗漏(查全率为 100%),否则不授权用户进行相关反馈。另外 V_q 的最近邻字 V_p 已在算法第 2 步通过 V_q 的超球心重定位得到。$\text{flag}[V_p] = \text{TRUE}$ 表示对 V_p 已经过相关反馈。$\text{CharID}(V_p)$ 表示返回字 V_p 的编号。

算法 10.5　VDTT 增量式维护

输入:a VDTT;RI:PDM 索引;V_q:查询书法字;
输出:更新后的 VDTT 和 PDM 索引;

```
1.   while(TRUE)
2.       S←PkNNQuery(V_q,k);
3.       if(k>MIN_K)and flag[V_p]=FALSE then
4.           通过用户相关反馈,得到距 V_p 最远且相似的字 V_r;
5.           VDT(V_p)←d(V_p,V_r);              /* 计算距离并更新 VDTT   */
6.           flag[V_p]←TRUE;
7.       else if (k<MIN_K)and flag[V_p]=TRUE then
8.           通过用户相关反馈,得到距 V_p 最远且相似的字 V_r;
9.           if VDT(V_p)<d(V_p,V_r)then
10.              BInsert(CharID(V_p)+d(V_p,V_r)/M_VDT,RI);/* 将 V_r 添加到 PDM 索引 */
11.              VDT(V_p)←d(V_p,V_r);
12.              flag[V_p]←TRUE;
13.          end if
14.      end if
15.      return updated VDTT and PDM;   /* 返回更新后的 VDTT 和 PDM 索引 */
16.  end while
```

定理 10.1　假设 V_q 为查询书法字,V_p 为 V_q 的最近邻字,r 为查询半径,则 V_p 的虚拟查询半径(记为 VQR)表示为 $\mathrm{VQR}(V_p)=\min\{\mathrm{VDT}(V_p),\Delta+r\}$,其中 $V_p\in\Omega,V_q\notin\Omega,\Delta$ 表示 V_q 和 V_p 的距离。

证明:假设 V_q 与 V_p 相似,根据 $\mathrm{VDT}(V_p)$ 与 $\Delta+r$ 的大小不同,图 10.14 分两种情况来讨论。

① 如图 10.14(a)所示,当 $\mathrm{VDT}(V_p)\geqslant\Delta+r$ 时,由超球 $\Theta(V_p,r+\Delta)$ 得到的候选书法字集合包含由超球 $\Theta(V_q,r)$ 得到的书法字集合,因此,$\mathrm{VQR}(V_p)=\Delta+r$。

② 如图 10.14(b)所示,当 $\mathrm{VDT}(V_p)<\Delta+r$ 时,与 V_p 距离大于 $\mathrm{VDT}(V_p)$ 的书法字显然不会与 V_p 相似,也就不会与 V_q 相似,因此,$\mathrm{VQR}(V_p)=\mathrm{VDT}(V_p)$。

综合以上分析,得到字 V_p 的虚拟查询半径为 $\mathrm{VQR}(V_p)=\min\{\mathrm{VDT}(V_p),\Delta+r\}$。

例如,如图 10.14 所示,假定 $V_p=$"之",同时 $\mathrm{VDT}(V_p)$ 设为 100,图 10.14 分两种情况展示了得到 V_p 对应的 VQR 的例子。根据定理 10.1,当 $100<\Delta+r$,$\mathrm{VQR}(V_p)=100$,否则 $\mathrm{VQR}(V_p)=\Delta+r$。很明显由于其通过相关反馈,排除了一些不相似的字,因此,该方法可以取得很高的查全率和查准率。

与其他基于距离的索引方法不同的是,在局部距离图中,高维空间中的每个字都被当成参考字,分别以各自的 VDT 为半径(距离)上限计算在其半径(距离)范围内的每个候选字的相似距离。这样高维空间的 n 个字就转变为一维空间的 $O(n\times k)$ 个距离值,其中 $k\ll n$。为了对这些距离值进行快速查询,需要对其建立高效索引。同时由于任意两个书法字的相似距离值远大于 1,需要对其进行规一化处理,使处理后的任意两个书法字距离小于或等于 1,这样对于书法字 V_i,其索引键值可表示为

$$\mathrm{key}(V_i) = i + \frac{d(V_i,V_j)}{\mathrm{M\_VDT}} \tag{10.24}$$

对于这些一维的键值采用 B$^+$ 树建立索引。从式(10.24)可以看出单个字的最大查询范围为 $[i,i+1]$。下面是局部距离图索引的生成算法,包括 VDTT 和 PDM 索引的初始化(第 1~3 行)和对 PDM 建立索引(第 4~10 行)两部分。

算法 10.6　PDM 索引创建

输入:书法字库 Ω;

输出:PDM 索引 RI;

1. **for** each $V_i\in\Omega$ **do**
2. 　　$\mathrm{VDT}[V_i]\leftarrow\mathrm{M\_VDT}$, $\mathrm{flag}[V_i]\leftarrow\mathrm{FALSE}$;　　/*　VDTT 初始化　　*/
3. **end for**
4. RI$\leftarrow$**new PDMFile()**;　　　　　　　　　　/*　创建 B$^+$ 树索引　*/

5. **for** i ： $=1$ to n **do**

6.   **for** j ： $=1$ to n **do**

7.   **if** $d(V_i,V_j){<}\mathrm{VDT}(V_i)$**then BInsert**$(\mathrm{key}(V_i),\mathrm{RI})$；$/*$ 将键值插入 B$^+$树 $*/$

8.   **end for**

9. **end for**

10. **return** RI；

10.4.3　超球心重定位

10.4.2 节讨论了 PDM 的概念及生成算法,本节将介绍如何利用 PDM 进行相似查询。超球心重定位(HCR)又称为超球心的最近邻点查询。本质上就是找查询字的最近邻字,即在书法字库中查找与提交的书法字例子最相似的字。在介绍该重定位算法前,首先提出近似最小包围超球——AMBH,它是对查询超球的近似表示。之后给出基于统一化始点距离和层次聚类的快速超球心重定位算法。

1. 近似最小包围超球

给定一个查询超球 $\Theta(V_q,r)$,它的近似最小包围超球(approximate minimal bounding hypersphere)记为 $\mathrm{AMBH}(V_q,r)$,是一个新的超球 $\Theta(V_p,R)$,其中新超球心 V_p 通过对旧超球心 V_q 进行超球心重定位来得到且 $R=\mathrm{VQR}(V_p)$。

图 10.14 中阴影部分的圆代表查询超球 $\Theta(V_q,r)$。虚线所围成的圆表示该超球的近似最小包围超球 $\mathrm{AMBH}(V_q,r)$,它能够包含且近似表示 $\Theta(V_q,r)$。由于近似最小包围超球也为超球,故可以表示为 $\mathrm{AMBH}(V_q,r)=\Theta(V_p,R)$。

2. 重定位算法

本节提出基于层次聚类和统一化始点距离的快速超球心重定位算法。

定义 10.24(统一化始点距离)　给定字 V_i,其统一化始点距离(记为 USD)分别表示为

$$\mathrm{USD}(V_i) = \frac{d(V_i,V_o)}{d_i} \times D \tag{10.25}$$

其中,d_i 表示为字 V_i 的维数,D 为统一化的维数。V_i 和 V_o 的维数相同且 V_o 中的每个采样点的坐标值都为 0。

算法的提出基于以下两点:①任意两个最近邻的字所对应的统一化始点距离值非常相近,这样可以将原来的顺序高维查找最近邻字转变为基于统一化始点距离的快速一维范围查找,并将查找得到的每个候选字与查询字计算距离,取距离值最小的那个字作为其最近邻字;②为了进一步缩短重定位时间,又引入层次聚类,将每个字的聚类信息与统一化始点距离结合,使重定位中需要比较的候选字个数

进一步减少,即计算查询字与候选字的距离的总 CPU 代价大大减少。

假设 n 个书法字通过层次聚类[73]得到 T 个类,对于任意一个类 C_j,$j \in [1, T]$,每个类中字的个数表示为 $\|C_j\|$ 且满足 $\sum_{j=1}^{T} \|C_j\| = n$。层次聚类后,对于任意一个类 C_j,其质心 O_j 的确定按照以下原则:对于类 C_j 中的任意一字 V_i,求其与该类中的其他($\|C_j\| - 1$)个字的距离之和的最小值所对应的那个字作为该类的质心 O_j。则聚类后的每个字 V_i 可以表示为

$$V_i ::= \langle 编号(i),所属类的编号(CID) \rangle \tag{10.26}$$

然后将其对应的 USD 与该字所在类的编号结合得到该字的索引键值,如式(10.27)所示:

$$\mathrm{key}(V_i) = \mathrm{CID} + \frac{\mathrm{USD}(V_i)}{\mathrm{M\_USD}} \tag{10.27}$$

其中,CID 表示字 V_q 所属的类的编号;M_USD 为一常数,应设置足够大使每个字的最大查询范围为[CID, CID+]。最后将 n 个键值建立基于 B$^+$ 树索引。

超球心重定位(HCR)的本质是找到查询字对应的最近邻字。如图 10.15 所示,Δ 对超球心重定位中的搜索空间的大小影响很大。不同的字对应不同的 Δ 值,如何得到一个合适的 Δ 非常关键。使用 12000 个书法字低层特征作为实验数据来得到 Δ 的统计分布,如图 10.16 所示。可以看出,点落在 Δ 的不同范围的出现频率满足高斯分布。在不同 Δ 范围中的 σ 可以使用最大似然估计。由于对于一个满足高斯分布的随机变量 X,根据"3σ 定理"满足 $P(\mu - 3\sigma < X < \mu + 3\sigma) = 0.9974$。也就是说,当范围取值为 3σ 时,找到 NN 点的概率是 99.74%。因此,令 ε 为 3σ,其中 ε 是 HCR 中的最小半径(Δ 的估计值)。

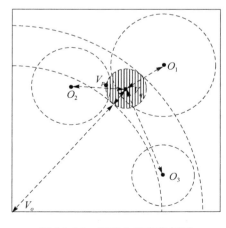

图 10.15 超球心重定位例子

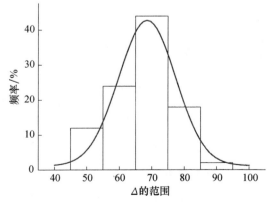

图 10.16 Δ 的高斯分布例子

对于查询字 V_q,令找到其最近邻字所需的最小半径值为 ε。该值的大小通

过上面的方法估计得到。当用户提交一个查询字 V_q 后,首先以 ε 为半径通过 T 次(聚类个数)循环计算判断超球 $\Theta(V_q,\varepsilon)$ 与这些类超球的位置关系(第2行)。当满足某个类超球包含 $\Theta(V_q,\varepsilon)$ 时(第3行),借助索引进行子范围查询,对本次查询得到的候选字计算与 V_q 的距离,取距离值最小的那个字 V_p 作为候选的新超球心(第4行),最后退出循环(第5行);同理,当两个超球相交时(第6行),先得到与 V_q 最近邻的字(第7行),然后和上一次循环得到的候选最近邻字进行比较(第8行),为了比较与其他类超球是否相交,不需要结束循环;最后,当两个超球都不相交时(第9行),继续循环(第10行)。其中函数 SearchM(V_q,ε,i) 返回在 $\Theta(O_j, R_j)\bigcap\Theta(V_q,\varepsilon)$ 的空间里与 V_q 距离最短的字。函数 Comp(V_{tmp},V_p,V_q) 表示比较上一次得到的最近邻字 V_{tmp} 与本次得到的最近邻字 V_p,取它们到 V_q 距离值最小的那个字。需要说明的是,由于 ε 非常小使得只要计算较少的候选字与 V_q 的距离就可以得到 V_q 的最近邻字 V_p。

算法 10.7　超球心重定位

输入:书法字 V_q;

输出:新的书法字 V_p;

1. $V_{\text{tmp}}=V_p\leftarrow\varnothing$;　　　　　　　 /* 初始化　*/
2. **for** $j:=1$ to T **do**　　　　　/* T 表示总的聚类个数　*/
3. 　 **if** $d(V_q,O_j)<R_j-\varepsilon$ **then**　/* 第 j 类超球包含查询超球 $\Theta(V_q,\varepsilon)$ */
4. 　　　$V_p\leftarrow$**SearchM**(V_q,ε,j);
5. 　　**end**　　　　　/*　退出循环　*/
6. 　**else if** $d(V_q,O_j)<R_j+\varepsilon$ and $d(V_q,O_j)>R_j-\varepsilon$ **then** /* 查询超球 $\Theta(V_q,\varepsilon)$ 与第 j 类超球相交 */
7. 　　　$V_{\text{tmp}}\leftarrow$**SearchM**(V_q,ε,j);
8. 　　　$V_p\leftarrow$**Comp**(V_{tmp},V_p,V_q);
9. 　**else**　　　　　/* 查询超球 $\Theta(V_q,\varepsilon)$ 与第 j 类超球不相交　*/
10. 　　**break**;
11. **end if**
12. **end for**
13. **return** V_p;
SearchM(V_i,r,CID)
14. left$\leftarrow$CID$+(\text{USD}(V_{\text{in}})-r)/$M_USD;
15. right$\leftarrow$CID$+(\text{USD}(V_{\text{in}})+r)/$M_USD;
16. $S\leftarrow$**BRSearch**[left,right];　　　/* 执行范围查询求最近邻候选字　*/
17. get a character V_{tmp} which is the nearest to V_q in S;
18. **return** V_{tmp};

10.4.4　索引更新算法

下面介绍 PDM 索引更新算法。当提交一个新的书法字 V_{new} 时,首先通过循环判断其与书法字库中的每个字 V_i 的距离,当距离值小于 M_VDT 时(第2行),表明 V_{new} 可能与 V_i 相似。因此,将其距离值经过简单的转换(第3行)后插入索引中(第 4 行)。同时如果 V_i 已经过相关反馈(第 6 行)并且 V_{new} 与 V_i 的距离大于 V_i 的虚拟距离阈值(第 7 行),表明 V_{new} 有可能与 V_i 相似,需要进一步通过相关反馈来判断,因此将该字标注为未经相关反馈(第 8 行)。

算法 10.8　PDM 索引更新

输入:新书法字 V_{new} ;

输出:更新后的 PDM 索引 RI;

1. **for** $i:=1$ to n **do**
2. 　　**if** $d(V_i, V_{new})<$M_VDT **then**
3. 　　　　**BInsert**$(\text{key}(V_i), \text{RI})$;　　　/ * $\text{key}(V_i)=i+d(V_i,V_{new})/$M_VDT　ref. Eq. (10.24) * /
4. 　　**end if**
5. 　　**if** flag$[V_i]=$TRUE **then**　　　　　/ * 表明 V_i 经过相关反馈　 * /
6. 　　　　**if** $d(V_i, V_{new})>$VDT(V_i)**then** flag$[V_i]\leftarrow$FALSE;
7. 　　**end if**
8. **end for**
9. **return** updated RI;

10.4.5　伪 k 近邻查询算法

针对基于 PDM 的书法字索引特点,提出一种 kNN 查询的改进——伪 k 近邻查询(pseudo kNN search,PkNN)。由于引入了相关反馈,使得当 k 取较大时,对 V_q 的 kNN 查询不一定保证能够返回 k 个最近邻字。因为书法库中与 V_q 相似的字的数量是有限的,可能会小于用户设定的 k,所以称为伪 kNN 查询。需要说明的是如果没有加入相关反馈,PkNN 查询就变成了普通的 kNN 查询。

基于 PDM 的伪 kNN 查询分两个阶段,首先是通过超球心重定位找到查询字 V_q 的最近邻字 V_p,然后是执行基于 V_p 的伪 kNN 查询,其本质是通过嵌套地调用范围查询算法来得到 k 个最近邻书法字。如算法 10.9 所示,给定一个 V_q 和 k,首先通过对 V_q 的超球心重定位(第 1 行)找到其最近邻字 V_p,然后初始化并计算 V_q 与 V_p 的距离(第 2 行),最后进入循环,开始是用一个较小的半径去进行范围查询 RSearch(V_p, r)(第 4~5 行),当得到的候选字个数大于 k 时,将查询停止标记 bStop 设为 TRUE,再通过循环(第 8 行)找到在该候选字集 S 中距离查询字 V_q 最远的($|S|-k-1$)个字(第 9 行)并且将它们删除(第 10 行)。这样恰好得到 k 个最近邻字。最后跳出 while 循环(第 12 行)。否则,当查询半径 r 大于 V_p 的虚拟查询半径时,停止查询(第 16 行)。需要说明的是,在这种情况下,返回的候选字个数会小于 k。在整个算法中,函数 RSearch(V_p, r) 表示执行查询字为 V_p 且半径为 r 的范围查询。

算法 10.9　Pseudo kNN Query

输入:查询字 V_q, k, Δr;

输出:查询结果 S;

1. $V_p \leftarrow \text{HCR}(V_q)$;   /* V_q 的超球心重定位 */
2. $r \leftarrow 0$, $S \leftarrow \varnothing$, $\Delta \leftarrow d(V_q, V_p)$, bStop $\leftarrow$ FALSE;   /* 初始化 */
3. **while**($|S| < k$) and (bStop=FALSE)
4. $r \leftarrow r + \Delta r$;
5. $S \leftarrow \textbf{RSearch}(V_p, r)$;
6.   **if**($|S| > k$) **then**   /* 当返回候选字个数大于 k */
7.   bStop $\leftarrow$ TRUE;
8.   **for** $i = 1$ to $|S| - k - 1$ **do**
9. $V_{\text{far}} \leftarrow \textbf{Farthest}(S, V_q)$;
10. $S \leftarrow S - V_{\text{far}}$;
11.   **end for**
12.   **break**   /* 跳出 **while** 循环 */
13.   **else**
14.   **if**($r > \text{VQR}(V_p)$) **then**
15.   **Message** "没有 k 个与查询字相似的字";
16.   bStop $\leftarrow$ TRUE;
17.   **end if**
18.   **end if**
19.   **end while**
20.   **return** S;

RSearch(V_{in}, r)

21. $i \leftarrow \textbf{CharID}(V_{\text{in}})$;   /* 返回字 V_{in} 的编号 */
22. left $\leftarrow i + (\text{USD}(V_{\text{in}}) - r) / \text{M\_VDT}$;
23. right $\leftarrow i + (\text{USD}(V_{\text{in}}) + r) / \text{M\_VDT}$;
24. $S \leftarrow \textbf{BRSearch}[\text{left}, \text{right}]$;   /* 执行范围查询得到候选字 */
25. **for** each character $V_i \in S$ **do**
26.   **if** $d(V_{\text{in}}, V_i) > r$ **then** $S \leftarrow S - V_i$;   /* 将 V_i 从候选点集 S 中删除去 */
27. **end for**
28. **return** S;   /* 返回候选字 */

10.4.6　实验

本节首先实现了一个基于交互式 PDM 索引的书法字检索系统,再将其与其他基于距离的高维索引,如 iDistance 和 NB-Tree 进行比较来验证该算法的有效性。用 C 语言实现了局部距离图——PDM、NB-Tree 和 iDistance,采用 B$^+$ 树作为单维索引结构。所有实验的运行环境为 Pentium IV CPU 2.0GHz,256Mb 内存,同时索引页大小设为 4096 字节。在下面的一系列实验中,分别将索引磁盘块访问数及 CPU 运算开销作为衡量查询性能的两个指标。

本节测试所用的书法字库来自中美百万册数字图书馆项目(http://www.cadal.zju.edu)。它包含了从书法库中提取了 12000 个预先切分好的书法字的轮廓点形状特征,每个特征点为一个二元组,包括 x 和 y 的坐标值。

1) 书法字检索

这里,实现了一个书法字检索系统,如图 10.17 所示。从切分好的书法作品中取 12000 个单字进行测试,以其中一个"天"字为样本进行检索。其中小图片下的数据是按照上文方式计算得的近似匹配值,按从小到大顺序排列。12000 个单字中,不同的"天"字共有 12 个,前 12 个返回图像中有 11 个是正确的。

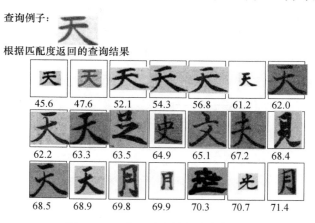

图 10.17　未经过反馈的检索例子

2) kNN 查询性能比较

正如第 10.4.5 节所述,未采用基于相关反馈的 PDM 的 PkNN 查询等同于普通的 kNN 查询。因此用它和 iDistance、NB-Tree 的 kNN 查询性能进行比较。图 10.18 分别从 I/O 和 CPU 代价两方面进行比较,可以看出当 k 为 $10\sim40$,

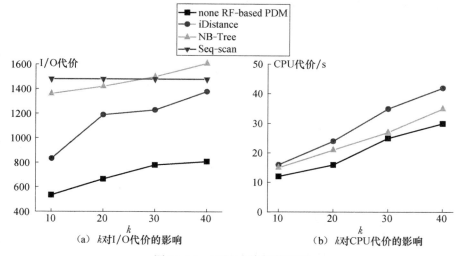

图 10.18　kNN 查询性能比较

PDM 都要优于其他方法,同时 NB-Tree 和 PDM 在 CPU 开销上非常接近。较其他索引,NB-Tree 的"过滤"效果较差,使它的 I/O 代价非常高,仅次于顺序检索。图中的 RF 表示相关反馈。

3）索引精度比较

图 10.19 分别比较了采用和不采用相关反馈的两种 PDM 索引在 PkNN 查询中的平均查准率。可以看出随着 k 的增加,经过相关反馈后的 PDM 的查准率明显高于未经过反馈的。特别是当 k 较大时,基于相关反馈的 PDM 索引依然保持较高的查准率,这是因为大量不相关的字都已被预先排除。

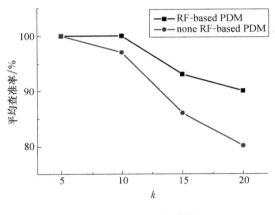

图 10.19　查准率比较

4）聚类数对重定位效率的影响

本节将研究聚类数(T)对超球心重定位效率的影响。从图 10.20 可以看出,

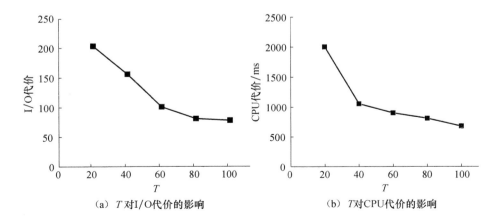

(a) T 对 I/O 代价的影响　　　　　(b) T 对 CPU 代价的影响

图 10.20　T 对超球心重定位的影响

随着聚类数的增加,超球心重定位的查询效率(包括 I/O 代价和 CPU 代价)开始是缓慢减少的。因为随着聚类数的增加,平均超球心重定位的搜索空间在减少,但减少的幅度是缓慢的。当 T 超过一定数目时,会使各个类之间相互重叠,进而导致重定位过程中 I/O 和 CPU 代价的提高。

10.5　本 章 小 结

本章分别从计算模型和数据不确定性两个角度对高维索引技术进行了较系统地回顾和总结。它可分为集中式高维索引和分布式高维索引。集中式高维索引可分为基于数据和空间划分的方式,基于向量近似表达的方式,基于空间填充曲线的方式,基于尺度空间的方法,基于距离的方式,基于数据分布的方式,基于 LSH 函数的方式及子空间索引方式。分布式高维索引可分为基于传统分布式环境的索引方式,基于网格计算环境的索引方式,基于 P2P 计算环境的索引方式及基于云计算环境的索引方式。然后,介绍了不确定高维索引的相关技术。最后,以中文书法字为例,介绍一种基于局部距离图的交互式中文书法字的高维索引方法。

第 11 章　多特征索引

在很多数据库应用中,如多媒体检索、生物信息学、传感器数据分析及时序相似匹配等,数据通常都被描述成是具有多种特性的,其中每类特征呈现高维。例如,一张图片的特征可以由四部分构成:16 维颜色直方图、16 维纹理直方图、32 维形状特征及 64 维文本特征。如何灵活而又高效地对这些多特征媒体对象进行统一查询是一个非常有趣的课题。本章将较系统地介绍多特征索引技术在提高多媒体查询效率和灵活性方面的最新研究进展。

11.1　通用多特征索引

多特征索引在多媒体检索领域具有非常广泛的应用前景。传统高维索引,如M-Tree[48]、iDistance[52]等,都是将媒体对象特征的每一维都看成同构的(homogeneous)。然而,在多特征查询中,每次查询所选择的特征不同或每个所选特征的权重不同都会导致查询结果不同。图 11.1 描述了两个特征的例子,每个特征有一维。在图中,坐标轴 $f1$ 和 $f2$ 分别表示特征 $f1$ 和 $f2$ 的值。图 11.1(a)表明当 $f1$ 和 $f2$ 对应的权重为 $(0.5, 0.5)$ 时,查询 Q 的最近邻点为 $P1$。而当权重从 $(0.5, 0.5)$ 改为 $(0.8, 0.2)$ 时,Q 的最近邻点变成 $P2$,如图 11.1(b)所示。

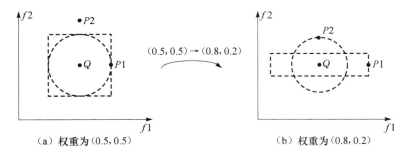

（a）权重为 $(0.5, 0.5)$　　　　　　　　　　（b）权重为 $(0.8, 0.2)$

图 11.1　不同的特征权重对应不同的最近邻

Jagadish 等[273]提出一种通用的多特征索引方法。在该方法中,首先将对象对应的 f 个高维特征向量转换为两个成分向量,其中第一个成分向量为二维,它能反映该 f 个特征到参考点的一个距离的范围(最大和最小值);第二个成分向量是一个长度为 $2\sum_{i=1}^{f} d^i$ 的位标记,其中,d^i 表示第 i 个特征的维数,即每一维用两位表示。每一位的值通过分析每个特征的降序能量直方图得到。这种表示方式可以做到两阶段过滤：第一个成分向量可以过滤掉那些不在相似距离范围内的对象，而通过基于相关特征的维度信息，位标记则可以快速过滤掉其他对象。而且，两个成分向量的表示可以采用类似 B^+ 树的一维索引结构来加快多特征查询。

Lian 等[245]提出了一种通用的基于任意特征子空间的相似查询，并且给出了"裁剪"策略。该索引方法允许用户交互式地选择感兴趣的特征进行相似查询。

11.2　图片多特征索引

11.2.1　结合语义和内容的多特征索引

Shen 等[274]提出一种结合图片语义及视觉特征的集成索引方法——MSI-Tree。基本思想是将语义特征和视觉特征空间进行统一表达。

首先对 Web 图片的双特征建立模型。采用加权链网络（weighted chainNet）模型[274]作为文本特征。给定一张网络图片所在网页的周围文本，加权链网络创建一个词汇链（lexical chain，LC）（或句子）网络。对 LC 中的不同类型分配不同权重。同时，采用 daubechies' wavelets[263]生成 Web 图片的视觉特征信息。

对于文本特征，采用余弦（cosine）公式来计算：

$$\mathrm{sim}^{\mathrm{text}}(T_i, T_j) = \frac{T_i \cdot T_j}{\| T_i \| \times \| T_j \|} \tag{11.1}$$

其中，T_i 和 T_j 分别表示图片 i 和图片 j 对应的文本特征。

而对于视觉特征，则采用 Manhattan 距离来计算两张图片的相似度：

$$\mathrm{sim}^{\mathrm{visual}}(V_i, V_j) = 1 - \frac{\left(\sum_{d=1}^{D} | V_{i.d} - V_{j.d} | \right)}{D} \tag{11.2}$$

其中，$V_{i.d}$ 和 $V_{j.d}$ 分别表示第 i 张和第 j 张图片的第 d 维的视觉特征值；D 表示视觉特征空间的维数。

给定一张图片，其在不同特征空间的索引键值可以分别表示为

$$\mathrm{key}^{\mathrm{text}} = \mathrm{T\_SCALE} + i \times C + \mathrm{sim}^{\mathrm{text}}(T, O_i^T)$$
$$\mathrm{key}^{\mathrm{visual}} = \mathrm{V\_SCALE} + j \times C + \mathrm{sim}^{\mathrm{visual}}(V, O_j^V) \tag{11.3}$$

其中，$\mathrm{key}^{\mathrm{text}}$ 和 $\mathrm{key}^{\mathrm{visual}}$ 为索引键值；i 和 j 表示不同特征空间中的类编号；O_i^T 和 O_j^V 分别为不同特征空间的参考点。

11.2.2　基于视觉和主观性特征的商品图片多特征索引

第 5.1 节已经介绍了一种基于视觉和主观性特征的商品图片混合检索方法。为

了提高检索效率,Zhuang 等[159]提出一种支持图片多特征概率检索的索引方法——MFP-Tree。

1. 数据结构

在预备阶段,在创建 MFP-Tree 索引之前,首先采用 k 平均聚类算法对 Ω 中的所有图片进行基于视觉特征的聚类。每个类记作 C_j,其中 $j \in [1, T]$,可以将该类用中心(centroid)和类半径(cluster radius)来表示。

为了有效地"裁剪"搜索区域,根据用户提交的查询元素,存在如下四种情况。对于每张图片 I_i,其索引键值表示如下。

情况 1(一张查询图片)

$$\text{key}(I_i) = \text{sim}(I_i, O_j) = \text{vSim}(I_i, O_j)$$
$$\text{prob}(I_i) = 1 \tag{11.4}$$

情况 2(一张查询图片+格调)

$$\text{key}(I_i) = \text{sim}(I_i, O_j) = w_{v1} \times \text{vSim}(I_i, O_j) + w_{s1} \times \text{stSim}(I_i, O_j)$$
$$\text{prob}(I_i) = \text{prob}_{ST}(I_i) \tag{11.5}$$

情况 3(一张查询图片+情感)

$$\text{key}(I_i) = \text{sim}(I_i, O_j) = w_{v2} \times \text{vSim}(I_i, O_j) + w_{e1} \times \text{seSim}(I_i, O_j)$$
$$\text{prob}(I_i) = \text{prob}_{SE}(I_i) \tag{11.6}$$

情况 4(一张查询图片+格调+情感)

$$\text{key}(I_i) = \text{sim}(I_i, O_j) = w_{v3} \times \text{vSim}(I_i, O_j) + w_{s2} \times \text{stSim}(I_i, O_j)$$
$$+ w_{e2} \times \text{seSim}(I_i, O_j)$$
$$\text{prob}(I_i) = \text{prob}_{ST}(I_i) \times \text{prob}_{SE}(I_i) \tag{11.7}$$

需要注意的是,式(11.4)~式(11.7)的权重(如 $w_{v1}, w_{v2}, w_{v3}, w_{s1}, w_{s2}, w_{e1}$ 和 w_{e2})可以通过第 5.1.2 节介绍的多元回归方法得到。

由于图片已经通过聚类得到 T 个类,为了得到一个统一索引表达,将式(11.4)~式(11.7)的键值改写为

$$\text{KEY}(I_i) = j \times c + \text{key}(I_i) \tag{11.8}$$

其中,j 表示图片 I_i 所在类的编号;c 为一个较大常数;这样保证 $\text{KEY}(I_i)$ 对应的查询范围不会重复。

为了实现通过提交除查询图片以外的其他查询元素,如图片的风格及所传递的情感,来进行基于概率模型的查询,索引键值可表示为

$$\text{KEY}(I_i) = j \times c + \text{key}(I_i) + \text{prob}(I_i) \tag{11.9}$$

式(11.4)~式(11.7)分别为图片对应的索引键值。这些键值对应四个独立的索引结构。为了将它们整合为一个统一索引表达,通过增加四个扩展常数(如 C_1 到 C_4)得到该索引表示如下:

$$KEY(I_i) = \begin{cases} C_1 + KEY(I_i) & \text{(a)} \\ C_2 + KEY(I_i) & \text{(b)} \\ C_3 + KEY(I_i) & \text{(c)} \\ C_4 + KEY(I_i) & \text{(d)} \end{cases} \quad (11.10)$$

其中,$C_1 = 0, C_2 = 1 \times 10^4, C_3 = 1.5 \times 10^4, C_4 = 2 \times 10^4$。这样使索引键值的值域范围不会重叠。

对于一张图片,其对应 styID 和 senID 需要保存在 MFP-Tree 的索引键值中。它的基本结构为 B$^+$ 树,如图 11.2 所示。算法 11.1 显示创建 MFP-Tree 索引的步骤。需要注意的是,函数 $TDis(I_i)$ 为一个距离转化函数,如式(11.10)所示。BInsert(key,bt)为 B$^+$ 树的标准插入函数。

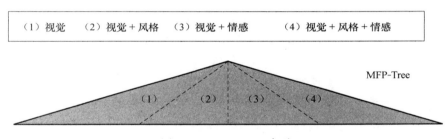

图 11.2　MFP-Tree 索引

算法 11.1　MFP-Tree Index Construction

输入:Ω:the image set;

输出:bt:the index for MFP-Tree;

1. the images in Ω are grouped into T clusters using the k-Means cluster algorithm
2. bt←**newFile**();　　//create index header file for MFP-Tree
3. **for** each image $I_i \in \Omega$ **do**
4. 　　the distance between I_i and its centroid image are computed;
5. 　　Its style and sentiment are identified by user with probabilities;
6. 　　KEY(I_i)=**TDis**(I_i);　　//Function **TDis**() is shown in Eq. (11.10)
7. 　　**BInsert**(KEY(I_i),bt);　　　//insert it to B$^+$-Tree
8. **return** bt;

---

2. 索引支持下的概率范围查询算法

本节将介绍索引支持下的概率范围检索(PRR)算法(图 11.3)。对于用户查询,根据查询元素(如查询图片 I_q、查询半径 r、概率阈值 ε 或对应的风格名称和情感名称)存在四种情况:①查询图片;②查询图片+图片风格;③查询图片+图片情感及④查询图片+图片风格+图片情感。

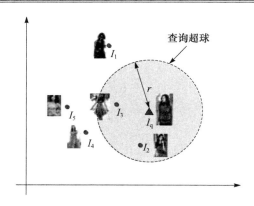

图 11.3 图片概率检索

算法 11.2 为整个查询过程。需要注意的是,由于 MFP-Tree 索引类似 iDistance[52],因此,第 2~14 行描述了索引支持下的数据过滤处理的过程。根据查询超球与类超球位置关系的不同需要分三种情况(包含、相交及不相交)讨论。Search()、Search1()和 Search2()分别为上述三种情况下的范围搜索函数。

算法 11.2 PRR algorithm

输入:query image I_q,r,styID or senID,ε;

输出:query results S;

1. $S \leftarrow \varnothing$;   // initialization
2. **for** each cluster C_j **do**
3.   **if** $\Theta(I_q, r)$ intersects with C_j **then**
4. $S \leftarrow S \bigcup$ **Search**(I_q, r, j);
5.   **else if** $\Theta(I_q, r)$ is contained by C_j **then**
6.   **if** O_j is contained by $\Theta(I_q, r)$ **then**
7. $S \leftarrow S \bigcup$ **Search1**(I_q, r, j);
8.   **else**
9. $S \leftarrow S \bigcup$ **Search2**(I_q, r, j);
10.   **end if**
11.   **else**
12.   exist loop;
13.   **end if**
14. **end for**
15. **for** each candidate image $I_i \in S$ **do**
16.   **if** $\text{sim}(I_q, I_i) > r$ or prob $< \varepsilon$ **then** $S \leftarrow S - I_i$;   //the refinement
17. **end for**
18. **return** S;

Search(I_q, r, j)
19.   **if** user submits a I_q **then**
20.   LEFT $\leftarrow C_1 + j \times c + \text{vSim}(I_q, O_j) - r + 1$;
        RIGHT $\leftarrow C_1 + j \times c + R_j + 1$;

21.   **else if** user submits a I_q and its style **then**

22.   LEFT←C_2+$j\times c$+$w_{v1}\times(\mathrm{vSim}(I_q,O_j)-r)$+$w_{s1}\times\mathrm{stSim}(I_q,O_j)$+$\varepsilon$;

            RIGHT←C_2+$j\times c$+$w_{v1}\times R_j$+$w_{s1}\times\mathrm{stSim}(I_q,O_j)$+1;

23.   **else if** user submits a I_q and its sentiment **then**

24.   LEFT←C_3+$j\times c$+$w_{v2}\times(\mathrm{vSim}(I_q,O_j)-r)$+$w_{e1}\times\mathrm{seSim}(I_q,O_j)$+$\varepsilon$;

            RIGHT←C_3+$j\times c$+$w_{v2}\times R_j$+$w_{e1}\times\mathrm{seSim}(I_q,O_j)$+1;

25.   **else if** user submits a I_q, its style and sentiment **then**

26.   LEFT←C_4+$j\times c$+$w_{v3}\times(\mathrm{vSim}(I_q,O_j)-r)$+$w_{s2}\times\mathrm{stSim}(I_q,O_j)$+$w_{e2}\times\mathrm{seSim}(I_q,O_j)$+$\varepsilon$;

            RIGHT←C_4+$j\times c$+$w_{v3}\times R_j$+$w_{s2}\times\mathrm{stSim}(I_q,O_j)$+$w_{e2}\times\mathrm{seSim}(I_q,O_j)$+1;

27.   **end if**

28. S←**BRSearch**[LEFT,RIGHT];   //the filtering step

29.   **return** S;   // return the candidate image set

Search1(I_q,r,j)

30.   **if** user submits a I_q **then**

31.   LEFT←C_1+$j\times c$+1;

            RIGHT←C_1+$j\times c$+$\mathrm{vSim}(I_q,O_j)$+r+1;

32.   **else if** user submits a I_q and its style **then**

33.   LEFT←C_2+$j\times c$+ε;

            RIGHT←C_2+$j\times c$+$w_{v2}\times(\mathrm{vSim}(I_q,O_j)+r)$+$w_{s1}\times\mathrm{stSim}(I_q,O_j)$+1;

34.   **else if** user submits a I_q and its sentiment **then**

35.   LEFT←C_3+$j\times c$+ε;

            RIGHT←C_3+$j\times c$+$w_{v2}\times(\mathrm{vSim}(I_q,O_j)+r)$+$w_{e1}\times\mathrm{seSim}(I_q,O_j)$+1;

36.   **else if** user submits a I_q, its style and sentiment **then**

37.   LEFT←C_4+$j\times c$+ε;

            RIGHT←C_4+$j\times c$+$w_{v3}\times(\mathrm{vSim}(I_q,O_j)+r)$+$w_{s2}\times\mathrm{stSim}(I_q,O_j)$+$w_{e2}\times\mathrm{seSim}(I_q,O_j)$+1;

38.   **end if**

39. S←**BRSearch**[LEFT,RIGHT];   // the filtering step

40.   **return** S;   // return the candidate image set

Search2(I_q,r,j)

41.   **if** user submits a I_q **then**

42.   LEFT←C_1+$j\times c$+$\mathrm{vSim}(I_q,O_j)-r$+1;

            RIGHT←C_1+$j\times c$+$\mathrm{vSim}(I_q,O_j)+r$+1;

43.   **else if** user submits a I_q and its style **then**

44.   LEFT←C_2+$j\times c$+$w_{v1}\times(\mathrm{vSim}(I_q,O_j)-r)$+$w_{s1}\times\mathrm{stSim}(I_q,O_j)$+$\varepsilon$;

            RIGHT←C_2+$j\times c$+$w_{v1}\times(\mathrm{vSim}(I_q,O_j)+r)$+$w_{s1}\times\mathrm{stSim}(I_q,O_j)$+1;

45.   **else if** user submits a I_q and its sentiment **then**

46.   LEFT←C_3+$j\times c$+$w_{v2}\times(\mathrm{vSim}(I_q,O_j)-r)$+$w_{e1}\times\mathrm{seSim}(I_q,O_j)$+$\varepsilon$;

            RIGHT←C_3+$j\times c$+$w_{v2}\times(\mathrm{vSim}(I_q,O_j)+r)$+$w_{e1}\times\mathrm{seSim}(I_q,O_j)$+1;

47.   **else if** user submits a I_q, its style and sentiment **then**

48.   LEFT←C_4+$j\times c$+$w_{v3}\times(\mathrm{vSim}(I_q,O_j)-r)$+$w_{s2}\times\mathrm{stSim}(I_q,O_j)$+$w_{e2}\times\mathrm{seSim}(I_q,O_j)$+$\varepsilon$;

            RIGHT←C_4+$j\times c$+$w_{v3}\times(\mathrm{vSim}(I_q,O_j)+r)$+$w_{s2}\times\mathrm{stSim}(I_q,O_j)$+$w_{e2}\times\mathrm{seSim}(I_q,O_j)$+1;

49.   **end if**

50. S←**BRSearch**[LEFT,RIGHT];   //the filtering step

51.   **return** S;   // return the candidate image set

3. 实验

本节通过实验验证该检索及索引方法的有效性。实验测试采用的图片数据来自 Taobao.com，其中包含了 50000 张商品图片。用 C 语言实现了 PRR 检索方法。所有实验都运行在 Pentium IV CPU 2.0GHz，2G MB 内存。以下实验中采用页面访问次数和响应时间作为性能衡量的尺度。

1）数据量对查询性能影响

本次实验验证数据量对查询性能的影响。图 11.4(a)显示随着数据量的增加，MFP-Tree 索引的 CPU 代价缓慢增加，但明显优于顺序检索。同时，在图 11.4(b)中，实验结果显示采用 MFP-Tree 索引的 I/O 代价也明显小于顺序检索。这是因为采用该索引可以大大缩减搜索区域，从而使图片间的相似比较次数明显减少。

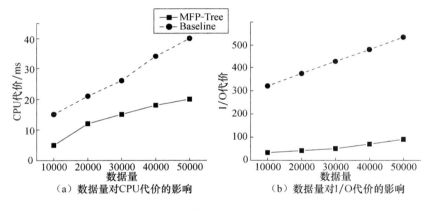

（a）数据量对CPU代价的影响　　　（b）数据量对I/O代价的影响

图 11.4　数据量对查询影响

2）半径对查询性能影响

在第二组实验中，验证半径 r 对 PRR 查询性能的影响。假设数据量一定的情况下，图 11.5(a)和(b)表明当 r 为 0.2～1，顺序检索方法所需的 I/O 代价几乎不变，而 CPU 代价随着 r 的增加而增大。然而，MFP-Tree 索引的查询性能始终要优于顺序检索方法。具体原因与上述实验相似。

11.2.3　书法字图片多特征索引

传统的书法字检索和索引方法仅使用轮廓点作为特征信息进行基于形状的相似检索[162]。如本书第 10.4 节只对中文书法字的形状特征进行索引，没有考虑将其他特征如风格、类型甚至笔画数作为查询尺度进一步裁剪查询区域。第 5.1.3 节介绍了 Zhuang 等[163]提出的一种基于多特征的书法字范围概率检索算法。由于该类

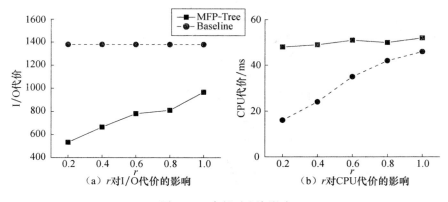

图 11.5 半径对查询影响

检索是一种 CPU 密集运算,同时随着书法字数据量的增长,其检索效率往往变得不十分理想。为了提高概率检索效率,本节介绍一种多尺度特征概率树(multiple-scale probabilistic tree,MSP-Tree))高维索引技术[163],以提高其检索性能。

1. 动机和预备工作

本质上,中文书法字图片的高效检索涉及对多特征的高维索引。尽管近十多年来对高维索引技术的研究从未间断[31],取得了不错的成果。然而,由于每个书法字维数(采样点)不同,传统基于树形的多(高)维索引(如 R-Tree[32]等)较难直接应用于书法字检索[163]。

在介绍该索引之前,表 11.1 给出符号说明。

表 11.1 符号说明

符号	意义	符号	意义
Ω	中文书法字集合	λ_q	查询书法字
λ_i	第 i 个书法字且 $\lambda_i \in \Omega$	$sim(\lambda_i, \lambda_j)$	相似距离(见文献[162]中定义)
p_{ij}	从第 i 个书法字提取的第 j 个轮廓点	n	Ω 中书法字个数
$\langle x, y \rangle$	点 p_{ij} 对应的坐标值	ε	阈值
λ_C	参考书法字	$\Theta(\lambda_q, r)$	以 λ_q 为中心,r 为半径的查询超球

MSP-Tree 索引的设计基于以下观察。第一,传统书法字检索与索引方法[162]只考虑基于形状的相似度,而未考虑其他特征因素,如笔画数、字体风格等,其检索的准确度并不十分理想。同时由于检索过程涉及 CPU 密集的距离计算,因此对于大数据量检索的可扩展性有待提高[31]。第二,特征的不确定性在之前的检索方法中未被研究过,引入该不确定性模型将会使查询结果更准确和客观。

作为预备阶段,在创建 MSP-Tree 之前,Ω 中所有书法字先通过 AP-Cluster

算法[278]聚成 T 个类,记为 C_j,其中该类中的质心书法字(O_j)可通过该聚类算法自适应得到,其中 $j \in [1, T]$。这样可以将类看成由质心和半径构成的一个类超球,可表示为 $\Theta(O_j, R_j)$,其中 O_j 为该类的质心书法字,R_j 为类半径。

一旦得到 T 个类,每个书法字的质心距离和笔画数就可通过计算得到。同时,其字体类型和风格也可以通过交互方式识别。如图 5.14 和图 5.15 所示,对于一个相同字,存在不同的字体风格和类型。为了将这些信息包含在统一的索引键值表达式中,首先给出两种风格和类型的编码,如表 11.2 和表 11.3 所示。

表 11.2 书法字风格

风格名称	颜体	柳体	蔡体	苏体	…
风格编码	1	2	3	4	…

表 11.3 书法字类型

类型名称	隶书	楷书	草书	…
类型编码	1	2	3	…

2. 索引生成算法

为了有效地裁剪搜索空间,提出一种概率多特征索引——MSP-Tree 索引。如上所述,在预处理阶段,所有书法字先通过 AP-Cluster 算法[278]聚成 T 个类,然后每个书法字对应的质心距离和笔画数、字体风格及类型通过计算和交互方式得到。这样,书法字 λ_i 可表示为六元组:

$$\lambda_i :: = \langle i, \text{CID}, \text{CD}, \text{style}, \text{type}, \text{num} \rangle \qquad (11.11)$$

其中,i 表示 Ω 中的第 i 个书法字;CID 指 λ_i 所属的类编号;CD 表示 λ_i 对应的质心距离;style$=\{\text{styID}, P_S\}$,其中 styID 为 λ_i 对应的风格编号且 $P_S = \textbf{Prob}(\lambda_i$ 对应的风格编号等于 styID);type$=\{\text{tyID}, P_T\}$,其中 tyID 为 λ_i 对应的类型编号且 $P_T = \textbf{Prob}(\lambda_i$ 对应的类型编号等于 tyID);num$=\{\text{numS}, P_N\}$,其中 numS 为 λ_i 的笔画数且 $P_N = \textbf{Prob}(\lambda_i$ 对应的笔画数等于 numS);

如图 11.20 所示,该索引为二层结构。其中第一层(MSP-Tree(I))采用 iDistance 索引[52]对轮廓点数据建立高维索引,索引键值如式(11.13)。第二层(MSP-Tree(II))对书法字对应的风格、类型或笔画数进行统一索引表达,式(11.21)。

对于类超球中的每个书法字 λ_i,其索引键值可表示为

$$\text{key}(\lambda_i) = \text{CD}(\lambda_i) \qquad (11.12)$$

由于书法字被聚成 T 个类,为了将不同类中的书法字索引键值进行统一表达,可改写为

$$\text{key}(\lambda_i) = \text{CID} + \frac{\text{CD}(\lambda_i)}{\text{MAX}} \qquad (11.13)$$

其中,CID 为 λ_i 所在的类编号。需要注意的是,由于 $\mathrm{CD}(\lambda_i)$ 可能大于 1,需对其通过除以常量 MAX 进行归一化。这样,保证每个书法字的质心距离值域不会重叠。

为了实现通过提交 λ_i 的辅助特征信息(如风格、类型或笔画数)进行书法字检索,其索引键值可以表示为

$$\mathrm{KEY}(\lambda_i) = \alpha \times \mathrm{styID}(\lambda_i) + P_S \tag{11.14}$$

$$\mathrm{KEY}(\lambda_i) = \beta \times \mathrm{tyID}(\lambda_i) + P_T \tag{11.15}$$

$$\mathrm{KEY}(\lambda_i) = \gamma \times \mathrm{numS}(\lambda_i) + P_N \tag{11.16}$$

其中,α、β 和 γ 为三个扩展常量,分别设为 10、10^2 和 10^3。

上述假设用户提交两个查询元素(如,①styID 和 λ_i,②tyID 和 λ_i,③numS 和 λ_i)。若用户提交三个查询元素(tyID,styID 和 λ_i),则 λ_i 的统一索引键值可改写为

$$\mathrm{KEY}(\lambda_i) = \alpha \times \mathrm{styID}(\lambda_i) + \beta \times \mathrm{tyID}(\lambda_i) + P_T \times P_S \tag{11.17}$$

$$\mathrm{KEY}(\lambda_i) = \alpha \times \mathrm{styID}(\lambda_i) + \gamma \times \mathrm{numS}(\lambda_i) + P_S \times P_N \tag{11.18}$$

$$\mathrm{KEY}(\lambda_i) = \beta \times \mathrm{tyID}(\lambda_i) + \gamma \times \mathrm{numS}(\lambda_i) + P_T \times P_N \tag{11.19}$$

类似地,对于用户递交的四个查询元素(tyID,styID,numS 和 λ_i),λ_i 的索引键值可表示为

$$\mathrm{KEY}(\lambda_i) = \alpha \times \mathrm{styID}(\lambda_i) + \beta \times \mathrm{tyID}(\lambda_i) + \gamma \times \mathrm{numS}(\lambda_i) + P_T \times P_S \times P_N \tag{11.20}$$

式(11.14)~式(11.20)分别表示索引键值,对应七个独立的索引。为了将这些索引集成为一个统一的索引,通过加入七个扩展系数(如 $C_1 \sim C_7$)对索引键值进行线性扩展,使其值域无不重叠:

$$\mathrm{KEY}(\lambda_i) = \begin{cases} C_1 + \alpha \times \mathrm{styID}(\lambda_i) + P_S & \text{(a)} \\ C_2 + \beta \times \mathrm{tyID}(\lambda_i) + P_T & \text{(b)} \\ C_3 + \gamma \times \mathrm{numS}(\lambda_i) + P_N & \text{(c)} \\ C_4 + \alpha \times \mathrm{styID}(\lambda_i) + \beta \times \mathrm{tyID}(\lambda_i) + P_S \times P_T & \text{(d)} \\ C_5 + \alpha \times \mathrm{styID}(\lambda_i) + \gamma \times \mathrm{numS}(\lambda_i) + P_S \times P_N & \text{(e)} \\ C_6 + \beta \times \mathrm{tyID}(\lambda_i) + \gamma \times \mathrm{numS}(\lambda_i) + P_T \times P_N & \text{(f)} \\ C_7 + \alpha \times \mathrm{styID}(\lambda_i) + \beta \times \mathrm{tyID}(\lambda_i) + \gamma \times \mathrm{numS}(\lambda_i) + P_T \times P_S \times P_N & \text{(g)} \end{cases} \tag{11.21}$$

其中,$C_1 = 0$,$C_2 = 1 \times 10^4$,$C_3 = 1.5 \times 10^4$,$C_4 = 2 \times 10^4$,$C_5 = 2.5 \times 10^4$,$C_6 = 3 \times 10^4$ 和 $C_7 = 3.5 \times 10^4$。

对于每个书法字,其对应的 CD、numS、styID 和 tyID 都将记录在相应的 MSP-Tree 索引键值中,该索引采用 $\mathrm{B^+}$-Tree 作为基本结构。以下为 MSP-Tree 索引创建步骤。函数 transDis(λ_i)和 transDis1(λ_i)分别为两个距离转换函数,如式(11.13)和式(11.21)所示。

算法 11.3　MSP-Tree Index Construction

输入:Ω:the character set;

输出:bt and bt′:the index for MSP-Tree(I)and (II);

1. the characters in Ω are grouped into T clusters using the AP cluster algorithm

2. bt←**newFile**( ),bt′←**newFile**( );　　/ * create index header file for MSP-Tree(I),(II) * /

3. **for** each character $\lambda_i \in \Omega$ **do**

4.　　the CD of λ_i are computed;

5.　　the style,type and stroke number of the character are identified by user with probabilities;

6.　　key(λ_i)=**transDis**(λ_i);　　/ * function **transDis**( )is shown in Eq. (11.13) * /

7.　　KEY(λ_i)=**transDis1**(λ_i);　　/ * function **transDis1**( )is shown in Eq. (11.21) * /

8.　　**BInsert**(key(λ_i),bt);　　/ * insert it to B$^+$-Tree * /

9.　　**BInsert**(KEY(λ_i),bt′);　　/ * insert it to B$^+$-Tree * /

10. **end for**

11. **return** bt and bt′;

3. 索引支持下的概率 Top-k 检索算法

高维书法字的概率 Top-k(PTKR)检索是使用较频繁的检索操作。它能返回与提交书法字最相似的 k 个字并且满足一定的概率阈值。本节介绍一种中文书法字的 Top-k 检索方法。当用户提交一个查询字"国"和一个查询阈值 ε,要求得到的候选书法字的字体类型和风格分别为楷书和宋体。如图 11.6 所示,检索处理分

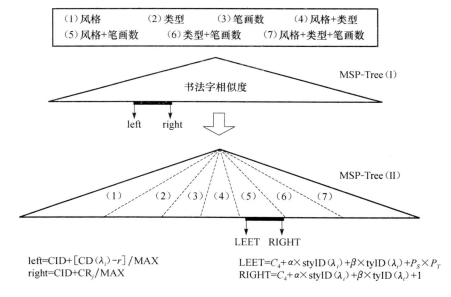

图 11.6　MSP-Tree 索引中的查询范围

为两步:①通过访问 MSP-Tree(I)索引,得到候选书法字,其中查询范围为[left, right],其中,left=CID+[CD(λ_i)−r]/MAX,right=CID+R_j/MAX;②基于 MSP-Tree(II)索引的检索,其查询范围为[LEFT, RIGHT],其中,LEFT=C_4+α×styID(λ_i)+β×tyID(λ_i)+P_S×P_T,RIGHT=C_4+α×styID(λ_i)+β×tyID(λ_i)+1。

　　算法 11.4 为整个检索过程。函数 RSearch()是范围查询的主函数,它返回以 λ_q 为中心 r 为半径且概率大于 ε 候选书法字,Search()是该范围查询的实现函数。其中,第 14～27 行描述了数据过滤处理的过程。

算法 11.4　PTKR algorithm

输入:query character λ_q, k, styID or tyID or numS, ε;

输出:query results S;

1. $r \leftarrow 0$, $S \leftarrow \varnothing$;　　　　// initialization
2. **while**($|S| < k$)　　　　　// $|S|$ refers to the number of candidate characters in S
3. 　　$r \leftarrow r + \Delta r$;
4. 　　$S \leftarrow$ **RSearch**(λ_q, r);
5. 　　**if**($|S| > k$) **then**
6. 　　　**for** $i := 1$　to $|S| - k$ **do**
7. 　　　　$\lambda_{far} \leftarrow$ **Farthest**(S, λ_q);
8. 　　　　$S \leftarrow S - \lambda_{far}$;
9. 　　　**end for**
10. 　　**end if**
11. **end while**
12. **return** S;

RSearch(λ_q, r)

13. $S = S_1 = S_2 \leftarrow \varnothing$;
14. **for** each cluster C_j **do**　　　　　　　// filtering
15. 　　**if** $\Theta(\lambda_q, r)$ intersects with C_j **then**
16. 　　　left$\leftarrow$j+(CD(λ_q)−r)/MAX;
　　　　right$\leftarrow$j+R_j/MAX;
17. 　　**else if** $\Theta(\lambda_q, r)$ is contained by C_j **then**
18. 　　　**if** O_j is contained by $\Theta(\lambda_q, r)$ **then**
19. 　　　　left$\leftarrow$j;
　　　　　right$\leftarrow$j+(CD(λ_q)+r)/MAX;
20. 　　　**else**
21. 　　　　left$\leftarrow$j+(CD(λ_q)−r)/MAX;
　　　　　right$\leftarrow$j+(CD(λ_q)+r)/MAX;
22. 　　　**end if**
23. 　　**else**
24. 　　　exist loop;
25. 　　**end if**
26. 　　$S_1 \leftarrow S_1 \cup$ **BRSearch**[left, right];
27. **end for**
28. **for** each candidate character $\lambda_i \in S_1$ **do**

29.　　　**if** $\text{sim}(\lambda_q, \lambda_i) > r$ **then** $S_1 \leftarrow S_1 - \lambda_i$;　　// 　the refinement stage

30. **end for**

31. $S_2 \leftarrow$ **Search**(styID, tyID, numS and i);

32. **for** each candidate character $\lambda_i \in S_1$ **do**

33.　　**if** $\lambda_i \in S_2$ **then** $S \leftarrow S \cup \lambda_i$

34. **end for**

35. **return** S;　　　　　　// 　return result characters

Search(styID, tyID, numS and i)

36. **if** user submits a λ_q and its style **then**

37.　　LEFT$\leftarrow C_1 + \alpha \times \text{styID}(\lambda_i) + P_S$;
　　RIGHT$\leftarrow C_1 + \alpha \times \text{styID}(\lambda_i) + 1$;

38. **else if** user submits a λ_q and its type **then**

39.　　LEFT$\leftarrow C_2 + \alpha \times \text{tyID}(\lambda_i) + P_T$;
　　RIGHT$\leftarrow C_2 + \alpha \times \text{tyID}(\lambda_i) + 1$;

40. **else if** user submits a λ_q and the number of strokes **then**

41.　　LEFT$\leftarrow C_3 + \alpha \times \text{numS}(\lambda_i) + P_N$;
　　RIGHT$\leftarrow C_3 + \alpha \times \text{numS}(\lambda_i) + 1$;

42. **else if** user submits a λ_q, its style and the number of strokes **then**

43.　　LEFT$\leftarrow C_4 + \alpha \times \text{tyID}(\lambda_i) + \beta \times \text{styID}(\lambda_i) + P_S \times P_T$;
　　RIGHT$\leftarrow C_4 + \alpha \times \text{tyID}(\lambda_i) + \beta \times \text{styID}(\lambda_i) + 1$;

44. **else if** user submits a λ_q, its type and the number of strokes **then**

45.　　LEFT$\leftarrow C_5 + \alpha \times \text{styID}(\lambda_i) + \beta \times \text{numS}(\lambda_i) + P_T \times P_N$;
　　RIGHT$\leftarrow C_5 + \alpha \times \text{styID}(\lambda_i) + \beta \times \text{numS}(\lambda_i) + 1$;

46. **else if** user submits a λ_q, its type and style **then**

47.　　LEFT$\leftarrow C_6 + \alpha \times \text{tyID}(\lambda_i) + \beta \times \text{numS}(\lambda_i) + P_T \times P_N$;
　　RIGHT$\leftarrow C_6 + \alpha \times \text{tyID}(\lambda_i) + \beta \times \text{numS}(\lambda_i) + 1$;

48. **else if** user submits a λ_q, its type, style and the number of strokes **then**

49.　　LEFT$\leftarrow C_7 + \alpha \times \text{styID}(\lambda_i) + \beta \times \text{tyID}(\lambda_i) + \gamma \times \text{numS}(\lambda_i) + P_T \times P_S \times P_N$;
　　RIGHT$\leftarrow C_7 + \alpha \times \text{styID}(\lambda_i) + \beta \times \text{tyID}(\lambda_i) + \gamma \times \text{numS}(\lambda_i) + 1$;

50. **end if**

51. $S_4 \leftarrow$ **BRSearch**[LEFT, RIGHT];　　//the filtering step

52. **return** S_4;　　　// 　return the candidate character set

4. 实验

本节通过实验验证该检索及索引方法的有效性。采用中文书法字图片来自 CADAL Project,其中包括从 12000 张书法字图片中提取的轮廓点特征,每个点的坐标值$\langle x, y \rangle$。用 C 语言实现基于形状相似的检索方法及 MSP-Tree 索引,其中 B^+-Tree 索引页面的大小设为 4096 字节。所有实验运行在 Pentium IV CPU 2.0GHz,2G Mb 内存。在下述实验中,使用内存页面访问个数及总响应时间作为评测尺度。

1) 数据量对查询的影响

本次实验验证数据量对查询的影响。从图 11.7(a)看出,随着数据量的增加,采用 MSP-Tree 索引的查询所消耗的 CPU 代价呈现缓慢增加的趋势,但远远小于顺序检索所消耗的 CPU 代价。同时图 11.7(b)的实验结果表明 MSP-Tree 索引的 I/O 代价也明显小于顺序检索。这是因为基于 MSP-Tree 索引的检索能有效裁减高维搜索区域,从而过滤掉大量无关书法字图片。

2) k 对查询性能影响

最后验证 k 对 PTKR 检索效率的影响。图 11.8(a)和图(b)表明当 k 为 10～40 时,无论磁盘 I/O 代价还是 CPU 代价,MSP-Tree 索引都要优于其他方法。理由如上节所述。

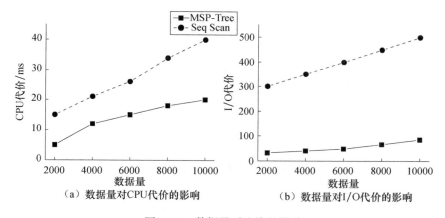

图 11.7　数据量对查询的影响

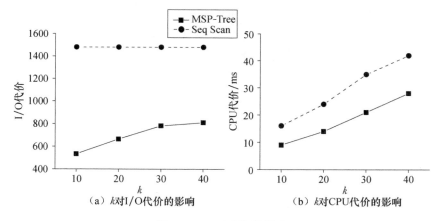

图 11.8　k 对查询的影响

11.2.4　社交图片的多特征索引

随着 Web 2.0 和网络多媒体技术的飞速发展,社交媒体应运而生[173]。作为社交媒体的重要类型之一,社交图片越来越受到人们的关注。如何对这类新兴媒体进行高效地管理、查询及索引已成为国内外学术界感兴趣的问题。社交媒体对象的多特征查询已成为一个研究方向。每年国际权威多媒体大会 ACM Multimedia 及三大数据库会议(SIGMOD、VLDB 和 ICDE)都有最新成果发表。

1. 标签语义不确定性复合索引

7.5 节介绍一种结合视觉特征的基于标签语义不确定性的社交图片概率查询。为了提查询效率,在标签语义概率模型的基础上,介绍一种标签语义不确定复合索引(tag semantic uncertain composite index,TUC-Index)。

一般来说,标签语义信息无法直接作为索引键值的一部分,需要预先对其进行编码,使其转化为数值表示。需要指出的是,该语义编码类似哈希编码。当用户所标注的标签过多时,可能会出现同一个编码值对应多个标签。这需要设计一个尽量避免发生"碰撞"的语义编码方法。以英文标签为例,采用基于拼接(concatenation)的字符编码方式最大限度减少发生"碰撞"的可能性。例如,26 个字母分别用 01、02、…、26 表示。这样,对于标签"sky",其编码为 191125。

然后,采用双尺度(语义信息编码和语义概率)融合分析进行索引键值的统一表达,如式(11.22)所示,其索引键值分为两部分:整数部分(语义信息编码)和小数部分(prob(λ_i)),形式化表示为

$$key(\lambda_i) = semID + prob(\lambda_i) \qquad (11.22)$$

其中,semID 指语义信息编码,表示为一个整数;prob 指该语义信息出现的概率,与定义 7.3 中的 TPDT. prob 一致,表示为一个小数。

最后,采用如图 11.9 所示的改进型 B$^+$树建立索引,每个节点的值域分为四部分:key(λ_i)、对象编号(id)、对应的语义(tName)及特征(feature)。算法 11.5 为 TUC-Index(I)索引创建。

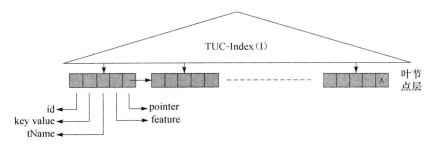

图 11.9 基于改进型 B$^+$树的 TUC-Index(I)

算法 11.5　TUC-Index(I)Construction

输入 :Ω: the social image set;

输出 : bt: the TUC index(I);

1. bt←**newFile**();　　/ * create index header file for TUC-Index * /
2. **for** each social image $\lambda_i \in \Omega$ **do**
3. 　　**BInsert**(key(λ_i),bt);　　/ * key() is shown in Eq. (11.22) * /
4. 　　its id and tName are inserted into the corresponding node in the bt;
5. **end for**
6. **return** bt;

上面介绍了 TUC-Index(I)索引的创建,该索引支持先通过标签信息查询,再进行基于内容的相似查询。下面介绍 TUC-Index(II)索引,以支持先进性内容特征的查询,再进行标签查询。

在 TUC-Index(II)索引中,首先对图片进行基于视觉特征的相似聚类,得到 T 个类。再采用改进型 iDistance[52] 索引方法建立索引,其索引键值表示为

$$\text{key}(\lambda_i) = c \times j + \text{vSim}(\lambda_i, O_j) \tag{11.23}$$

其中,j 指 λ_i 所在类的编号,$j \in [1, T]$;O_j 为该类的质心,c 为一个扩展常数。

最后,采用如图 11.10 所示的改进型 B^+ 树建立索引,每个节点的值域分为三部分:key(λ_i)、对象编号(id)及对应的语义(tName)。算法 11.6 为 TUC-Index(II)索引创建。

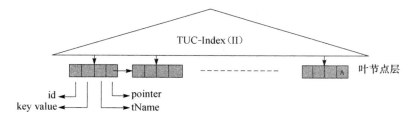

图 11.10　基于改进型 B^+ 树的 TUC-Index

算法 11.6　TUC-Index(II)Construction

输入 :Ω: the social image set;

输出 : bt: the TUC index;

1. bt←**newFile**();　　/ * create index header file for TUC-Index(II) * /
2. **for** each social image $\lambda_i \in \Omega$ **do**
3. 　　**BInsert**(key(λ_i),bt);　　/ * key() is shown in Eq. (11.23) * /
4. 　　its id and tName are inserted into the corresponding node in the bt;
5. **end for**
6. **return** bt;

下面将在 TUC-Index(I)和 TUC-Index(II)索引基础上,介绍索引支持下的社交图片的标签语义不确定性查询算法。需要指出的是,该算法第 11～24 行描述了

数据过滤处理的过程。第 26 行中的判断 ks 是否等于 λ_i. tName 用来排除发生标签编码"碰撞"的可能。

算法 11.7　Index support semantic uncertain query

输入：Ω：the social image set；λ_q：query image；ks：keyword；ε：threshold value；

输出：S：the query result；

1. $S_1 = S \leftarrow \varnothing$；

2. user submits a query image，keyword and a threshold value；

3. the query order selection is conducted；

4. **if** $P_1 < P_2$ **then**

5. 　　left←semID(ks)$+\varepsilon$；
　　right←semID(ks)$+1$；

6. 　　$S_1 \leftarrow$ **BRSearch**［left，right］；

7. 　　**for** each candidate social image $\lambda_i \in S_1$ **do**

8. 　　　**if** ks$=\lambda_i$. tName and vSim$(\lambda_i,\lambda_q) < r$ **then** $S \leftarrow S \cup \lambda_i$；

9. 　　**end for**

10. **else**

11. 　　**for** each cluster C_j **do**

12. 　　　**if** $\Theta(\lambda_q,r)$ intersects with C_j **then**

13. 　　　　left←$j \times c +$vSim$(O_j,\lambda_q) - r$；
　　　　right←$j \times c + R_j$；

14. 　　　**else if** $\Theta(\lambda_q,r)$ is contained by C_j **then**

15. 　　　　**if** O_j is contained by $\Theta(\lambda_q,r)$ **then**

16. 　　　　　left←$j \times c$；
　　　　　right←$j \times c +$vSim$(O_j,\lambda_q) + r$；

17. 　　　　**else**

18. 　　　　　left←$j \times c +$vSim$(O_j,\lambda_q) - r$；
　　　　　right←$j \times c +$vSim$(O_j,\lambda_q) + r$；

19. 　　　　**end if**

20. 　　　**else**

21. 　　　　exist loop；

22. 　　　**end if**

23. 　　　$S_1 \leftarrow S_1 \cup$ **BRSearch**［left，right］；

24. 　　**end for**

25. 　　**for** each candidate social image $\lambda_i \in S_1$ **do**

26. 　　　　**if** ks$=\lambda_i$. tName **then** $S \leftarrow S \cup \lambda_i$；

27. 　　**end for**

28. **end if**

29. **return** S；

---

2. 基于客观和主观特征的复合索引

在第 7.6 节已经介绍了社交图片对象的主观性概率查询。与传统相似查询不同，该类查询引入了主观性特征，如格调和心情等。前面已经从线性和非线性两个角度,分别提出了两种多特征权值选择方法:基于多元回归的方法和基于支持向量机回归的方法。将对象视觉相似度(vSim)、格调相似度(sSim)和心情相似度(mSim)进行线性和非线性融合分析,得到统一的加权相似度量,如式(7.4)所示。

　　然而,随着社交图片数量增加,通过顺序检索来得到查询结果显然是低效的。这里介绍一种基于距离的社交图片的复合索引(objective and subjective composite index,OSC-Index)。首先,对于 n 张图片,通过计算任意两张图片之间的加权距离得到一张加权距离图 D,将该距离图作为 AP 聚类算法[278]的输入,得到 T 个类。最后,采用基于距离的高维索引方法(如 iDistance[52])对其进行索引。索引键值表示如下:

$$\text{key}(\lambda_i) = j \times c + d(O_j, \lambda_i) \tag{11.24}$$

其中,O_j 表示第 j 个类的质心,$j \in [1, T]$;$d(O_j, \lambda_i)$ 表示图片对象 O_j 和 λ_i 之间的距离,$d(O_j, \lambda_i) = w_1 \times \text{vSim}(O_j, \lambda_i) + w_2 \times \text{sSim}(O_j, \lambda_i) + w_3 \times \text{mSim}(O_j, \lambda_i)$,具体参见式(7.6)。

　　这样式(11.24)可改写为

$$\text{key}(\lambda_i) = j \times c + w_1 \times \text{vSim}(O_j, \lambda_i) + w_2 \times \text{sSim}(O_j, \lambda_i) + w_3 \times \text{mSim}(O_j, \lambda_i) \tag{11.25}$$

需要说明的是,由于 iDistance 采用 B$^+$ 树作为基本数据结构,为了将两种主观特征(格调和心情)对应的概率值包含在 iDistance 索引中,需要对该 B$^+$ 树进行改进。如图 11.11 所示,将 B$^+$ 树中的每个节点的值域分为四部分:key(λ_i)、对象编号(id)及两种主观性特征的编码和对应的出现概率。

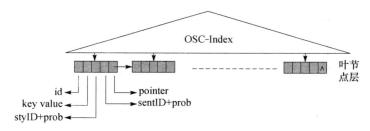

图 11.11　基于改进型 iDistance 的 OSC-Index

算法 11.8　OSC-Tree Index Construction

输入:Ω:the social image set;

输出:bt:the OSC-Tree index;

1. bt←**newFile**();　　　/ * create index header file for OSC-Tree * /
2. **for** each social image $\lambda_i \in \Omega$ **do**
3. 　　**BInsert**(key(λ_i), bt);　　　/ * insert it to B$^+$-Tree * /
4. 　　Its styID＋prob and sentID＋prob are inserted into the corresponding node in the bt;
5. **end for**
6. **return** bt;

上面介绍了 OSC-Tree 索引的创建，下面将在该索引基础上，介绍索引支持下的社交图片的主观性概率查询。本查询分为三步：首先，对图片数据进行基于统一相似距离的初步过滤（第 3～16 行）；然后，对过滤后的候选图片，进行求精处理（第 17～19 行）；最后，根据用户所选择的主观特征，进一步进行概率计算（第 20～23 行）。

算法 11.9　Index support subjectivity probabilistic query

输入：Ω：the social image set；λ_q：query image；r：query radius；styID：style；sentID：sentiment；ε：threshold value；

输出：S_2：the query result；

1. $S = S_1 \leftarrow \varnothing$；
2. user submits a query image，style or sentiment，and a threshold value；
3. **for** each cluster C_j **do**　　　　　　　/*　filtering　*/
4. 　　**if** $\Theta(\lambda_q, r)$ intersects with C_j **then**
5. 　　　　left$\leftarrow j \times c + w_1 \times \mathrm{vSim}(O_j, \lambda_i) + w_2 \times \mathrm{sSim}(O_j, \lambda_i) + w_3 \times \mathrm{mSim}(O_j, \lambda_i) - r$；
　　　　　right$\leftarrow j \times c + R_j$；
6. 　　**else if** $\Theta(\lambda_q, r)$ is contained by C_j **then**
7. 　　　　**if** O_j is contained by $\Theta(X_q, r)$ **then**
8. 　　　　　　left$\leftarrow j \times c$；
　　　　　　　right$\leftarrow j \times c + w_1 \times \mathrm{vSim}(O_j, \lambda_i) + w_2 \times \mathrm{sSim}(O_j, \lambda_i) + w_3 \times \mathrm{mSim}(O_j, \lambda_i) + r$；
9. 　　　　**else**
10. 　　　　　　left$\leftarrow j \times c + w_1 \times \mathrm{vSim}(O_j, \lambda_i) + w_2 \times \mathrm{sSim}(O_j, \lambda_i) + w_3 \times \mathrm{mSim}(O_j, \lambda_i) - r$；
　　　　　　　right$\leftarrow j \times c + w_1 \times \mathrm{vSim}(O_j, \lambda_i) + w_2 \times \mathrm{sSim}(O_j, \lambda_i) + w_3 \times \mathrm{mSim}(O_j, \lambda_i) + r$；
11. 　　　　**end if**
12. 　　**else**
13. 　　　　exist loop；
14. 　　**end if**
15. 　　$S \leftarrow S \cup \mathbf{BRSearch}[\mathrm{left}, \mathrm{right}]$；
16. **end for**
17. **for** each candidate social image $\lambda_i \in S$ **do**　　　　//refinement
18. 　　**if** $d(\lambda_i, \lambda_q) < r$ **then** add λ_i to S_1；
19. **end for**
20. **for** each social image $\lambda_i \in S_1$ **do**
21. 　　**if** the style ID of λ_i equals to styID and its probability is larger than ε **then** add λ_i to S_2；
22. 　　**if** the sentiment ID of λ_i equals to sentID and its probability is larger than ε **then** add λ_i to S_2；
23. **end for**
24. **return** S_2；

11.3　音频多特征索引

11.3.1　基于内容的音频多特征索引

Cui 等[275]提出一种基于多特征融合的音频查询及索引方法——CF-Tree。如图 11.12 所示，首先提取四个音频压缩域特征：rhythm、pitch、timbre 和 DWCH，得到一个高维向量表示，并对其进行基于主成分分析（PCA）[65]降维处理。通过采用多元回归(multi-variable regression)方法学习得到四个特征权重,最后采用基于距离的高维索引进行索引。

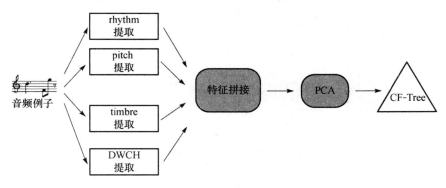

图 11.12　CF-Tree 索引创建过程

11.3.2　基于内容及语义的音频多特征索引

11.3.1 节介绍了基于多个内容特征的音频索引,未考虑音频片段中的语义信息。为了将音频片段的语义与内容特征结合,进行统一音频检索。Cui 等[146] 又提出一种基于内容和语义特征的多特征音频查询及索引方法——QueST。图 11.13 为多模态音频检索的流程图。从图中可以看出,由于该索引支持基于内容和语义的混合查询,因此将音频的内容特征索引和语义特征索引相集成,最后得到一个集成索引结构。需要指出的是,图 11.14 为该混合关键词索引结构,它将倒排文件索引[226]与签名文件索引[227]相结合支持基于关键词的音频检索。

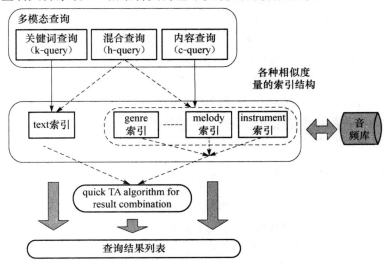

图 11.13　QueST 音乐查询过程

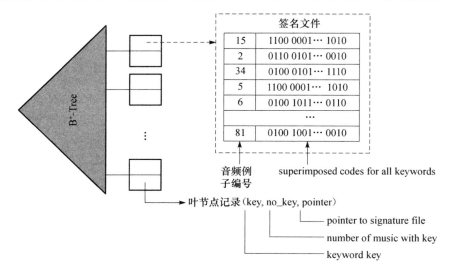

图 11.14　关键词搜索的混合索引结构

11.4　视频多特征索引

11.4.1　基于多特征哈希的视频索引

随着在线视频共享和点播技术的飞速发展,相近视频检索(near-duplicate video retrieval,NDVR)越来越受到国内外学者的关注。它能广泛应用在多个领域,如版权保护、视频标注、在线视频监控等。目前,大多数检索方法只采用一种特征来表示视频片段。然而,一种特征难以有效表达视频内容。

因此,Song 等[276] 提出一种基于多特征哈希(multiple feature Hashing,MFH)的索引方法加速 NDVR 中的查询准确度及可扩展性。MFH 索引保持了每个特征的局部结构信息,同时,又从全局上考虑所有特征的局部结构,并且学习得到一组哈希函数,这些函数将视频关键帧映射到一个 Hamming 空间,生成一系列的二进制编码来表示这些视频片段。实验数据是从 YouTube 下载的 132647 个视频片段。实验表明该索引方法在查询准确度和效率上都要优于目前的查询方法。

11.4.2　基于多特征索引树的视频索引

He 等[277] 提出一种基于多特征索引树(multi-feature index tree,MFI-Tree)的高维索引方法,用于对视频数据的多个高维特征进行索引。MFI-Tree 索引采用树形结构,节点分为两种:叶节点和类节点。该索引方法通过在查询过程中直接访问最底层类节点来提高查询性能。

同时,提出了一种基于 aggressive decided distance 的 kNN(ADD-kNN)查询方法。该方法能有效减少距离计算量。实验表明,MFI-Tree 索引及 ADD-kNN 查询方法在性能上优于顺序检索。

11.5 跨媒体索引

第 6 章介绍了跨媒体检索技术。一般来说,跨媒体可以看成一种由各种基于相同语义媒体对象构成的复杂媒体类型。显然对它提取的特征具有高维和异构等特性。而高维相似性检索是一种 CPU 密集性的运算。如何利用索引技术加快海量跨媒体检索是一个很重要的课题。同时,随着媒体对象数据量的快速增加,对应的交叉参照图将变得非常巨大。面对如此庞大的交叉参照图,采用传统的图遍历方法进行相关媒体对象的定位非常低效。如何进行快速准确地定位是一个很大的挑战。庄毅等[168]提出一种集成的跨媒体索引结构——CIndex,该方法能够实现对交叉参照图的快速准确定位,以实现跨媒体检索的目标。

11.5.1 预备知识

基于距离的跨媒体索引键值表达的提出是基于以下三点:首先,高维空间中的同类媒体对象之间的相似性可以通过该对象与某个参考对象来度量和排序;第二,由于距离是一维值,可以用一维值来表示高维空间的对象,同时可以使用 B$^+$ 树来对这些距离数据建立索引;第三,任意两个相似的同类媒体对象具有相似的质心距离,可以有效过滤高维空间中的不相关同类媒体对象。同模态媒体对象的相似度和不同模态媒体对象的相关度通过线性组合可以构成一个统一的多模态媒体对象的索引键值。

给定任意媒体库 Ω(Ω 可以表示图片、音频或者视频数据库),包含 $\|\Omega\|$ 个该媒体对象 X_i,其中 X_i 可以是一张图片,一段音频例子或者一段视频例子。$\|\Omega\|$ 表示媒体库 Ω 中包含的媒体对象总数,$i \in [1, \|\Omega\|]$ 且 $\forall X_i \in \Omega$。

对任意媒体库 Ω 中的对象进行层次聚类(如 BIRCH[73])得到 T 个类。对于任意一个类 $C_j, j \in [1, T]$。随机选择类中的一个媒体对象作为其类的质心 O_j(不包括类的边缘)。这样分别得到了图片、音频和视频媒体对象的层次聚类结果。

11.5.2 索引生成算法及其可扩展性

为了支持跨媒体检索,第 6 章已经通过多种方式得到不同模态媒体间的交叉参照图。以图片为例,其对应的交叉参照图可以表示成邻接表结构。例如,ID 为 21 的图片,与其语义相关的对应音频对象为 3、9、18 和 26,对应的视频对象为 7 和 39。需要说明的是,每个 ID 下面的数字表示对应的两种模态媒体对象之间的相关度。

　　假设图 11.15 表示图片所对应的高维特征空间。对于 ID 为 21 的图片对象,图 11.15(a)中虚线圆包含了与该图片语义相关的音频对象,图 11.15(b)中虚线圆包含了与该图片相关的视频对象。因此,图片高维特征空间中的每个数据点(图片对象)都存在两个内嵌子空间。同时,又由于该内嵌子空间中的媒体对象都是语义相关的,可以称为内嵌相关子空间(embedded correlation subspace,ECS)。

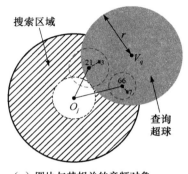
（a）图片与其相关的音频对象

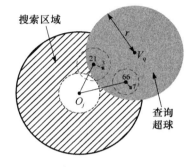
（b）图片与其相关的视频对象

图 11.15　高维图片特征空间包含的内嵌子空间

　　以图片为例,为了实现从图片到音频的跨媒体检索,对应图片 I_i 的索引键值可以表示为

$$\text{key}(I_i) = \beta \times \langle d(I_i, O_j), \theta \rangle + \frac{c(I_i, A_k)}{\text{MAX}} \tag{11.26}$$

其中,$d(I_i, O_j)$ 表示 I_i 与质心 O_j 的相似距离,$c(I_i, A_k)$ 表示 I_i 与 A_k 的相关度,$\langle \cdot, \theta \rangle$ 表示将 $\cdot$ 取到小数点后第 θ 位,β 为线性放大常数使 $\langle d(I_i, O_j), \theta \rangle$ 为整数,常数 MAX 使 $c(I_i, A_k)$ 归一化。这样相似距离 $d(I_i, O_j)$ 与相关度 $c(I_i, A_k)$ 所对应值域不重叠。

　　由于图片数据预先通过聚类得到 T 个类,为了将不同类中的图片对象用一个索引键值表示,可以将式(11.26)的键值改为

$$\text{key}(I_i) = \alpha \times \text{CID} + \beta \times \langle d(I_i, O_j), \theta \rangle + c(I_i, A_k)/\text{MAX} \tag{11.27}$$

其中,CID 表示 I_i 对应的类的编号,α 为线性扩展常数。

　　式(11.27)的索引键值实现了图片到音频跨媒体检索的键值统一表达。然而,为了实现从图片到视频的跨媒体检索,其索引键值可以表达为

$$\text{key}(I_i) = \alpha \times \text{CID} + \beta \times \langle d(I_i, O_j), \theta \rangle + c(I_i, V_w)/\text{MAX} \tag{11.28}$$

为了进一步将式(11.27)和式(11.28)对应的索引键值表达成一个统一的索引键值,分别加上两个较大的扩展系数(S_A 和 S_V)即可。因此,综上所述,图片对象 I_i 的统一跨媒体索引可以表示为

$$\text{key}(I_i) = \begin{cases} S\_A + \alpha \times \text{CID} + \beta \times \langle d(I_i, O_j), \theta \rangle + \dfrac{c(I_i, A_k)}{\text{MAX}} \\[3mm] S\_V + \alpha \times \text{CID} + \beta \times \langle d(I_i, O_j), \theta \rangle + \dfrac{c(I_i, V_w)}{\text{MAX}} \end{cases} \tag{11.29}$$

同理，对音频和视频，其对应统一跨媒体索引键值可以分别表示为

$$\text{key}(A_i) = \begin{cases} S\_I + \alpha \times \text{CID} + \beta \times d(A_i, O_j) + \dfrac{c(A_i, I_k)}{\text{MAX}} \\[3mm] S\_V + \alpha \times \text{CID} + \beta \times d(A_i, O_j) + \dfrac{c(A_i, V_w)}{\text{MAX}} \end{cases} \tag{11.30}$$

$$\text{key}(V_i) = \begin{cases} S\_I + \alpha \times \text{CID} + \beta \times \langle d(V_i, O_j), \theta \rangle + \dfrac{c(V_i, I_k)}{\text{MAX}} \\[3mm] S\_A + \alpha \times \text{CID} + \beta \times \langle d(V_i, O_j), \theta \rangle + \dfrac{c(V_i, A_w)}{\text{MAX}} \end{cases} \tag{11.31}$$

式(11.29)~式(11.31)分别为图片、音频和视频的跨媒体索引键值表达，彼此相互独立，分别对应三个独立的索引。为了进一步将它们用一个统一的索引存储和表示，可得到如下的跨媒体检索的统一索引键值表达：

$$\text{key}(X_i) = \begin{cases} \text{SCALE\_I} + \text{key}(I_i) & X_i = I_i \\ \text{SCALE\_A} + \text{key}(A_i) & X_i = A_i \\ \text{SCALE\_V} + \text{key}(V_i) & X_i = V_i \end{cases} \tag{11.32}$$

其中，X_i 表示某一种模态的媒体对象，如 X_i 可以是一张图片，也可以是一段音频例子或一段视频例子；SCALE_I、SCALE_A 和 SCALE_V 分别为扩展系数，用于线形扩大不同媒体对象的索引键值范围，使其值域互不重叠。

　　不失一般性，以 CIndex 中的图片索引部分为例，图 11.16 形象地给出了两张图片(I_a 和 I_b)对应的四个跨媒体索引键值(图片和音频，图片和视频)值域范围在 CIndex 索引叶节点层面的映射。

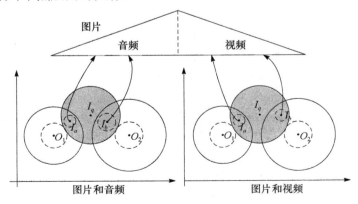

图 11.16　CIndex 中的键值值域范围映射

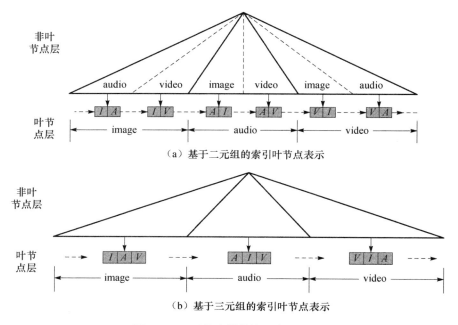

（a）基于二元组的索引叶节点表示

（b）基于三元组的索引叶节点表示

图 11.17 两种跨媒体统一索引结构

上面介绍的索引键值表达是对应图 11.17(a)中的基于二元组的叶节点表示的。然而当用户提交一张图片，需要检索相关的音频和视频时，采用这种方法需要两次访问索引。下面提出的基于三元组的叶节点索引键值表示只需一次访问索引即可得到其他两种语义相关的媒体对象。以图片为例，其索引键值表示为

$$\text{key}(I_i) = \text{SCALE\_I} + \alpha \times \text{CID} + \beta \times \langle d(I_i, O_j), \theta \rangle + \frac{c(I_i, A_k) + c(I_i, V_w)}{\max}$$

$$(11.33)$$

其中，常数 $\max$ 使 $c(I_i, A_k) + c(I_i, V_w)$ 归一化且 $\max > \text{MAX}$。

同理，分别得到音频、视频对应的索引键值：

$$\text{key}(A_k) = \text{SCALE\_A} + \alpha \times \text{CID} + \beta \times \langle d(A_k, O_j), \theta \rangle + \frac{c(A_k, I_i) + c(A_k, V_w)}{\max}$$

$$(11.34)$$

$$\text{key}(V_w) = \text{SCALE\_V} + \alpha \times \text{CID} + \beta \times \langle d(V_w, O_j), \theta \rangle + \frac{c(V_w, I_i) + c(V_w, A_k)}{\max}$$

$$(11.35)$$

这样得到的索引如图 11.17(b)所示。

根据索引叶节点存储的元素，本节给出两种跨媒体索引结构的表示，即基于二元组叶节点的 CIndex 和基于三元组叶节点的 CIndex。

　　根据索引叶节点存储的元素个数的不同,跨媒体统一索引 CIndex 可分为如图 11.17 所示的两种结构基于二元组(图片(I)、音频(A)或视频(V)的两两组合)的索引叶节点表示,如图 11.17(a)所示;基于三元组(图片(I)、音频(A)和视频(V)的组合)的索引叶节点表示,如图 11.17(b)所示。CIndex 索引是一棵平衡的 B$^+$ 树。

　　现在从存储和查询代价两方面比较上述两种索引性能上的差异,首先假设对于某张图片 I_i,与其语义相关的音频和视频对象分别为 n 和 m 个。

1) 存储代价

　　一般来说,基于三元组叶节点的 CIndex 比二元组的 CIndex 的存储代价要高很多。通过分析可得到,基于二元组叶节点和基于三元组叶节点的索引存储代价分别为 $O(n+m)$ 和 $O(n\times m)$。显然 $O(n+m)\ll O(n\times m)$。因此,基于二元组的 CIndex 的存储代价要远远小于基于三元组的 CIndex 的存储代价。

2) 查询代价

　　假设基于三元组叶节点得到的索引树高为 H,二元组得到的索引树高为 h。由于 B$^+$ 树是 CIndex 的基本数据结构,因此 $H\geqslant h$。同时由于 B$^+$ 树查询的代价由两部分构成,即从根节点到叶节点的遍历和叶节点上的遍历。因此,可以得到上述两种索引的查询代价分别为 $O(H+m\times n)$ 和 $O(h+m+n)$。显然 $O(H+m\times n)\gg O(h+m+n)$。因此在相同查询条件下,基于二元组的 CIndex 要优于基于三元组的 CIndex。

　　综上所述,从理论上可以得到,采用基于二元组叶节点的索引无论在存储还是查询方面都要优于基于三元组叶节点的索引。

　　由于上面的 CIndex 索引包含了三种模态的媒体类型,因此,可以看成由三部分构成,每一部分分别是由与图片、音频或视频对象语义相关的其他两种不同模态的媒体对象的组合得到。需要注意的是,它的每个叶节点存储两种媒体对象的 ID。算法 11.10 为跨媒体索引创建。以图片为例,假设预先已经得到交叉参照图(CRG)并且对高维图片数据进行了聚类,对于每个类中的图片,通过交叉关联图寻找与其相关的其他模态的媒体对象(第 3～4 行)。然后,根据式(11.13)得到对应媒体对象的索引键值并将其插入 B$^+$ 树(第 5 行)。

算法 11.10　CIndexBuild(Ω,CRG)

输入:Ω:媒体对象库;CRG:交叉参照图;
输出:bt:CIndex;
1. bt←**newFile**();　　　　　　　　　　/* create index header file for CIndex */
2. **for** each media object $X_i\in\Omega$ do　　/*　X_i 可以表示图片也可以是音频或视频对象　*/
3. 　　locate the X_i in G;　　　　　　/*　定位媒体对象 X_i 在交叉关联图中的位置　*/
4. 　　get the media objects semantically related to X_i;　/*　通过 CRG,得到与 X_i 相关的媒体对象　*/
5. 　　bt←**BInsert**(key(X_i),bt);　　　/*　按照式(11.32)得到索引键值并将其插入 B$^+$ 树　*/
6. **end for**
7. **return** bt;

　　CIndex 可以支持图片、音频和视频的跨媒体检索。然而,随着多媒体技术的飞速发展,将会出现各种各样的新的媒体对象,如 flash 动画等。因此,需要 CIndex 具有良好的可扩展性,可以支持多种新的媒体对象的跨媒体检索。由于 CIndex 采用基于距离值和线性组合的索引表达机制,因此,对于新的媒体对象的引入,具有良好的可扩展性。例如,当有新的媒体对象,如 flash 动画。添加到 CIndex 时,其索引结构可表示为图 11.18。该图中的阴影部分表示新添加到 CIndex 的部分。这样该索引变成了可以支持图片、音频、视频和 flash 动画的新的跨媒体索引结构。

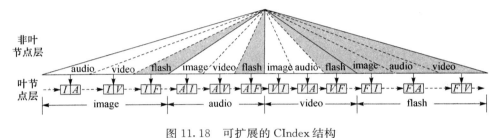

图 11.18　可扩展的 CIndex 结构

11.5.3　查询算法

　　CIndex 索引能够支持各种媒体对象的跨媒体检索。也就是,用户的输入可以是图片、音频或视频。以图片为例,当用户提交一张图片例子时,通过交叉关联图寻找与其相关的其他模态的媒体对象。然后将过滤得到的对象通过求精运算得到结果对象。算法 11.11 为跨媒体查询算法。需要说明的是,查询对象 X_q 中的 X 既可以是图片 I、音频 A 也可以是视频 V。该算法中第 3~16 行描述了数据过滤的过程。在该算法中,根据例子对象 X_q 的不同,SCALE_X 可以是 SCALE_I、SCALE_A 或 SCALE_V。

算法 11.11　CrossSearch(X_q,r)

输入:例子对象 X_q,查询半径 r;　　　　　　　/＊　X_q 可以是图片、音频或视频　＊/
输出:查询结果 S;
1. $S \leftarrow \varnothing$;　　　　　　　　　　　　　　/＊　初始化　＊/
2. **for** $i := 1$ to num **do**　　　　　　　　/＊　num 表示需要访问 num 次 CIndex 索引　＊/
3. 　　**for** each cluster C_j **do**　　　　　　/＊　数据过滤　参见第 10.1.5 节＊/
4. 　　　　**if** $\Theta(X_q,r)$ intersects with C_j **then**
5. 　　　　　　left$\leftarrow$SCALE_X$+$S_X$+\alpha\times$CID$+\beta\times(d(X_q,O_j)-r)$/Mcd;
　　　　　　　right$\leftarrow$SCALE_X$+$S_X$+\alpha\times$CID$+\beta\times R_j$/Mcd;
6. 　　　　**else if** $\Theta(X_q,r)$ is contained by C_j **then**
7. 　　　　　　**if** O_j is contained by $\Theta(X_q,r)$ **then**
8. 　　　　　　　　left$\leftarrow$SCALE_X$+$S_X$+\alpha\times$CID;
　　　　　　　　　right$\leftarrow$SCALE_X$+$S_X$+\alpha\times$CID$+\beta\times(d(X_q,O_j)+r)$/Mcd;

9.　　　　**else**

10.　　　　　　left←SCALE_X+S_X+α×CID+β×($d(X_q,O_j)-r$)/Mcd;
　　　　　　　　right←SCALE_X+S_X+α×CID+β×($d(X_q,O_j)+r$)/Mcd;

11.　　　　**end if**

12.　　**else**

13.　　　　exist loop;

14.　　**end if**

15.　　　$S←S\cup$**BRSearch**[left,right,j];/∗ S 中包括与 X_q 语义相关的不同模态媒体对象　∗/

16.　**end for**

17.　**for** each media object $X_i\in S$ **do**

18.　　**if** $d(X_q, X_i)>r$ **then** $S←S-X_i$;
/∗ 将 X_i 从候选对象集 S 中删除去的同时,与其相关的其他模态的媒体对象也随之删除 ∗/

19.　**end for**

20.　**end for**

21.　**if** user is not satisfied with S **then return** S;　/∗ 返回候选对象　　∗/

22.　**else** get user's feedback and update S and CRG;

23.　**end if**

11.5.4　实验

　　为了验证 CIndex 索引方法的有效性,通过五组实验表明该算法在提高跨媒体检索性能、降低查询响应时间方面具有较好的性能。用 C++语言实现了跨媒体索引及查询算法。该算法采用 B$^+$ 树作为单维索引结构且索引页大小设为 4096 字节。所有实验的测试环境为一台 CPU 为 Pentium 2GHz,256MB 内存,80G 硬盘的 PC。采用的测试数据集是从 Internet 上随机下载的 100000 张图片,2000 个音频文件和 5000 个视频文件。按照表 6.1 的方法提取每种媒体对象的特征并且使用该表中相似距离尺度作为相似匹配的标准。为客观,以下每组实验都运行 100次,取其均值作为实验结果。

　　1. 查准率与查全率比较

　　在第一组实验中,研究查全率与查准率并进行比较。分别以图片、音频和视频例子作为提交例子,将得到的三种查询结果进行统计得到平均查全率和平均查准率。由图 11.19可以看出,随着查全率提高,查准率缓慢下降且本文的检索方法的查准率要高于 Octopus[167]。这是 Octopus 系统在对网页的处理,没有有效过滤掉一些噪声信息,这样导致最终得到的交

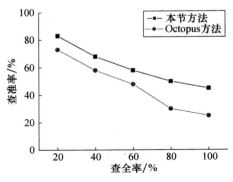

图 11.19　查全率与查准率比较

又参照图并不能准确地反映不同类型媒体对象的潜在语义关联。

2. 数据量对查询性能的影响

第二组实验研究数据量对跨媒体查询性能的影响。分别以图片、音频和视频例子作为提交例子,将得到的三种查询相应时间进行比较。由图 11.20 可以看出,在查询半径一定的情况下,各种媒体对象数据量的增加,检索的时间也随之增加。基于 CIndex 索引的跨媒体检索性能要高于顺序检索。这是因为对海量交叉参照图的遍历是一个 CPU 密集运算,而基于 CIndex 的方法可以快速地在交叉参照图找到所需要的媒体对象,因而其查询开销大大减少。同时可以看出,通过视频作为查询例子进行跨媒体检索所需的时间最长。这是因为基于内容的视频查询的代价要大大高于音频和图片的检索代价。

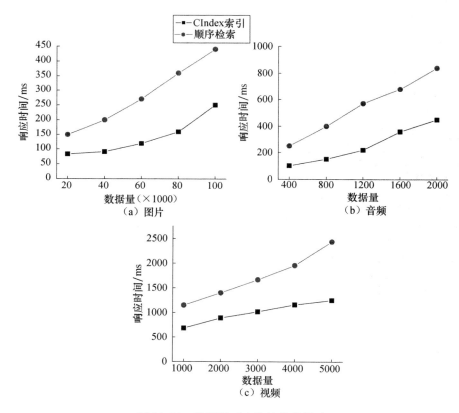

图 11.20 数据量对查询性能的影响

3. 查询半径对查询性能的影响

本次实验研究查询半径对跨媒体查询性能的影响。同样分别以三种媒体对象作为提交例子。由图 11.21 可以看出,在数据量一定的情况下,查询半径增加,检索时间也随之增加。基于 CIndex 索引的跨媒体检索性能要高于顺序检索。这是因为对海量交叉参照图的遍历是一个 CPU 和 I/O 密集运算,而基于 CIndex 的方法可以快速地在交叉参照图找到相关的媒体对象,有效减少了查询开销。

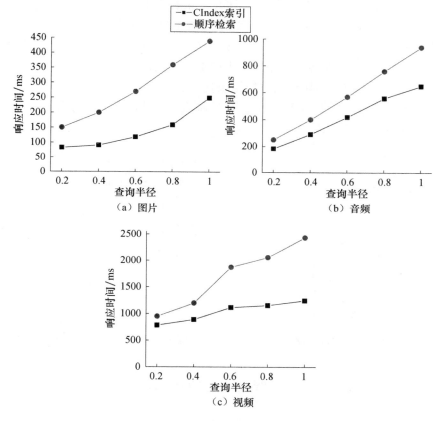

图 11.21　查询半径对查询性能的影响

4. 索引存储代价比较

在本次实验中,研究两种跨媒体索引结构的存储代价。方法 1 采用基于二元组的叶节点索引表示;方法 2 采用基于三元组的叶节点表示。实验采用的测试数据为 100000 张图片、2000 个音频例子和 5000 个视频例子。

由图 11.22 可以看出,在数据量一定的情况下,基于二元组叶节点方法的索引存储代价大大低于采用三元组的方法,且随着数据量的增加,两者的性能差别越来越大。这是因为对于相同大小数据量的媒体对象,采用基于三元组的索引叶节点的索引表示比基于二元组的索引的叶节点记录的数据量大大增加,所以其存储代价不同。

5. 索引更新对查询性能的影响

不失一般性,以图片作为提交例子,研究索引更新对查询性能的影响。本次实验需要进行两组实验。在第一组实验中,首先插入 80% 的数据,然后分四次依次插入 5% 的数据,每次分别执行范围查询并记录查询的时间;在第二组实验中,一次性分五种情况(80%、85%、90%、95% 和 100% 的数据量)建立索引并分别执行相同的查询。由图 11.23 看出,第一组实验方法的查询代价与第二组实验一致。随着数据量的增加,两者的性能差异逐步增加。这是因为对于第一组实验的 CIndex,每次插入新的数据会导致聚类的结果比第二种方式差,从而使两者查询性能差异会随插入数据的增加而变大,但提高的幅度较缓慢。因此索引更新对查询性能的影响是可以接受的。

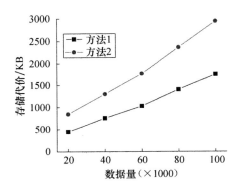

图 11.22　索引存储代价比较

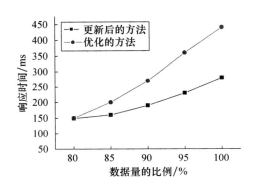

图 11.23　索引更新对查询性能的影响

11.6　社交(媒体)对象的相关性索引

第 7.7 节介绍了社交媒体的相关性查询。随着社交(媒体)对象数据量的急剧增加,对应的交叉关联概率图将变得非常大。面对如此庞大的交叉关联概率图,采用传统图遍历方法进行相关对象的定位非常低效。本节介绍一种社交(媒体)对象的相关性索引结构(social object correlation index,SOC-Index),以实现对该图的快速准确定位和相关性查询的目标。

与第 11.5 节创建跨媒体索引类似,首先,将交叉关联概率图转化成复合邻接表结构。再分别对相同类型的社交对象进行聚类。为了实现从一种类型社交对象 λ_i 到另一种类型对象 τ_k 的相关性查询,采用线性融合方式,λ_i 对应的相关性索引键值可表示为

$$\text{key}(\lambda_i) = \alpha \times j + \beta \times \{\text{sim}(\lambda_i, O_j), \theta\} + \text{cor}(\lambda_i, \tau_k) \qquad (11.36)$$

其中,λ_i 和 τ_k 表示两个相关的异构社交(媒体)对象,j 表示 λ_i 对应类的编号,$\mathrm{sim}(\lambda_i, O_j)$ 表示 λ_i 与质心 O_j 的相似距离,$\mathrm{cor}(\lambda_i, \tau_k)$ 表示 λ_i 与 τ_k 的相关度且 $\mathrm{cor}(\lambda_i, \tau_k) \in [0,1]$,$\{\cdot, \theta\}$ 表示将・取到小数点后第 θ 位,α 和 β 为线性扩展常数使 $\{\mathrm{sim}(\lambda_i, O_j), \theta\}$ 为整数。这样相似距离 $\mathrm{sim}(\lambda_i, O_j)$ 与相关度 $\mathrm{cor}(\lambda_i, \tau_k)$ 所对应值域不重叠。

然后再将上述键值通过二次线性变换,得到统一索引键值表达:

$$\mathrm{key}(\lambda_i) = \begin{cases} \mathrm{SCALE\_I} + \mathrm{key}(I_i) & \lambda_i = I_i \\ \mathrm{SCALE\_A} + \mathrm{key}(A_i) & \lambda_i = A_i \\ \mathrm{SCALE\_V} + \mathrm{key}(V_i) & \lambda_i = V_i \\ \mathrm{SCALE\_U} + \mathrm{key}(U_i) & \lambda_i = U_i \end{cases} \quad (11.37)$$

其中,λ_i 表示某一种模态的媒体对象,如 λ_i 可以是一张图片,一段音频例子,也可以是一段视频例子或一个用户对象;SCALE_I、SCALE_A、SCALE_V 和 SCALE_U 分别为扩展系数,用于线形扩大不同媒体对象的索引键值范围,使其值域互不重叠。

同时,式(11.36)中的相关对象 τ_k 可以表示为

$$\tau_k ::= \langle \mathrm{CID}, \mathrm{ctype} \rangle \quad (11.38)$$

其中,CID 表示 τ_k 的编号,ctype 表示 τ_k 的媒体类型。

最后,将式(11.37)中的索引键值(key),相关对象编号(CID)和相关对象媒体类型(ctype)采用改进型 B$^+$ 树建立索引,其中索引树中每个节点值域分为三部分:key、CID 和 ctype。

算法 11.12　SOC-Index Construction

输入:Ω:the social media set;

输出:bt:the SOC-Index;

1. the media objects with the same modality in Ω are grouped into T clusters;
2. bt←**newFile**();　　/ * create index header file for SOC-Index * /
3. **for** each social media object $\lambda_i \in \Omega$ **do**
4. 　　its index key($\mathrm{key}(\lambda_i)$)is calculated according to Eq. (11.37);
5. 　　BInsert($\mathrm{key}(\lambda_i)$),bt);
6. 　　Its cid and ctype are inserted into the corresponding node in the SOC-Index;
7. **end for**
8. **return** bt;

上面介绍了 SOC-Index 索引的创建,下面在该索引基础上,介绍索引支持下的社交(媒体)对象的相关性查询。该相关性查询分为三步:首先,对查询媒体对象 λ_q 进行基于统一相似距离的初步过滤(第 3~16 行);然后,对过滤后的候选对象,进行求精处理(第 17~19 行);最后,根据用户所选择的相关对象的媒体类型,进行进一步计算过滤(第 20~22 行)。

算法 11.13　Index support correlation query

输入 : Ω : the social media object set; λ_q : query media object; ε : threshold value; r : query radius; mtype : the media type of correlated media objects;

输出 : S_2 : the query result;

1. $S=S_1=S_2 \leftarrow \varnothing$;
2. user submits a querymedia object λ_q ;
3. **for** each cluster C_j **do** 　　　　　　　　　 /* 　filtering 　*/
4. 　**if** $\Theta(\lambda_q, r)$ intersects with C_j then
5. 　　　left←SCALE_ $\lambda + \alpha \times j + \beta \times (\text{sim}(\lambda_q, O_j) - r, \theta)$;
　　　　right←SCALE_ $\lambda + \alpha \times j + \beta \times (R_j, \theta) + 1$;
6. 　**elseif** $\Theta(\lambda_q, r)$ is contained by C_j then
7. 　　**if** O_j is contained by $\Theta(\lambda_q, r)$ **then**
8. 　　　　left←SCALE_ $\lambda + \alpha \times j$;
　　　　right←SCALE_ $\lambda + \alpha \times j + \beta \times (\text{sim}(\lambda_q, O_j) + r, \theta)$;
9. 　　　**else**
10. 　　　　left←SCALE_ $\lambda + \alpha \times j + \beta \times (\text{sim}(\lambda_q, O_j) - r, \theta)$;
　　　　right←SCALE_ $\lambda + \alpha \times j + \beta \times (\text{sim}(\lambda_q, O_j) + r, \theta)$;
11. 　　　**end if**
12. 　**else**
13. 　　exist loop;
14. 　**end if**
15. 　$S \leftarrow S \cup \textbf{BRSearch}[\text{left}, \text{right}]$;
16. **end for**
17. **for** each candidate social media object $\lambda_i \in S$ **do** 　　　//refinement
18. 　**if** $d(\lambda_i, \lambda_q) < r$ **then** add λ_i to S_1 ;
19. **end for**
20. **for** each social media object $\lambda_i \in S_1$ **do**
21. 　**if** $\tau_k . \text{ctype} = \text{mtype}$ **then** add τ_k to S_2 ; //τ_k is the correlated objects of λ_i
22. **end for**
23. **return** S_2 ;

11.7　本章小结

多特征索引技术在多媒体信息检索与索引领域有非常重要的应用。本章较系统地介绍了多特征索引技术,并将其分别应用于(社交)图片、音频和视频检索。同时,以图片为例,具体介绍了基于视觉和主观性特征的商品图片多特征检索及书法字图片的多特征索引。

降 维 篇

第 12 章　降 维 技 术

12.1　引　　言

在基于内容的海量多媒体检索、机器学习和模式识别的实际应用中，人们经常会遇到高维数据，如文本数据、图像及视频数据等。直接对这些高维数据进行处理是非常费时且费力的，而且由于高维数据空间的特点，容易出现所谓的"维数灾难"问题[279]。降维（dimensionality reduction）是根据某一准则，将高维数据变换到有意义的低维表示[280]。因此，降维能够在某种意义上克服维数灾难。如图 12.1 所示，根据所提供的监督信息情况，传统的降维方法可以分为如下三类。

① 无监督（unsupervised）降维，如主成分分析[65]、多维尺度分析（MDS）[66]、Isomap[281] 和局部线性嵌入（LLE）[282] 等。

② 半监督（semi-supervised）降维，如半监督判别分析（SDA）[68]、基于约束的半监督降维框架（SSDR）[305] 等。

③ 监督（supervised）降维，如线性判别分析（LDA）或称为 Fisher 判别分析（FDA）[70]、广义判别分析（GDA）[71] 等。

在很多实际任务中，无标记的数据往往很容易获取，而有标记的数据则很难获取。为了获得更好的学习精度又能够充分利用现有的数据，出现了一种新的学习形式，即半监督学习（semi-supervised learning）。相比传统的学习方法，半监督学习可以同时利用无标记数据和有标记数据，只需要较少的人工参与就能获得更精确的学习精度，因此，无论在理论上，还是在实践中，都受到越来越多的关注。目前，半监督学习已拓展到半监督降维等领域。

给定一批观察样本，记 $\boldsymbol{X} \in R^{D \times N}$，包含 N 个样本，每个样本有 D 个特征。降维的目标是根据某个准则，找到数据的低维表示 $\boldsymbol{Z} = \{z_i\} \in R^d$，同时保持数据的内在信息（intrinsic information）。当降维方法为线性时，降维的过程就转变为学习一个投影矩阵 $\boldsymbol{W} = \{w_i\} \in R^{D \times d}$ 使：

$$\boldsymbol{Z} = \boldsymbol{W}^{\mathrm{T}} \boldsymbol{X} \tag{12.1}$$

其中，T 表示矩阵的转置操作，$i \in [1, d]$，$d < D$。当降维方法为非线性时，不需要学习这样一个投影矩阵 $\boldsymbol{W}$，而直接从原始数据中学习得到低维的数据表示 $\boldsymbol{Z}$。

图 12.1 对当今流行的一些降维方法进行了分类，具体如下所述。

其一，根据是否使用数据中的监督信息，将所有方法分成三类：监督的、半监督的和无监督的降维。其中，根据监督信息的不同，半监督降维又可分为基于类别标记（class label）的、基于成对约束（pairwise constraints）的和基于其他监督信息的三类方法。监督式和无监督式学习的主要区别在于数据样本是否存在类别信息。

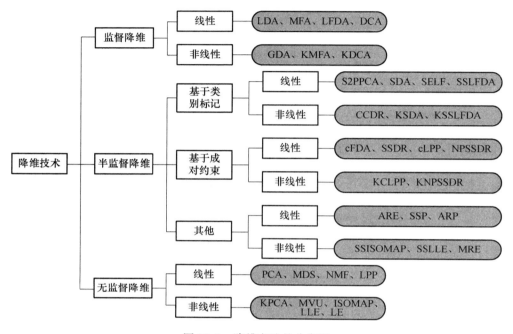

图 12.1　降维方法的分类图

无监督降维方法的目标是使降维后的信息损失最小，如 PCA[65]、LPP[67]、Isomap[281]、LLE[282]、Laplacian Eigenmaps[289] 和 MVU[288] 等；监督式降维方法的目标是最大化类别间的区分性，如 LDA[70]。

其二，根据算法模型的不同，又可以将所有的降维方法分成线性（linear）降维和非线性（nonlinear）降维。线性降维是指通过降维得到的低维数据能保持高维数据点之间的线性关系。线性降维方法主要包括 PCA[65]、LDA[70]、LPP[67]（laplacian eigenmaps 的线性表示）；非线性降维中一类是基于核的，如 KPCA[287]；另一类是通常所说的流形学习，从高维采样数据中恢复出低维流形结构，并求出相应的嵌入映射。非线性流形学习方法有 Isomap[281]、LLE[282]、laplacian eigenmaps[289] 及 MVU[278] 等。总体来说，线性方法计算快，复杂度低，但对复杂的数据降维效果较差。

其三，根据所处理数据的高维几何拓扑范围的不同，又可以将所有的降维方法分成全局（global）降维和局部（local）降维。局部方法仅考虑样品集合的局部信息，即数据点与临近点之间的关系。局部方法以 LLE[282] 为代表，还包括 laplacian eigenmaps[289]和 LPP[67]等。全局方法不仅考虑样本几何的局部信息,还考虑样本集合的全局信息及样本点与非临近点之间的关系。全局算法有 PCA[65]、LDA[70]、Isomap[281]及 MVU[278]。由于局部方法并不考虑数据流形上相距较远的样本之间的关系,因此,局部方法无法达到数据流形上相距较远的样本的特征也相距较远的目的。

12.2 无监督降维

无监督降维不需要知道数据的某种监督信息,如类别标记或者成对约束等。它直接利用无标记的数据,在降维过程中保持数据的某种结构信息。如图 12.1 所示,无监督降维方法可分为线性和非线性两类。

12.2.1 主成分分析

主成分分析(principal component analysis,PCA)[65]是一种经典的无监督线性降维方法。其目的是寻找在最小平方意义下最能够代表原始数据的投影。它通过检查多(高)维数据集中的方差结构,确定该数据具有较高的变异的方向。第一主成分是数据集的协方差矩阵的最大特征值对应的特征向量,并表现出最大的差异。第二部分对应的第二大特征值的特征向量,该特征向量表现出第二个最大的方差,依次类推。所有主成分都是相互正交的。

图 12.2 为该主成分的二维空间表示。其中第一主成分表示具有最大的方差的方向,与第一主成分正交,第二主成分指示该数据集对应的方差最小的方向。

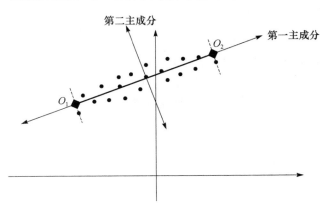

图 12.2 主成分的二维空间表示

12.2.2 多维尺度分析

多维尺度(multidimensional scaling,MDS)分析是一种无监督线性降维方法[66]。与 PCA 降维方法类似,它们都是把观察的数据用较少的维数表达。两种方法的不同之处在于,MDS 利用的是成对样本间相似性,目的是利用这个信息去构建合适的低维空间,使样本在此空间的距离和在高维空间中的样本间的相似性尽可能保持一致。

根据样本是否可计量,又分为计量多元尺度法(metric MDS)和非计量多元尺度法(nonmetric MDS)。对于 metric MDS,这个方法以样本间相似度作为实际输入,需要样本是等距(interval)比例(ratio)尺度,优点是精确,可以根据多个准则评估样本间差异,缺点是计算成本高,耗时。对于很多应用问题,样本不费可计量,需要使用 nonmetric MDS,这种方法接受样本的顺序尺度作为输入,并以此自动计算相似值。样本尺度要求是顺序的(ordinal),较简便直观,从非计量的样本导出计量的分析结果,应用范围更广,但无法知道评估准则,效果较差。

MDS 方法有五个关键的要素,分别为主体、客体、准则、准则权重及主体权重。

客体:被评估的对象。可以认为是待分类的几种类别。

主体:评估客体的单位。就是训练数据。

准则:根据研究目的自行定义,用以评估客体优劣的标准。

准则权重:主体衡量准则重要性后,对每个准则分别赋予权重值。

主体权重:研究者权衡准则重要性后,对主体赋予权重值。

对于要分析的数据包括 N 个物体,定义一个距离函数的集合,其中 d_{ij} 是第 i 个和第 j 个对象之间的距离。距离矩阵 $\boldsymbol{D}$ 为

$$\boldsymbol{D} = \begin{bmatrix} d_{11} & d_{12} & \ldots & d_{1N} \\ d_{21} & d_{22} & \ldots & d_{2N} \\ \vdots & \vdots & & \vdots \\ d_{N1} & d_{N2} & \ldots & d_{NN} \end{bmatrix} \tag{12.2}$$

MDS 算法的目的就是根据这个距离矩阵 $\boldsymbol{D}$,寻找 I 个向量 $\boldsymbol{x}_1, \boldsymbol{x}_2, \cdots, \boldsymbol{x}_I \in R^M$,使 $\| \boldsymbol{x}_i - \boldsymbol{x}_j \| \approx d_{ij}, i, j \in I$。这里,$\| . \|$ 是向量的范数,在经典的 MDS,该规范是欧氏距离,但广义地讲,这个规范可以是任意函数。也就是,MDS 试图找到一个子空间 R^M,I 个对象嵌入在这个子空间中,而彼此的相似度被尽可能保留。注意向量 $\boldsymbol{x}_i$ 不是唯一的:对于欧式距离,可以被任意旋转和变换,因为这些变换不会改变样本间的距离。

12.2.3 局部保留映射

He 等[67]提出一种局部保留映射(locality preserving projections,LPP)的无监督线性降维方法。该方法通过提取最具有判别性的特征来进行降维,因此,在保留局部特征时具有明显的优势。

LPP 算法实现过程如下所述。

① 创建 k 近邻域图。假设高维对象集合 $\langle X_i \rangle$ 中对象个数为 n。如果对象 i 在对象 j 的 k 近邻域中或者对象 j 在对象 i 的 k 近邻域中,则将对象 i 和对象 j 相连。

② 确定权重。若对象 i 和对象 j 是相连的,则确定权矩阵 $\boldsymbol{W}$ 的值为 $w_{ij} = \exp\{-\parallel \boldsymbol{x}_i - \boldsymbol{x}_j \parallel^2/t\}$,否则 $w_{ij} = 0$。

③ 计算投影图。求解公式 $\boldsymbol{XLX}^{\mathrm{T}}\boldsymbol{a} = \lambda\boldsymbol{XDX}^{\mathrm{T}}\boldsymbol{a}$ 的广义特征值和特征向量。其中,$\boldsymbol{L}$ 为拉普拉斯矩阵且 $\boldsymbol{L} = \boldsymbol{D} - \boldsymbol{W}$,$\boldsymbol{D}$ 为对角矩阵且 $D_{ii} = \sum\limits_j w_{ji}$。$\boldsymbol{x}_i$ 为矩阵 $\boldsymbol{X}$ 中的第 i 列。

这里,设列向量:$\boldsymbol{a}_0, \boldsymbol{a}_1, \cdots, \boldsymbol{a}_{l-1}$ 为上式的解。对其 l 个特征值和特征向量进行从大到小排序,$\lambda_0 < \lambda_1 \cdots < \lambda_l$,这样由这些特征向量构建特征投影空间可表示为

$$\boldsymbol{x}_i \rightarrow \boldsymbol{y}_i = \boldsymbol{A}^{\mathrm{T}}\boldsymbol{x}_i, \boldsymbol{A} = [\boldsymbol{a}_1, \boldsymbol{a}_2, \cdots, \boldsymbol{a}_{l-1}] \tag{12.3}$$

其中,$\boldsymbol{y}_i$ 为一个 l 维向量,$\boldsymbol{A}$ 为一个 $n \times l$ 矩阵。

12.2.4　Isomap 降维

Isomap 方法[281]是一种利用全局数据信息实现基于流形学习的无监督非线性降维方法,已在降维特征描述、聚类与数据可视化等很多应用领域展示出其强大的数据降维功能,这也使此方法成为目前最受关注的非线性降维方法之一。其基本思想是利用局部邻域距离近似计算数据点之间的全局流形测地线距离,通过建立原数据间的测地线距离与降维数据间的空间距离的对等关系从而实现数据降维。由于测地距离一般能够内在地反映数据的本质流形几何特征,Isomap 方法常可以成功地找到高维数据本质对应的低维嵌入。

Isomap 方法的主要实现步骤如下所述。

① 建立邻域图:定义 V 为原数据集合,E 为连接所有邻域数据对的边集合(一般取 ε 邻域或 k 邻域),从而建立邻域图(V, E)。

② 计算测地距离:计算 V 中任意两节点在邻域图(V, E)中的最短路径,将此最短路径值作为对应节点间的近似测地距离。

③ 数据嵌入:将步骤②中计算得到的 V 中的测地距离矩阵作为输入,应用经典的 MDS 方法[72]可以计算出数据最终低维嵌入表示。

Isomap 方法最重要的隐含要求是,当流形上的两节点足够近时,它们之间的距离与其低维嵌入之间的距离近似等同。这一要求是其算法模型构造的本质内在机理。另外,Isomap 方法要求其中任意两数据之间的测地距离能够通过邻域点扩展的方法近似求得。根据算法原理,可推出对应低维嵌入表示数据集中任意两数据之间的距离亦可由邻域点扩展的方法近似求得,即嵌入集中两数据之间的直线段可由邻域数据连线近似构成。

12. 2. 5 其他降维方法

除了上面介绍的无监督降维方法之外，Lee 等[286]提出一种非负矩阵分解（NMF）的降维方法。该方法基于这样的假设：数据矩阵可以分解为两个非负矩阵的乘积——基矩阵和系数矩阵。核 PCA（KPCA）[287]是传统 PCA 方法的核化版本。KPCA 中的核函数需要人为指定，而最大方差展开（MVU）[278]则通过对数据的学习直接得到核矩阵。除了上面提到的一些无监督线性降维方法以外，流形学习（manifold learning）是最近发展起来的一种新的降维方法，它假设数据采样于高维空间中的一个潜在流形上，通过寻找这样一个潜在的流形很自然地找到高维数据的低维表示。典型的流形学习的降维方法除了 Isomap[281]，还有局部线性嵌入（LLE）[282]、拉普拉斯特征映射（LE）[289]和局部保持投影（LPP）[67]等。

12.3 半监督降维

半监督降维是将半监督学习思想用于降维而形成的一种新的降维类型，它既可以像监督降维方法那样利用数据标记，又可以像无监督降维方法那样保持数据的某种结构信息。因此，半监督降维能够克服传统降维方法的缺点，有重要的研究价值和广阔的应用前景。如图 12.1 所示，根据使用监督信息的不同，半监督降维方法可以大致分成三类：基于类别标记的方法，基于成对约束的方法及基于其他监督信息的方法。

12. 3. 1 基于类别标记的方法

基于类别标记的半监督降维方法的数学描述如下所述。假设有 N 个数据 $X=\{x_i\}$，且其维数为 D，即 $x_i \in R^D, i \in [1, N]$。在这些数据中，已知有类别标记的数据共 T 个，记为 $X_1=\{(x_i, y_i)\}$，其中，x_i 表示第 i 个数据，y_i 是 x_i 的类别标记，总共有 C 个类，$i \in [1, T]$；剩下的数据没有类别标记，记为 $X_2=\{X_j\}, j \in [T+1, N]$。该类半监督降维的目的是利用有类别标记的和无类别标记的数据 $X=\{X_1, X_2\}$，寻找数据的低维表示 $Z=\{z_i\} \in R^d (d < D)$。

下面主要介绍五种该类型的半监督降维方法：分类约束降维（CCDR）[294]、半监督概率 PCA（S²PPCA）[293]、半监督判别分析（SDA）[68]和两个半监督 Fisher 判别分析 SELF[299]、SSLFDA[300]。

1. 分类约束降维

Costa 等[294]在构造拉普拉斯图时引入了类别标记信息，得到了拉普拉斯特征映射算法的一种半监督版本——分类约束降维（CCDR）[294]。该方法的主要思想是将每个类中所有样本的中心点作为新的数据节点加入邻接图中,然后同类样本点与它们的中心点之间加入一条权重为 1 的边。这样,CCDR 可以形式化地写成最小化下面的目标函数:

$$E(Z_n) = \sum_{ki} a_{ki} \parallel z_k - y_i \parallel^2 + \beta \sum_{ij} w_{ij} \parallel y_i - y_j \parallel^2 \qquad (12.4)$$

其中,z_k 表示嵌入低维空间后第 k 个类的中心;$A = \{a_{ki}\}$ 表示类别关系矩阵(如果数据 x_i 属于第 k 类,$a_{ki} = 1$,否则,$a_{ki} = 0$;$W = \{w_{ij}\}$ 表示数据的邻接图;y_i 是指嵌入低维空间后的数据向量,$Z_n = [z_1, \cdots, z_C, y_1, \cdots, y_N]$。

2. 半监督概率 PCA

Yu 等[293]在概率 PCA 模型[292]的基础上加入了类别标记信息,提出了半监督概率 PCA 降维方法——S^2PPCA。作为概率 PCA 模型的半监督版本,半监督概率 PCA 降维的基本思想如下所述。首先,仅考虑有标记的样本 X_1。假设样本 (x, y) 由下列隐变量模型生成:

$$x = W_x z + \mu_x + \varepsilon_x, \quad y = f(z, \lambda) + \varepsilon_y \qquad (12.5)$$

其中,$f(z, \lambda) = [f_1(z, \theta_1), f_2(z, \theta_2), \cdots, f_C(z, \theta_C)]^T$ 是关于类别标记的函数,其中 $\lambda = \{\theta_1, \theta_2, \cdots, \theta_C\}$ 表示 C 个确定性函数 $f_1, f_2, \cdots, f_C$ 的参数;$z \sim N(0, I)$。$z \sim N(0, I)$ 是输入 x 与输出 y 所共享的隐变量。两个相互独立的噪声模型被定义成各向同性的高斯函数,即 $\varepsilon_x \sim N(0, \delta_x^2 I)$,$\varepsilon_x \sim N(0, \delta_x^2 I)$。因此,对隐变量 z 求积分,得到样本 (x, y) 的似然函数:

$$P(x, y) = \int P(x, y \mid z) P(z) \mathrm{d}z = \int P(x \mid z) P(y \mid z) P(z) \mathrm{d}z \qquad (12.6)$$

其中,$x \mid z \sim N(W_x z + \mu_x, \theta_x^2 I)$,$y \mid z \sim N(W_y z + \mu_y, \theta_x^2 I)$。若样本之间相互独立,则 $P(X_1) = \prod_{i=1}^{L} P(x_i, y_i)$。最后,所有需要估计的参数向量表示为 $\Omega = \{W_x, W_y, \mu_x, \mu_y, \delta_x^2, \delta_y^2\}$。然后,考虑所有样本 $X = \{X_1, X_2\}$ 的情况。样本之间假设是相互独立的,关于有所有样本的似然函数为

$$P(X) = P(X_1) P(X_2) = \prod_{i=1}^{L} P(x_i, y_i) \prod_{j=L+1}^{N} P(x_j) \qquad (12.7)$$

其中,$P(x_i, y_i)$ 可以由式(12.6)计算得到,而 $P(x, y) = \int P(x_j \mid z_j) P(z_j) \mathrm{d}z_j$ 可以由概率 PCA 模型计算得到。

3. 半监督判别分析

通过在传统 LDA 方法中引入流形正则化项,Cai 等[68]提出了一种半监督的判别分析方法——半监督判别分析。该方法是基于线性判别分析的一个半监督降维

版本,它通过在 LDA 的目标函数中添加正则化项,使 SDA 在最大化类间离散度的同时可以保持数据的局部结构信息。SDA 需要优化的目标函数如下所示:

$$\arg \max_{w} \frac{w^{\mathrm{T}} S_b w}{w^{\mathrm{T}} S_t w + \alpha J(w)} = \arg \alpha \max \frac{w^{\mathrm{T}} S_b w}{w^{\mathrm{T}}(S_t + \alpha X L X^{\mathrm{T}} + \beta I)w} \tag{12.8}$$

其中,S_b 表示带标记数据的类间离散度矩阵;S_t 表示总体离散度;$J(w)$ 是正则化项(通过构造 k 近邻图保持数据的流形);L 表示拉普拉斯矩阵。像 LDA 一样,SDA 的目标函数也可以转化为一个广义特征分解问题。

4. 半监督局部 Fisher 判别分析

最近,Sugiyama 等[299]将局部 Fisher 判别分析和 PCA 结合起来,提出了一种半监督局部降维 Fisher 判别分析 SELF。该方法可以保持无类别标记数据的全局结构,同时保留 LFDA 方法的优点(如类内的数据为多模态分布、LDA 的维数限制等)。SELF 可以表示为求解下面的优化问题:

$$\text{Wopt} = \arg \min_{w}[\text{tr} W^{\mathrm{T}} S^{(\mathrm{rlb})} W(W^{\mathrm{T}} S^{(\mathrm{rlw})} W)^{-1})] \tag{12.9}$$

其中,W 是映射矩阵;$S^{(\mathrm{rlb})}$ 是正则化局部类间离散矩阵且 $S^{(\mathrm{rlb})} = (1-\beta) \times S^{(\mathrm{lb})} + \beta \times S^{(\mathrm{t})}$,$S^{(\mathrm{rlw})}$ 是正则化局部类内离散矩阵且 $S^{(\mathrm{rlw})} = (1-\beta) \times S^{(\mathrm{lw})} + \beta \times I_d$,其中,$S^{(\mathrm{lb})}$ 和 $S^{(\mathrm{lw})}$ 分别是 LFDA 算法中的局部类间离散矩阵和局部类内离散矩阵,$S^{(\mathrm{t})}$ 是离散度矩阵(数据方差矩阵);$\beta \in [0,1]$ 是模型的调节参数,当 $\beta=1$ 时,SELF 就退化为 PCA;当 $\beta=0$ 时,SELF 就退化为 LFDA。

作为对 SELF 算法的扩展,Chatpatanasiri 等[300]从流形学习角度提出了一个半监督降维框架——SSLFDA。在该框架下,可以很容易地把传统 Fisher 判别分析扩展到半监督形式。它是根据半监督降维思想直接推导得到的。与 SELF 在利用无类别标记数据方面有所不同,SSLFDA 算法保持数据的流形结构,而 SELF 保持数据的全局结构。在这个框架里面,半监督降维方法可以简单地表示为求解下面的优化问题:

$$W^* = \arg \min_{w} f^l(W^{\mathrm{T}} X) + \gamma f^u(W^{\mathrm{T}} X) \tag{12.10}$$

其中,$f^l(\cdot)$ 和 $f^u(\cdot)$ 分别表示关于有类别数据和无类别标记数据的函数;γ 是调节因子。通常,f 可以写成成对数据加权距离的函数,最终,该问题转化为矩阵的特征分解问题。通过定义不同的权值,该框架可以导出不同的半监督降维方法。

5. 其他降维方法

除了上面介绍的五种主要的基于类别标记的半监督降维方法。Song 等[295]提出了一个半监督降维的统一框架,SDA 可看成该框架下的一个例子。与 SDA 方法不同的是,Zhang 等[296]使用了一种基于路径鲁棒的相似性来构造邻接图,同时 Zhang 等[297]在最大化 LDA 准则中加入没有类别标记的数据,使用约束凹凸过程解决最终的优化问题。Chen 等[298]把 LDA 重写成最小平方的形式,通过加入拉普拉斯正则化项,该模型可以转化为一个正则化的最小平方问题。

12.3.2　基于成对约束的方法

除了类别标记信息,半监督降维还可以利用成对约束进行学习。在很多情况下,人们往往不知道样本的具体类别标记,只知道两个样本属于同一个类别,或者不属于同一个类别,称这样的监督信息为成对约束。成对约束往往分为两种:正约束(must-link)和负约束(cannot-link)。正约束表示两个样本属于同一个类别,但并不知道其确切的类别标记;相反地,负约束指的是两个样本属于不同的类别。这里把所有正约束的集合记为 ML,所有负约束的集合记为 CL。

下面主要介绍四种基于成对约束的半监督降维方法:基于约束的 Fisher 线性判别分析(cFLD)[304]、基于约束的半监督降维框架(SSDR)[305]、基于约束的局部保持投影(cLPP)[306]和邻域保持半监督降维(NPSSDR)[307]。

1. 基于约束的 Fisher 线性判别

作为度量学习算法相关成分分析(RCA)[303]的一个中间步骤,Bar-Hillel 等[304]提出一种基于约束的 Fisher 线性判别算法对数据进行预处理,但该算法存在与 RCA 同样的问题。其步骤如下所述。首先,使用正约束把数据聚成若干个类。然后,类似 LDA 构建类内散布矩阵 $\boldsymbol{S}_w$ 和总体散布矩阵 $\boldsymbol{S}_t$。最后,最大化下面的比率:

$$\max_{\boldsymbol{W}} \frac{\boldsymbol{W}^{\mathrm{T}}\boldsymbol{S}_t\boldsymbol{W}}{\boldsymbol{W}^{\mathrm{T}}\boldsymbol{S}_w\boldsymbol{W}} \tag{12.11}$$

其中,$\boldsymbol{W}$ 是映射矩阵;T 是矩阵转置符号。优化目标 $\boldsymbol{W}$ 可以简单地由矩阵 $\boldsymbol{S}_w^{-1}\boldsymbol{S}_t$ 的前 d 个特征向量组成。

2. 基于约束的半监督降维框架

不同于 cFDA 利用约束信息来构造散布矩阵,Zhang 等[305]提出了能够同时利用无标记样本和样本之间的成对约束信息的半监督降维方法——基于约束的半监督降维。该方法直接使用约束来指导降维,在降维过程中不仅能够保持成对约束的结构并且能够像 PCA 一样保持未标记数据所在低维流形的结构。SSDR 最大化下面的目标方程:

$$J(\boldsymbol{w}) = \frac{1}{2n^2}\sum_{i,j}(\boldsymbol{w}^{\mathrm{T}}\boldsymbol{x}_j - \boldsymbol{w}^{\mathrm{T}}\boldsymbol{x}_j)^2 + \frac{\alpha}{2n_{\mathrm{CL}}}\sum_{(x_i,x_j)\in\mathrm{CL}}(\boldsymbol{w}^{\mathrm{T}}\boldsymbol{x}_j - \boldsymbol{w}^{\mathrm{T}}\boldsymbol{x}_j)^2$$

$$-\frac{\beta}{2n_{\mathrm{ML}}}\sum_{(x_i,x_j)\in\mathrm{ML}}(\boldsymbol{w}^{\mathrm{T}}\boldsymbol{x}_j - \boldsymbol{w}^{\mathrm{T}}\boldsymbol{x}_j)^2 \tag{12.12}$$

其中,第 1 项可以使降维后两两数据之间的距离保持最大,它等价于 PCA 准则,即最大化数据的方差;n_{CL} 和 n_{ML} 分别表示负约束和正约束的个数。

3. 基于约束的局部保持投影

Cevikalp 等[306]在局部保持投影方法中引入约束信息,提出了约束局部保持投影算法——基于约束的局部保持投影。与 SSDR 不同,cLPP[296]在降维过程中保持数据的局部结构信息。其具体步骤如下所述。首先,构造数据的邻接矩阵;然后,利用约束信息修改邻接矩阵中的权值,使正约束数据之间的权值增大,负约束数据之间的权值变小,同时修改与有约束的数据点直接相连点的相关权值,对约束信息进行传播;最后,cLPP 的目标函数可以显示地写成下面的形式:

$$J(\boldsymbol{w}) = \frac{1}{2} \Big[\sum_{i,j} (\boldsymbol{z}_i - \boldsymbol{z}_j)^2 \widetilde{\boldsymbol{A}}_{ij} + \sum_{i,j \in \mathrm{ML}} (\boldsymbol{z}_i - \boldsymbol{z}_j)^2 - \sum_{i,j \in \mathrm{CL}} (\boldsymbol{z}_i - \boldsymbol{z}_j)^2 \Big]$$

(12.13)

其中,$\widetilde{\boldsymbol{A}}_{ij}$ 代表修改后的数据邻接矩阵;$\boldsymbol{z}_i$ 是原始数据 $\boldsymbol{x}_i$ 映射到低维空间后所对应的点。

4. 邻域保持半监督降维

Wei 等[307]提出了一种邻域保持半监督降维的方法——NPSSDR。它利用正、负约束降维,同时保持数据的局部结构信息。与 cLPP 方法不同,NPSSDR 不需要构造数据的邻接矩阵,而是通过添加正则化项的方法来实现。其目标函数为

$$\boldsymbol{W}^* = \underset{\boldsymbol{W}^{\mathrm{T}} \boldsymbol{W} = I}{\arg \max} \frac{\sum_{(z_i, z_j) \in \mathrm{CL}} (\boldsymbol{z}_i - \boldsymbol{z}_j)^2}{\sum_{(z_i, z_j) \in \mathrm{ML}} (\boldsymbol{z}_i - \boldsymbol{z}_j)^2 + \alpha J(\boldsymbol{W})}$$

(12.14)

其中,$J(\boldsymbol{W})$ 是正则化项。若使用局部线性嵌入(LLE)的思想构造正则化项,则有 $J(\boldsymbol{W}) = \mathrm{tr}(\boldsymbol{W}^{\mathrm{T}} \boldsymbol{X} \boldsymbol{M} \boldsymbol{X}^{\mathrm{T}} \boldsymbol{W})$,$\boldsymbol{M}$ 是数据重构矩阵。

5. 其他降维方法

除了上面介绍的四种基于成对约束的半监督降维方法外,Tang 等[302]提出用正、负约束指导降维过程,他们的方法仅用到约束而忽略了无标记数据。Shental 等[303]提出一种相关成分分析算法,但该算法只能利用正约束信息并且忽略了隐藏在大量未标记数据中的潜在信息。Baghshah 等[308]将 NPSSDR 方法用于度量学习,通过使用一种二分搜索方法来优化求解过程。Chen 等[309]提出了一种基于约束信息的半监督非负矩阵分解(NMF)框架。彭岩等[310]在传统的典型相关分析算法中加入成对约束,提出了一种半监督典型相关分析算法。最近,Davidson[311]提出了一个基于图的降维框架,在该框架中,首先构造一个约束图,然后根据该图指导降维。

12.3.3　基于其他监督信息的方法

除了可以利用类别标记和成对约束作为监督信息以外,半监督降维方法还有很多其他形式的监督信息,例如,扩充关系嵌入(ARE)[312]、语义子空间映射(SSP)[313]和相关集成映射(RAP)[314]是利用图像检索中的检索与被检索图像间的相关关系作为监督信息指导特征抽取的过程。Yang 等[315]使用流形上的嵌入关系,把一些无监督的流形方法扩展到半监督的形式,得到半监督的 Isomap(SS-Isomap)和半监督的局部线性嵌入(SS-LLE)。Memisevic 等[316]提出了一种半监督降维框架多关系嵌入(MRE),可以综合利用多种相似性关系。

12.4　监　督　降　维

与无监督降维不同的是,监督降维需要知道数据的某种监督信息,如类别标记或者成对约束等。比较有代表性的方法有 LDA[70] 和 GDA[71] 等。如图 12.1 所示,监督降维方法也可分为线性和非线性两类。

12.4.1　线性判别式分析降维

线性判别式分析(linear discriminant analysis,LDA[70]),也称为 Fisher 线性判别(Fisher linear discriminant,FLD),是模式识别的经典算法,同时也是当今最流行的监督线性降维方法之一。该算法的主要思想是,将高维的模式样本投影到最佳鉴别矢量空间,以达到抽取分类信息和压缩特征空间维数的效果,投影后保证模式样本在新的子空间有最大的类间距离和最小的类内距离,即模式在该空间中有最佳的可分离性。

与 LDA 降维技术类似,PCA 主要是从特征的协方差角度,去找到比较好的投影方式。而 LDA 更多的是考虑使投影后不同类别之间数据点的距离更大,同一类别的数据点更紧凑。

从图 12.3 中可以看到两个类别,一个白色类别,一个阴影类别。图 12.3(a)是两个类别的原始数据,现在要求将数据从二维降维到一维。直接投影到 x_1 轴或者 x_2 轴,不同类别之间会有重复,导致分类效果下降。而图 12.3(b)映射到的直线就是用 LDA 方法计算得到的,可以看到,白色类别和阴影类别在映射之后之间的距离是最大的,而且每个类别内部点的离散程度是最小的(或者说聚集程度是最大的)。

图 12.4 为一个 LDA 降维的例子。从图 12.4(a)中可以看出两个类(白色和阴影)未能很好地区分开。而如图 12.4(b)所示,通过 LDA 方法的投影,这两个类的数据得以较好地分离。

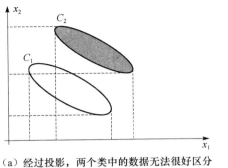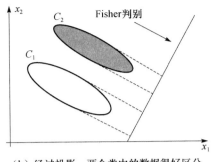

（a）经过投影，两个类中的数据无法很好区分　　（b）经过投影，两个类中的数据很好区分

图 12.3　PCA 方法的两种投影

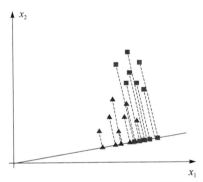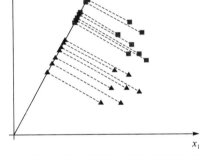

（a）经过投影，两个类中的数据无法很好区分　　（b）经过投影，两个类中的数据很好区分

图 12.4　LDA 方法的两种投影

PCA 降维是直接和数据维度相关的，若原始数据是 n 维的，PCA 降维后，可以任意选取 1 维，2 维，直到 n 维。LDA 降维是直接和类别的个数相关的，与数据本身的维度没关系，例如，原始数据是 n 维的，一共有 C 个类别，LDA 降维之后，一般就是 1 维，2 维到 C 维进行选择。同时，PCA 投影的坐标系都是正交的，而 LDA 根据类别的标注，关注分类能力，因此，不能保证投影到的坐标系是正交的（一般都不正交）。

12.4.2　其他降维方法

除了上面介绍的监督降维方法之外，Baudat 和 Anouar 使用核方法，把 LDA 扩展到非线性形式，即广义判别分析（GDA）[71]。间隔 Fisher 判别分析（MFA）[283] 和局部 Fisher 判别分析（LFDA）[284] 是传统 FDA 的两个扩展版本。与上面的方法不同，判别成分分析（DCA）[285] 是利用成对约束进行度量学习。其主要思想与 LDA 类似:寻找一个投影矩阵，使降维之后正约束数据之间尽量紧凑，而负约束数据之间尽量分离。KDCA 是 DCA 的核化版本[287]。

12.5　本章小结

本章首先回顾了近些年来提出的一些主要的无监督、半监督与监督降维方法。一般来说,无监督降维方法可分为无监督线性降维和无监督非线性降维。无监督线性降维方法主要有 PCA、MDS 及 LPP 等。无监督非线性降维方法主要有基于流形学习的降维方法等。监督降维方法也可分为监督线性降维和监督非线性降维。监督线性降维方法主要有 LDA、MFA 及 LFDA 等。监督非线性降维方法主要有 GDA 和 KDCA 等。半监督降维方法,主要分为两类:基于类别标记的降维和基于成对约束的降维。在基于类别标记的方法中,S^2PPCA 算法的性能一方面依赖于所假设的模型,另一方面还依赖于样本个数。与 LE 方法一样,CCDR 是一种非线性方法,邻接图构造的好坏会直接影响算法的性能。SDA、SELF 和 SSLFDA 是三种线性降维方法。SDA 通过增加正则化项,使在降维过程中能够保持数据的局部结构。SELF 需要最大化数据的协方差(PCA 准则),因此,它在降维过程中利用无标记的数据保持数据的全局结构。SSLFDA 利用无标记的数据保持数据的流形结构,使数据的局部结构得到保持。在基于成对约束的方法中,cFLD 仅利用正约束且它对约束的选取有很强的依赖性。SSDR 既可以利用正约束,也可以利用负约束,但是它在降维过程中只保持数据的全局结构,并且约束的信息也没有进行传播。与 SSDR 相比,cLPP 保持了数据的局部结构,并且把约束信息传播到邻近的数据点。但是,cLPP 与 LPP 方法一样,降维性能的好坏需要依赖数据邻接图的构建。NPSSDR 使用一种二分搜索算法近似求解最终的问题,这种搜索算法需要反复求解特征值问题,计算复杂度较大,并且算法有可能会遇到不收敛的问题。NPSSDR 使用 LLE 策略保持无标记数据的局部结构,它会遇到与 LLE 相同的问题,如局部结构塌陷问题等。

聚　类　篇

第 13 章 聚 类 技 术

聚类技术的研究经历了近 40 年的发展,到目前为止已经成为一种较成熟的数据处理技术,是数据挖掘、模式识别等研究方向的重要研究内容之一,其重要性及与其他研究方向的交叉特性得到了人们的肯定。聚类技术在识别数据的内在结构方面,特别是在海量高维数据查询和分类等方面具有极其重要的作用。作为聚类技术导论,本章从概念、算法基本思想、关键技术和优缺点等方面对近年提出的较有代表性的聚类算法进行了分类和介绍。

13.1 引 言

聚类概念的提出最早可追溯到 20 世纪 70 年代。根据 Jain 和 Dubes[317] 在 1974 年对聚类的定义:一个类内的对象是相似的,不同类的对象是不相似的;一个类是样本空间中对象的汇聚,同一类的任意两个对象间的距离小于不同类的任意两个对象间的距离。

一般来说,聚类是一个无监督的分类过程,它不需要任何先验知识。典型的聚类过程主要包括样本数据预处理(特征选择和特征提取等)、聚类(或分组)及聚类结果评估等步骤[308]。

① 数据预处理:包括特征提取和降维。从原始的特征中选择最有效的特征,并将其存储于向量中。通过对所选择的特征进行转换形成新的突出特征。

② 聚类(或分组):首先选择合适特征类型的某种距离函数(或构造新的距离函数)进行接近程度的度量;而后执行聚类或分组。

③ 聚类结果评估:是指对聚类结果进行评估。评估主要有三种:外部有效性评估、内部有效性评估和相关性测试评估。

一般来说,根据应用所涉及的数据类型、特点、聚类的目的以及应用的具体要求,聚类算法大致分成六个类别:基于划分的聚类算法、基于层次的聚类算法、基于密度的聚类算法、基于网格的聚类算法、基于模型的聚类算法和其他聚类算法,如图 13.1 所示。

1) 基于划分的聚类方法(partitioning methods)

给定 n 个对象,该方法将数据对象划分为 k 个类,其中 $k \ll n$,满足如下条件:每个类至少包含一个对象;每个对象必须只属于一个类。

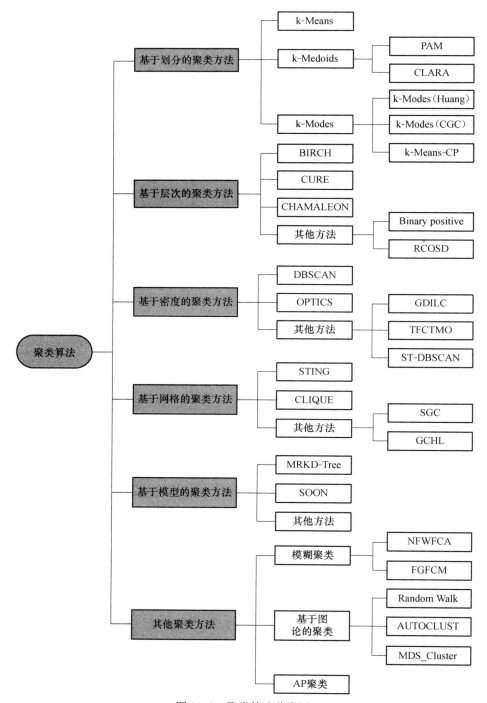

图 13.1　聚类算法分类图

给定要构建的划分数据 k，该方法首先创建一个初始划分，然后采用迭代重定位技术，利用对象在类间移动来改进划分。为了达到全局最优，基于划分的聚类需要穷举所有可能的划分。为了减少穷举代价，采用几种启发式方法，例如，①k 均值算法，其中每个类用该类中所有对象的均值来表示；②k 中心点算法，其中每个类用接近类中心的一个对象来表示。

比较有代表性的基于划分的聚类方法有 k-Means 算法及其变种[319-321]。

2）基于层次的聚类方法（hierarchical approach）

层次方法将给定数据对象进行层次分解。根据分解的形式，层次方法可分为凝聚或分裂两种方式。

① 凝聚法，也称为自底向上的方法。初始将每个对象形成单独的类，然后逐步合并相似的类，直到所有的类合并为一个（层次的最顶层），或者满足某个终止条件。

② 分裂法，也称为自顶向下的方法。初始时将所有对象置于一个类中。通过每次迭代，大类分为若干较小的类，直到最终每个对象在一个类中，或者满足某个终止条件。

比较有代表性的基于层次的聚类方法有 BIRCH[73]、CURE[74] 和 Chameleon[75] 等。

3）基于密度的聚类方法（density-based approach）

一般来说，基于划分的聚类方法是根据对象间的距离进行聚类，它只适合球状类，对于任意形状的类就无能为力了。而基于密度的聚类方法的基本思想是对于给定类中的每个对象，在给定半径的领域中必须至少包含最少数目的对象。该方法可以用来过滤离群点，发现任意形状的类。

比较有代表性的基于密度的聚类方法有 DBSCAN[76] 和其扩展算法 OPTICS[77] 等。

4）基于网格的聚类方法（grid-based approach）

基于网格的聚类算法，使用一个网格结构，围绕模式组织由矩形块划分的值空间，基于块的分布信息实现模式聚类。

比较有代表性的基于网格的聚类方法有 STING 算法[78] 和 CLIQUE 算法[79] 等。

5）基于模型的聚类方法（model-based approach）

基于模型的聚类方法给每一个聚类假定一个模型，然后去寻找能很好满足这个模型的数据集。这样一个模型可能是数据点在空间中的密度分布函数或者其他。它的一个潜在的假定就是目标数据集是由一系列的概率分布决定的。通常有两种尝试方向：统计的方案和神经网络的方案。

比较有代表性的基于模型的聚类方法有 MRKD-Tree 算法[80]、SOON 算法[81]

和粒子筛选算法[82]等。

13.2　基于划分的聚类算法

13.2.1　k-Means 算法

1967 年,MacQueen 首次提出了 k-Means 算法[318-319]。该算法被认为是聚类算法中的最经典算法。其核心思想是找出 K 个类中心 $c_1, c_2, \cdots, c_K$,使每一个数据点 x_i 和与其最近的聚类中心 c_v 的平方距离和被最小化(该平方距离和被称为偏差 D)。

k-Means 聚类算法步骤如下所述。

输入:n 个样本,聚类个数 K;

输出:聚类结果;

① 初始化:随机指定 K 个聚类中心$(c_1, c_2, \cdots, c_K)$;

② 分配 x_i:对每一个样本 x_i,找到离它最近的聚类中心 c_v,并将其分配到 c_v 所标明类;

③ 修正 c_w:将每一个 c_w 移动到其标明的类的中心;

④ 计算偏差:$D = \sum_{i=1}^{n} \left[\min_{r=1,2,\cdots,K} d(x_i, c_r)^2 \right]$;

⑤ 如果 D 值收敛,则返回$(c_1, c_2, \cdots, c_K)$并终止本算法;否则,返回步骤②。

该算法的优点是能对大型数据集进行高效分类,其计算复杂性为 $O(tKmn)$,其中,t 为迭代次数,K 为聚类数,m 为特征属性数,n 为待分类的对象数,通常,K、m、$t \ll n$。在对大型数据集聚类时,k-Means 算法比层次聚类算法快得多。该方法的不足是通常会在获得一个局部最优值时终止;仅适合对数值型数据聚类;只适用于聚类结果为凸形(类簇为凸形)的数据集。

以经典 k-Means 算法为基础,研究者相继提出了很多改进的 k-Means 算法。下面对其中的一些经典算法予以介绍。

13.2.2　k-Medoids 算法

由于 k-Means 算法对异常数据较敏感,因此,有学者提出利用 mediod 作为参考点代替 k-Means 算法中的各类的均值。根据各对象与各参考点之间的差异性之和的最小化原则,应用划分方法,来进行基于 k-Medoids 的聚类。较 k-Means 算法,k-Medoids 算法在处理异常数据与噪声方面具有较强的鲁棒性。经典的 k-Mediods 算法有 PAM(partitioning around medoids)和 CLARA(clustering large application)[320]。相比 PAM 算法,CLARA 算法能有效处理大规模数据。

k-Medodis 聚类算法的基本步骤如下所述。

输入：聚类个数 K，n 个数据对象；

输出：满足基于各聚类中心对象的方差最小标准的 k 个类；

　　① 从 n 个数据对象中任选 K 个对象作为初始聚类中心；

　　② 循环步骤③～⑤直到每个类不再发生变化为止；

　　③ 根据每个类的中心对象，以及各对象与这些中心对象间的距离，依据最小距离原则重新对相应对象进行划分；

　　④ 任选一个非中心对象 O_{ran}，计算其与中心对象 O_j 交换的整个成本 S；

　　⑤ 若 S 为负值，则将 O_{ran} 与 O_j 交换已构成新聚类的 k 个中心对象。

13.2.3　k-Modes 算法

上面介绍的 k-Means 算法是在数据挖掘领域中普遍应用的聚类算法，但它只能处理数值型数据，不能处理分类属性型数据。例如，表示人的属性有姓名、性别、年龄及家庭住址等。作为 k-Means 算法的扩展，k-Modes 算法[317]能够对分类属性型数据进行有效聚类。该类算法采用差异度来代替 k-Means 算法中的距离，差异度越小，则表示距离越小。以下介绍一些主要的 k-Modes 算法。

1998 年，Huang[321]对 k-Means 算法进行了扩展，提出了一种适合于分类属性数据聚类的 k-Modes 算法。该算法引入了处理分类对象的相异性度量方法，使用 modes 代替 means，并在聚类过程中使用基于频度的方法修正 modes，使聚类代价函数值最小化。这样能够直接使用 k-Means 聚类有分类属性的数据，不需要对数据进行变换。同时，modes 能给出类的特性描述，这对聚类结果的解释是非常重要的。与 k-Means 算法一样，k-Modes 算法也会产生局部最优解，依赖于初始化 modes 的选择和数据集中数据对象的次序。然而，由于该算法采用简单 0-1 匹配方法来计算同一分类属性下两个属性值之间的距离，虽然此距离度量较简单，但却弱化了类内的相似性，没有充分反映同一分类属性下两个属性值之间的距离。

2001 年，Chaturvedi 等[322]提出一种面向分类属性数据（名义尺度数据）的非参数聚类方法。与现存的大多数面向分类属性数据的聚类方法不同，该算法显式地优化一个基于 L0 范数的损失函数。

2002 年，Sun 等[323]将 Bradley 等的迭代初始点集求精算法[324]应用于 k-Modes 算法。尽管 Huang 提出的 k-Modes 算法[321]能够对分类数据进行聚类，但它需要预先确定或随机选择类的初始 modes，并且初始 modes 的差异常常会导致截然不同的聚类结果。

2004 年，Ding 等[325]提出一致性保留 k-Means 算法。最近邻一致性是统计模式识别中的一个重要概念，他们将这个概念扩展到数据聚类，对一个类中的任意数据点，要求它的 k 最近邻（kNN）和 k 互最近邻（kMN）都必须在该类中，并且将其作为数据聚类的一种重要质量度量方法。

13.3　基于层次的聚类算法

层次聚类方法通过将数据组织为若干组并形成一个组的树来进行聚类。层次聚类分为自顶向下和自底向上两种方法。

在介绍层次聚类算法前，先介绍该类聚类方法涉及的两个重要组成部分：相似性度量方法和连接规则。这里采用欧式距离作为相似性度量方法，连接规则主要包括单连接规则、完全连接规则、类间平均连接规则、类内平均连接规则和沃德法。具体参见文献[319]。

以下分别介绍 BIRCH 算法[73]、CURE 算法[74]、CHAMALEON 算法[75]和其他层次聚类算法[326-327]。

13.3.1　BIRCH 算法

BIRCH(balanced iterative reducing and clustering using hierarchies)是一种综合的层次聚类算法[69]。它引入了两个概念：聚类特征(clustering feature，CF)和聚类特征树(CF-Tree)，用于描述聚类。其中，CF-Tree 概括了聚类的有用信息，并且占用空间较元数据集合小得多，可以存放在内存中，从而可以提高算法在大型数据集合上的聚类速度及可伸缩性。

BIRCH 算法包括以下两个阶段。

① 扫描数据库，建立一个初始基于内存的 CF-Tree。如果内存不够，则增大阈值，在原树基础上构造一棵较小的树。

② 对叶节点进一步利用一个全局性的聚类算法，改进聚类质量。

由于 CF-Tree 的叶节点代表的聚类可能不是自然的聚类结果，原因是给定的阈值限制了类的大小，并且数据的输入顺序也会影响到聚类结果。因此，需要对叶节点进一步利用一个全局性的聚类算法，改进聚类质量。需要注意的是，由于 CF-Tree 是根据不断插入的对象动态生成，因此，BIRCH 算法是一种增量式的聚类方法，对大数据量具有较好的处理能力。

13.3.2　CURE 算法

CURE(clustering using representatives)算法[70]将层次方法与划分方法结合，克服了偏向发现相似大小和圆形形状聚类问题，同时对异常数据处理更加鲁棒。

该算法主要步骤如下所述。

① 进行随机采样并获得集合 S，它包含 s 个对象。

② 将采样集合 S 划分为 p 个划分，每个划分大小为 s/p。

③ 将各划分部分聚类成 $s/(pq)$ 个类,其中 $q>1$。

④ 若一个类的增长太慢,通过随机采样将其消除。

⑤ 对部分类进行聚类,对落在每个新获得的聚类中的代表性对象,根据收缩因子使之收缩或移向类的中心。

⑥ 对类中的数据标上相应类编号。

13.3.3　CHAMALEON 算法

CHAMALEON 算法[71]首先利用一个图划分算法将数据对象聚合成许多相对较小的子聚类,再利用聚合层次聚类方法,并通过不断合并这些子聚类来发现真正的聚类。对于任意两个子聚类的相似性,该算法不仅考虑了聚类间的连接度,还考虑了类间的接近度。该算法不依赖于一个指定的静态模型,因此,它是一种层次聚类中具有动态模型的聚类算法。

13.3.4　其他层次聚合算法

2007 年,Gelbard 等[326]提出了一种基于正二进制(binary-positive)的层次聚类算法。该方法把待分类数据以正的二进制形式存储于一个二维矩阵中,其中,行表示记录(对象),列表示其属性的可能取值。记录对应的取值为 1 或者 0,分别表示此记录有对应的属性值或者不存在对应属性值。因此,相似性距离计算只在被比较的二进制向量中的正比特位上进行,即只在取值为 1 的记录(对象)之间进行。

针对连续数据的特性,Kumar 等[327]提出了一种基于不可分辨粗聚合的层次聚类算法——RCOSD。该算法中的基本思想是寻找能捕捉数据序列的连续信息及内容信息的一个特征集,并把这些特征集映射到一个上近似空间,应用约束相似性上近似技术获得粗类簇的上近似,其中一个元素可以属于多个类簇。该算法每一次迭代可以合并两个或多个类,所以加快了层次聚类速度。该算法能够有效挖掘连续数据,并刻画类簇的主要特性,帮助 Web 挖掘者描述潜在的新的 Web 用户组的特性。

13.4　基于密度的聚类算法

基于密度的聚类方法是另一类重要的聚类方法,它们在以空间信息处理为代表的众多领域有广泛应用。与传统聚类算法不同,基于密度的聚类算法,通过数据密度(单位区域内的实例数)来发现任意形状的类。

以下分别介绍 DBSCAN 算法[76]、OPTICS 算法[77]和其他密度聚类算法[328-330]。

13. 4. 1　DBSCAN 算法

1996 年,Ester 等[76]提出了一种基于密度的聚类方法——DBSCAN(density-based spatial clustering of applications with noise)。该算法通过不断生长足够的高密度区域来进行聚类,它能从含有噪声的空间数据库中发现任意形状的聚类。该算法将聚类定义为一组密度连接的点集。

首先给出一些基本概念。

① 一个给定对象的 ε 半径内的近邻称为该对象的 ε 近邻。

② 若一个对象的 ε 近邻至少包含一定数目(MinPts)的对象,该对象称为核对象。

③ 给定一组对象集 D,若对象 p 为另一个对象 q 的 ε 近邻且 q 为核对象,则 p 是从 q 可以直接密度可达。

在聚类开始前,首先检查数据库中每个对象的 ε 近邻。若一个对象 p 的 ε 近邻多于 MinPts,就创建包含 p 的新聚类。然后 DBSCAN 根据这些核对象,循环收集直接密度可达的对象,可能会涉及若干密度可达聚类的合并。当各聚类再无新对象加入时聚类过程结束。该算法时间复杂度为 $O(n\log n)$。

13. 4. 2　OPTICS 算法

13. 4. 1 节介绍的 DBSCAN 算法在聚类时需要人为设定参数,如 ε 和 MinPts 等,参数设置的好坏将直接影响聚类的效果。其实这也是大多数其他需要初始化参数聚类算法的弊端。

为了克服这一问题,Ankerst 等[77]提出了基于 OPTICS(ordering point to identify the clustering structure)的聚类方法。该算法并不明确产生一个聚类,而是为自动交互的聚类分析计算出一个增强聚类顺序。这一顺序表达了基于密度的数据聚类结构。算法首先对数据库中的对象建立一个对象顺序,并保存每个对象的核距离和一个合适的可达距离。这些信息足以帮助根据任何小于产生聚类顺序所用距离 ε 的距离 ε',从而产生所有的密度聚类。该算法的时间复杂度与 DB-SCAN 算法的相同,也为 $O(n\log n)$。

13. 4. 3　其他密度聚类算法

2001 年,Zhao 和 Song[328]给出网格密度等值线聚类算法——GDILC。密度等值线图能够很好地描述数据样本的分布。算法 GDILC 的核心思想——用密度等值线图描述数据样本分布。使用基于网格方法计算每一个数据样本的密度,发现相对的密集区域——类。作为一种非监督聚类算法,GDILC 具有消除奇异值和发现各种形状的类的能力。同时具有聚类准确率高和聚类速度快等特点。

2006 年，Nanni 和 Pedreschi[329]面向移动对象轨迹数据处理领域，基于简单的轨迹间距离概念，提出了一种基于密度的自适应聚类方法——TFCTMO，进一步考虑时态内在语义，给出时间聚焦方法以提高轨迹聚类效果。

2007 年，Birant 和 Kut[330]对 DBSCAN 进行改进，对标识核对象、噪音对象和邻近类相关的三个部分进行扩展，进而提出一种新的基于密度的聚类算法——ST-DBSCAN(spatial-temporal DBSCAN)。与现有的基于密度聚类算法相比，该算法具有依据非空间值、空间值和时态值发现类的能力。

13.5　基于网格的聚类算法

基于网格的聚类算法，使用一个网格结构，围绕模式组织由矩形块划分的值空间，基于块的分布信息实现模式聚类。基于网格的聚类算法常与其他方法相结合，特别是与基于密度的聚类方法相结合。

以下分别介绍 STING 算法[78]、CLIQUE 算法[79]和其他网格聚类算法[331-332]。

13.5.1　STING 算法

STING(statistical information grid)算法是一个基于网格的多分辨率的聚类方法[78]。它将空间划分为方形单元，不同层次的方形单元对应不同层次的分辨率。这些单元构成了一个层次结构：高层次单元被分解形成一组低层次单元。高层单元的统计参数可以很容易地从低层单元的计算得到。这些参数包括属性无关的参数，count；属性相关的参数，m(平均值)，δ(标准偏差)，min(最小值)，max(最大值)；该单元中属性值遵循的分布(distribution)类型。

STING 算法中由于存储在每个单元中的统计信息提供了单元中的数据不依赖于查询的汇总信息，因而计算是独立于查询的。该算法的主要优点是效率高，且利于并行处理和增量更新。由于 STING 算法采用一种多分辨率的方法来进行聚类分析，STING 聚类的质量取决于网格结构的最底层的粒度。

13.5.2　CLIQUE 算法

CLIQUE(clustering in quest)聚类方法[79]将基于密度和基于网格方法结合在一起。它对处理海量高维数据比较有效。

CLIQUE 算法的主要步骤如下所述。

① 将 n 维数据空间划分为不重叠的矩形单元，再从中对每一维识别出其中的密集单元。将代表这些密集单元的次空间交叉形成了搜索空间的候选，从中发现高维的密集单元。最后依次检查密集单元已确定最终的聚类。

② 对每个聚类，确定覆盖连接密集单元聚类的最大区域，再确定每个聚类的

最小覆盖。

13.5.3 其他网格聚类算法

2004 年,Ma 等[331]提出一种移位网格概念的基于密度和网格的聚类算法——SGC。SGC 是一种非参数类型的算法,它不需要用户输入参数,把数据空间的每一维分成某些间隔以形成一个数据空间的网格结构。与许多传统算法相比,该算法的主要优点可概括为计算时间与数据集样本数无关;在处理任意形状类时表现出较好的性能;不需要用户输入参数;聚类结果的精度高;当处理大型数据集时,很少遇到内存受限问题。

2005 年,Pilevar 等[332]提出一种用于大型、高维空间数据库的网格聚类算法——GCHL。GCHL 将一种新的基于密度-网格的聚类算法和并行轴划分策略相结合,以确定输入数据空间的高密度区域(类)。该算法能够很好地工作在任意数据集的特征空间中。

13.6   基于模型的聚类算法

近几年来,基于模型的聚类方法应用广泛。在聚类分析方法中,基于模型的方法由于考虑到噪声或异常数据,可以自动确定聚类个数而产生鲁棒的聚类方法,成为聚类领域研究的一个热点。

基于模型的聚类方法的基本思想是为每个聚类假定一个模型,寻找和发现符合该模型的数据对象,试图将给定数据与该数学模型达成最佳拟合。一个基于模型的方法可能通过构建反映数据点空间分布的密度函数来定位聚类,也可能基于标准的统计数字自动决定聚类的数目,考虑噪声数据和孤立点。从而产生健壮的聚类方法。这种聚类方法总是试图优化给定的数据和某些数学模型之间的适应性。

以下分别介绍 MRKD-Tree 算法[80]、SOON 算法[81]和粒子筛选算法[82]等。

13.6.1   MRKD-Tree 算法

作为 k-Means 算法的一种扩展,EM(expectation maximization)算法[333]是一种流行的迭代求精算法,可用来求参数的估计值,然而,每次迭代都需要扫描整个数据集,因此处理速度较慢。1999 年,Moore[80]提出一种采用多分辨率 k 维树——MRKD-Tree(multi-resolution KD-Tree)加快基于 EM 混合模型的聚类方法。该方法能有效减少数据的存取次数,其中 k 是数据的维数。

MRKD-Tree 结构描述为该树由包含一定数量信息的节点构成,其中节点分为叶节点或非叶节点。树中的每个节点存储以下信息:①超矩形(hyper-rectangle)的边界,其中超矩形囊括了节点所存储的所有对象;②统计量集,其中统计量概述了节点所存储的数据。对于非叶节点,它还包括划分数据点集的分裂值和划分数据点集的分裂值所涉及的维数。

MRKD-Tree 是通过自上向下递归划分数据集的过程构造而成的,其构造过程描述如下所述。

① 确定数据点集的有界超矩形。

② 查明有界超矩形的最大维数。

③ 如果有界超矩形的最大维数大于某一阈值,则该节点为叶节点并记录其所包含的数据点集,返回步骤④;否则,在最大维数中心的任一边划分数据点集,称该中心为分裂值,并连同分裂维数一起被存入节点。

④ 如果节点是叶节点,停止;否则,在其子节点上重复该过程。

13.6.2　SOON 算法

2001 年,Frigui 等[81] 提出一种基于自组织振荡网络的聚类算法——SOON(self organizing oscillator networks)。该方法利用神经网络把对象集组织成 k 个稳定而被结构化的簇,其中 k 值以无监督的方式确定。SOON 算法的基本思想是通过 Kohonen 自组织映射(self organizing map,SOM)模型,将空间上大量相关的代表对象放置到一维或二维空间;彼此邻近的代表对象一起被看成相似的;每当一个观测值出现时,最邻近的代表对象也被发现,同时更新所有代表对象的值;数据不断被提交直到收敛。

13.6.3　粒子筛选算法

2001 年,Doucet 等[82] 提出一种基于粒子筛选(particle filters)的聚类方法。该方法是一种把蒙特卡罗方法应用于动态状态和空间系统的序列方法。粒子过滤器用 N 个加权粒子来评估一些兴趣量(通常是一些未知参数的后验分布)。粒子筛选算法基本思想是每个新的观测值意味着下一次迭代的开始。新的观测值被放在每个粒子所期望的类中,从而创建新的粒子。被赋予每个新粒子的权值应当反映迄今所观测到的数据的相似性及粒子所表示的特殊模型。

13.7　其他聚类算法

13.7.1　模糊聚类算法

1969 年,Ruspini 首次将模糊集理论应用到聚类分析中,提出了模糊聚类算法——FCM(fuzzy c-means)。在图像分割应用领域,由于将模糊性引入每个图像像素的隶属中,相比脆弱(crisp)或硬分割方法,FCM 能够保留初始图像的更多信息。然而，该算法尚未考虑图像上下文中的任何空间信息，这使它对噪声和其他人造图像非常敏感。

2006 年，李洁等[334]提出基于特征加权的模糊聚类新算法——NFWFCA。该算法以模糊 k-原型算法为基础，采用 Relief 算法[335]确定各维特征的权重。实验结果表明，该算法的聚类结果较传统算法要更准确、更高效，同时，还可以分析各维特征对聚类的贡献度，进行有效的特征提取和优选。

2007 年，Cai 等[336]结合局部空间和灰度信息，提出快速通用 FCM 聚类算法——FGFCM。实验表明，该算法通用、简单，适合于有噪声和无噪声的多种类型图像，同时，对高分辨率灰度图像处理速度较快。

13.7.2　基于图论的聚类算法

1999 年，Jain[318]提出著名的图论分裂聚类算法。算法的主要思想是构造一棵关于数据的最小生成树（minimal spanning tree，MST），通过删除最小生成树的最长边来形成类。基于图论的聚类算法主要包括 Random Walk[337]，AUTO-CLUST[338]等。

2007 年，Li[339]提出一种基于最大 θ 距离子树的聚类算法 MDS_CLUSTER，使用阈值剪枝，剪掉最小生成树中所有长度大于阈值 $\theta \geqslant 0$ 的边，从而生成最大 θ 距离子树集，其中每个最大 θ 距离子树的顶点集正好形成一个类。

13.7.3　AP 聚类算法

2007 年，Frey 等[278]在 *Science* 杂志上提出了一种新的聚类算法——affinity propagation（AP）算法。该算法根据 N 个数据对象之间的相似度进行聚类，这些相似度组成 $N \times N$ 的相似矩阵 S。聚类过程不需要事先指定类的数目。相反，它将所有数据对象都作为潜在的聚类中心，称为 exemplar。以矩阵 S 的对角线上的数值 $S[k,k]$ 作为第 k 个对象能否成为聚类中心的评判标准。该值越大表明该对象成为聚类中心的可能性也就越大。同时，AP 算法还提供传递两种类型消息：responsibility 和 availability，用于对象间的消息传递。整个聚类算法通过迭代过程不断更新每个对象的归属，直到产生 m 个高质量的 exemplar，同时将其余的对象分配到相应的类中。

13.8　本 章 小 结

本章较全面地对通用聚类技术进行了回顾和介绍。聚类技术对于提高海量数据处理的效率和质量，特别是查询处理，起到了非常重要的促进作用。在以下章节中，将分别对文本、图片、音频及视频等多媒体信息聚类进行介绍。

第 14 章　文 本 聚 类

目前,互联网上的搜索仍然通过关键词(文本)方式对网页进行搜索。对于同一个查询关键词,可能会存在很多搜索结果。如何对这些杂乱无章的网页搜索结果进行有效的基于主题的聚类处理是一个巨大挑战。

文本聚类的目标是将语义相近的文本聚成一堆,最好的情况是能准确地揣测人们所理解的语义。在对文本进行聚类之前,首要问题就是要对文本进行合理的形式化表示。这种形式化表示应该尽可能多地反映文本所蕴涵的语义信息,同时应该是便于计算。bag of words 文本表示是最普遍的方法,它假定每个词在特征空间里是一维的。在空间里代表文本的每个向量把每个词作为一个元素,如果这个词在文中不出现,则该词对应的向量中的元素为 0。否则,它取决于该词在文本中的出现频率等信息。

本章介绍文本聚类的一些主要的方法,它们对于提高搜索结果的准确度及用户满意度将会起到积极的作用。

14.1　k 平均文本聚类算法

k 平均文本聚类算法[340]包括两个阶段。①分配阶段(assignment step):每个文档归属于离中心最近的。②更新阶段(update step):根据新加入类中的文档,重新计算中心。

将每个文档 d_j 表示为一个加权关键词向量(weighted term vector):

$$d_j = (w_{1j}, w_{2j}, \cdots, w_{tj}) \tag{14.1}$$

其中,w_{tj} 表示关键词 k_i 在文档 d_j 中的权重;t 为词的总数。

该聚类算法分为如下四步。

① 初始化:随机选择 k 个文档,将它们分配到不同的类中,作为初始的类中心。令 d_j 为初始选定的文档,c_p 为它对应的类,且 Δ_p 为对应的类中心,则

$$\Delta_p = d_j \tag{14.2}$$

② 分配阶段:分别将 N 个文档中的每个文档分配到离中心最近的类中。这样文档间的最小距离表示最大的相似度。使用向量模型中的余弦公式:

$$\mathrm{sim}(d_j, c_p) = \frac{\Delta_p \cdot d_j}{|\Delta_p| \times |d_j|} \tag{14.3}$$

③ 更新阶段:根据文档向量,重新计算或调整每个类的中心。令 $\mathrm{size}(c_p)$ 为类

c_p 中的文档数,则对应的类中心 $\boldsymbol{\Delta}_p$ 可重新表示为

$$\boldsymbol{\Delta}_p = \frac{1}{\text{size}(\boldsymbol{c}_p)} \sum_{\boldsymbol{d}_j \in \boldsymbol{c}_p} \boldsymbol{d}_j \tag{14.4}$$

④ 最后阶段:重复步骤②和③直到无中心发生改变。

14.2　层次式文本聚类算法

上述 k 平均文档聚类是将 N 个文档分配到 k 个类中,层次式文档聚类(hierarchical documents clustering)[340]是将这些类通过层次结构来表示。其基本思想和层次聚类相似,将大类拆分(decompose)为若干小类或者将小类合并(agglomerate)成大类。

该聚类算法分为如下五个步骤。

① 将 N 个文档及对应的 $N \times N$ 的相似矩阵作为输入,其中该相似矩阵表示任意两个文档的相似度。

② 将 N 个文档作为 N 个类,这些类可作为层次树形结构的叶节点。任意两个类的距离(相似度)可看成它们相应类中文档的相似度。

③ 寻找两个最相似的类,将它们合并为一个类。新得到的类也作为该层次树形结构上的一个非叶节点。

④ 使用文档距离函数,重新计算新类与每个老的类之间的距离。

⑤ 重复步骤③和④直到所有的文档都聚成唯一的文档类,其中文档数为 N。

14.3　基于后缀树的 Web 文本聚类算法

Zamir 和 Etzioni[341]提出一种基于后缀树(suffix tree)的 Web 文档聚类算法——STD。该聚类算法的基本思想是通过查找一些具有共同短语的文档集,然后根据这些短语建立类。

该聚类算法具体分为如下三个步骤。

① 文档"清洗":作为预处理阶段,首先对文档中的词去除前缀(prefix)和后缀(suffix),保留词干部分(stem)。

② 识别基类(base cluster):基类是指存在一个共同短语的文档集合。基类的识别过程可以看成对文档集中的短语创建一个倒排索引过程。这可以通过一个称为后缀树的数据结构来表示。给定三个文档,每个文档包含一个字符串:$s1 = $ "cat ate fish",$s2 = $ "mouse ate fish too" 和 $s3 = $ "cat ate mouse too",则这三个字符串的后缀树表示如图 14.1 所示。

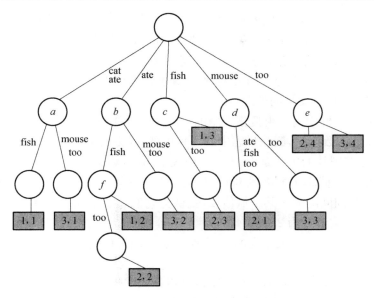

图 14.1 字符串的后缀树表示

③ 合并基类:由于文档之间可能存在共同的短语,因此,这些独立的基类对应的文档集可能会存在一定程度的重复,甚至相同。为了避免这些接近相同的类的出现,该步将重叠度较高的基类进行合并。

合并的原则是给定两个基类:B_m 和 B_n,类的大小分别为 $|B_m|$ 和 $|B_n|$。$|B_m \bigcap B_n|$ 表示 B_m 和 B_n 中共同的文档数量。这样,两个基类的相似度可定义为

$$\text{sim}(B_m, B_n) = \begin{cases} 1 & |B_m \bigcap B_n| / |B_m| > 0.5, |B_m \bigcap B_n| / |B_n| > 0.5 \\ 0 & \text{其他} \end{cases}$$

(14.5)

14.4 基于密度的 Web 文本聚类算法

苏中等[342]提出了一种基于密度的递归聚类算法 RDBC(recursive density based clustering),并且将其用于 Web 文档聚类,利用 Web 日志文件进行 Web 文档(网页)聚类。此算法可以智能地、动态地修改其密度参数。RDBC 是基于 DBSCAN 的一种改进算法。

如第 13.4.1 节所述,DBSCAN 是一种通过对局部进行密度分析,将相邻点聚集在一起的聚类算法。在整个算法过程中,它只对数据库进行一次扫描。由于算法本身在整个聚类过程中使用固定的参数,使真实数据集的聚类的效果往往不好。主要原因是其定义的密度的传递性质,往往将绝大多数的数据点都聚集在非常少

的几类中。RDBC 聚类算法较好地避免这种情况的发生,它通过从数据集合中反复抽取高密度点生成新的数据集合,直到生成的数据集合可以很容易地被聚类为止,并在这个数据集合上给出各个类的初始分割。

在 Web 日志文件上的文档聚类,整个聚类过程可以分为以下四步。

① 对 Web 日志文件的处理。

a. 在日志文件中清除由搜索引擎的 Crawler 以及 Proxy 发出的 Web 申请,并将其余数据装入数据库,删除日志中的图片申请,因为通常这些图片都包含在某个页面中,对这些图片的申请是由 HTTP 协议发出的,而不是由用户发出。

b. 抽出该数据库中所有的对话过程。对于一个用户的申请,如果相邻两个 Web 申请的时间间隔大于某个域值 T,就认为它们属于不同的会话过程。通过实验观察,将时间域值定为 $2h$。

② 计算在滑动窗口大小内的不同 Web 页面间的申请同发次数。建立页面间的距离矩阵。

a. 设置滑动窗口的大小。滑动窗口是指在同一个对话过程中,滑动窗口内的任何两个页面(P_i, P_j)申请被认为是关联的。相反,如果两个页面的申请相隔太远,则认为这两个页面不相关,不记录它们的同发申请。

b. 统计所有的对话过程,计算出任意两对页面(P_i, P_j)之间的同发申请的次数 $N_{i,j}$,同时计算出每一页面单独的申请次数 N_i, N_j。

c. 计算 $P(P_i \mid P_j) = N_{i,j}/N_j$。

d. 计算出页面间的距离矩阵。

③ 在距离矩阵上运行 RDBC 算法。

④ 输出聚类结果。

14.5　本 章 小 结

文本聚类技术在 Web 搜索,尤其在大规模网页搜索中具有非常重要的用途,可看成一种提高网页搜索质量及效率的有效方法。本章主要介绍了四种文本聚类算法:k 平均文本聚类、层次文本聚类、基于后缀树的 Web 文档聚类及基于密度的 Web 文本聚类。

第 15 章 图 片 聚 类

15.1 引 言

随着多媒体数据的大规模运用和互联网的发展,数字图片的数量日趋庞大,应用和传播越来越广泛,图片信息自身的无序化问题也越来越突出。因此,对日益庞大的 Web 图片库进行有效组织和聚类显得日益重要。

在 Web 图片检索中,尽管使用关键词搜索图片仍然是常用的有效检索手段,但用户提交的查询关键字往往是视觉多义词(visually polysemous word)[343],这类单词包含多个不同视觉含义。例如,单词 mouse 可表示"computer mouse","mouse animal"和"mickey mouse"等多个主题。因此,用这些视觉多义词查询图片,所返回的图片检索结果会包含多个主题,并且不同主题的图片混合在一起。这就需要在得到初始检索结果后对表达不同主题的图片进行归类等处理。近年来,研究者提出了若干 Web 图片聚类方法[336-338]来解决这个问题。由于图片的底层特征和高层语义之间存在"语义鸿沟",这些聚类方法往往同时利用了被聚类图片集合所包含的视觉、文本和链接等多模态信息。属于不同特征空间的多模态信息是相互关联的,在模态信息融合学习中挖掘和利用这些相关性关联以正确理解多媒体隐含语义是近期机器学习研究的重点课题。本章介绍五种 Web 图片聚类的代表性方法。

15.2 基于文本特征的 Web 图片聚类

Jing 等[343]提出一种基于文本特征的 Web 图片聚类方法——iGroup。该方法能有效地对 Web 图片的检索结果进行组织和聚类。通常,已有的图片聚类算法采用基于视觉特征或文本特征的方法对排在最前的图片进行聚类处理。该方法首先利用基于关键短语提取算法来发现一些与查询相关的语义类。然后,将所有结果图片逐一归属到对应类中。最终,得到基于语义层面的图片类。

15.2.1 候选图片聚类名的学习

候选图片类名称通过两个途径获得:其一是从对 Google 网页搜索结果的聚类中提取的突出的短语(salient phrases)获得;其二是从一个图片搜索引擎(如 Picsearch[348])所建议的短语中获得。对于前者,采用文献[351]提出的算法,将聚类问题转化为一个突出短语的排序问题。给定一个查询和搜索结果的排序列表,首先解析出标题和片段(snippets)的列表,提取所有可能的短语,统计出每个短语的一些属性信息,如该短语的出现频率、文档的出现频率及短语长度等。采用一个训练好的回归学习模型将上述这些属性合并得到一个统一的分值。这些短语按照该分值进行排序,将排在最前的短语作为突出短语。这些突出短语再根据它们对应的文档进一步合并。结果突出短语是候选图片类名称的一个来源。另外,Picsearch建议每个查询最多有五个相关短语。这些短语是候选图片类名称的另一个来源。

15.2.2　合并和裁剪聚类名

给定候选聚类名称,通过合并和裁剪方法可获得最终的类名称。首先,将来自不同源的相同或相似的候选类合并。然后,将"image"的同义词,如"pictures"或"photos"用于裁剪候选类名称。最终,将结果候选类名称作为查询请求发送到图片搜索引擎,如 Google image search[374]。裁剪掉那些结果图片过多或者过少的类名称。每个类名称对应一个类,该类包含使用类名作为提交搜索引擎进行查询的结果图片。排在最前的图片对应的缩略图可作为每个类的代表图片。

15.3　基于多特征的 Web 图片聚类

针对图片搜索结果,Cai 等[344]提出一种基于多种特征(可视特征(visual)、文本特征(textural)和链接特征(hyperlink))的层次图片聚类算法。与传统图片数据集,如 Corel image 和家庭相册不同,Web 图片具有多种属性。Web 图片常伴随一些文字信息和链接信息等。

15.3.1　Web 图片的三种表达

首先采用基于视觉的网页切分算法(vision-based page segmentation, VIPS)[353]将一张网页切分为若干语义块(semantic block)。对于每张图片,存在一个包含该图片的最小块,将其称为图片块,图片块包含描述该图片的信息。

图 15.1 给出了一个例子。从中可以看出,每张 Web 图片都包含在一个块中,这样在该块中的文本和链接信息可用来表示该图片。因此,对每张 Web 图片,可以得到其基于视觉特征、基于文本特征及基于链接特征的三种表示。

1. 基于视觉特征的表示

在基于内容的图片检索中,已广泛采用颜色、纹理和形状作为图片的底层特

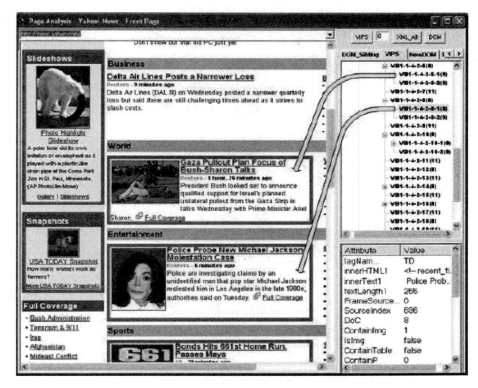

图 15.1 基于 VIPS 的网页切分（来自文献[353]）

征。本方法采用一种新型底层特征，称为彩色纹理矩（color texture moments，CTM)[344]。该特征将图片的颜色和纹理信息相结合。

2. 基于文本特征的表示

对于 Web 图片检索，其伴随的文本信息有助于揭示该图片的语义信息。很多商业搜索引擎[3,345]采用图片伴随的文本信息对图片进行索引。图片对应的图片文件名、图片的 URL、网页代码中图片的 ALT(alternate text)信息，以及网页的标题对获取语义信息非常重要。除此以外，图片伴随的文本信息也是非常重要的。在 VIPS 算法[353]的基础上，将网页分割成不同部分并且提取网页的语义结构。该语义结构可看成树形结构。每个节点对应一个块，并且 VIPS 树中的每个节点被赋予一个值（degree of coherence），该值表明了基于视觉感知的块内容的紧密度（coherent）。这样根据 DoC 值可以较容易确定哪个块是正确的图像块。

图 15.2 为一个例子网页。图 15.2(a)表示部分 HTML 代码。从这段代码可以看出，基于视窗的方法无法识别每张图片的伴随文本信息。图 15.2(b)表示该网页对应的 DOM 树，四张图片及四个文本部分都在不同的〈TR〉节点上，这样仍

然较难正确区分 DOM 树中每张图片的伴随文本信息。图 15.2(c)为通过 VIPS
算法得到的结果。显然,VIPS 结果中的每个叶节点为一个图片块。每张图片对
应的伴随文本能够被准确地识别。

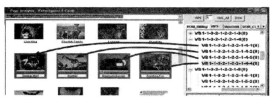

```
<tr>
    <td><img src="t1.jpg"></td>
    <td><img src="t2.jpg"></td>
    <td><img src="t3.jpg"></td>
    <td><img src="t4.jpg"></td>
</tr>
<tr>
    <td>Timber Wolf</td>
    <td>Giraffes</td>
    <td>Elephant Sunrise</td>
    <td>Prowling Fox</td>
</tr>
</tr>
```

（b）基于DOM 树的网页分割

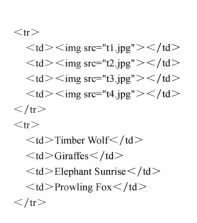

（a）部分HTML源码　　　　　　　　（c）基于VIPS的网页分割

图 15.2　一个网页的例子(来自文献[344])

在本方法中,使用图像块中的文字信息作为该图片的文本信息表示。除了
图片周围环绕的文本信息,图片文件名、URL 地址、网页代码中的图片 ALT 信
息及网页的标题都可作为图片文本特征表示。文本特征已在预处理阶段完成
提取。

3. 基于链接特征的表示

超链接是另一种表示 Web 内容的有用信息。之前的很多研究[354-355]都将网页
作为一个信息单元,超链接是从一个页面指向另一个页面。最近,基于块的链接分
析技术被引入网络搜索,取得了不错的效果[345]。对于基于块的链接分析,链接是
指从一些块指向一些网页。

本节简单介绍如何创建一张图片图(image graph)模型。在该图中,其边上的
权重反映了图片间的语义关系。首先,令 P、B 和 I 分别表示网页集、块集和图片
集。$P=\{p_1,p_2,\cdots,p_k\}$,其中 k 表示网页数目。$B=\{b_1,b_2,\cdots,b_n\}$,其中 n 表示块
的总数。$I=\{I_1,I_2,\cdots,I_m\}$,其中 m 表示图片的总数。$b_i\in p_j$ 表示块 i 包含在网
页 j 中。类似地,$I_i\in b_j$ 表示图 i 包含在块 j 中。

1) 网页、块和图片之间的关系

网页-块关系可从对页面布局分析得到。令 X 表示一个 $k\times n$ 的网页-块矩阵。

$$X_{ij} = \begin{cases} f_{p_i}(b_j) & b_j \in p_i \\ 0 & \text{其他} \end{cases} \tag{15.1}$$

其中,f 为一个函数,对网页 p 中的每个块 b 赋予一个重要的值,其定义为

$$f_p(b) = \alpha \frac{\text{网页 } p \text{ 中块的 } b \text{ 大小}}{\text{块 } b \text{ 的中心与屏幕中心的距离}} \tag{15.2}$$

其中,α 为正规化因子,使函数 $f_p(b)$ 之和为 1。

块-网页关系可从链接信息分析中得到。令 $\boldsymbol{Z}$ 表示一个 $n \times k$ 的块-网页矩阵,定义为

$$Z_{ij} = \begin{cases} 1/S_i & \text{存在一个从第 } i \text{ 块指向第 } j \text{ 个网页的链接} \\ 0 & \text{其他} \end{cases} \tag{15.3}$$

其中,S_i 表示块 i 指向的网页数目。

令 $\boldsymbol{Y}$ 表示一个 $n \times m$ 的块-图矩阵,定义为

$$Y_{ij} = \begin{cases} 1/S_i & I_i \in b_j \\ 0 & \text{其他} \end{cases} \tag{15.4}$$

其中,S_i 表示包含在图像块 b_i 中的图片数目。

2) 图片图模型创建

当创建完三个关于网页、块和图像关系的矩阵,容易创建块图(block graph)。图片图可从块图中推导得到。令 $\boldsymbol{W}_B$ 为块图对应的权重矩阵。$\boldsymbol{W}_B$ 的定义如下:

$$\begin{aligned} \boldsymbol{W}_B(a,b) &= \text{prob}(b \mid a) \\ &= \sum_{\gamma \in P} \text{prob}(\gamma \mid a)\text{prob}(b \mid \gamma) \\ &= \text{prob}(\beta \mid a)\text{prob}(b \mid \beta) \\ &= \boldsymbol{Z}(a,\beta)\boldsymbol{X}(\beta,b), \qquad a,b \in B \end{aligned} \tag{15.5}$$

或者

$$\boldsymbol{W}_B = \boldsymbol{Z}\boldsymbol{X} \tag{15.6}$$

其中,$\boldsymbol{W}_B$ 表示一个 $n \times n$ 的矩阵,n 为块的总数。

在块图基础上,图片图对应的权重矩阵可定义为

$$\boldsymbol{W}_I(i,j) = \sum_{i \in \alpha, j \in \beta} \boldsymbol{W}_B(a,b) \tag{15.7}$$

或者

$$\boldsymbol{W}_I = \boldsymbol{Y}^{\mathrm{T}}\boldsymbol{W}_B\boldsymbol{Y} \tag{15.8}$$

其中,$\boldsymbol{W}_I$ 表示 $m \times m$ 的矩阵,m 为图片总数。

3) 图中的图片表示

一旦得到图片图模型对应的权重矩阵,使用谱图理论(spectral graph theory)较容易生成每张图片的向量表示。这里采用特征映射(eigenmap)[293]。

首先将 W_I 转化为一个相似矩阵 S，使 $S=1/2(W_I+W_I^T)$。通过求解下式，得到对应的特征映射：

$$Ly = \lambda Dy \tag{15.9}$$

其中，D 为对角矩阵；由于矩阵 S 为对称矩阵，因此，第 i 个元素为矩阵 S 的行（或列）元素之和，$D_{ii} = \sum_j S_{ij}$，$L=D-S$，L 称为 Laplace 矩阵。最先 k 个特征值和式(15.9)中得到的最先 k 个最小特征值将每张图片表示在 k 维的欧式空间(euclidean space)向量。

15.3.2　使用文本和链接信息聚类

传统图片聚类大都使用视觉特征[350]，然而从底层视觉特征来学习图片的语义信息是一个尚未得到很好解决的问题。这使传统图片聚类技术不能直接应用到 Web 图片搜索结果中去。幸运的是，Web 图片还存其他两种表示信息：基于上下文信息和基于链接。它们在一定程度上也能够反映图片间的语义关系。

采用二层聚类实现对搜索结果的聚类处理。第一层对图片对应的文本和链接信息进行聚类处理，可得到一些语义分类。第二层在第一层聚类结果的基础上，使用底层视觉特征对每个语义类别进行再次聚类。

1. 文本特征聚类

一旦图片采用文本信息进行表示，则其聚类就转化为文档聚类。这里采用谱聚类(spectral clustering)技术和余弦相似度量。在谱聚类中，可以根据两个连续的特征值(eigenvalue)间的差距[339]得到类的个数。

假设有 n 个点，如 $\{x_1, x_2, \cdots, x_n\}$，该聚类算法描述如下所述。

① 创建一个 $n \times n$ 的关联矩阵(affinity matrix) S，使 $S_{ij} = x_i^T x_j$ 当 x_i 在 x_j 的 h 个最近邻中或 x_j 在 x_i 的 h 个最近邻中，否则，$S_{ij}=0$。

② 令 D 为一个对角矩阵，其对应的元素 (i,i) 是矩阵 S 中第 i 行元素的总和，同时创建一个矩阵 L，且 $L=D-S$。

③ 求解这个通用的特征值问题 $Ly = \lambda Dy$。令 $(y^0, \lambda^0), (y^1, \lambda^1), \cdots, (y^{n-1}, \lambda^{n-1})$ 为该公式的解，且 $\lambda^0 < \lambda^1 < \cdots < \lambda^{n-1}$。

④ 寻找最大的 eigengap。其中，eigengap 定义为两个连续的特征值的差 $(\Delta^i = \lambda^i - \lambda^{i-1})$。假设 Δ^k 为一个最大的值。使用 k 个最先的特征向量构成一个矩阵 $Y=[y^0, y^1, \cdots, y^{k-1}] \in R^{n \times k}$。

⑤ 将 Y 中的每一行看成 R^k 中的一个点，通过 k 平均聚类算法将它们聚成 k 个类。

图片的文本表示往往会传达一些语义信息，这样使用文本特征进行聚类能有效地反映图片间的语义关系。

2. 图片图聚类

当采用基于图模型的图片表示方法时,需要对搜索结果创建一个图片图模型。假设有一个搜索结果列表。如果只考虑包含这些图片的网页(如 HITS[355] 中的根集(root set)),在图片图创建框架中,这些图片或许没有任何关系。这样需要将根集(root set)扩展到基集(base set),其中基集包含了根集的页面、根集中指向某一网页的页面以及根集中被其他网页所指向的页面。最终得到一个网页集和图片集。根据上述介绍(参见基于链接图的表示),可以创建一个图片图模型 W_I。

一旦得到该图片图 W_I,对其采用上面介绍的聚类方法进行聚类处理。唯一不同点是关联矩阵 S 可以表示为 $S=1/2(W_I+W_I^T)$。

3. 结合文本与链接信息

显然,将文本和链接信息表达相结合可以取得更好的聚类效果。只使用文本信息进行图片聚类的缺陷在于有些图片几乎无伴随文本;只使用链接信息进行图片聚类的缺陷在于相同主题的网页之间无链接。因此,结合两者特征信息将会提高聚类效果。

本聚类算法结合文本和链接信息。在聚类的第一步,创建一个关联矩阵 S,该矩阵能够反映图片间的关系。这样,为了将文本与链接信息相结合,需要合并二个关联矩阵 S。该定义如下所示:

$$S_{\text{combine}}(i,j) = \begin{cases} S_{\text{textual}}(i,j); & S_{\text{link}}(i,j) = 0 \\ 1; & S_{\text{link}}(i,j) > 0 \end{cases} \tag{15.10}$$

4. 基于视觉特征的聚类

前面已经将文本和链接特征用于图片聚类,得到不同语义类。然而,在每个语义的类中,尽管某些图片与某一主题相关,但由于这些图片可能会存在不同的颜色或形状,其视觉表达不一定相似。之前的研究工作[344]表明通过视觉相似对图片进行排序是有效的。这样,将在每个基于语义(主题)相关的图片类中,再进行基于视觉特征的聚类处理。

15.4　基于相关性挖掘的 Web 图片聚类

Web 图片通常与其伴随文本共存于 HTML 页面中,伴随文本以及一些文本标签(textual tags)描述了图片的语义内容。但是,伴随文本中不同单词对图片语义描述所作贡献不同。这种差异反映了单词和其指代图片之间存在或弱或强的关联,也反映单词具有可见度属性。为了提高 Web 图片搜索的准确度,吴飞等[345]提出一种 Web 图片的图聚类算法。首先定义了两种类型关联:单词与图片节点之间的异构链接以及单词节点之间的同构链接。为了克服传统的 TF-IDF 方法不能直接反映单词与图片之间的语义关联局限性,通过引入单词可见度(visibility)这一概念,并将其集成到传统的 tf-idf 模型中以挖掘单词-图片之间关联的权重,其中可见度定义为某个单词可以被视觉感知的概率。根据 LDA(latent dirichlet allocation)模型,单词-单词之间关联权重通过一个定义的主题相关度函数来计算。最后,应用复杂图聚类和二部图协同谱聚类等算法验证了在图模型上引入两种相关性关联的有效性,达到了改进了 Web 图片聚类性能的目的。

对于包含多个主题的 Web 图片集合,其伴随文本中的隐含主题(latent topic)信息间接地反映了图片间的主题相关性。本方法引入 LDA 模型挖掘图片伴随文本中的隐含主题,并通过其在各个单词上的边缘概率分布定义单词-单词的主题相关性关联。

因此,本方法考虑两种关联关系:单词-图片相关性关联和单词-单词主题相关性关联。这种交叉关联可用复杂图模型进行建模,并应用复杂图聚类算法(complex graph clustering)[356]对 Web 图片进行聚类。在该聚类方法中,如图 15.3 所示,图模型中包含两类结点:图片结点和单词结点。本例中图片是将关键字 tiger 作为查询提交给 Google 的图片搜索引擎返回结果,这些返回图片主要包含三个语义主题:tiger animal、tiger bear 和 tiger man。图中单词来自图片所在网页中伴随文本。实线和虚线分别代表单词-图片以及单词-单词相关性关联。通过单词可见

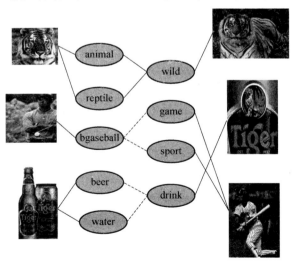

图 15.3　图模型

两种结点:图片结点和单词结点;两种链接:同构链接(虚线)和异构链接(实线)

度模型与 tf-idf 方法的结合,高可见度单词与图片间的链接得到加强。在聚类过程中,高可见度单词结点将向与之关联的图片结点传递更多的主题相关性信息,从而提高 Web 图片的聚类性能。

15.4.1 图片-文本相关性挖掘

本聚类框架的核心是定义单词-图片和单词-单词这两种相关性关联,前者通过将单词可见度与 tf-idf 方法结合予以实现,后者通过 LDA 学习获得。

本节讨论如何挖掘图片伴随文本中的单词和图片之间的相关性,即得到单词和图片两种不同类型结点之间的链接权重。不同的单词对图片语义描述所起到的贡献不同,本节用单词和图片的相关性来衡量这种差别。传统的通过 tf-idf 方法衡量单词对图片的重要性,在一定程度上忽略了图片本身具有的视觉特性,本节所定义的单词可见度模型弥补了这一不足。

1. 可见度计算模型

单词的可见度(visibility)体现了单词(尤其是名词)所蕴涵语义可用图片来描述的程度。从认知心理学和形象思维的角度,高可见度的单词(如 banana)要比低可见度的单词(如 Bayesian)更易在人脑中形成直接视觉形象。作为单词的一种新的属性,可见度可用来表达单词与图片之间的语义关联。在 Web 页面中,图片周围每个单词具有不同程度的可见度,高可见度单词对图片的语义有更强的描述能力。

为了计算文本中单词可见度,提出一种可见度模型:

$$\mathrm{vis}(w) = \left(\frac{C_1 + 10^{-9}}{C_2 + 10^{-9}} \right)^{-\mathrm{IDF}_{G(w)}} \tag{15.11}$$

其中,$\mathrm{IDF}_G(w) = \log(|D|/C_2)$;$C_1$ 是将单词 w 作为查询提交给 Google 图片搜索引擎返回的搜索结果数目;C_2 是将单词 w 作为查询提交给 Google 文本搜索引擎返回的搜索结果数目;D 是 Google 索引的所有 Web 页面集合。

最后,将可见度模型集成到传统的 TF-IDF 方法中来定义单词-图片的相关性,即单词 w 与图片之间的关联度为 $\mathrm{TFID}f(w) \cdot \mathrm{vis}(w)$。这样,高可见度单词与图片的相关性得到加强,低可见度单词与图片的相关性减弱。

2. 单词间的主题相关度

本节介绍如何挖掘单词间的主题相关性,得到单词-单词之间的关联。这里提出通过 LDA 对图片伴随文本进行学习,发现分布在各个单词上的隐含主题,并利用这个概率分布对图片伴随文本中任意两个单词之间的主题相关性进行度量。

文档集合中任意两个单词 w_s 和 w_t 之间的主题相关度函数 $\mathrm{topic\_r}(w_s, w_t)$ 定义为

$$\text{topic\_r}(w_s, w_t) = \max_j P(z=j \mid w_s) P(z=j \mid w_t)$$

$$= \max_j \frac{P(w_s \mid z=j) P(z=j)}{P(w_s)} \times \frac{P(w_t \mid z=j) P(z=j)}{P(w_t)}$$

$$= \max_j \frac{P(w_s \mid z=j) P(w_t \mid z=j) P(z=j)}{\sigma}$$

$$(15.12)$$

在上述定义中，由于乘积 $P(w_s) \cdot P(w_t)$ 与某个隐含主题 $z=j$ 无关，选择常数 σ 作为归一化（normalized）常数。

15.4.2 图聚类算法

传统的图聚类方法大多处理仅包含单一类型结点的同构结点图（homogeneous-node graph）。但是，反映现实世界中对象之间复杂关系的图模型一般是异构结点图（heterogeneous-node graph），即图中包含多种类型结点。异构结点图同时包含两种类型的链接关系：同类型结点之间的同构链接（homogeneous links）和不同类型结点之间的异构链接（heterogeneous links）。如图 15.3 所示，本聚类框架中的图模型包含两种不同类型结点，图片结点和单词结点；两种类型链接关系，单词-图片间的异构链接和单词-单词间的同构链接。对于这种具一般性的异构结点的复杂图（complex graph），利用复杂图聚类[356]算法可对图片结点进行聚类。如果忽略单词-单词间的同构链接，如图 15.3 中虚线所示，该图模型简化为二部图（bipartite graph），可利用二部图协同谱聚类（spectral co-clustering）算法[350]对图片进行聚类。

15.5 基于多例学习的 Web 图片聚类

路晶等[346]提出了一种基于多例学习的 Web 图片聚类方法。在该方法中，一幅图片包含多个区域，各个区域具有不同的视觉内容，对应着不同的语义。将一个区域视为一个样例，而属于同一幅图片的区域即组成一个包。对一个具体的查询 Q，一幅图片是与之相关的当且仅当其中至少有一个区域具有与查询 Q 对应的内容，否则该图片就是不相关的。该方法关注如何对通过文本信息检索得到的图片集合（包）进行聚类分析，数据集合不需要进行标注，聚出的类对应着具有相似视觉内容的图片，描述了不同的用户兴趣。在基于 EM（expectation maximization）的算法框架和启发式迭代优化算法框架下提出了三种新的多例聚类算法。

15.5.1 基于 EM 的多例聚类算法

本节介绍基于 EM 的多例聚类算法，使用 EM 是为了优化概率分布以更好地描述数据集合。基本想法是将包的聚类表示为基于某种混合模型的多项式分布，该混合模型来自样例集合。该算法分为三个步骤:首先,假设样例属于某个概念,该概念由混合模型表示;然后,设置包的数据集合的初始聚类划分;最后,使用 EM 算法来优化初始的聚类划分。

该方法采用模糊 c-均值(fuzz c-means)算法[358]作为样例模型(IM),而初始聚类划分的方法与 Kriege1 等[359]的方法相同。

在多例聚类中,完整的 EM 算法模型可由如下的似然估计表示:

$$E(M) = \sum_{B \in DB} E\Big[\log \sum_{c_i} P(B \mid c_i)\Big] \tag{15.13}$$

其中,$P(B|c_i)$为包 B 出现在类别 c_i 中的概率,当其对数的期望之和达到极大值时 EM 算法可获得局部最优解。

在 EM 算法的 E 步骤中,包 B 属于类别 c_i 的概率定义为

$$P(c_i \mid B) = P(c_i) \times P(B \mid c_i) \Big/ \Big[\sum_{c_j \in C} P(c_j) \times P(B \mid c_j)\Big] \tag{15.14}$$

其中,$P(c_i)$为类别 c_i 出现的先验概率,后验概率 $P(B|c_i)$则表示基于样例模型的多项式分布。路晶等使用三种新的算法来对其进行估计。

15.5.2 启发式迭代优化算法

启发式迭代优化算法的基本思想是先以每个包的质心作为代表,对其使用模糊均值算法进行初始聚类划分,同时得到每个样例 x_i 属于类别 c_j 的概率 $P(x_i|c_j)$。然后,依次进行如下三个步骤直至算法收敛。①在多例学习的假设条件下,对于 $x_i \in B_1$,根据概率 $P(x_i|c_j)$从包 B_1 中选择出一个样例代表 x_1;②基于样例集合$\{x_1\}$,更新聚类模型 M 中描述类别的模型参数;③按照更新后的模型参数,重新计算所有样例属于类别 c_j 的概率 $P(x_i|c_j)$。该方法分别采用模糊 c-均值算法、高斯混合模型(GMM)和一类支持向量机(one-class SVM)作为聚类模型 M,相应得到三个新的多例聚类算法:mi-FCM、mi-GMM 和 mi-SVM。

15.6 基于概率模型的个性化社交图片聚类

随着 Web 2.0 技术的成熟和广泛应用,图片共享网站(如 Flickr、Google Picasa 等)如雨后春笋般飞速发展起来。这类网站中的图片信息允许用户进行标注和发布,故称为社交图片。作为 Web 图片的一种,对社交图片进行高效地管理、分析已成为目前热门的研究方向。针对社交图片的特性,Zhuang 等[347]提出一种基于概率模型的个性化社交图片聚类方法。

15.6.1 问题定义

首先,表 15.1 给出一些符号说明。

表 15.1　符号含义说明

符号	含义
Ω	社交图片集合
λ_i	第 i 张社交图片且 $\lambda_i \in \Omega$
n	Ω 中图片的总数
m	类标签的数目
λ_q	用户提交的查询图片
$\mathrm{sim}(\lambda_i, \lambda_j)$	统一相似距离
$\mathrm{vSim}(\lambda_i, \lambda_j)$	视觉相似距离
$\mathrm{aSim}(\lambda_i, \lambda_j)$	标签相似距离
$\mathrm{iSim}(\lambda_i, \lambda_j)$	标题相似距离
r	查询半径
$|\cdot|$	$\cdot$ 中对象的数目

一般来说,对于一张社交图片,它往往包含两类特征:客观特征(objective features)和主观特征(conceptual features)。图片的客观特征主要指视觉特征,如颜色直方图等,而主观特征包含图片对应的标签和所在网页的标题(webpage title)。

定义 15.1(社交图片)　社交图片 λ_i 可表示为一个四元组:
$$\lambda_i ::= \langle i, \mathrm{vis}, \mathrm{tag}, \mathrm{title} \rangle \tag{15.15}$$
其中,i 表示该社交图片的 ID;vis 指图片 λ_i 对应的视觉信息;tag 指用户所给出的标签信息;title 指图片 λ_i 对应的网页标题。

一般来说,对于用户 U_i,在不同时期存在不同的偏好。而且,对于同一个偏好,在不同时期的喜好程度也会不同。

定义 15.2(用户)　用户 U_i 可表示为一个三元组:
$$U_i ::= \langle i, N, P \rangle \tag{15.16}$$
其中,i 指用户的编号;N 表示用户名;P 表示用户 U_i 对应的偏好,同样可用一个三元组表示:
$$P ::= \langle \mathrm{name}, \mathrm{tem}, \mathrm{prob} \rangle \tag{15.17}$$
其中,name 指用户 U_i 的偏好名称;tem 指时态信息;prob 指用户 U_i 对该偏好的喜好程度且 $\mathrm{prob} \in [0,1]$。

根据用户标签的用途,标签可以分为两类:对象标签(object tag)和类别标签(classification tag)。

定义 15.3(对象标签,object tag)　图片 λ_i 的对象标签(OT)用于描述该图片。

定义 15.4(类别标签,classification tag)　图片 λ_i 的类别标签(CT)为表示该

图片类别的标签。

例如,对于一张描述苹果电脑的图片,标签 apple 属于对象标签,computer 属于类别标签。

15.6.2　上下文信息相似度量

一般来说,社交图片对应的上下文信息(如标签及网页标题)对理解其语义非常重要。该类图片对应的标签集及所在网页的标题信息可看成两个词集合(Ws),每个 Ws 包含若干词。因此,社交图片的文本信息比较可以转化为对其标签和标题的相似比较。

1. 预处理

在对社交图片进行聚类前,需要事先对伴随图片的上下文信息进行处理。处理过程分为两个阶段:规范化(normalization)及比较(comparison)。规范化处理涉及词干化(stemming)和消除停止词(removing stop words)。对这些文本信息进行词干化处理可借助 WordNet stemmer 完成,例如,将单词"realization"转化为词干"realiz-"。这样,通过共同的词干,单词"realize"和"realization"都被认为是相似词。规范化处理的第二部分涉及消除停止词(stop words),如"I"、"do"或"the",因为它们会在一定程度上影响比较算法的分值从而影响聚类质量。例如,两个待比较的句子会有很多停止词,但并不意味着它们相关。

除去所有标点符号,同时取代大写字母。在对给定的文本进行规范化处理完成后,使用文本比较算法对每个文本进行比较。再将比较得到的相似值写入数据库中的另一个相似矩阵。标签只与标签进行比较,标题只与标题进行比较,描述只与描述进行比较。

2. 相似度量

给定两个词集合(Ws):X 和 Y,则词集合 X 和 Y 的相似度可定义为

$$
\mathrm{sim}(X,Y) = \frac{\sum\limits_{x \in X} 1_{\{y \in Y: s(x,y)=0\}} + \sum\limits_{y \in Y} 1_{\{x \in X: s(x,y)=0\}}}{\mid X \mid + \mid Y \mid} \tag{15.18}
$$

其中,$s(x,y)=0$ 表示词 x 与 y 相同。该相似度通过在这两个词集合中共同词所占的百分比来确定。

例如,给定两个词集合:$s1=$ "Tiger Woods Greatest Golf Shot Ever",$s2=$ "Tiger Woods Amazing Golf Shot",它们对应的相似度为 0.73,因为 $s1$ 和 $s2$ 中存在四个共同词。

$$\text{sim}(s1,s2) = \frac{\sum_{x \in s1} 1_{\{y \in s2; s(x,y)=0\}} + \sum_{y \in s2} 1_{\{x \in s1; s(x,y)=0\}}}{\mid s1 \mid + \mid s2 \mid} = \frac{4+4}{6+5} = 0.73$$

15.6.3　用户偏好概率模型

为了支持个性化聚类，本节提出一个用户偏好的概率模型。

定义 15.5（用户偏好分布表，user preferences distribution table）　第 i 个用户（U_i）对应的用户偏好分布表（UPDT）可表示为一个三元组：

$$\text{UPDT}_i :: = \langle i, \text{pref}_j, \text{prob}_j \rangle \tag{15.19}$$

其中，i 表示用户的 ID；pref_j 指用户 U_i 的第 j 个偏好且 $j \in [1, |\text{pref}|]$；prob_j 指用户 U_i 选择偏好 pref_j 的概率值且 $j \in [1, |\text{pref}|]$。

表 15.2 为一个用户的偏好概率分布表。需要指出的是，定义 15.5 中的 pref_j 与定义 15.4 中的类别标签相同。

表 15.2　第 i 个用户偏好概率分布

偏好（pref_j）	概率（prob_j）
computer	50%
fruit	30%
history	20%

15.6.4　聚类算法

本节介绍一种基于多特征的个性化图片聚类方法。首先将上面得到的视觉距离（vSim）、标签距离（aSim）及标题距离（iSim）通过第 5.1.2 节介绍的基于多元回归（multivariable regression，MVR）的方法，得到三个特征的权重，如下式所示：

$$\text{sim}(\lambda_i, \lambda_j) = w_v \times \text{vSim}(\lambda_i, \lambda_j) + w_a \times \text{aSim}(\lambda_i, \lambda_j) + w_i \times \text{iSim}(\lambda_i, \lambda_j) \tag{15.20}$$

其中，w_v、w_a 及 w_i 分别表示上述三个特征对应的权重。

在上述统一相似距离基础上，对于 n 张社交图片，可以得到一个距离矩阵 $\boldsymbol{D}_{n \times n}$ 作为 AP 聚类算法[278]的输入，将图片分成 k 个类。对于每个类，存在一组候选标签。

下面提出一种根据用户偏好的类排名方法。方法具体如下所述。对于每个类（C_i），首先计算事先定义好的 CTS 出现在 C_i 中的概率。然后，C_i 与用户偏好分布表的排名分值($sClus$)可通过式(15.21)计算得到：

$$sClus(C_i) = \sum_{j=1}^{|pref|} CT_j.\,prob \times pref_j.\,prob \qquad (15.21)$$

其中，$CT_j.\,prob$ 表示 CT_j 出现在 C_i 的概率，且 $i \in [1, k]$，$j \in [1, m]$。

例如，在图 15.4 中，假设存在三个类。对每个类，存在一个 CT 分布表。根据式(15.21)，对于类 1，最终排名分值可表示为 $sClus(C_1) = 60\% \times 50\% + 30\% \times 30\% + 10\% \times 20\% = 0.41$。类似地，$sClus(C_2) = 0.34$，$sClus(C_3) = 0.3$。

Cluster 1		Cluster 2		Cluster 3	
CT	prob	CT	prob	CT	prob
computer	60%	computer	40%	computer	30%
fruit	30%	fruit	20%	fruit	10%
animal	10%	animal	40%	animal	60%

user i	
pref	prob
computer	50%
fruit	30%
animal	20%

图 15.4　确定最终排名分值的例子

该聚类处理分为两个阶段：①图片聚类(第 2～6 行)；②根据用户的偏好对聚类图片进行排序(第 7～9 行)。当用户 U_i 提交了一张查询图片 λ_q，返回查询结果(S)(第 3 行)。然后，对 S 中的每张图片提取三类特征(第 4 行)，得到一个统一的相似距离矩阵(第 5 行)。通过 AP 算法[278]进行聚类处理。最后，对于每个类，根据该用户 U_i 偏好，计算出与之相关的最终排名分值(第 7～8 行)。返回结果给用户。

算法 15.1　The pMFC algorithm

输入：query image λ_q，U_i，r；

输出：cluster results；

1. $S \leftarrow \varnothing$；　　　　　　　　//initialization

2. a user U_i submits a query image λ_q；

3. the image query results(S) are returned by a search engine as input images；

4. extract three kinds of features of each image in S；

5. obtain an distance matrix based on an unified similarity measure；

6. cluster the images in S by the AP clustering method；

7. **for** each cluster C_i **do**

8. 　　calculate the final ranking score($sClus(C_i)$) with U_i's UPDT based on Eq. (15.21)；

9. **end for**；

10. **return** the result clusters that are ranked according to the sClus descending；

15.7　本 章 小 结

随着互联网中图片数量的爆炸性增长,Web 图片的有效聚类处理对提高其搜索效率及准确度都将起到至关重要的作用。本章介绍了 Web 图片聚类的一些主要方法,包括基于文本特征的 Web 图片聚类、Web 图片的多特征聚类、基于图片与文本相关性挖掘的 Web 图片聚类及基于多例学习的 Web 图片聚类。最后,以社交图片为例,介绍一种基于概率模型的个性化社交图片聚类。

第 16 章　音频聚类与分类

作为最重要的两类音频信息:语音(audio)和音乐(music)的自动聚类及分类在基于内容的音频检索、视频的检索和摘要以及语音文档的检索等领域都有重要的应用价值。本章介绍音频聚类及分类的一些主要方法。

16.1　引　　言

音频自动聚类与分类的研究工作最早开始于 20 世纪 90 年代初。Feiten 等[360]通过训练一种神经元网络直接将声音类别映射到所标注的文本。同时,又提出了使用自组织映射(self-organizing mapping,SOM)聚类算法对具有相似感觉特征的声音进行聚类[361]。Wold 等[362]提出了基于内容的音频自动分类,通过分析音频的区别性特征,包括响度(loudness)、音调(pitch)、亮度(brightness)和谐度(harmonicity)等,并且根据最近邻准则(nearest neighbor,NN)和 Mahalanobis 距离设计音频的分类器。Foote 等[363]采用 12 阶的 MFCC 系数和能量作为音频的特征表示,根据极大互信息准则(maximum mutual information,MMI)训练决策树量化特征空间为离散的区域,并且根据最近邻准则对音频进行分类。Li 等[364-365]分别采用最近特征线(nearest feature line,NFL)和支持向量机(support vector machine,SVM)作为音频分类器。

近年来,随着对音频自动聚类与分类研究的深入,其在视频检索和摘要、基于内容的语音检索等相关领域也日益引起人们的重视。在视频检索和摘要中,人们发现简单的视觉特征,如颜色、纹理和运动向量等并不能很好地反映视频的内容和结构语义,而更高级的视觉语义特征的提取则相当困难,因此,文献[366]～文献[368]尝试在视频的检索和摘要中结合音频(语音、音乐)及文本(字幕、标题)等信息,以克服单纯的视觉特征语义表达能力较弱这一缺点。Liu 等[369-370]根据音频特征分别训练 OCON(one class in one network)神经元网络和隐马尔可夫模型(hidden Markov model,HMM)对电视节目进行五种视频场景的分类:天气预报、新闻、广告、足球和篮球。Pfeiffer 等[371]采用相位补偿伽马滤波器组提取音频特征,并用于音频的分割、音乐内容的分析及暴力镜头的检测等方面。文献[372]和文献[373]采用基于简单决策树的语音/音乐多步层次分类方法,即每一步根据一种或者几种音频特征及其阈值判定音频所属的类别。但是,层次分类模型只能表示均值、方差等统计特性,而音频信号特征通常具有时间统计特性。

下面介绍几种有代表性的音频聚类与分类方法。

16.2　基于拟声词标注的音频聚类

Sundaram 等[374]提出一种基于拟声词(onomatopoeic word)标注的音频聚类方法。该方法采用接近信号层的语言描述。这些拟声词是对声音的模仿。采用这类描述方法的目的是为了提供一个基于感知、更加直观,且无二义性的语言描述来辅助自动分类。例如,音频片段"Nail hammered"可以被拟声词"tap-tap"很好地描述。

该方法采用一种更接近信号层属性的语义信息——拟声词来表示音频片段。这些拟声词可以看成对这些声音的模仿。这种描述可以处理在音频语义信息中的潜在歧义性。其基本思想是首先将拟声词表示为一个在表示空间(meaning space)的向量。它通过采用词间距离尺度实现。然后,对来自通用音效库中的各种片段进行离线标注,赋予一些合适的拟声词。这些拟声词是对应音频片段的声学属性的描述。使用每个片段的这些标签信息及每个词的向量表示,可以在表示空间里对这些音频片段进行表示和聚类。通过该方法得到的聚类结果既体现了语义相关性,也反映了它们在声学属性上的相似性。

16.2.1　动机

用词来表述声音。人们使用语言表达和传递多种听觉事件(acoustic events)。它通过词来表达一个特别的听觉事件。例如,当有人试图描述"敲门"事件,词"tap-tap-tap"可以较好地表达其声学属性。由于上述可以表示为一种在声学空间和语言(语义)空间的双向映射,因此,以该方式表示听觉事件是可行的。该映射的存在是对熟悉的声学事件共同理解的结果。人们会用"tap"来描述"敲门"的声音。听到这个词的人也熟悉该词"tap"的声学属性。需要指出的是:①在语言描述上,"敲门"和"tap-tap"是不同的,前者是这个事件的原始语言描述,而后者更接近敲门这个事件的声学属性描述;②由于词,如"tap"用于描述事件对应的声学属性,因此,它们也可以表示多个事件情况(如敲门、停机坪上的马蹄等)。其他使用拟声词来描述的相关例子如下所述。

① 来自鸟的叫声:A hen clucks、a sparrow tweets、a crow or raven caws,and an owl hoots。

② 来自每天生活的声音:A door close is described as a thud and/or thump. A door can creak or squeak while opening or closing. A clock ticks. A door bell is described with the words ding and/or dong or even toot.

一般来说,对该声音的拟声描述并不局限于单一词的表达。人们通常使用多个词来描述一种声音。如上述例子所述,借助拟声词描述,门铃的声音更接近猫头鹰的叫声,然而它们相应的语言描述完全不同。也有可能从音频事件中的拟声描述得到一个更高一层的推理。假设在一个灌木丛或粮仓的场景,其描述的叫声样本片段的声学特征很可能是一个猫头鹰,而不是一个门铃。然而,假设所处的场景是一个客厅,则相同的声学特性更可能代表了门铃。基于这样的想法,可以看出,拟声词描述能自动提供一个灵活的框架,用于一般听觉场景识别或分类。

16.2.2　实现

1. 词义空间(lexical meaning space)的距离尺度

在相似/距离尺度和主成分分析的基础上,拟声词可表示成使用词义信息的向量。具体过程如下所述。

一个包含了 l_i 个词的集合 $\{L_i\}$ 是由每个在拟声词列表中的单词 O_i 相应的词库生成,则第 j 个词与第 k 个词间的相似度可定义为

$$s(j,k) = c_{j,k}/l_{j,k}^d \tag{16.1}$$

这样可以得到该距离:

$$d(j,k) = 1 - s(j,k) \tag{16.2}$$

其中,$c_{j,k}$ 表示集合 $\{L_j\}$ 和 $\{L_k\}$ 中的共同词数量;$l_{j,k}^d$ 表示集合 $\{L_j\}$ 和 $\{L_k\}$ 的并集中的单词总数。通过上述定义,可以得到该距离尺度满足三角不等式。同时由词库生成的集合 $\{L_j\}$ 和 $\{L_k\}$ 中的词和词 O_j 和 O_k 具有某种相同意思,因此,它们在词义上也相关。两个词的相似度取决于共同词的数目。因此,对于一个由 W 个词构成的集合,使用该距离尺度,可得到一个 $W \times W$ 对称距离矩阵,其中该矩阵中的第 (j,k) 个元素表示第 j 个词与第 k 个词的距离。需要注意的是,根据其他出现在该集合中的词,该矩阵的第 j 行是第 j 个词对应的一个向量表示。然后,对该特征向量集进行主成分分析[60],这样每个词可表示为低维空间 O_d 中的一个点,$d=8$ 且 $W=83$。最终,这些点(或向量)就成为表示空间中拟声词的表示。

表 16.1 罗列了该工作中的所有拟声词。通过对这些词的分析,可以看出它们中间很多存在意思重复的词(如 clang 和 clank),同时也存在一些在意思上相近的词(如 fizz 与 sizzle、bark 与 roar),但是 fizz/sizzle 和 bark/roar 却相差很远。上述观察也可以从图 16.1 中得到。例如,词 growl 和 twang 相近。一旦对每个音频片段进行了标注,则每个片段可看成表示空间中的一个向量。

表 16.1　所采用的拟声词列表

bang	bark	bash	beep	biff	blah	blare	blat	bleep
blip	boo	boom	bump	burr	buzz	caw	chink	chuck
clang	clank	clap	clatter	click	cluck	coo	crackle	crash

creak	cuckoo	ding	dong	fizz	flump	gabble	gurgle	hiss
honk	hoot	huff	hum	hush	meow	moo	murmur	pitapat
plunk	pluck	pop	purr	ring	rip	roar	rustle	screech
scrunch	sizzle	splash	splat	squeak	tap-tap	thud	thump	thwack
tick	ting	toot	twang	tweet	whack	wham	wheeze	whiff
whip	whir	whiz	whomp	whoop	whoosh	wow	yak	yawp
yip	yowl	zap	zing	zip	zoom			

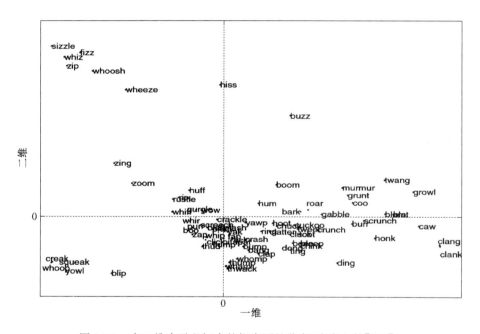

图 16.1　在二维表示空间中的拟声词的分布(来自文献[396])

2. 采用拟声词标注音频片段

本研究中的 236 个音频片段取自 BBC 音效库(http://www.soundideas.com)。它们分别属于多个类别:动物、鸟、脚步、运输、建设工作及焰火等,分为四个主题用拟声词来标注初始的音频片段集,所有片段被编辑为 10～14s。让志愿者选择它们认为能最好描述音频片段的词。片段被随机分为四组,志愿者每次花 20～25min 对集合中的片段进行标注。将所选的词作为该片段的拟声词标签进行保存。统计所有志愿者对每个片段的标注信息。只保留两次以上的标签信息,其余放弃。这样得到一些标签,这些标签与志愿者的标注大体相同。

标注方法如图 16.2 所示。每个结果标签基本上都对该片段的拟声词描述,它们很好地表达了该片段的音频信号。然后,这个初始词集合的标签又可以转移到另外一些与原来词汇描述相似的音频片段中。例如,一个名为 "BRITISH SAANEN GOAT 1 BB" 的片段具有五个标签:{blah,blat,boo,yip,yowl}。同时,这些词又用于标注名为 "BRITISH SAANEN GOAT 2 BB" 的片段。类似地,音频片段 "BIG BEN 10TH STRIKE 12 BB" 的标注信息为 {clang,ding,dong}。这些标签同样可用于片段 "BIG BEN 2ND STRIKE 12 BB"。在转移这些标签后,总共 1014 个音频片段都完成标注。下一步将在语义空间来表示每个标注后的音频片段。

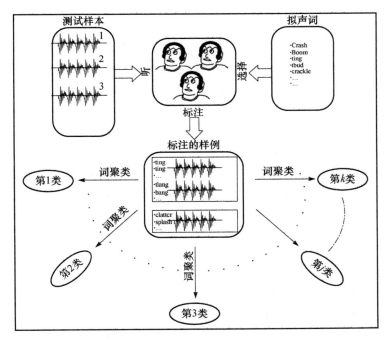

图 16.2　基于拟声词的音频片段标注与聚类(来自文献[374])

3. 音频片段在表示空间的向量表示

图 16.3 为已标注的音频片段的向量表示。每个音频片段对应的向量是其拟声词对应向量之和。令片段 HORSE VARIOUS SURFACES BB 的拟声词描述标签为 {clatter,pitpat}。标签 clatter 和 pitpat 已在表示空间中分别用向量 1 和向量 2 进行表示,向量 3 表示为向量 1 和 2 之和。因此,向量 3 可表示为片段 HORSE VARIOUS SURFACES BB 对应的向量。该向量表示具有以下属性。

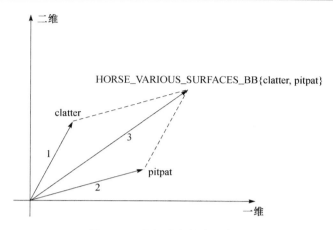

图 16.3　音频片段的向量表示

① 当两段或更多音频片段有相同的标签,则这些片段对应的向量也相同。

② 当两段音频有语义相似的标签,则它们对应的向量接近。例如,令片段 A 和 B 对应的标签分别为{sizzle,whiz}和{fizz,whoosh}。如图 16.1 所示,由于这些标签在表示空间邻近,且因为向量和,因此,片段 A 和 B 对应向量接近。采用聚类算法,将在听觉或语义属性上相似的音频片段聚在一起。

这样一来,音频片段可以表示为表示空间中的对应向量,并且采用无监督 k 平均聚类算法对音频片段进行基于相似拟声词(相似的听觉特性)的聚类。该聚类过程将在下面介绍。

4. 在表示空间的无监督音频片段聚类

贝叶斯信息标准(the Bayesian information criterion,BIC)[371] 已被作为一个在无监督学习下的模型选择的标准。它被广泛用于选择无监督聚类数目。本方法采用上述标准得到 k-Means 聚类中 k 的数目。

表 16.2 为采用上述方法的聚类结果。该表列举了每个类中的一些重要音频片段。该表只展现了 $k=112$ 个类中的五个类对应的聚类结果。如前所述,将相似拟声描述的音频片段聚集在一起。因此,在该类中的片段具有相似的声学属性。例如,在类 5 中的片段 SML NAILS DROP ON BENCH B2. wav 和 DOORBELL DING DING DONG MULTI BB. wav 在该表中。

从门铃和指甲掉落在一条长凳上产生的声音的各自拟声描述及其属性的理解,可建立它们之间的关系。根据它们各自的拟声描述,该关系可借助音频片段在表示空间的向量表示来建立。

表 16.2 基于向量表示的音频片段的无监督聚类结果

cluster #	Clip Name & Onomatopoeic Descriptions
cluster 1	CAR FERRY ENGINE ROOM BB {buzz, fizz, hiss} WASHING MACHINE DRAIN BB {buzz, hiss, woosh} PROP AIRLINER LAND TAXI BB {buzz, hiss, whir }
cluster 2	GOLF CHIP SHOT 01BB. wav{thump, thwack} 81MM MED MORTAR FIRING 5 BB. wav{bang, thud, thump} THUNDERFLASH BANGBB. wav{bang, thud, wham} TRAIN ELEC DOOR SLAM 01 B2. wav{thud, thump, whomp}
cluster 3	PARTICLE BEAM DEVICE 01BB. wav{buzz, hum} BUILDING SITEAERATOR. wav{burr, hum, murmur, whir} PULSATING HARMONIC BASSBB. wav{burr, hum, murmur} ...
cluster 4	HUNT KENNELS FEEDBB. wav{bark, blat, yip, yowl} PIGS FARROWING PENS 1BB. wav{blare, boo, screech, squeak, yip} SMALL DOG THREATENINGBB. wav{bark, blare} ...
cluster 5	DOORBELL DINGDING DONG MULTI BB. wav{ding, dong, ring} SIGNAL EQUIPMENT WARN B2. wav{ding, ring, ting} SML NAILS DROP ON BENCH B2. wav{chink, clank} ...

16.3 基于隐马尔可夫模型的音频分类

卢坚等[375]提出一种基于 HMM 的音频分类算法，分类对象是三类数据：语音（speech）、音乐（music）以及语音和音乐的混合（speech＋music），并根据极大似然准则判定它们的类别。

隐马尔可夫模型本质上是一种双重随机过程有限状态自动机（stochastic finite-state automata），具有刻画信号的时间统计特性的能力。其中的双重随机过程是指满足马尔可夫分布的状态转换马尔可夫链以及每一状态的观察输出概率密度函数，共两个随机过程。HMM 可以用 3 元组来表示：$\lambda=(A, B, \pi)$，其中 A 是状态 S_i 到 S_j 的转换概率矩阵，B 是状态的观察输出概率密度，π 是状态的初始分布概率。HMM 需要研究的三个基本问题是：①已知 HMM 模型 λ 的各参数，求某一观察序列 O 在该模型下的极大似然，即 $P(O|\lambda)$，$O=O_1, O_2, \cdots, O_T$，T 为观察序列长度；②在给定的 HMM 模型 λ 的条件下，求观察序列 O 最有可能历经的状态序列 S；③在已知样本集合的条件下，如何根据样本集合训练模型并获得模型参数。问题①可以由前向（forward）或者后向（backward）算法解决，问题②是典型的状态空间搜索问题，经典的算法有基于动态规划的 Viterbi 算法、Beam Search 和 A* 算法，问题③是统计学习过程，其学习算法有 Baum-Welch 算法、梯度算法等。

Baum-Welch 算法能够在理论上证明经过有限次迭代就能收敛,但它和梯度算法一样都会陷入局部极值点,而不能得到全局最优的结果。

本方法所采用三类数据分别训练各自的左-右 DHMM(discrete HMM),记为 λ_1、λ_2 和 λ_3。左-右 DHMM 具有计算代价小、迭代次数少和训练过程中收敛较快的优点,比较适合在线的音频分类应用。在训练 DHMM 分类器之前首先需要对样本数据进行向量量化,该分类方法采用的量化算法是 k-Means 算法。在实验中,随机生成模型参数的初值,训练算法采用多观察序列的 Baum-Welch 算法。分类的准则是极大似然判别,即给定一观察序列 O,分别计算 $P(O|\lambda_i)$ $(i=1,2,3)$,并选取似然最大的模型为观察序列 O 的类别,即 $j=\mathrm{argmax}_i\left[P(O|\lambda_i)\right]$。

16.4　其他聚类与分类方法

除了上述两种音频聚类与分类方法之外,许多学者又相继提出了多种音频片段的聚类方法。

① 基于内容的音频聚类:该方法的基本思想是将从音频片段中提取的四个特征:MCFF 系数,得到一个统一的加权相似度。然后,得到一个距离矩阵。最后,采用 AP 聚类算法[278]对其进行聚类。

② 基于支持向量机的音频分类:Xu 等[376]提出一种基于支持向量机的音频片段分类方法用于区分纯音乐(pure music)和声乐(vocal music)。该方法首先从音频片段中提取底层特征,然后采用非线性的支持向量机学习算法对训练数据进行学习,得到区分纯音乐和声乐的最优类边界。实验表明该方法比采用隐马尔可夫模型的分类方法要好。Li 等[377]也提出一种基于支持向量机的音频片段分类方法。

③ 基于神经网络的音频分类:Khan 等[378]提出一种采用多层感知(multi-layer perception,MLP)的神经网络进行音频片段分类的算法。Paul 等[379]也提出一种基于神经网络的音频片段分类算法。

16.5　本 章 小 结

本章回顾和介绍了音频聚类与分类方面的主要工作,主要包括基于拟声词的音频聚类,基于隐马尔可夫模型的音频分类,基于内容的音频聚类,基于支持向量机的音频片段分类及基于神经网络的音频片段分类等。

第 17 章　视 频 聚 类

17.1　引　　言

随着互联网上多媒体数据量的爆炸性增长，人们越来越关注这类海量数据的管理与分析。多媒体数据包括文本、图像、音频和视频等。然而，在这些不同类型的多媒体数据中，视频数据占据了很大比例，因为视频包含了非常丰富的语义、听觉和视觉内容，同时显示更加直观，越来越受到人们的喜爱。

目前网络视频搜索已成为互联网服务的一项重要内容。然而，当前商用视频搜索引擎通常都是提供基于关键词的搜索结果，这些搜索结果往往杂乱无章（图 17.1）。作为一种提高搜索引擎查询性能的方式，将原始结果聚成不同语义的类别已在文本检索[341-342]和图像检索[343,382]中进行了广泛的研究。一般来说，一个视频片段可以表示为一组帧序列，每组帧序列由多模态特征信息构成，如视觉、听觉、文本及运动特征[377]。尽管 Web 视频搜索结果聚类与通用聚类算法相似，但具有一些自身的特点。

与 Web 图片聚类[343-344,381-382]类似，由于用户查询有时会存在多义性，使查询返回的视频片段包含多个主题。甚至语义相同的视频在视觉上也会存在不同。另外，与图片不同，视频中的内容较难通过一帧或一个向量描述[389]。这给视频聚类带来了很大的挑战。此外，传统的视频聚类方法大都针对单一特征（如文本或内容）进行聚类，这会导致聚类结果不十分理想。与之前只基于文本或内容特征的视频聚类方法相比较，本章介绍的视频聚类方法同时考虑语义和视觉特征信息，进行统一度量，使每个类中的视频片段在视觉和语义上都具有一定相似性。因此，研究对查询结果进行基于主题的聚类处理将有助于提高视频搜索的有效性。

本章主要介绍三种视频聚类算法，重点介绍一种对视频搜索结果的基于多特征融合分析的聚类方法[380]，它通过对多种信息源信息[391]，以及视频内容如标题、标签及其描述信息的融合分析，充分对视频片段的相关文本信息进行挖掘和分析实现聚类。该聚类方法使返回的视频片段按照语义和视觉特征分类。

17.2　基于多特征的视频聚类算法

Hindle 等[380]提出了一种多特征融合的视频聚类方法。该视频片段聚类系统包括对查询得到的视频片段的获取、对视频内容信息的预处理(主要集中在文本处理),以及视频聚类及结果可视化显示。

17. 2. 1　视频信息获取

对于查询请求,首选通过采集第三方 Web 视频搜索引擎(如 YouTube)的搜索结果作为聚类处理的输入。YouTube 本身提供了一个应用程序接口(API),允许开发者访问其数据。TubeKit2 是 YouTube 网络爬虫的开源程序[386]。在本系统中,使用 TubeKit 发送文本查询 YouTube,下载返回的视频片段及其元数据。如图 17.1 所示,这些元数据包括视频标题、标签、描述及点播者数量等信息。

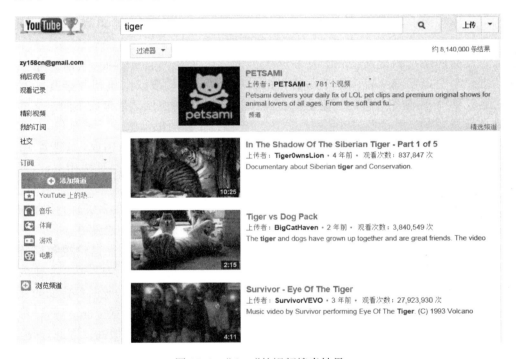

图 17.1　"tiger"的视频搜索结果

对于一个视频片段,其对应的标题、标签、描述对表达该视频的语义信息非常重要。例如,一个视频片段的标题为"pluto",而其对应的标签可能为"pluto"、"disney"和"mickey"。这表明该视频片段可能属于 disney pluto 类,而不是之前的 planet 类。

17. 2. 2　视频片段相似度量

视频片段处理主要指视频相似度度量。第 4.3.3 节已经介绍多种视频片段相似度度量方法。本节介绍采用一种基于边界坐标系统（bounded coordinate system，BCS）的视频相似度比较方法[384]。该方法将视频帧的特征转化到 BGS 模型中，同时采用主成分分析法将每帧对应的特征直方图向量投影到一个新的坐标系统。该方法通过分析底层视觉特征分布，能够捕捉到视频片段中的主要内容及内容的变化趋势。BCS 模型可以看成一个视频片段的压缩表示（compact signature）。

17.2.3　上下文信息相似度量

随着 Web 2.0 技术的成熟与普及，视频片段的上下文信息往往与其语义非常相近[387,389]。这样通过比较文本特征有助于发现其语义信息的重要性。对于一个视频片段，需要对其附带的元数据进行比较。传统信息检索方法中计算文本相似度是采用一组索引词（index terms）以文档-词向量的形式来表示文档。通过向量相似度来区分与查询最相关的文档。然而，这对于比较短句的相似性是不合适的。一个使用了大量事先定义好的关键词的句子会形成一个非常稀疏的向量。这里所采用的文本相似度计算方法与第 15.6.2 节介绍的方法类似，也是通过搜索两句话或两组词中的共同词，并且计算这些共同词的个数所占的百分比。该百分比值为文本相似度。这种词汇匹配方法对上下文信息很有效，但没有完整的句子语义，它更像是"bag of words"的概念。在这之前，同样需要对给定的文本进行规范化处理，具体参见第 15.6.2 节。

17.2.4　聚类处理

本节介绍一种视频聚类中的多源信息集成的方法及如何进行多特征聚类。几乎所有的视频分享网站都有一些有价值的社会化标注信息[392]，这些标注信息都以结构化伴随文本形式存在。将视频看成一个多媒体对象，它包含的不仅是视频内容本身，而且还有许多其他文本信息（如标题、标签和描述等）。只基于一种信息源的聚类很难得到理想的聚类效果。例如，当只采用视觉相似度进行视频聚类，则会产生较严重的"语义鸿沟"问题，同时会产生大量的类。此外，如果只采用文本相似度进行视频聚类，则视频都可以按照主题进行分类，但每个类中的视频片段的视觉信息往往会出现较大的偏差，对于大类尤其明显。

为了有效地解决上述问题，Hindle 等[380]提出了一种多特征融合的视频聚类方法。该方法将不同数据源得到视频片段信息（视频内容、标题、标签及描述等）进行统一分析。具体步骤如下所述。

① 对于视频片段的每个特征（视频内容、标题、标签或描述），分别计算它们对应特征的相似度，如视觉特征的相似度可采用 17.2.2 节的方法计算得到，同时，标签、标题及描述都属于文本信息，它们对应的相似度可采用 17.2.3 节介绍的方法计算得到。

② 对于任意两个视频对象 X 和 Y,通过结合不同特征对应的相似度得到一个集成相似度量

$$\mathrm{sim}(X,Y) = \sum_{\text{对于每个特征}\,i} w_i \times \mathrm{sim}_i(X,Y) \qquad (17.1)$$

其中,$\mathrm{sim}(X,Y)$ 为集成相似度,$\mathrm{sim}_i(X,Y)$ 为 X 和 Y 对应的第 i 个特征的相似度,w_i 表示第 i 个特征的权重。在该方法中,当前选取的特征集为 {visual, title, tags, description}。每个特征对应的权重值可用于交互式地调整特征选取的侧重点。例如,如果 tags 为聚类算法采用的主要特征,则 tags 将被赋予一个较大的值。计算完每对视频片段的集成相似度后,可得到一个对称矩阵。将其称为集成相似度矩阵(integrated similarity matrix)。

③ 在该集成相似度矩阵基础上,采用 AP 聚类算法[278]对其进行视频片段聚类。

Sitng(musician)

Sitng(wrestler)

The Sting(film)

图 17.2　聚类结果

图 17.2 为采用该算法得到的视频聚类结果。本章中的视频片段是数字格式的网络短视频，通常少于 15min。据报道，YouTube 中超过 99% 的上传视频片段小于 10min。那些传统长时间的视频，如一部电影或电视节目需要被分割成短片段，其中每个短片段表示一个场景或一个故事。

17.3 其他视频聚类算法

Ngo 等[392]提出了一种基于层次聚类的体育视频聚类算法。该聚类结构分为两层，最上层是对颜色特征的聚类表示，最下层是对视频运动特征的聚类表示。最上层包含了很多类，如来自不同拍摄者用广角、中角及近距离拍摄得到的视频片段。根据运动特征的相似性，将每个类中的镜头被分割构成在最底层的子类。通过实验分析，该视频层次聚类算法在提高聚类准确度的同时，也能有效提高检索效率。

Ngo 等提出的层次聚类方法只考虑视频底层内容特征上的聚类，尚未将视频的语义信息作为聚类的参考信息，聚类质量有限。一般来说，理想的视频聚类方法应该把语义相关并且特征相似的视频的特征向量相邻存储。针对大规模视频库的特点，施智平等[393]提出一种在语义监督下基于低层视觉特征对视频库进行层次聚类划分，当一个聚类中只包含一个语义类别的视频时，为这个聚类建立索引项，每个聚类所包含的原始特征数据在磁盘上连续存储。统计低层特征和高层特征的概率联系，构造贝叶斯分类器。查询时对用户的查询范例，首先确定最可能的候选聚类，然后在候选聚类范围内查询相似视频片段。实验结果表明，该方法不仅提高了检索速度而且提高了检索的语义敏感度。

17.4 本 章 小 结

随着互联网视频量的爆炸性增长，越来越多用户通过视频共享网站，如 YouTube 和优酷等进行视频信息查询。视频聚类对于改善查询准确度，提高用户的使用体验起着非常重要的作用。本章介绍了三种主要的视频片段聚类方法：基于多特征集成的视频聚类方法，基于内容的视频层次聚类算法和基于语义和内容特征的视频层次聚类算法。实验表明这些聚类方法能够对视频查询结果进行有效的基于主题的分类。

并行处理篇

第 18 章　海量多媒体分布式并行相似查询处理

前面章节介绍的多媒体检索都是只限在单机模式下进行。随着多媒体数据量的爆炸性增长,传统的单机处理模式已经远远不能满足用户对查询性能的要求,需要借助分布并行式计算来完成。本章首先介绍一种基于数据网格的 k 近邻查询算法(data grid-based kNN query,GkNN)[57,394-395]。然后,以海量医学图像查询为应用背景,介绍一种移动云计算环境下医学图像并行相似查询算法(medical image retrieval method in mobile cloud,MiMiC)[64]。实验表明该方法在提高查询性能的同时也提高了系统的吞吐量。

18.1　基于数据网格的 k 近邻相似查询

随着网格和多媒体技术的不断发展,特别是近几年来,互联网上多媒体信息呈现爆炸性增长的趋势。基于内容的海量多媒体信息检索和索引已成为一个热门的研究领域。然而,对于海量多媒体信息检索,它需要较高的 CPU 和 I/O 代价。基于传统的服务器端的集中式查询体系架构已经远远不能满足日益增长的数据量及大规模查询任务的需求。急需采用一种新型的并行计算技术来大幅提高海量数据的查询效率。网格计算技术作为并行计算的补充和发展,越来越受到国际学术界的关注。网格环境下的海量多媒体信息并行查询技术已成为一个研究热点[395-396]。

虽然目前对网格环境下的传统数据库查询进行了一定的研究[396-397],但是较少有文献研究基于数据网格的高维 k 近邻查询。在数据网格环境下,由于各结点高度自治,并且呈现异构特点,所处理的数据一般都是海量;各结点之间的连接带宽不同,传输速度可能会有很大的差异;网络环境不稳定,经常会出现结点之间连接不上以及连接中断的情况,这些都为基于数据网格环境的 kNN 查询操作的研究提出了新的挑战。

针对该类查询所面临的上述挑战,庄毅等[57,394]提出一种基于数据网格环境的高效 k 近邻(GkNN)查询方法。由于 GkNN 查询是通过嵌套调用范围查询来完成的,如图 18.1 所示,当用户向数据结点发送一个查询请求时,首先在数据层采用 iDistance[52]对原始向量集进行基于索引的快速缩减,以减少网络传输的代价,再将缩减后的候选向量通过向量"打包"传输的方式发送到若干个执行结点,在执行结点并行地完成候选向量的求精(距离)运算。为了充分利用网格中的资源,突出数据网格资源共享的特点,该算法把网格中性能较好的若干个结点作为高维查询的执行结点。最后将得到的结果向量发送回查询结点。这样就完成了一次高维向量的范围查询。

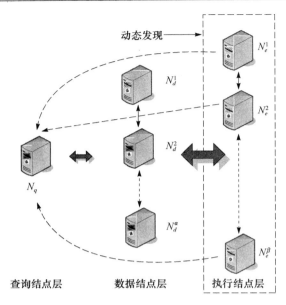

图 18.1　数据网格的拓扑结构

当返回的候选向量个数小于 k 时,再通过增大查询半径 r 的方式再次执行基于数据网格的范围查询,直到条件满足。实验表明该方法特别适合海量高维数据的检索。

算法采用基于查询投票的结点处理能力估计、基于始点距离的自适应数据分片策略、基于索引的向量集缩减、向量"打包"传输及流水线并行机制来减少查询的响应时间。同时,本章对算法建立代价模型并进行详细分析,说明各种参数对算法的影响程度。

18.1.1　预备工作

为了支持高效的基于数据网格的相似查询,本节分别提出基于查询投票的结点处理能力估计、基于始点距离的自适应数据分片策略、基于 iDistance[52] 的向量集缩减和向量"打包"传输,以减少查询的响应时间。

首先给出一些经常使用的符号,如表 18.1 所示。

表 18.1　参数表

符　号	意　义
Ω'	候选向量集
Ω''	结果向量集
α	数据结点的个数
β	执行结点的个数
N_d^i	第 i 个数据结点且 $i \in [1, \alpha]$
N_e^j	第 j 个执行结点且 $j \in [1, \beta]$

定义 18.1　数据网格(data grid)由结点(node)和边(edge)构成,表示为 $G=(N,E)$,其中 N 表示结点集合,E 表示结点之间的连接。

定义 18.2　数据网格中的结点分为查询结点 N_q、数据结点 N_d 和执行结点 N_e,表示为 $N=N_q \bigcup N_d \bigcup N_e$,其中 N_d 由 α 个数据结点 N_d^i 构成,N_e 由 β 个执行结点 N_e^j 构成。

如定义 18.2 所述,在网格环境中,图 18.1 中的结点被分为查询结点 N_q、数据结点 N_d 和执行结点 N_e。查询结点负责提交用户的查询请求;α 个数据结点负责高维向量数据及其索引的存储;β 个执行结点负责接收来自数据结点的经过缩减的候选向量集,并行地执行求精(距离)运算,并将结果返回查询结点 N_q。

18.1.2　支撑技术

1. 自适应数据负载均衡

1) 基于查询投票的结点处理能力估计

对于并行数据库系统,数据分布对并行查询的性能影响非常重要。不同于传统的并行系统,数据网格是一个异构的网络环境,其中每个结点的处理能力(如磁盘存储能力、磁盘转速和数据传输率)不同,很难通过这三个因素准确地对每个结点(包括数据结点和执行结点)的处理能力进行建模。作为数据分片的预处理阶段,每个结点的处理能力大小的估计对数据优化分布至关重要。为此,本节提出一种基于查询投票(query voting,QV)的网格结点处理能力的估计方法。

如图 18.2 所示,该方法将网格中每个结点的综合处理能力用从不同的户端分别发送到该结点所处理相同查询的平均时间来估计。假设有 m 个用户和 x 个结点,令从第 j 个用户发送到第 i 个结点的查询时间为 T_{ij},其中 $i \in [1,x],j \in [1,m]$。这样对于 m 用户和 x 个结点,可以得到一张表,称为用户时间(user-time,UT)表。

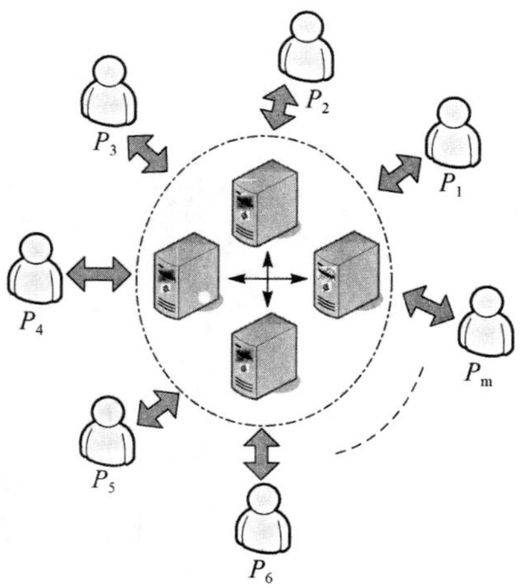

图 18.2　基于查询投票的
结点处理能力估计

$$UT = \begin{bmatrix} T_{11} & T_{12} & \cdots & T_{1x} \\ T_{21} & T_{21} & \cdots & T_{2x} \\ \vdots & \vdots & & \vdots \\ T_{m1} & T_{m2} & \cdots & T_{mx} \end{bmatrix}$$

$$(18.1)$$

在该表中,对于第 i 个结点,其处理能力(记为 ρ_i)与对应的平均查询时间成反比:

$$\rho_i \propto \frac{1}{\frac{1}{m}\sum_{j=1}^{m} T_{ij}} = \frac{m}{\sum_{j=1}^{m} T_{ij}} \tag{18.2}$$

即每个结点的平均响应时间的比率可以用 ρ_i 的函数来估计:

$$f(\rho_i) = \frac{1}{\frac{1}{m}\sum_{j=1}^{m} T_{ij}} = \frac{m}{\sum_{j=1}^{m} T_{ij}} \tag{18.3}$$

其中, $i \in [1, x], j \in [1, m]$。

基于以上公式,对于第 i 个结点,其处理能力的比率可表示为

$$\text{per}(i) = \frac{1/\sum_{j=1}^{m} T_{ij}}{1/\sum_{j=1}^{m} T_{1j} + 1/\sum_{j=1}^{m} T_{2j} + \cdots + 1/\sum_{j=1}^{m} T_{xj}} \tag{18.4}$$

举例:给定五个结点(如 N_1、N_2、N_3、N_4 和 N_5),对于每个结点中的相同查询,其对应的平均执行时间如表 18.2 所示。通过式(18.4),可以得到每个结点的处理能力 ρ_i 的比率,如表 18.2 所示。图 18.3 为每个结点的处理能力与查询时间比率对比。

表 18.2　5 个结点的相关性能参数

	N_1	N_2	N_3	N_4	N_5
平均时间/s	9	3	13	7	10
比率	21.4%	7.1%	30%	16.7%	23.8%
$f(\rho_i)$	1/9	1/3	1/13	1/7	1/10
per(i)	14.5%	43.6%	10.1%	18.7%	13.1%

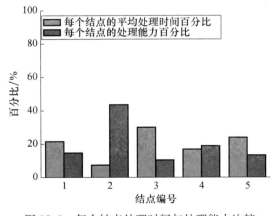

图 18.3　每个结点处理时间与处理能力比较

算法 18.1　Query Voting Algorithm

输入：Ω：the character set，the x nodes，m users；
输出：ρ_i：the processing capability of x nodes；
1. **for** i：=1 to m **do**
2. 　**for** j：=1 to x **do**
3. 　　send a query to the j-th node to perform the query respectively from the i-th user's end；
4. 　　record the corresponding time T_{ij}；
5. 　**end for**
6. 　the processing capacity of the j-th node (ρ_j)can be obtained by Eq. (18.4)；
7. **end for**

2）基于始点距离的数据分片

前面已经给出了始点距离的定义，现在从始点距离的角度研究超球体的相交。如图 18.4 所示，首先根据始点距离将整个高维空间均匀分成 α 个片，称为始点片。每个始点片的宽度（Δ）为 $\sqrt{d}/\alpha$，其中，d 为维数。图中查询超球 $\Theta(V_q,r)$ 表示为一个阴影圆。同时，与 $\Theta(V_q,r)$ 相交的始点片是连续的，如图 18.5 中的栅格部分所示，因此，该区域部分（Ξ）可表示为

$$\overline{\Theta\left\{V_o,\left\lceil\frac{\mathrm{SD}(V_q)-r}{\Delta}\right\rceil\times\Delta\right\}}\cap\Theta\left\{V_o,\left[\left\lceil\frac{\mathrm{SD}(V_q)+r}{\Delta}\right\rceil+1\right]\times\Delta\right\} \quad (18.5)$$

其中，$\bar{\cdot}$ 表示对 $\cdot$ 的补。

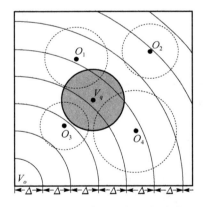
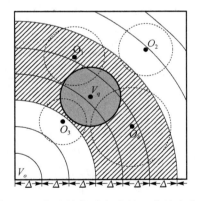

图 18.4　对高维空间进行分片　　　　图 18.5　与查询超球相交的三个始点分片

从图 18.5 可看出，当 $\Theta(O_j,R_j)$ 不与 Ξ 相交时，$\Theta(O_j,R_j)$ 也不会与 $\Theta(V_q,r)$ 相交；其次，为了使每个数据结点的负载均衡，数据结点层的数据分布应该根据对应结点的处理能力，如磁盘的存储能力、磁盘的转速及数据传输的速率的不同而不同。

对于数据结点层的数据分片，数据结点中的向量从落在不同区域的分片中随机选取，这样可以保证查询超球与每个数据结点的类超球都相交。另外，对于异构环境下的不同数据结点，不同数据结点的磁盘及 CPU 的性能都不同。假设每个结点有足够的空间来存储数据。这样就可以根据每个结点的处理能力（包括磁盘

的转数及 CPU 的处理能力)自适应地存储向量数据。

假设高维空间中的向量是均匀分布的。假设向量 $V_i \in \Omega$, V_i 在第 j 个数据结点 N_d^j 的概率可以近似表示为

$$\mathbf{Prob}(V_i \text{ 在 } N_d^j \text{ 中}) = \text{per}(j) \tag{18.6}$$

其中,$\text{per}(j)$ 如式(18.4)所示,$j \in [1, \alpha]$。

这样,对于每个落在查询超球中的向量 V_i,其在第 j 个数据结点的概率表示为

$$\mathbf{Prob}[V_i \in \Theta(V_q, r) \text{ 在 } N_D^j \text{ 中}] = \frac{\text{vol}[\Theta(V_q, r)]}{\int_0^1 \int_0^1 \cdots \int_0^1 \mathrm{d}x_1 \times \mathrm{d}x_2 \times \cdots \times \mathrm{d}x_d} \times \text{per}(j)$$

$$= \frac{\pi^{d/2} \times r^d \times \text{per}(j)}{\Gamma(d/2 + 1)} \tag{18.7}$$

因此,可以得到 α 个数据结点同时并行工作的概率为

$$\prod_{j=1}^{\alpha} \mathbf{Prob}[V_i \in \Theta(V_q, r) \text{ 在 } N_d^j \text{ 中}] = \prod_{j=1}^{\alpha} \left[\frac{\text{per}(j) \times \pi^{d/2} \times r^d}{\Gamma(d/2 + 1)} \right] \tag{18.8}$$

从式(18.8)得到,当数据结点个数增加时,其同时并行工作的概率在减少。

算法 18.2　Adaptive vector allocation in data nodes

输入:Ω:vector dataset,α:number of data nodes;
输出:$\Omega(1 \text{ to } \alpha)$:the placed vectors in data nodes;
1.　　the start-distance of every vector in Ω is computed and sorted;
2.　　the range of start-distance is equally divided into α partitions;
3.　　**for** $j := 1$ to α **do**
4.　　　　the $\lceil n \text{ per}(j) \rceil$ vectors($\Omega(j)$)are randomly selected from the each slice respectively;
5.　　　　$\Omega(j)$ is deployed in the j-th data node;
6.　　**end for**

---

2. 基于直方图矩阵的最小查询半径估计

由于 kNN 查询是通过逐步扩大查询半径来得到 k 个最近邻的数据点,若能预先估计对应的最小查询半径,则可以明显提高查询效率,因此,本节提出一种基于直方图矩阵(histogram matrix)的方法来估计和保存不同 kNN 查询所对应的最小查询半径。

由于每个类对应一个直方图,因此 T 个类对应 T 个直方图,将其称为直方图矩阵,记为

$$\text{HM}:: = \{H_1, H_2, \cdots, H_T\} \tag{18.9}$$

其中,H_j 表示第 j 个类对应的查询半径直方图,$H_j = \{\langle k_1, R_1 \rangle, \langle k_2, R_2 \rangle, \cdots, \langle k_m, R_m \rangle\}$,$R_i$ 表示 k_i-NN 查询对应的最小查询半径。

为了得到每个类对应的最小半径的直方图,以图 18.6 为例,采用真实图像数据来估计不同 kNN 查询的最小半径。在本次实验中,共进行了 10 组 kNN 查询(从 5-NN 查询到 50-NN 查询)实验,其中随机取 100 个高维向量作为查询向量。不同 kNN 查询对应的最小查询半径如图 18.7 所示。

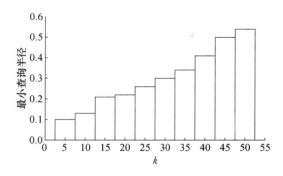

图 18.6　某个类对应的查询直方图

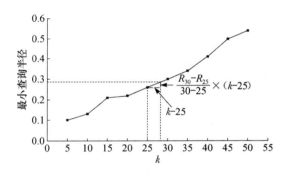

图 18.7　获得对应的最小查询半径

在图 18.7 中，对于 kNN 查询中的 k 且 $k \in [k_i, k_{i+1}]$，它对应的最小查询半径（$R_{\min}$）表示为

$$R_{\min} = \frac{R_{i+1} - R_i}{k_{i+1} - k_i} \times (k - k_i) + R_i \tag{18.10}$$

算法 18.3　Histogram matrix construction

输入：α：the number of data nodes；$\Omega(1 \text{ to } \alpha)$：the vector set；
输出：HM(1 to α, 1 to T)：the histogram matrix for α data nodes；
1.　**for** $j := 1$ to α **do**　　／＊　from the 1st data node to the α-th one　＊／
2.　　　The vectors in the j-th data node（$\Omega(j)$）are grouped into T clusters using k-Means clustering algorithm；
3.　　**for** each cluster sphere in the j-th data node **do**
4.　　　　some points in $\Omega(j)$ are randomly selected as the candidate query points；
5.　　　**for** each number k in kNN query
6.　　　　　compute the minimal query radius of the candidate query points；
7.　　　　　choose the smallest minimal query radius as a estimated value and insert it into the HM；
8.　　　**end for**
9.　　**end for**
10.　**end for**
11.　**return** HM；

---

3. 索引支持的向量集缩减

由于向量集存储在数据结点,对于任意一个查询,不需要也没有必要将该向量集中的所有向量都传输到执行结点进行距离运算。本节提出在数据结点采用 iDistance 索引[52]对向量集进行快速缩减,从而有效地减少网络传输所耗费的代价和通信开销。

假设每个数据结点上有 n 个向量,对其进行 k 平均聚类得到 T 个类。对于任意一个类 C_j,其中 $j \in [1, T]$,每个类中向量的个数表示为 $\parallel C_j \parallel$ 且满足 $\sum_{j=1}^{T} \parallel C_j \parallel = n$。该方法首先通过 k 平均聚类将 n 个向量聚成 T 类,然后求得每个向量的质心距离(CD),这样向量 V_i 可以表示为一个三元组:

$$V_i :: = \langle i, \text{CID}, \text{CD} \rangle \tag{18.11}$$

其中,i 为向量 V_i 的编号;CID 表示该向量所属类的编号;CD 表示它对应的质心距离。

因此对于每个向量 V_i,其对应的索引键值表示为

$$\text{key}(V_i) = \text{CID} + \text{CD}(V_i)/\text{MCD} \tag{18.12}$$

其中,由于 $\text{CD}(V_i)$ 可能大于 1,需要通过对其除以 MCD 进行归一化,使其值小于 1。对于真实数据,MCD 取 $\sqrt{2}$。而对于均匀分布的随机数据,MCD 取 $\sqrt{d}$。这样使每个向量的加权质心距离的值域不会重叠。

最后将式(18.12)的索引键值通过 B$^+$ 树建立索引。该索引存储于网格中的数据结点。索引创建的具体步骤可参见文献[52]。

一旦每个数据结点上的 iDistance 索引创建完毕,则对于 α 个数据结点,基于索引的快速向量集缩减可在每个数据结点上并行执行。具体参见第 10.1.5 节。

4. 基于"打包"的数据传输

当从一个结点往另一个结点传输数据时,可以采取向量"打包"(vector package)的方式进行数据传输。其主要思想是把需要传输的向量"打"成若干"包",每个"包"包含若干个向量,每次把它当成一个消息进行传输,而不是把一个向量当成一个消息进行传输。其优势如下所述。

① 采取向量"打包"的方式进行数据传输,既可以减少每一次数据传输所要消耗的启动传输的代价,又可以减少传输每个消息的头文件所耗费的代价。

② 向量"打包"传输方式具有很好的鲁棒性。如果传输失败,能够恢复被中断的传输,即能够在最后一个被传输的"包"的开始位置恢复传输。

③ 如果结点间每次传输一个向量,那么网络上任意的延迟都会使在接收数据的结点上的操作停止执行,采用向量"打包"的传输方式,执行结点可以把接收到的"包"中的向量进行缓存,当下一个"包"出现网络延迟时,就可以对缓存中的向量进

行操作。

定义 18.3　从结点 A 往结点 B 传输一条消息的代价定义为

$$T_{AB}(X) = C_0 + C_{AB} \times X \tag{18.13}$$

其中，X 表示结点 A 和结点 B 之间的数据传输量；C_0 表示两结点间通信初始化一次所花费的时间，单位为秒，包括为消息传递所做的准备，通知目标结点时，它将会收到消息，处理目标结点的答复等。通常情况下，网络的传输带宽是随时间变化的。为了方便说明问题，可以使用网络传输带宽的统计平均值。假设结点 A 和结点 B 之间的网络传输率为一个常数 C_{AB}，表示单位数据传输所用的时间。

最佳数据报大小

令从结点 A 到结点 B 的数据传输的大小为 W，数据报的大小为 P，则根据定义（18.3），传输时间为

$$T_{\text{Trans}} = \frac{W}{P} \times (C_0 + C_{AB} \times P) \tag{18.14}$$

其中，C_{AB} 表示从结点 A 到结点 B 的传输率。

为了得到最小的数据传输时间（T_{Trans}），则

$$\frac{\mathrm{d}T_{\text{Trans}}}{\mathrm{d}P} = \frac{\mathrm{d}\left[\dfrac{W}{P} \times (C_0 + C_{AB} \times P)\right]}{\mathrm{d}P} = -\frac{WC_0}{P^2} < 0 \tag{18.15}$$

由式（18.15）可以得到，当数据报的大小（P）等于传输数据的大小（W）时传输代价最少。

18.1.3　GkNN 查询算法

问题表述：查询结点 N_q 发出查询请求，要求对存储于数据结点 N_d 中的高维向量集 Ω，执行以查询向量 V_q 为中心的 k 近邻查询并将查询结果传输到 N_q。

因为网格是以资源共享为基础的协同计算环境，网格中的任何资源，包括数据库、CPU、磁盘及设备等都可以被网格中的任一用户使用，所以假设网格中存在 β 个结点 $N_e^j, j \in [1, \beta]$，它们具有更强的 CPU 处理能力和更快的网络传输速度。将这 β 个结点作为高维查询操作的执行结点，并行地完成距离计算操作后再把结果传输到发出查询请求的结点 N_q。

基于以上分析，庄毅等[57] 提出了一种适用于数据网格环境的高维 kNN 查询算法——GkNN。首先假设通过预处理，分别对不同数据结点中的高维向量集 $\Omega(i)$ 建立 iDistance 索引[52]，其中 $i \in [1, a]$。利用该索引机制，得到缩减后的候选向量集 Ω'，并且利用散列函数对 Ω' 中的候选向量进行散列处理，得到 β 个桶。然后采用流水线并行机制将缩减后的候选向量传输到查询执行结点 $N_e^j, j \in [1, \beta]$，在这些结点并行执行求精（距离）运算，最后把运算得到的结果向量（记为 Ω''）传输

到查询结点 N_q。

本质上,基于数据网格的 k 近邻查询是通过迭代调用基于数据网格的范围查询算法来得到 k 个最近邻向量。因此,先从网格环境下的范围查询算法开始。该算法可以分为三个阶段,如图 18.8 所示。

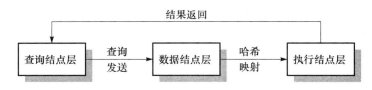

图 18.8　GkNN 查询执行流程

① 向量集缩减。首先在查询结点 N_q 将用户的查询请求(查询向量 V_q 及半径 r 的查询超球)发送到数据结点 N_d,然后在该结点判断查询超球 $\Theta(V_q,r)$ 与 T 个类超球是否相交,进而利用 iDistance 索引对不相关的高维向量进行快速排除(缩减),从而有效减少将候选向量集从数据结点发送至执行结点的网络传输代价。同时,在数据结点 N_d,为向量集 Ω 设置一个输入缓冲区 IB_1,再设置一个输出缓冲区 OB_1,用于缓存产生的候选向量集 Ω',当 OB_1 中候选向量集的大小等于一个传输"包"的大小时,就以向量"打包"的方式把候选向量传输到对应的执行结点 N_e。其中函数 VReduce() 表示向量集缩减的具体执行函数,参见第 10.1.5 节。

算法 18.4　Global Vector Reduction

输入:α: the number of data nodes;$\Omega(j)$: the sub vector set in the j-th data node;$\Theta(V_q,r)$: the query sphere;

输出:　the candidate vector set $\Omega'(1$ to $\alpha)$;

1. **for** $j := 1$ **to** α **do**　/*　the vector reduction are conducted in α data nodes in parallel　*/
2. 　　$\Omega'(j) \leftarrow$ **VReduce**(V_q, r, j);
3. 　　$\Omega'(j)$ is cached in the output buffer OB_j;
4. **end for**

---

② 散列阶段。经过第一阶段的向量集缩减,得到候选向量集 Ω'。同时由于 Ω' 是由 t 个与 $\Theta(V_q,r)$ 相交的类超球中的经过缩减后的向量组成的,$\Omega'(j)$ 表示与查询超球相交的第 j 个类超球所对应的候选向量集且 $\sum_{j=1}^{t} \Omega'(j) = \Omega', j \in [1,t]$。在开始散列操作之前,首先通过网格资源发现机制得到 β 个与数据结点连接速率最好的空闲执行结点且 $\beta \leqslant t$,然后分别将每个与 $\Theta(V_q,r)$ 相交的类超球中的缩减得到的候选向量 $\Omega'(j)$ 通过哈希映射到对应的执行结点中。

使用向量缩减算法对 Ω 进行缩减,得到缩减结果 Ω',并且以"打包"方式将 $\Omega'(1)$ 传输至结点 N_e^1,由该结点完成距离计算操作……再把 $\Omega(\beta)$ 的缩减结果

$\Omega'(\beta)$ 传输到结点 N_e^β，并且在结点 N_e^β 进行距离计算。当对向量集的第 $(\beta+1)$ 个桶中的子向量集 $\Omega(\beta+1)$ 进行缩减并且将缩减结果 $\Omega'(\beta+1)$ 发送至下一个执行结点时，需要查看 N_e^1 到 N_e^β 中是否存在一个结点处于闲置状态。假设结点 N_e^γ 处于闲置状态，就把 $\Omega'(\beta+1)$ 传输到结点 N_e^γ 并且进行距离计算操作；如果不存在，需要等待 N_e^1 到 N_e^β 中的某一个结点可用为止。

算法 18.5 Hashmap

输入：the candidate vector set $\Omega'(j)$ in the α data nodes;
输出：the candidate vector set to be sent to the executing nodes;
1.   **for** $j := 1$ to α **do**
2.   the candidate vectors $\Omega'(j)$ in the j-th data node are equally partitioned to β subsets;
3.   **for** $h := 1$ to β **do**
4.   send $\Omega'(h,j)$ to the h-th executing node from the j-th data node;
5.   **end for**
6.   **end for**

---

③ 求精阶段。将散列到各个执行结点的候选向量分别并行地计算与查询向量 V_q 的距离，将距离值小于或等于 r 的向量返回给查询发送结点 N_q，完成范围查询操作。

在执行结点 N_e^i，为候选子向量集 $\Omega'(j)$ 设置一个输入缓冲区 IB(j)，$M(j)$ 为候选子向量集 $\Omega'(j)$ 在执行结点 N_e^i 分配的内存空间，用于存储接收到的 $\Omega'(j)$ 中的向量；再设置一个输出缓冲区 OB(j)，用于缓存产生的结果向量集，当 OB(j) 中结果向量集的大小等于一个传输"包"的大小时，就以向量"打包"的方式把结果向量传输到发出查询请求的结点 N_q。

算法 18.6 Refine

输入：the candidate vectors $\Omega'(j)$ that is sent to N_e^i, V_q and r;
输出：result vectors: $\Omega''(j)$;
1.   **if** $d(V_i,V_q) \leqslant r$ and $V_i \in \Omega'(j)$ **then**
2.   the result vectors V_i are outputed to the OB(j);
3.   **end if**

与范围查询不同的是，开始通过直方图矩阵得到 k 对应的最小查询半径（第 3 行），当得到的候选向量个数小于 k 时（第 13 行），再重新增大查询半径（第 14 行）。由于通过上述方法得到的候选向量个数不一定恰好为 k，可能会大于 k（第 10 行）。当遇到该情况时，需要进行（$\|\Omega''\|-k-1$）次循环（第 10 行），依次找到在该结果向量集 Ω'' 中距离 V_q 最远的（$\|\Omega'\|-k-1$）个向量（第 11 行）并且将其删除（第 11 行），这样恰好得到 k 个最近邻向量，其中函数 GVReduce(V_q,r) 表示对 Ω 进行以 V_q 为中心，r 为半径向量缩减，如算法 18.4 所示；函数 Refine(Ω',V_q,r) 为对 Ω' 进行以 V_q 为中心，r 为半径的向量求精，如算法 18.6 所示。算法 18.7 是整个

GkNN 查询的完整算法。需要说明的是,第 6 和第 7 步并行执行。因为通过向量缩减后的候选向量在发送至执行结点之前先发送到数据结点的缓存中,当缓存中的向量个数达到传输"包"大小时,再将它们"打包"发送到对应的执行结点。同理,第 7 和第 8 步也是并行执行,也需要将求精后的结果向量先发送至执行结点的缓存中,再将它们"打包"发送到查询结点 N_q。

算法 18.7　GkNNSearch(V_q,k)

输入:a query vector V_q,k;

输出:the query result S;

1.　$r \leftarrow 0$,$\Omega' = \Omega'' \leftarrow \varnothing$;　　/*　initialization　*/
2.　a query request is submitted to the α data nodes N_d from the query node;
3.　the minimal query radius($R_{\min}$)is obtained by the histogram matrix;
4.　$R \leftarrow R_{\min}$;
5.　the β nodes are discovered by the grid resource management system as the executing nodes;
6.　$\Omega' \leftarrow$ **GVReduce**(V_q, R);　/*　global vector reduction is completed in data node level　*/
7.　the candidate vector set Ω' is sent to the β executing nodes by hash mapping;
8.　$\Omega'' \leftarrow$ **Refine**(Ω', V_q, R);　/*　the refinement is conducted in the executing node level　*/
9.　the answer vector set Ω'' is sent to the query node N_q;
10.　**if**($\parallel \Omega'' \parallel > k$) **then**　　/*　if the number of the answer vector set is larger than k　*/
11.　　**BRemove**(Ω'',V_q)
12.　**else if** ($\parallel \Omega'' \parallel < k$) **then** /* if the number of answer vectors is less than k, then continue */
13.　　**while** ($\parallel \Omega'' \parallel < k$)
14.　　　$R \leftarrow R + \Delta r$;
15.　　　$\Omega' \leftarrow$ **GVReduce**(V_q, R);　/* the global vector reduction is completed in the data node level　*/
16.　　　the candidate vector set Ω' is sent to the β executing nodes by hash mapping;
17.　　　$\Omega'' \leftarrow$ **Refine**(Ω', V_q,R);
18.　　　the answer vector set Ω'' is sent to the query node N_q;
19.　　　**if**($\parallel \Omega'' \parallel > $k)**then BRemove** ($\Omega''$, V_q)
20.　　**end while**
21.　**end if**
22.　**return** Ω'';

BRemove(Ω'',V_q)
23.　**for** $i := 1$ to $\parallel \Omega'' \parallel - k - 1$ **do**
24.　　$V_{\text{far}} \leftarrow$ **Farthest**(Ω'', V_q);
25.　　$\Omega'' \leftarrow \Omega'' - V_{\text{far}}$;　　　　　/*　remove V_{far} from the answer vector set　*/
26.　**end for**

18.1.4　理论分析

1. 代价模型

由于 k 近邻查询是通过迭代调用范围查询完成的,因此,简单起见,本节给出基于数据网格的范围查询的代价模型。

在数据结点,当查询超球 $\Theta(V_q,r)$ 与 t 个类超球相交($t \leqslant T$),第 j 个类超球中的向量个数可近似表示为

$$NUM(j) = \frac{vol[\Theta(O_j, R_j)]}{\sum\limits_{i=1}^{T} vol[\Theta(O_i, R_i)]} \times n$$

$$= \frac{\dfrac{\pi^{d/2} \times R_j^d}{\Gamma(d/2+1)}}{\sum\limits_{i=1}^{T} \left[\dfrac{\pi^{d/2} \times R_i^d}{\Gamma(d/2+1)}\right]} \times n$$

$$= \frac{R_j^d}{\sum\limits_{i=1}^{T} R_i^d} \times n \tag{18.16}$$

由于 iDistance 中的每个分片索引对应一个 B^+ 树,因此,第 j 棵 B^+ 树(分片索引)的高度 h_j、每个节点的平均出度和元素个数 $NUM(j)$ 近似满足:

$$f \times (f+1)^{h_j-1} = NUM(j) \tag{18.17}$$

求解(18.17)式,得到该树的高度为

$$h_j = \left\lceil \frac{\lg NUM(j) - \lg f}{\lg(f+1)} \right\rceil + 1$$

$$= \left\lceil \frac{\lg\left(\dfrac{R_j^d}{\sum\limits_{i=1}^{T} R_i^d} \times n\right) - \lg f}{\lg(f+1)} \right\rceil + 1 \tag{18.18}$$

在数据结点上,对于第 j 个分片索引上的范围查询,整个查询分为两部分:首先是从根节点到叶节点,共访问 h_j 个节点;其次为在叶节点上的范围查询。范围查询对应到第 j 个分片索引中,需要访问的向量总数为

$$num(j) = \frac{vol\{\Theta[O_j, d(V_q, O_j) - r] \bigcap \Theta(O_j, R_j)\}}{\sum\limits_{i=1}^{T} vol[\Theta(O_i, R_i)]} \times n$$

$$= \frac{\dfrac{\pi^{d/2} \times R_i^d}{\Gamma(d/2+1)} - \dfrac{\pi^{d/2} \times [d(V_q, O_j) - r]^d}{\Gamma(d/2+1)}}{\sum\limits_{i=1}^{T} \left[\dfrac{\pi^{d/2} \times R_i^d}{\Gamma(d/2+1)}\right]} \times n$$

$$= \frac{R_i^d - [d(V_q, O_j) - r]^d}{\sum\limits_{i=1}^{T} R_i^d} \times n \tag{18.19}$$

由于总共需要进行 t 次范围查询,因此,其总查询代价为

$$T_{Query} = \sum_{j=1}^{t} \left\{ \left[\left\lceil \frac{\lg NUM(j) - \lg f}{\lg(f+1)} \right\rceil + 1 + \left\lceil \frac{num(j)}{f} \right\rceil \right] \times (T_S + T_L + T_T) \right\}$$

$$\tag{18.20}$$

通过对向量 Ω 的缩减得到候选向量(Ω'),之后需要对其进行散列以便发送到执行结点进行距离运算。散列操作的过程就是决定将这 t 组候选向量发送到哪些执行结点的过程,因此,其 I/O 代价可以忽略,只需考虑判断所需的 CPU 代价,表示为

$$T_{\text{Hash}} = t \times T_c \qquad (18.21)$$

其中,T_c 为 CPU 执行一个计算操作的时间。

根据定义(18.3)可以得到,将候选向量(Ω')从数据结点传输至执行结点所需时间为

$$T_{\text{Trans}} = \frac{|\Omega'|}{|P|} \times (C_o + C_{\text{DE}} \times |P|) \qquad (18.22)$$

其中,$|P|$ 表示每个传输"包"的大小;C_{DE} 表示数据结点 N_d 到执行结点 N_e 之间的网络传输率。

又因为对候选向量(Ω')的求精(距离)运算是在若干个执行结点并行计算的,因此,其 CPU 代价 T_{CPU} 可表示为

$$T_{\text{CPU}} = \text{argmax}\{T_{\text{CPU}}(1), T_{\text{CPU}}(2), \cdots, T_{\text{CPU}}(t)\} \qquad (18.23)$$

其中,$T_{\text{CPU}}(j)$ 表示在第 j 个执行结点上的距离运算代价且 $T_{\text{CPU}}(j) = n \times T_c \times \dfrac{\text{vol}\{\Theta[O_j, d(V_q, O_j) - r] \cap \Theta(O_j, R_j)\}}{\sum\limits_{i=1}^{T} \text{vol}\{\Theta(O_i, R_i)\}}$。

候选向量(Ω')经过求精(距离)运算得到结果向量(Ω'')。同理,结果向量(Ω'')从执行结点发送回查询结点所需时间可表示为

$$T'_{\text{Trans}} = \frac{|\Omega''|}{|P|} \times (C_o + C_{\text{EQ}} \times |P|) \qquad (18.24)$$

其中,$|\Omega''|$ 表示返回查询结点的结果向量个数且 $|\Omega''| = \dfrac{\text{vol}[\Theta(V_q, r)]}{\sum\limits_{j=1}^{T} \text{vol}[\Theta(O_j, R_j)]} \times n$;

C_{EQ} 表示执行结点 N_e 到发送结点 N_q 之间的网络传输率。

整个基于数据网格的范围查询的代价可以表示为

$$T_{\text{Total}} = T_{\text{Query}} + T_{\text{Hash}} + T_{\text{Trans}} + T_{\text{CPU}} + T'_{\text{Trans}} \qquad (18.25)$$

合并式(18.18)~式(18.25)得到式(18.26):

$$T_{\text{Total}} = \sum_{j=1}^{t} \left\{ \left[\left\lceil \frac{\lg\text{NUM}(j) - \lg f}{\lg(f+1)} \right\rceil + 1 + \left\lceil \frac{\text{num}(j)}{f} \right\rceil \right] \times (T_S + T_L + T_T) \right\}$$
$$+ t \times T_c + \frac{|\Omega'|}{|P|} \times (C_o + C_{\text{DE}} \times \boldsymbol{P}) + \max\{T_{\text{CPU}}(1), T_{\text{CPU}}(2), \cdots, T_{\text{CPU}}(t)\}$$
$$+ \frac{|\Omega''|}{|P|} \times (C_o + C_{\text{EQ}} \times |P|) \qquad (18.26)$$

该查询代价正比于向量总数且反比与索引平均出度。

2. 最优化的 α 和 β

为了使 GkNN 的查询并行最大化,本节研究数据结点个数(α)与执行结点个数(β)的关系。图 18.9 为基于流水线的查询执行框架。假设查询提交的时间为 T_1,每个结点的平均向量集缩减时间为 T_2,每个执行结点的平均距离计算的时间为 T_3。当 n 个用户提交查询请求到数据网格执行 GkNN,其查询加速比表示依次执行 n 次 GkNN 的时间与基于流水线的 GkNN 的时间之比。

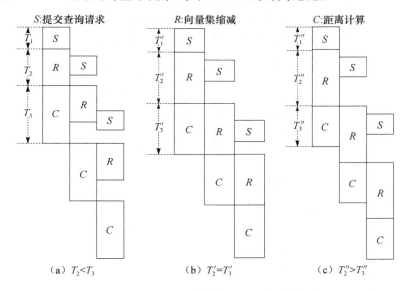

图 18.9　基于流水线技术的查询的三种情况

定理 18.1　当向量集缩减的时间(T_2)等同于在执行结点层上的求精的时间(T_3)时,其查询加速比最大化。

证明　给定 n 个查询请求,根据 T_2 和 T_3 的不同,存在三种情况,如图 18.9 所示。

① 如图 18.9(a)所示,当 $T_2 < T_3$ 时,$\text{speedup} = \dfrac{n \times (T_1 + T_2 + T_3)}{T_1 + T_2 + n \times T_3}$,因此,$\lim\limits_{\substack{n \to \infty \\ T_1 \to 0}}$

$$\text{speedup} = \frac{T_1 + T_2 + T_3}{T_3} \approx 1 + \frac{T_2}{T_3} < 2$$

② 如图 18.9(b)所示,当 $T'_2 = T'_3$ 时,$\text{speedup} = \dfrac{n \times (T'_1 + T'_2 + T'_3)}{T'_1 + T'_2 + n \times T'_3}$,因此,

$$\lim_{\substack{n \to \infty \\ T'_1 \to 0}} \text{speedup} = \frac{T'_1 + T'_2 + T'_3}{T'_3} \approx 2$$

③ 如图 18.9(c)所示,当 $T_2'' > T_3''$ 时,speedup $= \dfrac{n \times (T_1'' + T_2'' + T_3'')}{T_1'' + n \times T_2'' + T_3''}$,因此,$\lim\limits_{\substack{n \to \infty \\ T_1'' \to \infty}}$

speedup $= \dfrac{T_1'' + T_2'' + T_3''}{T_2''} \approx 1 + \dfrac{T_3''}{T_2''} < 2$

基于上面的推导,可以得到当向量集缩减时间等于求精时间,查询加速比最大。

假设向量个数为 $|\Omega|$,候选向量个数为 $|\Omega'|$,结果向量个数为 $|\Omega''|$,其中 $|\Omega| > |\Omega'| > |\Omega''|$。如定理 18.1 证明的,为了获得查询的最大并行性,向量集缩减的时间应该等于执行结点上的距离计算的时间。因此,可以得

$$\mathrm{argmax}\{T_{\mathrm{RED}}(1), T_{\mathrm{RED}}(2), \cdots, T_{\mathrm{RED}}(\alpha)\} + \frac{|\Omega'|/\alpha}{|P|} \times (C_o + C_{\mathrm{DE}} \times |P|)$$

$$= \mathrm{argmax}\{T_{\mathrm{CPU}}(1), T_{\mathrm{CPU}}(2), \cdots, T_{\mathrm{CPU}}(\beta)\} \tag{18.27}$$

简单起见,α 与 β 的最佳比例可近似地表示为

$$\frac{|\Omega'|}{\alpha} \times T_{\mathrm{IO}} + \frac{|\Omega'|/\alpha}{|P|} \times (C_o + C_{\mathrm{DE}} \times |P|) = \frac{|\Omega''|}{\beta} \times T_c \tag{18.28}$$

$$\frac{\alpha}{\beta} = \frac{|\Omega'|}{|\Omega''| \times T_c} \times \left(T_{\mathrm{IO}} + \frac{C_o}{|P|} + C_{\mathrm{DE}}\right) \tag{18.29}$$

其中,T_{IO} 是查询一个向量的平均 I/O 代价。

3. 加速比

GkNN 的性能加速比为

speedup $= \dfrac{\mathrm{TIME}_{\mathrm{kNN}}}{\mathrm{TIME}_{\mathrm{GkNN}}}$

$$= \frac{\sum\limits_{i=1}^{\alpha} T_{\mathrm{RED}}(i) + \sum\limits_{j=1}^{\beta} T_{\mathrm{REF}}(j)}{\left[\begin{array}{l} \mathrm{argmax}\{T_{\mathrm{RED}}(1), T_{\mathrm{RED}}(2), \cdots, T_{\mathrm{RED}}(\alpha)\} + |\Omega'| \times T_c + \dfrac{|\Omega'|/\alpha}{|P|} \times \\ (C_o + C_{\mathrm{DE}} \times |P|) + \mathrm{argmax}\{T_{\mathrm{REF}}(1), T_{\mathrm{REF}}(2), \cdots, T_{\mathrm{REF}}(\beta)\} + \\ \dfrac{|\Omega''|/\beta}{|P|} \times (C_o + C_{\mathrm{EQ}} \times |P|) \end{array}\right]}$$

$$\tag{18.30}$$

18.1.5 实验

针对影响 GkNN 查询操作算法的各种参数,主要进行了四组模拟实验。实验结果证明,该算法在减少网络通信开销、增加 I/O 和 CPU 并行及降低响应时间方面具有较好的性能。用 C 语言实现了基于 iDistance 的向量缩减算法并将其部署在数据结点,该算法采用 B$^+$ 树作为单维索引结构且索引页大小设为 4096 字节。

所有实验的模拟运行环境为局域网(可以看成一种数据网格)。本算法采用两组数据作为测试数据：①UCI 提供的颜色直方图数据作为实验数据，它包含了从 Corel 图片库提取 68040 个 32 维的颜色直方图特征，每一维的值的范围都为 0～1；②计算机随机产生的 1000000 个 100 维的均匀分布的合成数据，其中每一维值的范围都为 0～1。

1. 传输率对查询的影响

在第一组实验中，研究网络传输速率的不同对 GkNN 查询性能的影响。假设查询结点 N_q 与数据结点 N_d 之间的网络传输速度为 d_1，数据结点 N_d 与执行结点 N_e 之间的网络传输速度为 d_2，执行结点 N_e 与查询结点 N_q 之间的网络传输速度为 d_3。实验中采用 68040 个 32 维的真实数据。用户从查询结点发送查询请求到数据结点的时间(T_1)远小于将候选向量从数据结点传输到执行结点的时间(T_2)和将结果向量从执行结点传输到查询结点的时间(T_3)。图 18.10 和图 18.11 中 δ 和 σ 分别表示候选向量传输时间(T_2)，结果向量传输时间(T_3)占总响应时间百分比。图 18.10 和图 18.11 分别表示 δ 及 σ 与传输速率之间的关系。从中可以看出，在向量总数一定的情况下，随着网络连接速度的增加，候选及结果向量传输时间占总响应时间百分比都在减少。同时，候选向量传输时间比结果向量传输时间要多，这是因为结果向量是在候选向量的基础上，通过在执行结点的求精(距离)运算而得到的，其数据量较候选向量大大减少。

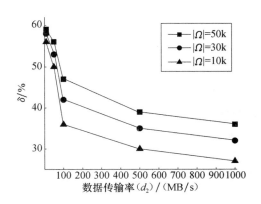 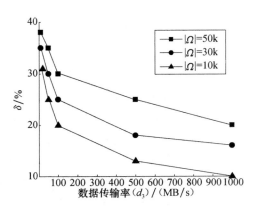

图 18.10　候选向量传输时间占总响应　　　　　图 18.11　结果向量传输时间占总响应
　　　　时间百分比与传输速率　　　　　　　　　　　　时间百分比与传输速率

2. 向量集缩减对查询的影响

本次实验研究向量集缩减对 GkNN 查询性能的影响。方法 1 不进行向量缩减,把向量集 Ω 直接从数据结点 N_d 传输到执行结点 N_e 进行距离计算并把结果向量 Ω'' 传输到 N_q。方法 2 进行向量缩减,利用向量缩减算法把向量集 Ω 缩减为 Ω' 后,再把 Ω' 传输到执行结点 N_e 进行距离计算,并把结果向量 Ω'' 传输到 N_q。由图 18.12 可以看出,在 k 一定的情况下,经过向量缩减后的总查询响应时间要明显优于未经过缩减的查询响应时间,且随着 k 的增加,两者性能差别越来越大。这是由于缩减后的向量可以明显减少网络传输代价,同时向量缩减是采用基于 iDistance 索引[52] 的方式,该缩减时间远远小于网络传输代价,可以忽略不计。

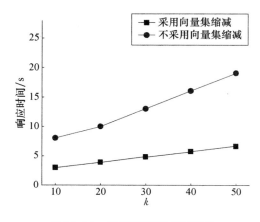

图 18.12　向量缩减对查询影响

3. 数据量、k 及 T 对加速比的影响

本实验分别对 GkNN 查询中的数据量、k 及聚类个数对性能加速比的影响进行评估。加速比表示在单机上执行 kNN 查询所需的时间与在网格环境执行相同 kNN 查询的时间的比值。为了验证数据量对加速比的影响,采用第二组数据作为测试数据。由图 18.13 可以看出,数据量增加,其查询加速比也随之提高。当数据量小于 210000 时,其加速比小于 1。这是因为对于小数据量的基于数据网格的 kNN 查询,其网络传输代价往往大于执行结点上的 CPU 距离计算代价,所以,它非常适合海量高维数据的 kNN 查询。图 18.14 显示了 k 对加速比的影响。假定在数据量和执行结点个数一定的条件下,当 k 从 10 增加到 50,其对查询加速比的影响不是很大。图 18.15 显示了聚类个数(T)对其加速比的影响。随着 T 的增加,其查询加速比缓慢增加,其对查询加速比的影响不是很大。

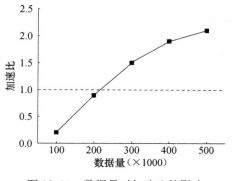

图 18.13　数据量对加速比的影响

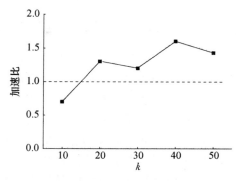

图 18.14　k 对加速比的影响

4. 结点数对加速比的影响

由图 18.16 可以看出,随着数据结点个数(α)和执行结点个数(β)增加,其 GkNN 查询加速比也在提高,但提高的幅度较缓慢。但图 18.16(a)加速比的增长速度要快于图 18.16(b)。这是因为在数据结点进行的是 I/O 密集的操作,其开销要高于执行结点中进行的距离计算操作。同时从图 18.16(a)中可以看出,当数据结点个数(α)大于某一阈值时,其加速比逐步减小。这是因为 α 过大会导致从查询结点向数据结点发送数据的代价提高,从而抵消一部分性能的提高。

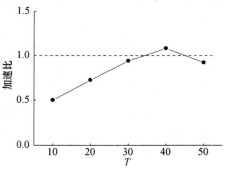

图 18.15　T 对加速比的影响

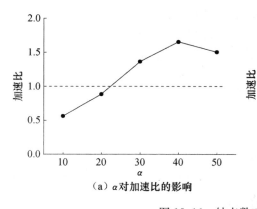

（a）α 对加速比的影响

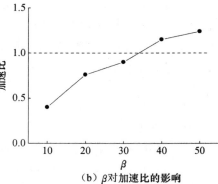

（b）β 对加速比的影响

图 18.16　结点数对加速比影响

18.1.6 具体应用：基于数据网格的书法字检索

前面介绍了利用网格强大的并行计算能力来加速海量高维数据的相似查询效率。本节以中文书法字检索为应用背景，介绍数据网格环境下的海量书法字并行检索。由于书法字检索是一个 CPU 密集运算的过程，因此，庄毅等[395]又进一步提出一种基于数据网格环境的书法字 k 近邻查询方法——CGkNN，利用网格强大的并行计算能力来提高书法字检索的效率。

图 18.17 为书法字检索系统框架。由于该方法与 18.1.5 节介绍的基于数据网格的相似查询相似，因此，具体细节就不一一阐述。

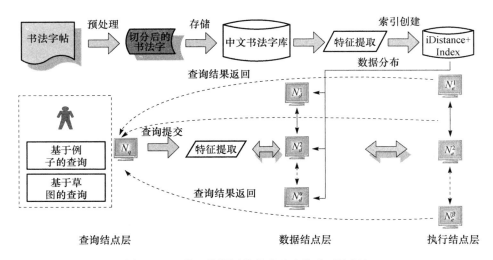

图 18.17　基于数据网格的书法字检索系统框架

本节测试所用的书法字库来自中美百万册数字图书馆项目，它包含从书法库中提取的 12000 个预先切分好的书法字的轮廓点形状特征，每个特征点为一个二元组，包括 x 和 y 的坐标值。图 18.18 为基于数据网格的书法字检索界面。

1. 书法字集缩减对查询的影响

本次实验研究书法字集缩减对 GkNN 查询性能的影响。方法 1 不进行书法字集合缩减，把书法字集合 Ω 直接从数据结点 N_d 传输到执行结点 N_e 进行距离计算并把结果向量 Ω' 传输到 N_q。方法 2 进行向量缩减，利用书法字集缩减算法把书法字集 Ω 缩减为 Ω' 后，再把 Ω' 传输到执行结点 N_e 进行距离计算，并把结果向量 Ω'' 传输到 N_q。由图 18.19 可以看出，在 k 一定的情况下，经过书法字集缩减后的总查询响应时间要明显优于未经过缩减的查询响应时间，且随着 k 的增加，两者性能差别越来越

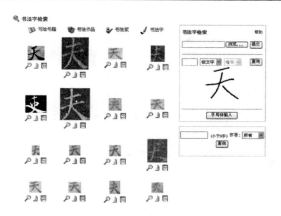

图 18.18　基于数据网格的书法字检索界面

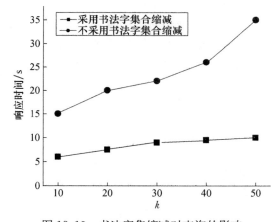

图 18.19　书法字集缩减对查询的影响

大。这是由于缩减后的书法字集可以明显减少网络传输代价,同时向量缩减是采用基于 iDistance 索引的方式,该缩减时间远远小于网络传输代价,可以忽略不计。

2. 数据量及 k 对查询的影响

本次实验分别对 CGkNN 查询中的数据量及 k 对性能加速比的影响进行评估。由图 18.20 可以看出,数据量的增加,其查询加速比也随之提高。当数据量小于 4200 时,其加速比大于 1。这是因为对于小数据量的 CGkNN 查询,其网络传输代价往往大于执行结点上的 CPU 距离计算代价,所以它非常适合海量高维数据的 CGkNN 查询。图 18.21 显示了 k 对其加速比的影响。假定数据量和结点总数一定,当 k 从 10 增加到 50,其对查询加速比的影响不是很大。

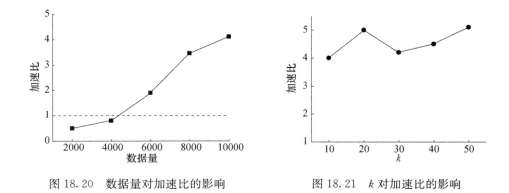

图 18.20　数据量对加速比的影响　　　　图 18.21　k 对加速比的影响

3. 结点总数对加速比的影响

最后实验验证结点总数(h)对查询性能的影响。在图 18.22 中,随着结点总数(h)的增加,CGkNN 查询的性能加速比在提高,但提高的幅度较缓慢。这是因为在结点总数增加的同时,会导致从数据结点发送到执行结点的代价提高,这样会抵消一部分性能的提高。

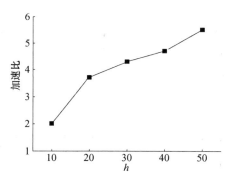

图 18.22　结点总数(h)对加速比的影响

18.2　移动云计算环境下的医学图像查询处理

随着医学影像数据的爆炸性增长,如何对其进行高效访问和基于内容的检索已成为很大的挑战。作为一种最重要的平面媒体类型,医学图像信息约占各个医院电子病历信息量的 70%,它包括 B 超图片、X 射线图片及磁共振(MRI)图片。这类信息呈现海量、高分辨率和高维等特点。因此,对海量医学图像信息的管理、查询和分析已成为医院信息管理中重要的组成部分之一[64]。

尽管医学图像检索的相关研究已取得了一定的进展,但大多数研究工作集中在基于固定 PC。对于海量数据检索,由于查询时间随着图像大小和数量的增加而线性增长使查询性能不十分理想,扩展性较差。同时,考虑到医生工作需要经常走动,且不仅在同一科室的病房或门诊,还会去别的部门或其他科室会诊,用户的移动性也会对查询产生影响。因此,设计一种移动环境下的高性能医学图像检索系统非常重要。

云计算特别是移动云计算环境为移动用户(医生)提供了一个统一灵活的并行分布式计算平台[99]。为了充分利用云计算强大的并行计算能力,突出云计算资源共享的特点,Zhuang 等[64]提出一种移动云计算环境下的分布式相似查询优化方法——MiMiC,以显著提高分布式相似查询效率及吞吐量。与传统分布式系统不同的是,云网络中的结点呈现异构(处理能力不同等)特点。MiMiC 面临的技术挑战有以下三方面。

① 医学图像检索中的高计算代价。对于一张医学图片,具有三种特征:高像素分辨率、高维及海量,因此,其查询代价非常高。

② 移动云计算环境下用户的可移动性。移动云计算中的大多数用户(如医生)都是在一个区域(如医院)移动的。这意味着每个用户的空间位置是随着时间而改变的。因此,如何得到一个最佳的数据分布位置是一个很大的挑战。

③ 移动云计算环境下的不稳定性和异构性。移动云计算中各结点存在不稳定性,会导致连接断断续续。同时,结点间的网络带宽会随时间变化而改变。这样使每次相同查询的响应时间不同。

为了应对上述挑战,MiMiC 算法包括六种支撑技术,包括基于学习的数据分布策略、自适应结点合并机制、基于多分辨率图像和带宽敏感的图像数据副本选择策略、基于优先级的图像数据分块鲁棒传输策略、索引支持的向量集缩减和动态相关数据缓存技术。图 18.23 为移动云计算环境下的分布式图像相似查询框架。假设用户提交查询(查询图像及其半径)到查询结点 N_q,MiMiC 算法的基本思想如下。首先,将查询请求发送至主结点层,进行基于 iDistance 索引[52]的不相关高维向量的快速过滤处理。之后,再将得到的候选向量发送至从结点层并行地进行求精(距离计算)操作得到的结果向量。最后,将结果向量返回查询结点 N_q,这些方法的目的是减少网络传输的代价并提高查询的并行性。

18.2.1　预备工作

本书采用符号如表 18.3 所示。

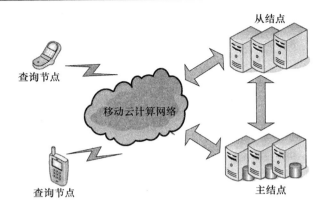

图 18.23　移动云计算网络的拓扑结构

表 18.3　符号表

符　号	意　义	符　号	意　义
Ω	医学图像集	$d(I_i, I_j)$	相似距离
I_i	第 i 个医学图像且 $I_i \in \Omega$	Ω'	候选向量集
D	维数	Ω''	结果向量集
n	Ω 中的图像总数	α	主结点或从结点数目
I_q	查询图像	$\Theta(I_q, r)$	查询超球

定义 18.4（移动云网络）　移动云计算网络（MCN）可看成一张图，由结点和边构成，形式化表示为 $\mathrm{MCN} = (N, E, T)$，其中 N 为结点集，E 为边，表示在时刻 T 结点间数据传输的网络带宽，T 表示时间。

在定义 18.4 中，由于移动云计算网络存在不稳定性（instability）及异构性（heterogeneity），任意两结点的带宽会随着时间的变化发生改变。

定义 18.5（移动云网络结点）　移动云网络中的结点（N）分为三种类型:查询结点（N_q），主结点（N_m）和从结点（N_s），形式化表示为 $N = N_q \bigcup N_m \bigcup N_s$，$N_q$ 由一个结点构成，N_m 包含 α 个主结点（N_m^i），N_s 包含 α 个从结点（N_s^j），其中 N_m^i 为第 i 个主结点，N_s^j 为第 j 个从结点且 $i, j \in [1, \alpha]$，如图 18.24 所示。

为了方便接受和发送数据，每个结点上都配置一个无线发射和接收器。其信号覆盖区域如定义 18.6 和定义 18.7 所述。

定义 18.6　移动云网络中的结点可表示为一个三元组

$$N_i = (i, \mathrm{pos}, R) \tag{18.31}$$

其中，i 表示该结点的编号；pos 表示该结点的位置三维坐标且 $\mathrm{pos} = (x, y, z)$；R 为覆盖半径。

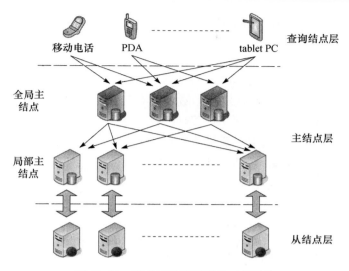

图 18.24　移动云计算环境的三层结构

定义 18.7（覆盖范围，cover sphere）　给定一个结点 N_i，其对应的覆盖范围可表示为一个三维球体，记为

$$CS(N_i) = \Theta(N_i.\,pos, N_i.\,R)$$

其中，$N_i.\,pos$ 为该结点的坐标值；N_iR 为覆盖半径。

根据定义 18.7，图 18.25 为结点 N_i 对应的覆盖球体的二维表示。

如图 18.24 所示，对于 MCN 中的主结点，它由两种类型结点构成：全局主结点（N_{GM}）和局部主结点（N_{LM}）。

定义 18.8（全局主结点，global master node）　全局主结点为一种主结点，记为 N_{GM}。它负责查询路由，其中 N_{GM} 由 α' 个主结点（N_{GM}^i）构成，其中 N_{GM}^i 是第 i 个 N_{GM}，$i \in [1, \alpha']$。

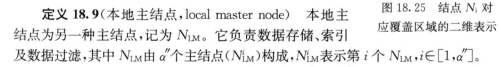

图 18.25　结点 N_i 对应覆盖区域的二维表示

定义 18.9（本地主结点，local master node）　本地主结点为另一种主结点，记为 N_{LM}。它负责数据存储、索引及数据过滤，其中 N_{LM} 由 α'' 个主结点（N_{LM}^i）构成，N_{LM}^i 表示第 i 个 N_{LM}，$i \in [1, \alpha'']$。

根据上述定义，在该移动云网络中，用户从查询结点层提交查询请求。α' 个全部主结点 N_{GM} 负责查询路由，将用户查询发布到对应的最佳本地主结点 N_{LM} 以便进一步处理。α'' 本地主结点 N_{LM} 用于对不同科室的医学图片数据（Ω）及其索引的分布式存储。同时，在本地主结点 N_{LM} 完成索引支持下的图片数据过滤；相应从结点接受来自 N_{LM} 中过滤处理得到的候选图片（Ω'），并对其进行求精处理（距离计算）。最终，将结果图片（Ω''）返回查询结点。

18.2.2 支撑技术

为了更好地支持移动云计算环境下的分布式相似查询优化处理，提出六种支撑技术，包括基于用户移动轨迹学习的数据分布策略、自适应结点合并、基于多分辨率及网络带宽敏感的图像数据副本选择策略、基于优先级的图像数据分块鲁棒传输策略、索引支持的向量集缩减及动态相关数据缓存技术。这些方法的目的是减少移动环境下网络传输的代价并提高查询的并行性。

1. 基于学习的数据分布策略

对于许多并行数据系统，数据分布对并行查询处理性能影响非常重要。不同于传统并行系统，移动云计算环境是一个无线连接、移动异构的网络环境，其中用户（医生）不在一个固定的地方。这给动态环境下的数据分布带来了很大的挑战。

基于学习的最佳数据分布策略的提出基于以下两点。

① 快速数据访问对移动云计算环境下的并行查询非常重要。因此，医生所访问的数据服务器的摆放对提高整体查询效率尤其重要。为了最小化总的通信代价，每个医生距离可访问数据库服务器的距离总和应该最小。

② 对于同一科室的所有医生，在多数情况下，由于某些原因，他们较少同时出现一个区域（如他们所在的科室）。然而，在任何情况下，在本科室的医生数量都会大大高于其他地方的本科室的医生数量。中心点坐标值不会受到在医院其他区域的本科室医生的影响，而是在很大程度上由在本科室区域内的医生确定。因此，提出一种基于学习的最佳中心点位置求法。

如上所述，快速数据访问对移动云计算环境下基于位置查询（location-based query）非常重要。因此，介绍一种通过分析和挖掘医生的移动轨迹信息，得到在该环境下的最佳数据存放的位置。首先，将医生对象表示为一个四元组模型：

$$d_i :: = \langle i, \text{dep}, \text{pos}, \text{tim} \rangle \tag{18.32}$$

其中，i 表示医生的编号；dep 表示医生 d_i 所在的科室；pos 表示医生 d_i 的位置信息，记为：$\text{pos} :: = \langle x, y, z \rangle$，其中 x、y 和 z 分别表示坐标值；tim 表示时刻。

定理 18.2 给定 m 个移动对象：$O_i = (x_i, y_i, z_i)$，其中 $i \in [1, m]$，存在一个中心对象 $C = (x_c, y_c, z_c)$，使与中心对象的距离和 $\sum\limits_{i=1}^{m} (x_i - x_c)^2 + \sum\limits_{i=1}^{m} (y_i - y_c)^2 + \sum\limits_{i=1}^{m} (z_i - z_c)^2$ 最小，当且仅当 $x_c = \dfrac{1}{m} \sum\limits_{i=1}^{m} x_i$，$y_c = \dfrac{1}{m} \sum\limits_{i=1}^{m} y_i$ 且 $z_c = \dfrac{1}{m} \sum\limits_{i=1}^{m} z_i$。

证明 $\sum\limits_{i=1}^{m} (x_i - x_c)^2 + \sum\limits_{i=1}^{m} (y_i - y_c)^2 + \sum\limits_{i=1}^{m} (z_i - z_c)^2 = m x_c^2 - 2 x_c$

$$\sum_{i=1}^{m} x_i + \sum_{i=1}^{m} x_i^2 + my_c^2 - 2y_c \sum_{i=1}^{m} y_i + \sum_{i=1}^{m} y_i^2 + mz_c^2 - 2z_c \sum_{i=1}^{m} z_i + \sum_{i=1}^{m} z_i^2$$

令 $\dfrac{\partial \left[\sum\limits_{i=1}^{m} (x_i - x_c)^2 + \sum\limits_{i=1}^{m} (y_i - y_c)^2 + \sum\limits_{i=1}^{m} (z_i - z_c)^2 \right]}{\partial x_c} = 0$,则

$$x_c = \frac{1}{m} \sum_{i=1}^{m} x_i \tag{18.33}$$

同理,可以得到:

$$y_c = \frac{1}{m} \sum_{i=1}^{m} y_i, \quad z_c = \frac{1}{m} \sum_{i=1}^{m} z_i \tag{18.34}$$

第 1 步在图 18.26 中,假设有 9 个同一科室的医生,首先利用式(18.35)计算上述 9 个医生的中心点坐标(C_1)。

$$\begin{cases} C_1.x = \dfrac{1}{|\text{dep}|} \sum\limits_{i=1}^{|\text{dep}|} d_i.\text{loc}.x \\[2mm] C_1.y = \dfrac{1}{|\text{dep}|} \sum\limits_{i=1}^{|\text{dep}|} d_i.\text{loc}.y \\[2mm] C_1.z = \dfrac{1}{|\text{dep}|} \sum\limits_{i=1}^{|\text{dep}|} d_i.\text{loc}.z \end{cases} \tag{18.35}$$

其中,$|\text{dep}|$ 表示科室 dep 中的医生总数。

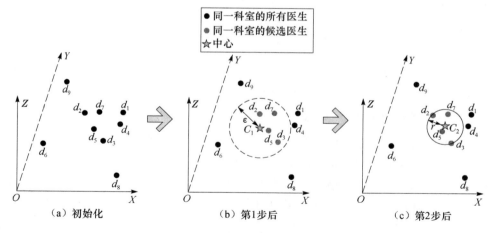

图 18.26 基于学习的移动轨迹信息挖掘

给定中心点 C_1,可以得到以 C_1 为中心且 ε 为半径的虚拟圆形区域(virtual circle region,VCR),如图 18.26(b)虚线圆所示,其中,ε 表示阈值。因此,可以将该 VCR 看成科室所在的大致区域范围。在该 VCR 中的医生可作为候选医生对象。

第 2 步对于在同一个科室里的所有医生,首先利用式(18.36)计算最终坐标

(C_2)，见图 18.26(c)中的阴影圆形区域，其中 C_2 表示最终中心点，r 为半径。

$$\begin{cases} C_2 . x = \dfrac{1}{\mid \text{can} \mid} \sum_{i=1}^{\mid \text{can} \mid} d_i . \text{pos} . x \\[2mm] C_2 . y = \dfrac{1}{\mid \text{can} \mid} \sum_{i=1}^{\mid \text{can} \mid} d_i . \text{pos} . y \\[2mm] C_2 . z = \dfrac{1}{\mid \text{can} \mid} \sum_{i=1}^{\mid \text{can} \mid} d_i . \text{pos} . z \end{cases} \tag{18.36}$$

$$r = \arg\max \left\{ \sum_{i=1}^{\mid \text{can} \mid} \left[(\text{dis}(C_2 , d_i . \text{pos})) \right] \right\} \tag{18.37}$$

其中，$\mid \text{can} \mid$ 表示在科室 dep 中候选医生的总数。

算法 18.8　Optimal learning-based data placement algorithm

输入：Ω：the image set，all doctors；
输出：the optimal data placement；
1. **for** each department in a hospital **do**
2. 　　**for** all doctors d_i in the same department **do**
3. 　　　　calculate their initial centroid(C_1)according to Eq. (18.34)；
4. 　　**end for**
5. 　　**for** each doctor d_i in the same department **do**
6. 　　　　calculate the distance between C_1 and d_i；
7. 　　　　**if** the distance is less than a threshold value(ε) **then**
8. 　　　　　　add d_i as a candidate element；//represented by points in the dash circle in Fig. 18.26(b)
9. 　　　　**end if**
10. 　　**end for**
11. **for** each candidate doctor d_i in the same department **do**
12. 　　calculate their final centroid(C_2)according to Eq. (18.35)；
13. **end for**
14. 　　the data server of the department can be placed at the position of C_2；
15. **end for**

2. 自适应结点合并

前面假设一个科室对应一个主结点和一个从结点。然而，由于疾病的不同，不同科室的医生及病人数目也是不同的。例如，感冒是一种非常常见的疾病。每天患感冒的病人数量一定比患肺结核的要多很多。因此，每天内科病人数量一定比呼吸科多。存储在这两个不同科室的病人信息（如病历记录、医学图片等）的数据量会有很大不同。

为了较经济地部署主结点且使资源使用效率最大化，提出一种自适应的结点合并（adaptive node mergence，ADM）策略。在该方法中，那些在本地主结点上数据处理量不太大的结点可以合并。需要考虑以下三个因素。

① 数据存储量：对每个 N_{LM} 中的数据存储量进行分析，合并存储量较小的结点。

② 访问频率：分析每个 N_{LM} 的访问频率，合并访问频率小的结点。

③ 空间位置:空间信息对于结点合并非常重要,合并在空间上最近邻的 N_{LM}。

定义 18.10(最小覆盖球,minimal cover sphere)　给定两个本地主结点 N_{LM}^i 和 N_{LM}^j,其对应的最小覆盖球(MCS)为一个三维球体,记为 $\mathrm{MCS}(N_{\mathrm{LM}}^i, N_{\mathrm{LM}}^j)$,满足以下条件:

① $\mathrm{CS}(N_{\mathrm{LM}}^i)$ 和 $\mathrm{CS}(N_{\mathrm{LM}}^j)$ 都包含在 $\mathrm{MCS}(N_{\mathrm{LM}}^i, N_{\mathrm{LM}}^j)$ 中;

② $\mathrm{MCS}(N_{\mathrm{LM}}^i, N_{\mathrm{LM}}^j)$ 的体积最小。

在图 18.27 中,假设存在 N_{LM}^i 和 N_{LM}^j 对应的覆盖球体,表示为灰色圆。其对应的 MCS 表示为一个虚线圆。MCS 对应的中心点(N_{NLM}^X)坐标值可通过定理 18.2 得出。

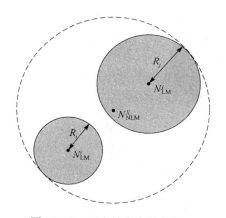

图 18.27　两个结点合并的例子

图 18.28(a)为五个本地主结点的空间分布例子。表 18.4 表明在结点合并前的 N_{LM} 对应的上述三个因素的分布情况。

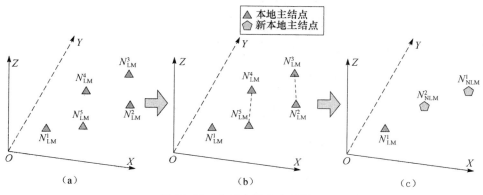

图 18.28　自适应结点合并例子

表 18.4 结点合并前

N_{LM}	存储量		访问频率		空间最近邻 NN	综合度量(CM)
	值	比例	值	比例		
N_{LM}^1	10GB	41.7%	10000	51.3%	N_{LM}^5	46.5%
N_{LM}^2	2GB	8.3%	500	2.6%	N_{LM}^3	5.5%
N_{LM}^3	5GB	20.8%	2500	12.8%	N_{LM}^1	16.8%
N_{LM}^4	3GB	12.5%	1500	7.7%	N_{LM}^5	10.1%
N_{LM}^5	4GB	16.7%	5000	25.6%	N_{LM}^1	21.2%

作为例子,表 18.4 给出了每个结点的访问频率及数据存储量。为了对这两个因素进行综合量化分析,提出一种基于线性加权组合的综合度量方法作为两个结点合并的条件。该度量方法将每个因素所占比例作为权值,得到下述表示。

定义 18.11 第 i 个结点的综合度量(CM)可定义为

$$\text{CM}_i = \delta \times S.\text{per} + (1 - \delta) \times A.\text{per} \tag{18.38}$$

其中,i 表示结点编号;δ 为一个调整因子且初始设为 0.5;$S.\text{per}$ 和 $A.\text{per}$ 表示在第 i 个结点上的数据存储量和访问频率所占的百分比。

根据上述定义,在表 18.4 中,对于本地主结点 N_{LM}^2,其 NN 结点为 N_{LM}^3。假设它们对应的 CM 小于某一阈值,则将其合并为一个新的结点 N_{NLM}^1,如表 18.5 所示。同理,N_{LM}^4 和 N_{LM}^5 也可合并。

表 18.5 结点合并后

N_{LM}	存储量		访问频率		空间最近邻 NN	综合度量(CM)
	值	比例	值	比例		
N_{LM}^1	10GB	41.7%	10000	51.3%	N_{LM}^5	46.5%
N_{NLM}^1	7GB	29.2%	3000	15.4%	N_{LM}^3	22.3%
N_{NLM}^2	7GB	29.2%	6500	33.3%	N_{LM}^5	31.2%

定理 18.3 给定两个本地主结点 N_{LM}^i 和 N_{LM}^j,以及它们对应的覆盖半径 R_i 和 R_j,它们对应的 MCS 的中心坐标(N_{NLM}^X)和半径(R_x)为

$$\begin{cases} N_{NLM}^X.\text{pos}.x = N_{LM}^i.\text{pos}.x + \dfrac{R_j}{R_i + R_j} \times (N_{LM}^j.\text{pos}.x - N_{LM}^i.\text{pos}.x) \\[2mm] N_{NLM}^X.\text{pos}.y = N_{LM}^i.\text{pos}.y + \dfrac{R_j}{R_i + R_j} \times (N_{LM}^j.\text{pos}.y - N_{LM}^i.\text{pos}.y) \\[2mm] N_{NLM}^X.\text{pos}.z = N_{LM}^i.\text{pos}.z + \dfrac{R_j}{R_i + R_j} \times (N_{LM}^j.\text{pos}.z - N_{LM}^i.\text{pos}.z) \end{cases}$$

$$R_x = \frac{d(N_{LM}^i, N_{LM}^j) + R_i + R_j}{2} \tag{18.39}$$

证明 由于新得到的三维最小覆盖球的体积表示为

$$\text{vol}\big[\text{MCS}(N_{\text{NLM}}^{X},R_{x})\big] = \frac{4}{3}\pi R_{x}^{3} \tag{18.40}$$

为了使该球体体积最小化，R_x 的值也需要最小。

如图 18.27 所示，$R_x = d(N_{\text{NLM}}^{X},N_{\text{LM}}^{i}) + R_i = d(N_{\text{NLM}}^{X},N_{\text{LM}}^{j}) + R_j$，则

$$R_{x} = \frac{d(N_{\text{NLM}}^{X},N_{\text{LM}}^{i}) + d(N_{\text{NLM}}^{X},N_{\text{LM}}^{j}) + R_i + R_j}{2} \tag{18.41}$$

显然，$d(N_{\text{NLM}}^{X},N_{\text{LM}}^{i}) + d(N_{\text{NLM}}^{X},N_{\text{LM}}^{j}) \geqslant d(N_{\text{LM}}^{i},N_{\text{LM}}^{j})$，因此当 $d(N_{\text{NLM}}^{X},N_{\text{LM}}^{i}) + d(N_{\text{NLM}}^{X},N_{\text{LM}}^{j}) = d(N_{\text{LM}}^{i},N_{\text{LM}}^{j})$ 时，R_x 的值最小，即该体积最小。

因此，新的本地主结点（N_{NLM}^{X}）的中心坐标及其覆盖半径可表示为

$$\begin{cases} N_{\text{NLM}}^{X}.\,\text{pos.}\,x = N_{\text{LM}}^{i}.\,\text{pos.}\,x + \dfrac{R_j}{R_i + R_j} \times (N_{\text{LM}}^{i}.\,\text{pos.}\,x - N_{\text{LM}}^{i}.\,\text{pos.}\,x) \\[2mm] N_{\text{NLM}}^{X}.\,\text{pos.}\,y = N_{\text{LM}}^{i}.\,\text{pos.}\,y + \dfrac{R_j}{R_i + R_j} \times (N_{\text{LM}}^{i}.\,\text{pos.}\,y - N_{\text{LM}}^{i}.\,\text{pos.}\,y) \\[2mm] N_{\text{NLM}}^{X}.\,\text{pos.}\,z = N_{\text{LM}}^{i}.\,\text{pos.}\,z + \dfrac{R_j}{R_i + R_j} \times (N_{\text{LM}}^{i}.\,\text{pos.}\,z - N_{\text{LM}}^{i}.\,\text{pos.}\,z) \end{cases}$$

$$R_{x} = \frac{d(N_{\text{LM}}^{i},N_{\text{LM}}^{j}) + R_i + R_j}{2}$$

算法 18.9　The ANM algorithm

输入：Ω：the image set，all nodes；

输出：the new merged nodes；

1. **for** each local node N_{LM}^{i} **do**
2. 　　visited[N_{LM}^{i}]←FALSE；
3. **end for**
4. **for** each local master node N_{LM}^{i} **do**
5. 　　find its spatial NN node N_{LM}^{j}；
6. 　　calculate the CM of the two nodes；
7. 　　**if** CM is less than a threshold value(ε) **then**
8. 　　　　merge the two nodes to a new one；
9. 　　　　visited[N_{LM}^{i}]←TRUE，visited[N_{LM}^{j}]←TRUE；
10. 　　**else**
11. 　　　　break；
12. 　　**end if**
13. **end for**

---

3. 基于多分辨率混合和网络带宽敏感的图像数据副本选择策略

如上所述，医学图像的像素分辨率通常非常高（如分辨率为 2048×2048 的 X 射线图片），导致数据量也相应增加。较难在无线网络环境下将一个大图像传输到目标结点。因此，提出一种基于多分辨率混合及网络带宽敏感的图像数据副本选择策略（hybrid-multi-resolution-based and bandwidth-conscious image data replica selection scheme,MRBR)。如图 18.29 所示,本传输策略的基本思想是对于一张相同的医学图片,可根据当前网络带宽的变化,自适应调节不同分辨率的图片进行传输。具体来说,对于高速无线网络,可以将一张较高分辨率的图片在一定时间内传输到目标结点。相反,在低带宽的条件下,为了获得较短的响应时间,选择较低分辨率版本的图片进行传输。然而,与别的图片不同,医学图像通常反映病人患病器官的病理状态。如图 18.30 所示,区域 A 和 B 为病灶部位,如果一味降低分辨率将会导致医生误诊。因此,需要对图片中若干重要区域(病灶部位)的分辨率保持不变,只对其余部分进行多分辨率保存。该方法的目标是在不同分辨率和带宽条件下,在图片质量和传输时间之间取得平衡点。

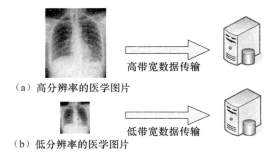

（a）高分辨率的医学图片

（b）低分辨率的医学图片

图 18.29　基于 MRBR 的自适应数据传输策略

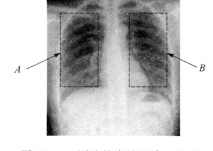

图 18.30　图片的病灶区域 A 和 B

首先,将第 i 张图片的分辨率表示为 $R_i \in [x_{\text{LOW}}, x_{\text{UPP}}]$,其中 x_{LOW} 和 x_{UPP} 分别表示第 i 张图片分辨率的下界和上界。类似地,第 j 条边的带宽可表示为 $E_j \in [y_{\text{LOW}}, y_{\text{UPP}}]$,其中 y_{LOW} 和 y_{UPP} 分别表示为第 j 条边带宽的下界和上界。因此,通过推导,在当前网络带宽下的最佳图像分辨率可表示为

$$R_i = x_{\text{LOW}} + \frac{i(x_{\text{UPP}} - x_{\text{LOW}})}{\Delta} \tag{18.42}$$

其中,$i \in [1, \Delta]$,Δ 为粒度值(划分的数目)。

类似地,可以得到:$E_j \in \left[y_{\text{LOW}} + \frac{(i-1)(y_{\text{UPP}} - y_{\text{LOW}})}{\Delta}, y_{\text{LOW}} + \frac{i(y_{\text{UPP}} - y_{\text{LOW}})}{\Delta} \right]$。

i 为一个整数,因此,$i = \left| \frac{(E_j - y_{\text{LOW}})\Delta}{y_{\text{UPP}} - y_{\text{LOW}}} + 1 \right|$,其中,$| \cdot |$ 表示取 $\cdot$ 的整数部分。

在当前带宽为 E_j 的情况下,第 i 张图片的最佳像素分辨率可改写为

$$R_i = x_{\text{LOW}} + \left| \frac{(E_j - y_{\text{LOW}})\Delta}{y_{\text{UPP}} - y_{\text{LOW}}} + 1 \right| \times \frac{x_{\text{UPP}} - x_{\text{LOW}}}{\Delta} \tag{18.43}$$

式(18.43)将整张图片作为处理对象,根据网速变化进行整体图像分辨率的自适应调整。但这种方法会导致图片中病变区域因分辨率降低使医生无法清晰查看而导致诊断出错。因此,在预处理中,如图 18.31(a)所示,首先将图片中病变部位

用虚线框出,即区域 A 和 B。图 18.31(b)为变化后的结果。可以看出,该图中 A 和 B 两个区域的图片分辨率保持不变,其余区域(C)的分辨率已降低,从而达到整体分辨率降低。

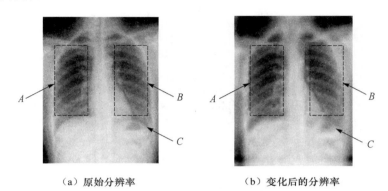

（a）原始分辨率　　　　　　　（b）变化后的分辨率

图 18.31　变化前后的图片分辨率对比

假设图片 I_i 的面积为 S,高分辨率部分区域面积为 S_1,分辨率为 R_{i1},其余部分面积为 S_2,分辨率为 R_{i2},其中,$S=S_1+S_2$。可以得到图片 I_i 的综合分辨率 R_i 为

$$R_i = \frac{S_1 \times R_{i1} + S_2 \times R_{i2}}{S} \tag{18.44}$$

需要指出的是,为了确保病变部分(A 和 B)图像的高清晰度,在式(18.44)中 R_{i1} 是固定不变的。

将式(18.44)中的 R_i 代入式(18.43),得到：

$$\frac{S_1 \times R_{i1} + S_2 \times R_{i2}}{S} = x_{\text{LOW}} + \left| \frac{(E_j - y_{\text{LOW}})\Delta}{y_{\text{UPP}} - y_{\text{LOW}}} + 1 \right| \times \frac{x_{\text{UPP}} - x_{\text{LOW}}}{\Delta} \tag{18.45}$$

则分辨率为 R_{i2} 为

$$R_{i2} = \frac{S \times \left[x_{\text{LOW}} + \left| \frac{(E_j - y_{\text{LOW}})\Delta}{y_{\text{UPP}} - y_{\text{LOW}}} + 1 \right| \times \frac{x_{\text{UPP}} - x_{\text{LOW}}}{\Delta} \right] - S_1 \times R_{i1}}{S_2} \tag{18.46}$$

例如,假设一幅图片的最小及最大像素分辨率为 $x_{\text{LOW}}=[200,200]$,$x_{\text{UPP}}=[2040,2040]$。类似地,无线网络带宽的变化范围为 $10\sim100\text{MB/s}$,即 $y_{\text{LOW}}=10\text{MB/s}$,$y_{\text{UPP}}=100\text{MB/s}$。同时,$S=20\text{cm}^2$,$S_1=6\text{cm}^2$,分辨率为 $R_1=[2040,2040]$,$S_2=14\text{cm}^2$。

根据式(18.46),当目前带宽(E_j)为 50MB/s,其余部分的最佳图像传输分辨率计算如下：

$$R_2 =$$

$$\frac{20 \times \left[[200,200] + \left| \frac{(50-10)\Delta}{|100-10|} + 1 \right| \times \frac{[2040,2040] - [200,200]}{\Delta} \right] - 6 \times [2040,2040]}{14}$$

(18.47)

当 $\Delta = 10$ 时,$R_2 = [725,725]$;

当 $\Delta = 20$ 时,$R_2 = [594,594]$;

…

同理,当目前带宽(E_j)为 80MB/s,则

当 $\Delta = 10$ 时,$R_2 = [1514,1514]$;

当 $\Delta = 20$ 时,$R_2 = [594,594]$;

…

基于上述分析,当 Δ 值固定时,随着带宽的增加,图片的最佳传输分辨率也相应提高。同时,当带宽不变时,随着 Δ 值的增加,图片最佳分辨率将减小。

4. 基于优先级的图像数据分块鲁棒传输策略

一般来说,传统图像数据传输策略将整张图片作为对象进行整体传输。然而,对于高分辨率的医学图像,这种整体传输方式会导致传输过程发生错误的概率增加。一旦发生传输错误,需要重新进行传输,时间成本大大提高。为了克服这个技术瓶颈,提出一种基于优先级的图像数据分块鲁棒传输策略(priority-based image data block robust transmission scheme,PBT),以支持图像的断点续传。

定义 18.12　每个块可表示为一个七元组:

$$\text{block} ::= \langle \text{bid}, x_1, y_1, x_2, y_2, \text{pri}, \text{res} \rangle \tag{18.48}$$

其中,bid 表示块的编号;x_1 和 x_2 分别表示块的左上角和右下角对应的 x 坐标值;y_1 和 y_2 分别表示块的左上角和右下角对应的 y 坐标值;pri 表示块对应的传输优先级且 $\text{pri} \in [0,1]$;res 指该块对应的像素分辨率。

在本方法中,如图 18.32 所示,首先将整张图片进行粗粒度分块处理,得到 m 块($m = 20$)。再对用户设定的高分辨率图像区域 B(虚线框表示)进行细粒度分块,得到 k 块($k = 42$)。同时对不同块赋予不同的传输优先级。

具体来说,将图 18.32 中的图片分为三部分:A、B 和 C。其中,A 部分为除 B 和 C 以外的图像区域,B 部分为用户设定的重要区域(虚线框表示),C 为 B 的周围区域(阴影部分表示)。每个区域块的传输优先级不同,如式(18.49)所示:

$$\text{block.pri} = \begin{cases} 1, & \text{block 属于 } B \text{ 部分} \\ 0.5, & \text{block 属于 } C \text{ 部分} \\ 0, & \text{block 属于 } A \text{ 部分} \end{cases} \tag{18.49}$$

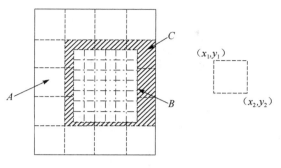

图 18.32　图片的分块

按照块对应的优先级的不同,从大到小进行依次传输。这样既保证了数据传输的鲁棒性,又能确保重要信息得到优先传输。然而,根据定义 18.3,从理论上分析,分块数的增加在某种程度上会导致数据传输成本的提高,同时数据传输的稳定性也会相应提高。

5. 索引支持的快速向量集缩减

由于向量集(Ω)存储在主结点层,对于一个查询,直接在主结点层执行向量的求精(距离计算)操作显然是低效的。因此,提出 iDistance[52]索引支持的图像集缩减(ISR)。该方法的目的是减少求精过程的 CPU 计算量和网络传输代价。算法参见第 18.1.2 节。

6. 动态相关数据缓存技术

在分布式数据库系统中,数据缓存(冗余)对于提高查询效率非常重要。该方法的目的是预先获取一些其他科室的相关图片数据,以实现分布式环境下的快速数据方法。

假设两个用户 d_1 和 d_2 属于不同的科室 A 和 B,且 A 与 B 的距离非常远。假设 A 中的用户 d_1 想访问一些在 B 中的属于用户 d_2 的医学图片。显然从 A 到 B 的图片检索涉及很高的通信代价。为了实现快速访问,将那些经常被科室 A 中用户访问的 B 中的图片在 A 中进行复制。本节介绍一种基于学习的动态相关数据缓存(learning-based dynamic correlated data caching, DODC)。该方法通过分析每张图片被别的科室访问的频率来进行高效数据缓存。

定义 18.13　医学图片 I_i 可表示为一个五元组:
$$I_i ::= \langle i, \text{sDept}, \text{acce}, \text{patID}, \text{fea} \rangle \tag{18.50}$$
其中,i 为图片 I_i 的编号;sDept 指图片 I_i 所属的科室;acce ::= $\langle$dDept, freq$\rangle$,dDept 是指属于科室 sDept 的图片 I_i 被访问的科室,freq 是指在 sDept 中的用户访问在 dDept 中的图片的访问次数;patID 是指图片 I_i 所属病人的编号;fea 是指

从图片 I_i 提取的特征。

在表 18.6 中,图片访问频率表用于记录每张图片的访问次数。当属于科室 sDept 的图片 I_i 被 dDept 访问的访问频率(freq)大于某一阈值(δ),则将该图片数据在 dDept 进行复制。

表 18.6　图片访问频率表

id	sDept	dDept	freq
1	A	C	2
2	A	D	5
3	B	A	4
4	C	B	2

算法 18.10　Learning-based DCDC algorithm

输入:Ω: the image set, all users;
输出:the optimal data redundancy;
1. **for** each department in a hospital **do**
2. 　**for** each image I_i in the same department **do**
3. 　　**if** I_i. acce. freq$>\delta$ **then**
4. 　　　send the image I_i to department dDept as a copy image;
5. 　　**end if**
6. 　**end for**
7. **end for**

18.2.3　两种索引结构

为了减少查询处理代价(如 I/O、CPU 及通信代价等),提高查询效率,本节提出两种索引方法:全局主结点上的查询路由索引(query routing index, QRI),以及本地主结点上的主(major index, MAI)、副索引(minor index, MII)。

1. 查询路由索引

如上所述,医生经常需要在自己的科室(sDept)查询得到别的科室(dDept)的关于某一病人的医学图片。当提交一个查询到主结点层,首先在 N_{GM} 上进行查询路由将其发送到相应的 N_{LM}(sDept)。如果候选图片不在该 N_{LM} 中,则查询转向 dDept 对应的 N_{LM}。

1)$N_{GM}s(\alpha')$ 的最优数目

在第 18.2.2 节中,已经得到 α'' 个 N_{LM} 的最佳放置位置坐标。作为图 18.33 中 N_{LM} 的上一层结点,N_{GM} 用于将用户查询请求路由到相应的 N_{LM}。因此,本节提出通过对 N_{LM} 的聚类得到 N_{GM} 的最佳数目。

AP-cluster[278]是一种有效的聚类算法,其中聚类数目不需要人为设定,而是通过分析距离矩阵动态得到。因此,采用该算法得到一个优化 N_{GM} 值。

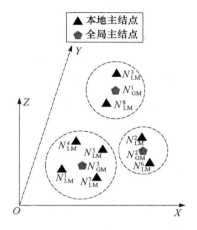

图 18.33　若干 N_{LM} 的聚类

对于任意两个 N_{LM}(如 N_{LM}^i 和 N_{LM}^j)，它们之间的距离为

$$\text{dist}(N_{LM}^i, N_{LM}^j) = \sqrt{(x_i - x_j)^2 + (y_i - y_j)^2 + (z_i - z_j)^2} \qquad (18.51)$$

在式(18.51)基础上，得到一个距离矩阵，将其作为聚类的输入。图 18.33 为八个本地主结点的聚类情况。在图中，每个类用一个虚线圆表示。

2) 基于树形表示的主结点组织

将 α'' 个 N_{LM} 聚成若干类后，每个类的中心对应一个 N_{GM}。为了实现高效地分布式查询，对这些主结点进行有效的组织非常关键。

如图 18.34 所示，提出一种基于树形结构的主结点组织方式。在该方法中，将 α 个 N_M 组织成一个树形结构，其中 α'' 个 N_{LM} 作为叶节点层。需要注意的是，树中的根节点(R_N)也是一个 N_{GM}。根据查询所涉及的不同科室，存在如下三种类型。

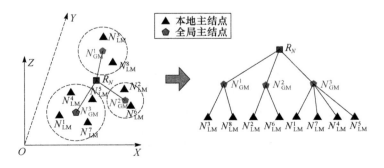

图 18.34　主结点的树形组织

① 当查询请求从 sDept（如 N_{LM}^3）提交，只涉及来自 sDept 的图片，则该路由

顺序为 $R_N \rightarrow N_{GM}^1 \rightarrow N_{LM}^3$。

② 当查询请求从 sDept(如 N_{LM}^3)提交,只涉及来自 dDept(如 N_{LM}^8)的图片,且 dDept 与 sDept 在同一类中,则该路由顺序为 $R_N \rightarrow N_{GM}^1 \rightarrow N_{LM}^8$。

③ 当查询请求从 sDept(如 N_{LM}^3)提交,只涉及来自 dDept(如 N_{LM}^1)的图片,且 dDept 与 sDept 不在同一类中,则该路由顺序为 $R_N \rightarrow N_{GM}^3 \rightarrow N_{LM}^1$。

需要指出的是,任何查询都可以看成上述三种查询类型的组合。

3) 索引策略

本节介绍一种查询路由索引。该索引用于快速查找查询所涉及的结点的位置。

基于上述分析,根节点层的查询路由索引键值可表示为

$$qkey(I) = c_0 \times sID + dID \tag{18.52}$$

同理,在第二节点层的查询路由索引键值可表示为

$$qkey(II) = c_0 \times sID + dID + patID/c_1 \tag{18.53}$$

其中,c_0 和 c_1 为两个常数;sID 和 dID 分别指源科室和目地科室的编号。

需要指出的是,以上两个索引键值采用改进型 B^+-Tree。如图 18.35 所示,对于 QRI(I),每个节点包含三个元素:对应 N_{GM} 的 IP 地址,键值(式(18.52))及指向下一个结点的指针。对于 QRI(II),每个节点也包含三个元素:对应 N_{LM} 的 IP 地址,键值(式(18.53))及指向下一个结点的指针。

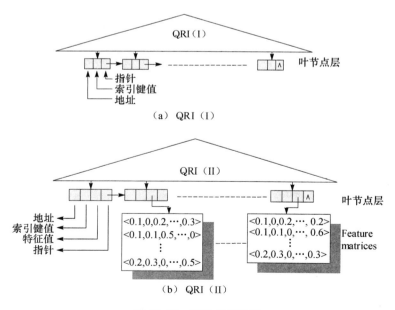

图 18.35 QRI 索引结构

查询路由步骤如下：当在 sDept 中的用户 d_1 提交一个查询请求，该查询涉及 dDept 中的图片。首先将查询发送 R_N，进行基于 QRI(I)索引的查询定位，将该查询路由到相应的 N_{GM}，索引键值范围为$[c_0 \times \mathrm{sID} + \mathrm{dID} - \varepsilon, c_0 \times \mathrm{sID} + \mathrm{dID} + \varepsilon]$，其中 ε 为一个较小的常数且 $\varepsilon = 1/10$。然后，在第二节点层，在 QRI(II)索引的支持下，将该查询路由到相应的 N_{LM}，其索引键值范围为$[c_0 \times \mathrm{sID} + \mathrm{dID} + \mathrm{patID}/c_1 - \varepsilon, c_0 \times \mathrm{sID} + \mathrm{dID} + \mathrm{patID}/c_1 + \varepsilon]$。如果无返回结果，则该查询请求直接转到 dDept 进行进一步查询，否则缓存在 sDept 中的来自 dDept 的结果图片可以直接发送给用户。

算法 18.11　Qroute(I_q, r)

输入：I_q：the query image；sID, dID：the ID numbers of the source and destination departments, respectively；patID：the ID number of the patient；

输出：　the answer images；

1.　　$S_1 = S_2 \leftarrow \varnothing$；
2.　　a userd_1 in sDept submits a query；
3.　　The query is first sent to the R_N，
4.　　$S_1 \leftarrow$ **BRange**$[c_0 \times \mathrm{sID} + \mathrm{dID} - \varepsilon,\ c_0 \times \mathrm{sID} + \mathrm{dID} + \varepsilon]$；
5.　　The query is routed to the corresponding N_{GM}；
6.　　$S_2 \leftarrow$ **BRange**$[c_0 \times \mathrm{sID} + \mathrm{dID} + \mathrm{patID}/c_1 - \varepsilon,\ c_0 \times \mathrm{sID} + \mathrm{dID} + \mathrm{patID}/c_1 + \varepsilon]$；
7.　　**if**($S_2 ==$ NULL)**then**
8.　　　the query is re-directed to the dDept for further retrieval；
9.　　**else** the answer images from dDept cached in sDept can be directly sent back to the user；
10. **end if**

---

2. 主副索引机制

如上所述，在主结点层面，图片数据及其索引是存储在本地主结点上的。根据来自不同科室的数据源的不同，将索引分为两类：主索引及副索引。

1）主索引

如上所述，假设对于存储在科室 sDept 中的图片，可分为两大类：一部分来自本科室，另一部分来自别的科室。因此在本节，首选介绍在科室 sDept 中的索引，称为主索引。

定义 18.14（主索引，Major Index）　第 i 个科室的主索引（MAI）用于对该科室的高维图片数据建立索引。

对于主索引，采用 iDistance[52]对从图片中提取的高维特征建立索引。

2）副索引

定义 18.15（副索引，Minor Index）　第 sID 个科室的副索引（MII）用于对来自第 dID 个科室的高维图片数据建立索引，其中 sID ≠ dID。

对于来自 m 个其他科室（dDept）的图片，可记为 I_{ij}，其中 $i = \mathrm{sID}$，$j = \mathrm{dID} \in$

$[1,m]$。首先采用 k-Means 聚类算法将这些图片分成 K 个类，则 I_{ij} 的 MII 索引键值可表示为

$$\text{ikey}(I_{ij}) = c_0 \times \text{dID} + c_1 \times \text{patID} + \text{CID} + \text{dis}(I_{ij}, O_k)/c_2 \qquad (18.54)$$

其中，c_0、c_1 和 c_2 为三个常数；dID 和 patID 与式(18.53)定义的相同；$k \in [1, K]$。

查询处理步骤如下所述。当用户 d_1 从 sDept 提交一个查询，该查询涉及从第 dID 个科室中返回某一病人的医学图片。查询键值范围为[left, right]，其中，left $= c_0 \times \text{dID} + c_1 \times \text{patID} + \text{CID} + [\text{dis}(I_q, O_k) - r]/c_2$，right $= c_0 \times \text{dID} + c_1 \times \text{patID} + \text{CID} + R_k/c_2$。

算法 18.12　MinorQ(I_q, r, dID, patID)

输入：I_q：the query image；r：query radius；dID：the ID number of the destination department；patID：the ID number of the patient；

输出：the answer images from the dID-th department；

1. $S \leftarrow \varnothing$；
2. **for** each cluster sphere $\Theta(O_j, R_j)$ **then** and $j \in [1, T]$ **do**
3. 　**if** $\Theta(O_j, R_j)$ **Contains** $\Theta(I_q, r)$
4. 　　$S \leftarrow S \cup \text{Search}(I_q, r, j, \text{dID}, \text{patID})$；
5. 　**end loop**
6. 　**else if** $\Theta(O_j, R_j)$ **Intersects** $\Theta(I_q, r)$ **then**
7. 　　$S \leftarrow S \cup \text{Search}(I_q, r, j, \text{dID}, \text{patID})$；
8. 　**end if**
9. **end for**
10. **for** each image $I_{ij} \in S$ **do**
11. 　**if** $\text{sim}(I_q, I_{ij}) > r$ **then** $S \leftarrow S - I_{ij}$；　// the refinement stage
12. **end for**
13. **return** S；
Search(I_q, r, k, dID, patID)
14. $S_1 \leftarrow \varnothing$；
15. left $\leftarrow c_0 \times \text{dID} + c_1 \times \text{patID} + k + (\text{dis}(I_q, O_k) - r)/c_2$；
　　right $\leftarrow c_0 \times \text{dID} + c_1 \times \text{patID} + k + R_k/c_2$；
16. $S_1 \leftarrow \text{BRSearch}[\text{left}, \text{right}]$；　// the filtering step
17. **return** S_1；　　　//　return the candidate character set

18.2.4　MiMiC 查询算法

在上述支撑技术的基础上，实现移动云计算环境下的高效查询(MiMiC)。整个查询分为三个阶段：

（1）查询路由

在第一阶段，用户提交查询请求(附带科室信息的查询图片 I_q 及查询半径 r)到主结点层 N_M，如算法 18.11 所述，当查询涉及从其他科室检索图片，则查询路由用于将查询发送到相应的 N_{LM}(sDept 或 dDept)

（2）图像数据过滤

第二阶段称为医学图片数据过滤处理。如第一阶段提及的，一旦查询请求发

送到相应本地主结点(N_{LM}),根据数据源的不同,存在如下三种情况。

情况 1:查询只涉及来自 sDept 中的图片。借助 N_{LM}^{sID} 中的主索引快速过滤掉该结点中的无关图片。

情况 2:查询只涉及来自 dDept 中的图片。在 sDept 中,首先借助 sDept 中的副索引检索来自 dDept 中的缓存图片。然后,借助 N_{LM}^{dID} 中的主索引,快速得到其他来自 dDept 中的图片。

情况 3:查询涉及来自 sDept 和 dDept 中的图片。首先,借助主索引将 N_{LM}^{sID} 中的无关图片快速过滤。然后,在该结点,利用副索引检查是否有相似的图片在缓存数据中。最后,借助第 dID 个 N_{LM} 中的主索引,得到其他在 N_{LM}^{dID} 中的相关图片。

在本地主结点 N_{LM} 中,为在 $\Omega(i)$ 中的图片创建一个输入缓存 IB,其中 $\Omega(i)$ 指第 i 个主结点上的图片,i 可以是 sID 或者 dID。同时,创建一个输出缓存 OB,用于存储候选图片 $\Omega'(i)$。一旦在 OB 中的候选图片数据量达到一个包的大小,则该候选图片集通过"打包"方式传输到相应的从结点。

算法 18.13　MiF(I_q, r)

输入:Ω(sID):the sub image set in the sID-th N_{LM};Ω(dID):the sub image set in the dID-th N_{LM};$\Theta(I_q, r)$:the query sphere;

输出:the candidate image set Ω'(sID)or Ω'(dID);

1. Ω'(sID)=Ω'(dID)←$\varnothing$;　　　　　/*　initialization　*/
2. Case 1:
3. 　**for** $i=1$ to T **do**
4. 　　Ω'(sID)←Ω'(sID)$\bigcup$**iDistance**(I_q,r,i);
5. 　　Ω'(sID)is cached in the output buffer OB$_{sID}$;
6. 　**end for**
7. Case 2:
8. 　Ω'(sID)←**MinorQ**(I_q, r,dID, patID);
9. 　**for** $i=1$ to T **do**
10. 　　Ω'(dID)←Ω'(dID)$\bigcup$**iDistance**(I_q,r,i);
11. 　　Ω'(dID)is cached in the output buffer OB$_{dID}$;
12. 　**end for**
13. Case 3:
14. 　**for** $i=1$ to T **do**
15. 　　Ω'(sID)←Ω'(sID)$\bigcup$**iDistance**(I_q,r,i);
16. 　　Ω'(sID)is cached in the output buffer OB$_{sID}$;
17. 　**end for**
18. 　Ω'(sID)←Ω'(sID)$\bigcup$**MinorQ**(I_q, r, dID, patID);
19. 　**for** $i=1$ to T **do**
20. 　　Ω'(dID)←Ω'(dID)$\bigcup$**iDistance**(I_q,r,i);
21. 　　Ω'(dID)is cached in the output buffer OB$_{dID}$;
22. 　**end for**
23. **return** Ω'(sID)or Ω'(dID);

在算法 18.13 中,函数 iDistance(I_q,r,j)返回第 j 个类中的候选图片(参见文献[58])。

（3）求精处理

在最后阶段,在从结点中计算候选图片与查询图片 I_q 的距离。如果距离小于或等于 r,则该候选图片被发送到查询结点 N_q。具体来说,在第 j 个从结点 N_s^j,创建一个输入缓存 IB_j 和存放候选图片集的内存空间 M。另外,创建一个输出缓存 OB_j,用于暂时存放结果图片。当在 OB_j 中的结果图片数据量等于包的大小时,将结果图片打包传输到查询结点 N_q。

算法 18.14   MiR(Ω', I_q, r)

输入:the candidate image set Ω'(sID)or Ω'(dID);a query image I_q and a radius r;
输出:the answer image set Ω''(sID)or Ω''(dID);
1. Ω''(sID)=Ω''(dID)←∅;
2. **for** $I_i \in \Omega'$(sID)**do**
3.   **if** $d(I_i, I_q) \leqslant r$ **then** Ω''(sID)←Ω''(sID)$\bigcup I_i$;
4. **end for**
5. Ω''(sID)is cached in the output buffer OB_{sID};
6. **for** $I_i \in \Omega'$(dID)**do**
7.   **if** $d(I_i, I_q) \leqslant r$ **then** Ω''(dID)←Ω''(dID)$\bigcup I_i$;
8. **end for**
9. Ω''(dID)is cached in the output buffer OB_{dID};

算法 18.15 为整个 MiMiC 查询处理过程。

算法 18.15   MiMiCSearch(I_q, r)

输入:a query image I_q, r;
输出:the query result S;
1. r←0, Ω'←∅, Ω''←∅;   / * initialization   * /
2. a query request is submitted to the master node N_M with department and patient information;
3. **if** the query involves images from other departments **then**
4.   a query routing process is first performed;/ * see algorithm 18.11 * /
5. **end if**
6. Ω'←**MiF**(I_q, r);
7. the candidate images in Ω' are sent to the corresponding slave node;
8. Ω''←**MiR**(Ω', I_q, r);
9. the answer image set Ω'' is sent to the query node N_q;
10. **return** Ω'';

18.2.5   实验

为了验证 MiMiC 方法的有效性,构建一个无线宽带局域网环境来模拟移动云计算环境。检索系统是基于 Android 平台开发的,后台系统采用 Amazon EC2 进行模拟。每个结点可以成 EC2 的一个实例,它包含一个 2.7GHz Xeon 处理器、2.0GB 内存和 200GB 硬盘。每个结点通过 1Gb/s 带宽连接。本系统共有 100 个结点。无线网络中的最大数据传输率为 150Mb/s。同时,采用 iDistance[52] 作为在主结点层的图像数据快速过滤的索引。医学图像数据集来自 Medical image archive，它包含了 100000 张 64 维颜色直方图特征信息，每一维的值为 0～1。

1. 原型系统

这里实现了一个在线移动医学图像检索系统。如图 18.36 所示，当医生通过移动设备（如智能手机或 iPad 等）提交一张病人的 X 射线图片及该病人的相关信息，系统返回相似 X 射线图片。

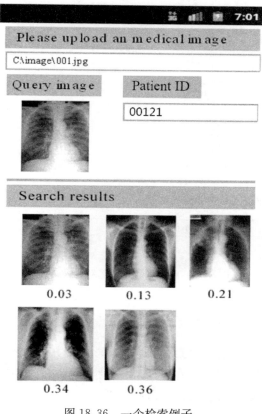

图 18.36　一个检索例子

2. 自适应数据传输对查询的影响

本次实验中研究自适应数据传输（ADT）对 MiMiC 查询性能的影响。该方法包括 MRBR 和 PBT。方法一不采用该传输策略，方法二则采用。图 18.37(a) 表明当 r 固定且网络带宽相对稳定时，方法二所需的时间要明显小于方法一。同时，在网络带宽稳定的情况下，随着 r 逐步增加，两种传输策略所产生的性能差别扩大。因为待传输的候选图片数据量增长较快以至于难以快速传输到目标结点。同时,如图 18.37(b)所示,当 △ 固定时,随着网络带宽增加,用于传输的图片分辨率也相应提高。图 18.37(c)表明当网络带宽固定时,随着 △ 的增加,待传输图片的最佳图像分辨率减少。

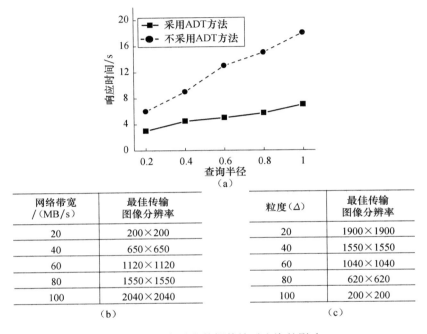

网络带宽 /(MB/s)	最佳传输 图像分辨率
20	200×200
40	650×650
60	1120×1120
80	1550×1550
100	2040×2040

(b)

粒度(△)	最佳传输 图像分辨率
20	1900×1900
40	1550×1550
60	1040×1040
80	620×620
100	200×200

(c)

图 18.37　自适应数据传输对查询的影响

3. 动态相关数据缓存对查询的影响

本次实验研究动态相关数据缓存对查询影响。方法一不采用 DCDC,而方法二采用该策略。在图 18.38 中,在 r 固定且网络带宽相对稳定情况下,采用 DCDC 的查询效率要优于未采用的情况。同时,当带宽一定的情况下,随着 r 的增加,两者的查询性能差异变大。这是因为一旦当查询所需要的相关候选图像数据已缓存在本地结点,可以直接快速地从缓存中获取所需的数据,从而避免了从别的结点传输图像数据,大大提高了查询效率。

4. 查询路由索引对查询的影响

本实验测试查询路由索引对查询性能的影响。方法一采用 QRI 索引,而方法二不采用,即顺序搜索每个本地主结点定位到相应的结点。假设数据量和网络带

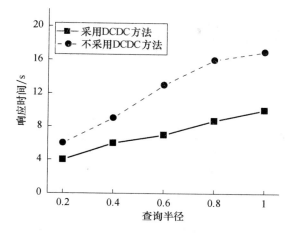

图 18.38　动态相关数据缓存对查询的影响

宽固定,由图 18.39 可以看出随着结点总数(包括主和从结点)的增加,借助 QRI 索引,目标结点定位的时间大大缩短,特别对于主结点数量很多的情况。

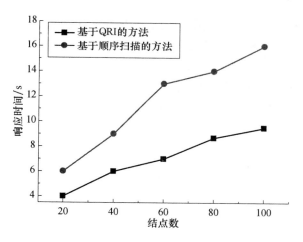

图 18.39　查询路由索引对查询的影响

5. 数据过滤对查询的影响

在该实验中,研究借助主、副索引的数据过滤对查询性能的影响。在图 18.40 中,假设数据量与主、从结点数量固定,当 r 从 0.2 到 1 增长时,查询响应时间也在逐步增加。这是因为随着 r 的增加,高维空间的搜索区域变得越来越大。这将导致候选图片的数量越来越多。

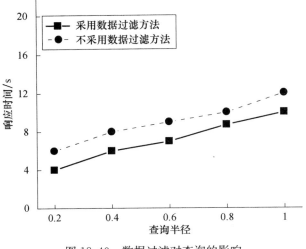

图 18.40　数据过滤对查询的影响

6. 基于树形的主结点组织结构对查询的影响

本实验验证基于树形的主结点组织结构对查询的影响。比较两种方法:基于树形的方法和基于顺序检索的方法,其中对应的 N_{LM} 通过扫描 α'' 个 N_{LM} 得到。在图 18.41 中,当主结点个数及网络带宽固定时,方法二所需的时间要大于方法一。同时,在网络带宽稳定的情况下,随着主结点数目的增加,借助树形结构的网络拓扑方法得到的搜索时间要远远小于顺序方法。

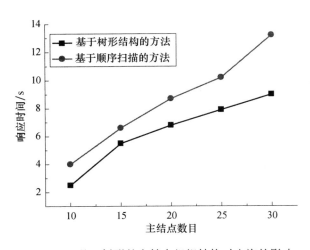

图 18.41　基于树形的主结点组织结构对查询的影响

7. 数据量对查询的影响

在本次实验中,研究数据量对查询的影响。如图 18.42 所示,当数据量增加时,查询响应时间也在增加。当数据量超过 60000 时,增长趋势增加。这是因为对于大数据量的查询,其网络传输代价要远远大于在从结点上的距离计算代价,而且网络传输所需时间占整个查询相应时间的大部分,因此,该查询算法对小或中等规模的数据量尤其有效。

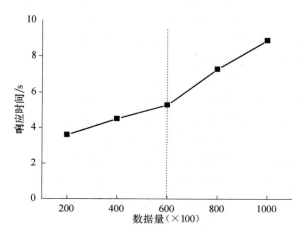

图 18.42　数据量对查询的影响

8. 半径对查询的影响

最后研究查询半径对查询的影响。如图 18.43 所示,假设数据量、网络带宽及主、从结点数目固定,随着 r 的增加,查询响应时间也逐步增加。这是因为随着 r 的增加,高维空间的搜索区域变得越来越大。这会导致候选图片数量也相应增加。

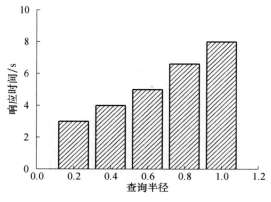

图 18.43　查询半径对查询的影响

18.3　本　章　小　结

本章介绍了两种分布式网络环境下的海量多媒体查询方法。针对数据网格中各结点处理能力及结点间网络带宽的不同,介绍一种基于数据网格的高维向量(书法字)查询算法(GkNN)。为了充分利用网格中的资源,突出数据网格资源共享的特点,该算法把网格中性能较好的若干个结点作为高维查询执行的结点。算法采用:自适应数据负载均衡、基于直方图矩阵的最小查询半径估计、基于 iDistance 索引的向量集缩减及"打包"传输和流水线并行机制来减少查询的响应时间。理论和实验结果表明,本章所研究的网格环境下海量高维向量的 kNN 算法在最小化网络通信开销和最大化 I/O 和 CPU 并行方面具有很好的性能。

最后,本章又介绍了一种移动云计算环境下的医学图像并行相似查询算法(MiMiC)。为了有效支持 MiMiC,提出利用六种支撑技术,如基于学习的数据分布策略、自适应结点合并、索引支持的向量集缩减、基于多分辨率和网络带宽敏感的图像数据副本选择策略、基于优先级的图像数据分块传输策略及动态相关数据缓存,来减少查询时间。实验表明本章提出的方法能有效减少移动查询中的通信代价及最大化 I/O 和 CPU 的并行性,特别适合海量的分布式相似检索。

第 19 章　分布式并行环境下的多重相似查询优化

19.1　引　　言

互联网和多媒体技术的飞速发展使查询密集(并发用户查询)条件下基于内容的海量多媒体信息检索的研究成为一个热点。为了有效地提高其查询性能,需要应用高维索引技术。然而传统高维索引方法都是从数据本身设计索引结构[31]。较少有研究从对用户查询请求的优化来提高查询性能。

多重查询优化(multi-query optimization)在传统数据库查询中已进行了广泛的研究[398]。一般来说,数据库管理系统(DBMS)经常会执行一组相关的查询请求,这些相关查询请求包含一些共同的查询部分(子查询表达式)。多种查询优化通过发现查询计划中的公共部分进行,包括消除共同的子查询表达式,重新排序查询计划及使用物化视图等。因此,用于查询优化的过程称为多重查询优化[398],即从用户查询的角度来提高查询性能。

类似地,对于若干相似查询,如图 19.1 所示,假设用户提交三个查询请求(query request,QR),即 Q_1、Q_2 和 Q_3,可以看出 Q_1 和 Q_2 存在一些相关性(相交),这意味着它们具有公共的查询区域(图 19.1 中阴影部分)。通过合并 Q_1 和 Q_2 使原来的三次查询能以批量的方式快速完成(两次),提高其总体查询性能。

网格计算环境为用户提供了一个统一的并行分布式计算平台[99]。为了充分利用其强大的并行计算能力,突出网格计算资源共享的特点,胡华等[399]提出一种面向数据网格环境的基于流水线技术的分布式相似查询的多重优化方法——pCMSQ,以显著提高分布式相似查询效率及吞吐量。与传统分布式系统不同的是,网格中的结点呈现异构(处理能力不同等)特点。

pCMSQ 面临的技术挑战在以下两方面。①快速有效地发现不同查询请求的相关性:

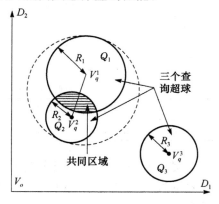

图 19.1　查询超球相交部分

对于若干查询请求,如何快速有效地对其进行快速有效的聚类不是一个简单的问题。②有效的负载平衡:对于绝大多数的并行数据库系统,设计一种高效的负载均衡方法对提高查询的并行性非常重要,特别是对异构的网格计算环境。

为了应对上述挑战,pDMSQ 算法包括三种支撑技术,包括动态查询聚类策略、基于中心环(centroid ring)的负载均衡机制和索引支持的向量集缩减。图 19.2为网格计算环境下的多重相似查询的框架。pDMSQ 算法的基本思想如下:假设用户提交一批查询(m 个查询向量及其半径)到查询结点 N_q,首先,利用基于代价的动态查询聚类算法对提交的查询在查询结点层进行快速合并;然后,将新得到的查询类发送至数据结点层,进行基于 iDistance 索引[52]的不相关高维向量的快速过滤处理;之后,再将得到的候选向量发送至执行结点层并行地进行求精(距离计算)操作得到结果向量;最后,将结果向量返回查询结点 N_q,这些方法的目的是减少网络传输的代价并提高查询的并行性。

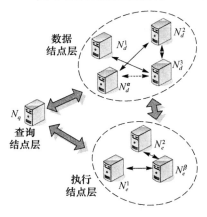

图 19.2　网格计算的拓扑结构

19.2　预备工作

本章采用的符号如表 19.1 所示。

表 19.1　符号表

符　号	意　义	符　号	意　义
Ω	向量集	$d(V_i, V_j)$	相似距离
V_i	第 i 个向量且 $V_i \in \Omega$	Ω'	候选向量集
D	维数	Ω''	结果向量集
n	Ω 中的向量总数	α	数据结点数
V_q^j	第 j 个查询向量	β	执行结点数
$\Theta(V_q^j, r_j)$	第 j 个查询超球,$j \in [1, m]$	$\mathrm{vol}(\cdot)$	$\cdot$ 的体积
$\Theta(V_Q^j, R_j)$	第 j 查询类,$j \in [1, m']$ 且 $m' < m$		

定义 19.1(网格形式化描述)　网格(G)可看成一张图,由结点和边构成,形式化表示为 $G = (N, E)$,其中 N 为结点集,E 为边,表示结点间数据传输的网络带宽。

定义 19.2(网格结点)　网格(G)中的结点(N)分为三种类型:查询结点(N_q)、数据结点(N_d)和执行结点(N_e),形式化表示为 $N = N_q \bigcup N_d \bigcup N_e$,其中 N_q 由一个

结点构成，N_d 包含 α 个数据结点（N_d^i），N_e 包含 β 个执行结点（N_e^j），其中 N_d^i 为第 i 个数据结点，$i \in [1,\alpha]$，N_e^j 为第 j 个执行结点，$j \in [1,\beta]$（见图 19.2）。

根据定义 19.2，在该网格中，查询结点 N_q 负责提交用户的查询请求和接受返回结果（Ω'），同时对查询进行动态批量聚类与排序。α 个数据结点 N_d 用于存储高维向量（Ω）及其索引，向量集缩减在该结点层面并行完成，返回候选向量集（Ω'）；求精过程（距离计算）在 β 个执行结点 N_e 上并行完成，返回结果向量集（Ω''）。不失一般性，假设向量在高维空间均匀分布。

定义 19.3（最小包围超球）　给定 m 个查询超球：$\Theta(V_q^i, r_j)$，它们对应的最小包围超球（minimal bounded sphere，MBS）表示为 $\text{MBS}\left[\bigcup\limits_{j=1}^{m} \Theta(V_q^j, r_j)\right] \supseteq \bigcup\limits_{j=1}^{m} \Theta(V_q^j, r_j)$，使 $\text{vol}\left\{\text{MBS}\left[\bigcup\limits_{j=1}^{m} \Theta(V_q^j, r_j)\right]\right\}$ 最小，其中 $j \in [1,m]$。

如图 19.3 所示，给定两个查询超球：$\Theta(V_q^i, r_i)$ 和 $\Theta(V_q^j, r_j)$，它们对应的 MBS 同样是一个超球，表示为 $\text{MBS}(\Theta(V_q^i, r_i), \Theta(V_q^j, r_j)) = \Theta(V_Q^x, R_x)$。$\Theta(V_Q^x, R_x)$ 对应的中心（V_Q^x）表示为 $V_Q^x = V_q^i + \dfrac{d(V_q^i, V_q^j) - r_i + r_j}{2 \times d(V_q^i, V_q^j)} \times (V_q^j - V_q^i)$ 或 $V_Q^x = V_q^j + \dfrac{d(V_q^i, V_q^j) - r_j + r_i}{2 \times d(V_q^i, V_q^j)} \times (V_q^i - V_q^j)$，半径表示为 $R_x = \dfrac{d(V_q^i, V_q^j) + r_i + r_j}{2}$。

定义 19.4（最大内切超球）　给定两个超球：$\Theta(V_Q, R)$ 和 $\Theta(V_q, r)$，其对应的最大内切超球（maximal inner tangent sphere，MITS）表示为一个超球 $\Theta(V_x, R_x)$，它包含在这两个超球的相交部分，其中，$R_x = \dfrac{r - d(V_Q, V_q) + R}{2}$，$V_x = \dfrac{d(V_Q, V_q) - R + r}{2 \times d(V_Q, V_q)} \times (V_Q - V_q) + V_q$ 或 $V_x = \dfrac{d(V_Q, V_q) + R - r}{2 \times d(V_Q, V_q)} \times (V_q - V_Q) + V_Q$。

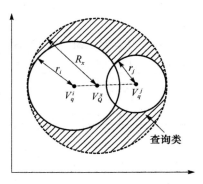

图 19.3　两个超球对应的 MBS

定理 19.1　给定两个查询超球：$\Theta(V_q^i, r_i)$ 和 $\Theta(V_q^j, r_j)$，其对应的最小包围超球（MBS）表示为 $\Theta(V_Q^x, R_x)$，当满足 $\dfrac{\text{vol}[\Theta(V_q^i, r_i) \bigcup \Theta(V_q^j, r_j)]}{\text{vol}[\Theta(V_Q^x, R_x)]} > \dfrac{1}{2}$，则得到

$$\begin{cases} 2 \times (r_i^D + r_j^D) > d(V_q^i, V_q^j)^D & r_i + r_j > d(V_q^i, V_q^j) > r_i - r_j \\ 2 \times (r_i^D + r_j^D) > (r_i + r_j)^D & r_i + r_j \leqslant d(V_q^i, V_q^j) \end{cases}$$

证明　如图 19.5 所示，根据半径和与中心间的距离可分成三种情况。为了描

述方便,令 A 为 $\Theta(V_q^i, r_i)$, B 为 $\Theta(V_q^j, r_j)$, C 为 $\Theta(V_Q^x, R_x)$, $r_i > r_j$,则按照两个查询超球中向量总数是否大于阴影部分中的向量个数,存在以下三种情况。

① 在图 19.5(a)中,A 包含 B,即 $r_i > d(V_q^i, V_q^j) + r_j$,则 $\dfrac{\mathrm{vol}(A \bigcup B)}{\mathrm{vol}(C)} = \dfrac{\mathrm{vol}(A)}{\mathrm{vol}(A)} = 1 > \dfrac{1}{2}$

② 在图 19.5(b)中,A 与 B 相交,即 $r_i + r_j > d(V_q^i, V_q^j) \geqslant r_i - r_j$,令 $\dfrac{\mathrm{vol}(A \bigcup B)}{\mathrm{vol}(C)} =$

$$\dfrac{\mathrm{vol}(A) + \mathrm{vol}(B) - \mathrm{vol}(A \bigcap B)}{\mathrm{vol}(C)} > \dfrac{1}{2}, \text{则} \dfrac{\dfrac{r_i^D \times \pi^{D/2}}{\Gamma(D/2+1)} + \dfrac{r_j^D \times \pi^{D/2}}{\Gamma(D/2+1)} - \mathrm{vol}(A \bigcap B)}{\dfrac{\left[\dfrac{r_i + r_j + d(V_q^i, V_q^j)}{2}\right]^D \times \pi^{D/2}}{\Gamma(D/2+1)}} > \dfrac{1}{2}。$$

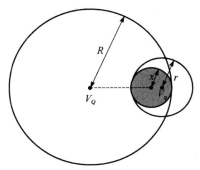

图 19.4　两个超球对应的 MITS

由于任意两个高维超球 A 和 B 的交集部分体积 $\mathrm{vol}(A \bigcap B)$ 的计算代价非常高[156],因此,采用 A 和 B 的 MITS 的体积来近似表示。如图 19.4 所示,给定两个相交的超球:$\Theta(V_Q, R)$ 和 $\Theta(V_q, r)$,其对应的 MITS 可用一个内切阴影圆来表示,其半径 $x = \dfrac{r - d(V_Q, V_q) + R}{2}$,则 $\mathrm{vol}[\Theta(V_Q,$ $R) \bigcap \Theta(V_q, r)] \approx \mathrm{vol}\{\mathrm{MITS}[\Theta(V_Q, R), \Theta(V_q,$

$$r)]\} = \dfrac{x^D \times \pi^{\frac{D}{2}}}{\Gamma(D/2+1)} = \dfrac{\left[\dfrac{r - d(V_Q, V_q) + R}{2}\right]^D \times \pi^{D/2}}{\Gamma(D/2+1)}$$

另外,因为 $\mathrm{vol}(A \bigcap B) \approx \mathrm{vol}[\mathrm{MITS}(A, B)]$,则 $\mathrm{vol}(A \bigcap B) \approx$

$\dfrac{\left[\dfrac{r_i + r_j - d(V_q^i, V_q^j)}{2}\right]^D \times \pi^{D/2}}{\Gamma(D/2+1)}$。合并上式,$r_i^D + r_j^D - \dfrac{1}{2}\left[\dfrac{r_i + r_j + d(V_q^i, V_q^j)}{2}\right]^D >$

$\left[\dfrac{r_i + r_j - d(V_q^i, V_q^j)}{2}\right]^D$。由于 $r_i + r_j > d(V_q^i, V_q^j)$,则 $\dfrac{1}{2}\left[\dfrac{r_i + r_j + d(V_q^i, V_q^j)}{2}\right]^D >$

$\dfrac{1}{2} d(V_q^i, V_q^j)^D$。另外,由于 $\left[\dfrac{r_i + r_j - d(V_q^i, V_q^j)}{2}\right]^D > 0$,所以得到 $2(r_i^D + r_j^D) >$ $d(V_q^i, V_q^j)^D$。

③ 在图 19.5(c)中,B 与 A 相外切或 B 不与 A 相交,即 $r_i + r_j \leqslant d(V_q^i, V_q^j)$,令

$\dfrac{\mathrm{vol}(A \bigcup B)}{\mathrm{vol}(C)} = \dfrac{\mathrm{vol}(A) + \mathrm{vol}(B)}{\mathrm{vol}(C)} > \dfrac{1}{2}$,则 $\dfrac{\dfrac{r_i^D \times \pi^{D/2}}{\Gamma(D/2+1)} + \dfrac{r_j^D \times \pi^{D/2}}{\Gamma(D/2+1)}}{\dfrac{\left[\dfrac{r_i + r_j + d(V_q^i, V_q^j)}{2}\right]^D \times \pi^{D/2}}{\Gamma(D/2+1)}} > \dfrac{1}{2}$,得到 $2(r_i^D +$

$r_j^D) > \left[\dfrac{r_i + r_j + d(V_q^i, V_q^j)}{2}\right]^D$。由于 $r_i + r_j \leqslant d(V_q^i, V_q^j)$,则 $2(r_i^D + r_j^D) > (r_i + r_j)^D$。

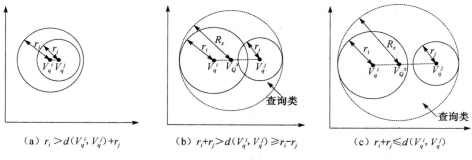

（a）$r_i > d(V_q^i, V_q^j) + r_j$　　　（b）$r_i + r_j > d(V_q^i, V_q^j) \geqslant r_i - r_j$　　　（c）$r_i + r_j \leqslant d(V_q^i, V_q^j)$

图 19.5　查询聚类的三种情况

基于以上的分析,得到

$$\begin{cases} 2 \times (r_i^D + r_j^D) > d(V_q^i, V_q^j)^D & r_i + r_j > d(V_q^i, V_q^j) > r_i - r_j \\ 2 \times (r_i^D + r_j^D) > (r_i + r_j)^D & r_i + r_j \leqslant d(V_q^i, V_q^j) \end{cases}$$

19.3　动态查询层次聚类

为了更好地支持网格环境下的分布式相似查询的多重优化(pGMSQ)处理,在自适应负载均衡(参见第 18.1.2 节)和索引支持的向量集缩减(参见第 18.1.2 节)两种支撑技术基础上,介绍一种动态查询聚类算法。该方法的目的是尽可能将查询"打包"以减少 I/O、CPU 及网络传输的代价,提高整体查询性能。

在一个时段内,对于用户提交的一批查询请求,较难对这些查询进行快速有效的聚类。为此,提出一种动态查询层次聚类算法(dynamic query clustering scheme,DQC),得到新的查询类。该查询请求集可形式化表示为

$$\text{Qset} :: = \langle Q_1, Q_2, \cdots, Q_m \rangle \tag{19.1}$$

其中,$Q_j = \Theta(V_q^j, r_j)$ 指第 j 个用户提交的查询请求,$j \in [1, m]$。

需要注意的是,DQS 算法的第 3 行是基于定理 19.1。对于任意两个超球,当满足定理 19.1 的结论时,可将两者合并成一个新的查询超球,称为查询类。

算法 19.1　Dynamic query clustering(DQC)algorithm

输入:m query spheres;
输出:m' new query clusters;
1. **while**(TRUE)　　/ * the value of m has been reduced to m' and $m' < m$ * /
2. 　**for** any two hyperspheres A and B **do**
3. 　　**if** iheorem. (19.1)is satisfied **then**
4. 　　　A and B are merged;
5. 　　　update the query list;
6. 　　　$m \leftarrow m - 1$;
7. 　　**end if**
8. 　**end for**
9. **end while**
10. **return** m'(updated m)query clusters;

19.4 pGMSQ 算法

本节介绍一种网格计算环境下的并行流水线分布式多重相似查询优化策略——pGMSQ。在介绍该算法之前,首先假设 Ω 中的向量数据已经按照始点分片方法(参见 18.1.2 节)部署在数据结点层并且在每个数据结点分别采用 iDistance[52] 进行索引,用以支持快速的向量集缩减。pGMSQ 算法分为如下三步。

① 动态查询聚类。作为 pGMSQ 的第一步,首先,用户提交 m 个查询请求到查询结点 N_q,然后执行动态查询聚类返回 m' 个新的查询类作为新的查询请求,其中 $m' < m$。具体步骤如算法 19.1 所示。

② 全局向量集缩减。完成查询结点层的动态查询调度后,将 m' 个新的查询请求 $(\Theta(V_Q^i, R_i))$ 打包并行地发送到 α 个数据结点。在数据结点层并行执行索引支持的向量集缩减(参见文献[52])。具体来说,对于每个数据结点 N_d,首先建立输入缓存 IB_j 用于保存 $\Omega(j)$ 中的向量,然后建立一个输出缓存 OB_j 用于存储候选向量集 $\Omega'(j)$,其中 $j \in [1, \alpha]$。一旦候选向量集 $\Omega'(j)$ 得到,就对其进行散列操作并发送到执行结点层进行求精操作。

算法 19.2 Global vector set reduction algorithm(GVReduce)

输入:$\Omega(j)$:the vector set in the j-th data node;$\Theta(V_Q^i, R_i)$:m' new query cluster spheres;α:number of the data nodes;

输出:$\Omega'(1 \text{ to } \alpha)$:the candidate vector set;

1. **for** $j := 1$ to α **do**   /* 对于 α 个数据结点 */
2.   **for** $i := 1$ to m' **do**
3. $\Omega'(j) \leftarrow \Omega'(j) \bigcup$ **VReduce**(V_Q^i, R_i, j);
4.   **end for**
5. $\Omega'(j)$ is cached in the output buffer OB_j;
6. **end for**

在算法 19.2 中,函数 VReduce(V_q, r, j)(参见文献[52])返回第 j 个数据结点的候选向量集 $\Omega'(j)$。向量集缩减是在不同数据结点上并行执行的。

③ 求精操作。作为最后一步,在 β 个执行结点上并行地计算候选向量与查询向量 V_q^i 的距离。如算法 19.3 所述,当距离值小于或等于 $r_i, i \in [1, m]$ 时,则该结果向量可以打包方式发送到查询结点 N_q。不同于全局向量集缩减中采用新的 m' 查询类作为查询超球,在求精过程中,采用 m 个原来的查询超球来执行距离计算操作,其中 $m' < m$。

算法 19.3　Refine algorithm

输入：$\Omega'(j)$：the candidate vector set in the j-th data node；V_q^i：m query vectors and m query radius r_i；β：number of the executing nodes；

输出：$\Omega''(1\ \text{to}\ \beta)$：the answer vector set；
1. **for** j：=1 to β **do**　　　/*　对于 β 个执行结点来说　*/
2. 　$\Omega''(j)\leftarrow\varnothing$；
3. 　**for** i：=1 to m **do**
4. 　　**if** $d(V_i,V_q^i)\leqslant r_i$ and $V_i\in\Omega'(j)$ **then** $\Omega''(j)\leftarrow\Omega''(j)\bigcup V_i$；
5. 　**end for**
6. 　$\Omega''(j)$ is cached in the output buffer OB_j；
7. **end for**

在第 j 个执行结点 N_e^j，建立一个输入缓存 IB_j 用于存储候选向量集 $\Omega'(j)$，同时为 $\Omega'(j)$ 分配在结点 N_e^j 上的内存空间 M_j，用于暂存 $\Omega'(j)$ 的向量。另外，建立一个输出缓存 OB_j，用于暂时缓存结果向量。一旦在 OB_j 中的结果向量集大小等于包的大小，则以打包方式发送回查询结点 N_q。

算法 19.4 为 pGMSQ 算法。其中函数 GVReduce(Ω, m' query clusters) 为全局向量缩减算法（参见算法 19.2）；函数 Refine(Ω', m query spheres) 是对候选向量集 Ω' 进行求精操作，如算法 19.3 所示，步骤 4～7 并行执行。

算法 19.4　The pGMSQ Algorithm

输入：a query list containing several queries；

输出：Ω''：query result；
1. **while** the query list is not empty **do**
2. 　$\Omega'\leftarrow\varnothing$，$\Omega''\leftarrow\varnothing$；　　　　　　　　　　　/*初始化　*/
3. 　m queries are extracted from the query list and submitted to the query node N_q；
4. 　the m queries are clustered in the query node；　/*　在查询结点层　*/
5. 　$\Omega'\leftarrow$**GVReduce**(Ω, m' query clusters, α)；　/*　在数据结点层　*/
6. 　$\Omega''\leftarrow$**Refine**(Ω', m query spheres, β)；　　/*　在执行结点层　*/
7. 　the query answer Ω'' is returned to the query node N_q；
8. **end while**

由于以上讨论的查询是相对静态的，当用户的查询请求持续不断地产生时，为了进一步提高系统吞吐量，采用流水线技术，即在查询结点、数据结点和执行结点上的操作并发执行，使这三个结点层在每一时刻都能够同时工作。

定义 19.5（加速比）　给定 m 个查询请求，加速比指 m 次执行基于网格计算的相似查询（GSQ）所需的时间与基于网格计算的并行流水线的多重查询所需时间之比，记为 speedup$=\dfrac{\sum\limits_{i=1}^{m}\text{TIME}_{\text{GSQ}}}{\text{TIME}_{\text{pGMSQ}}}$。

假设查询提交及对其聚类所需时间为 T_1，向量集缩减所需时间为 T_2，求精操

作所需时间为 T_3,根据 T_1、T_2 和 T_3 的大小,分成五种情况讨论,如图 19.6 所示,给定 n 批查询,其加速比分别表示为

（a）当 $T_1 < T_2$ 且 $T_1 < T_3$ 时, $\mathrm{lim speedup} = \lim\limits_{n\to\infty} \dfrac{\sum\limits_{i=1}^{n} \mathrm{TIME}_{\mathrm{GSQ}}}{\mathrm{TIME}_{\mathrm{pGMSQ}}} =$

$\lim\limits_{n\to\infty} \dfrac{n\times(T_1+T_2+T_3)}{T_1+n\times T_2+T_3} \approx \dfrac{T_1+T_2+T_3}{T_2} < 3$

（b）当 $T_1 < T_2$ 且 $T_1 < T_3$ 时, $\mathrm{lim speedup} = \lim\limits_{n\to\infty} \dfrac{\sum\limits_{i=1}^{n} \mathrm{TIME}_{\mathrm{GSQ}}}{\mathrm{TIME}_{\mathrm{pGMSQ}}} =$

$\lim\limits_{n\to\infty} \dfrac{n\times(T_1+T_2+T_3)}{T_1+n\times T_2+T_3} \approx \dfrac{T_1+T_2+T_3}{T_2} < 3$

（c）当 $T_1 > T_2$ 且 $T_1 < T_3$ 时, $\mathrm{lim speedup} = \lim\limits_{n\to\infty} \dfrac{\sum\limits_{i=1}^{n} \mathrm{TIME}_{\mathrm{GSQ}}}{\mathrm{TIME}_{\mathrm{pGMSQ}}} =$

$\lim\limits_{n\to\infty} \dfrac{n\times(T_1+T_2+T_3)}{T_1+T_2+n\times T_3} \approx \dfrac{T_1+T_2+T_3}{T_3} < 3$

（d）当 $T_1 > T_2$ 且 $T_1 > T_3$ 时, $\mathrm{lim speedup} = \lim\limits_{n\to\infty} \dfrac{\sum\limits_{i=1}^{m} \mathrm{TIME}_{\mathrm{GSQ}}}{\mathrm{TIME}_{\mathrm{pGMSQ}}} =$

$\lim\limits_{n\to\infty} \dfrac{n\times(T_1+T_2+T_3)}{n\times T_1+T_2+T_3} \approx \dfrac{T_1+T_2+T_3}{T_1} < 3$

（e）当 $T_1 = T_2 = T_3$ 时,令 $T_1 = T_2 = T_3 = T$,则 $\mathrm{lim speedup} = \lim\limits_{n\to\infty} \dfrac{\sum\limits_{i=1}^{n} \mathrm{TIME}_{\mathrm{GSQ}}}{\mathrm{TIME}_{\mathrm{pGMSQ}}} =$

$\lim\limits_{n\to\infty} \dfrac{3n}{n+1} \approx 3$

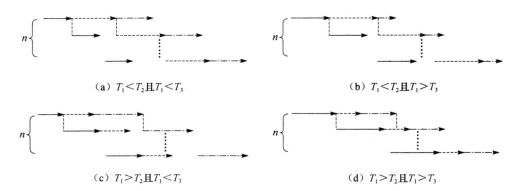

（a）$T_1 < T_2$ 且 $T_1 < T_3$ （b）$T_1 < T_2$ 且 $T_1 > T_3$

（c）$T_1 > T_2$ 且 $T_1 < T_3$ （d）$T_1 > T_2$ 且 $T_1 > T_3$

（e）$T_1 = T_2 = T_3$

图 19.6　基于流水线并行查询的五种情况

　　基于上面的分析，可以看出当 $T_1 = T_2 = T_3$ 时，每个结点层能更有效地同时工作且相互无影响。系统在理论上具有最好的并行性。在第 19.5 节实验部分通过调节数据结点（α）和执行结点（β）的个数来获到最大的流水线并行性，即满足 $T_1 = T_2 = T_3$。

19.5　实　　验

　　为了验证 pGMSQ 算法的有效性，构建一个局域网环境来模拟网格计算环境，采用随机函数动态产生执行结点。同时用 C 语言实现基于 iDistance 的向量集缩减算法并将其部署在每个数据结点。B^+ 树作为一维索引结构且索引页大小为 4096 字节。采用两组数据：①真实数据，来自 UCI KDD Archive[423] 的颜色直方图数据，包含 68040 个 32 维的颜色直方图特征，每维值域范围为 0～1；②合成数据，即 5000000 个 100 维的向量随机产生，满足均匀分布，其中每维值域范围也为 0～1。在实验中，随机产生 100 个用户的查询请求，对于每组实验分别运行 100 次得到平均时间。

　　1. VSR 对查询的影响

　　本次实验采用两种方法分别研究向量集缩减（VSR）对 pGMSQ 查询性能的影响。方法一不采用 VSR 算法，向量集 Ω 的求精处理直接在数据结点层 N_d 进行而不执行向量集缩减，然后将结果向量集 Ω'' 发送回查询结点 N_q。方法二采用 VSR 算法，首先向量集 Ω 通过算法 19.2 缩减为候选向量集 Ω'，然后对 Ω' 中的向量进行求精处理得到结果向量，最后结果向量集 Ω'' 发送回查询结点 N_q。如图 19.7 所示，随着数据量的增加，采用 VSR 的查询性能大大优于没有采用的。被 iDistance[52] 过滤的无关向量会大大减少在求精过程中的计算量及网络传输代价。

　　2. DQC 对查询的影响

　　本次实验分别采用两种方法研究动态查询聚类（DQC）对查询性能的影响。方法一不采用 DQC 算法。方法二采用该算法。从图 19.8 看出，数据量的增加导致采用方法二的 DQC 比不采用 DQC 的性能大大提高，且两者查询性能差异变大是因为通过使用 DQC 多重查询的性能会进一步提高。

3. 维数对查询的影响

本次实验研究维数对加速比的影响,采用合成数据作为本次实验的测试数据,其中每个向量的维数为 20～100。本次实验数据量为 1000000。如图 19.9 所示,随着维数的增加,其加速比在缓慢减少。因为维数的增加会导致在求精过程中消耗更高的 CPU 运算代价。另外,对于每个结果向量,维数的增加也会导致数据传输代价的提高。

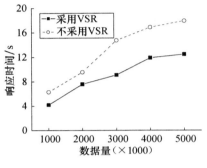
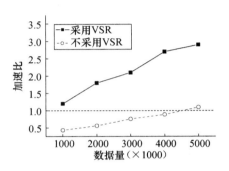

图 19.7　VSR 对查询的影响　　　　图 19.8　DQC 对查询的影响

4. α 和 β 对基于流水线并行查询的影响

本次实验同样采用第二组数据集来研究数据结点个数(α)和执行结点个数(β)对流水线并行查询加速比的影响。如图 19.10 所示,随着 α 的增加,其加速比也在缓慢的增加。当数据结点个数超过 40 时,加速比在减少。这是因为数据结点的增加会导致从查询结点到数据结点层的传输代价相应增加,它会部分抵消向量集缩减带来的性能提高。另外,从图 19.11 看出,随着 β 的增加,其加速比先缓慢增加。当 β 超过 30 时,加速比在减少。这是因为随着执行结点的增加,从数据结点到执行结点层的传输代价在增加,它会部分抵消并行查询带来的性能提高。

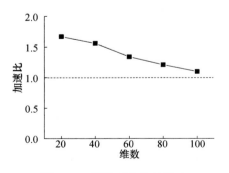
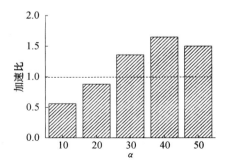

图 19.9　维数对查询的影响　　　　图 19.10　α 对加速比的影响

5. m 对查询的影响

本次实验采用第二组数据集研究用户查询请求个数(m)对加速比的影响。本次实验中,假设数据量为 1000000,数据结点个数(α)为 40,执行结点个数(β)为 30,当 m 从 20 增大到 100 时,从图 19.12 可看出 m 对加速比没有太大影响。

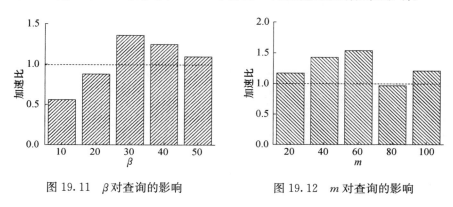

图 19.11　β 对查询的影响　　　　图 19.12　m 对查询的影响

19.6　本章小结与展望

本章介绍了一种面向网格环境的基于流水线技术的分布式多重相似查询优化算法(pGMSQ)。为了有效支持 pGMSQ,提出三种支撑技术,如动态查询聚类策略、自适应负载均衡和索引支持的向量集缩减,来减少查询的时间。实验表明本章介绍的方法能有效减少查询中的通信代价及最大化 I/O 和 CPU 的并行性,特别适合海量的分布式相似检索。

今后,可以对 pGMSQ 算法进行以下扩展:

① 能支持基于高维子空间相似查询的多重优化策略。

② 能够对连续多个(组)查询进行(continuous query)实时优化。

应用篇

第 20 章　多媒体技术在数字图书馆中的应用

20.1　引　　言

数字化图书馆是现代高新科学技术和文献知识信息以及传统历史文化完美结合的体现。它改变了传统图书馆的静态书本式文献服务特征,实现了多媒体存取、远程网络传输、智能化检索、跨库无缝链接及创造出超时空信息服务的新境界。20世纪90年代以来,西方发达国家的图书馆正朝着网络化、电子化和数字化的方向发展。他们借助于通信网络和高新技术的发展优势,正在使图书馆的发展出现质的飞跃,电子化信息的检索与提供,成为越来越普通的服务方式,以至提出了无墙图书馆、数字化图书馆(digital library)和虚拟图书馆(virtual library)的概念,并正在逐步成为现实。

数字图书馆的研究开发是20世纪90年代初伴随互联网的发展和普及而兴起的,而且并不是由图书情报界的人士首倡的。数字图书馆有一个非常宽泛的定义,它是传统图书馆在信息时代的发展,不但包含了传统图书馆的功能以及向社会公众提供的相应服务,还融合了其他信息资源(如博物馆、档案馆等)的一些功能,提供综合的公共信息访问服务。可以这样说,数字图书馆将成为未来社会的公共信息中心和枢纽。

同时,它也是高技术的产物,信息技术的集成在数字图书馆的建设中扮演了非常重要的角色。具体来说,它涉及了数字化技术、超大规模数据库技术、网络技术、多媒体信息处理技术、信息压缩与传送技术、分布式处理技术、安全保密技术、可靠性技术、数据仓库与联机分析处理技术、信息抽取技术、数据挖掘技术、基于内容的检索技术、自然语言理解技术等多项技术。数字图书馆的含义很广,它不是简单的互联网上的图书馆主页,而是一整套面向对象的、分布式的、平台无关的数字化资源的集合。广义而言,数字图书馆包括所有数字形式的图书馆资源:经过数字化转换的资料或本来就是以电子形式出版的资料,新出版的或经过回溯性加工的资料;各类资源类型,包括期刊、参考工具书、专著、视频声频资料等。

从图书馆自动化系统至数字图书馆共经历了三个发展阶段。第一阶段可称为图书馆自动化发展的初级阶段,即图书馆自动化管理集成系统发展阶段。大约从20世纪60年代末、70年代初开始,以美国国会图书馆正式发行 MARCII 型的机读目录为标志，它在北美得到广泛应用，开创了书刊机读目录在世界上正式使用的新时期，使图书馆正式步入了图书馆自动化的阶段。第二阶段（或称过渡阶段）为图书馆在网上进行全球性、整体化的电子文献信息服务的新阶段。这一阶段发生在 1985 年左右，以 CD-ROM 光盘和局域网络开始在图书馆得到应用为主要标志，使人们开始在图书馆、办公室、实验室甚至家中访问图书馆的书目机读目录、单位局域网上的光盘数据库和大型文摘社及检索系统，使 70 年代出现的大型文献信息中心充分发挥了效益，特别是 90 年代 Internet 的迅猛发展，将图书馆网上的电子文献信息服务推向了全球性服务的新阶段。第三阶段是图书馆自动化的高级发展阶段，也称为数字化图书馆阶段。专家们分析，21 世纪头 15 年将有一批数字化图书馆（组织数字化信息及其技术进入图书馆并提供有效服务）出现，专家、学者、图书馆工作人员将在电子世界中漫游，不但在本地图书馆，而且在它以外的虚拟图书馆中寻找到自己所需要的文献信息资源。

数字图书馆的特征主要有以下几个方面。

① 海量存储和媒体多样化。大量的数字化资源是数字图书馆的物质基础，只有拥有丰富的资源，成为信息的海洋，才能吸引用户。目前，数字图书馆的存储介质已逐渐由传统的纸质转变为多种媒体形式，如文字、声音、图像、动画、三维体及虚拟空间等。这些多种媒体信息之间通过存在着各种关系如内容、事件、形状、次序、色彩及音调等相互勾连，读者可以利用这些相互关系来方便和容易地查找电子资源。信息存储的度量单位已由 KB、MB 到 GB、TB 甚至 PB，如美利坚记忆有 104TB 存储量。

② 具有良好的结构化。数字图书馆中的数字资源已经进行了良好的结构化。信息只有在结构化后，用户才能通过良好的界面方便查询使用。

③ 具有良好的网络应用环境。一个良好的、高速的网络运行环境是运行数字化图书馆的基础。数字化图书馆已远远超越了地理位置的限制，通过网络和计算机，将全国乃至全世界的数字图书馆有组织地连接起来，同时它还超越了时间和空间的约束。读者可以在任何时间、任何地方去获得任何自己所需要的信息资源。强大的网络带宽可以帮助用户顺利地访问这些共享的结构化资源。

④ 具有智能的数字信息资源的检索软件。数字图书馆中存储的海量的多媒体信息需要有智能化的搜索引擎、交互式智能化而又简单易用的多媒体检索工具，必须有对异构平台的统一检索功能，提供全文检索的服务和多种语言的处理能力。

⑤ 强大的信息传播、发布和服务模式。传统图书馆的服务是被动式的模式，读者来到图书馆，图书馆才为他们提供查询、检索功能，这些功能根本不可能在家里或办公室中完成。数字图书馆所提供的服务却是主动型的，随时发布和广播各种信息资源的消息，它不断地、主动地为读者提供所需的信息资源，提供导航式和

个性化服务。

　　建立数字图书馆的益处,首先是国家的珍本、善本等珍贵资料可以用数字化的形式保存下来。其次是数字图书馆实现了资源共享,用户可以同时访问多个分布式多媒体信息源并进行远程信息查询,以及利用有效的工具和方法,大大扩充了信息的获取范围,提高了信息的处理效率。最后数字图书馆中的资源比印刷型信息资源更便于检索,使用户能最快速度地获取所需的信息资源,对教育、科研和技术开发都有很大的意义。

20.2　国内外数字图书馆的发展

　　在数字化图书馆研究领域,美国一直扮演"火车头"的角色。美国国会数字化图书馆、美国数字图书馆首倡计划和谷歌的数字图书馆计划是其中的代表。

　　① 美国国会图书馆是美国进行数字图书馆尝试的最早的图书馆之一,其中美利坚记忆项目影响深远。该项目最早是一个于 1990~1995 年实施的试验性计划。它的目标在于确定数字式馆藏的读者对象,建立数字图书馆的一整套技术过程,讨论有关知识资产的论题,进行分发演示,并最终确定国会图书馆数字化的方针与规范。该计划的数字馆藏对象主要为美国的历史文献,包括历史照片、手稿、历史档案及其他文献等。该方案曾在 1992~1993 年,以分发 CD-ROM 的方式在 44 个中小学校、学院、大学进行了用户评价测试,获得广泛好评,尤其在中小学中得到用户的热情赞扬。由于该计划的成功,后来它就演变成为国会图书馆的国家数字图书馆计划。

　　② 美国数字图书馆首倡计划是由美国科学基金会(NSF)、美国国防部高级研究计划署(DARPA)、美国宇航局(NASA)发起资助的包含六个项目的数字图书馆计划,于 1994~1998 年实施,平均每个项目的资助金额为 400 万美元。这个计划的任务是共同研究和发展一个用于创立、操作、利用与评价一个大跨度的不断发展的数字图书馆的试验平台。该数字图书馆的内容主要为有关地球与空间技术的科学资料。该计划的重点是偏重于进行一些试验研究,例如,如何来测试与评价利用因特网技术面对广泛的用户群体(包括在大学校园中的学生,本地高中以及公共图书馆用户)提供服务的一个系统模型。"数字图书馆首倡计划"包括以下六个计划:密歇根大学的"密歇根大学数字图书馆研究计划";伊利诺斯大学的"建立交互空间——为大学工程社团服务的数字图书馆结构";加利福尼亚州大学伯克利分校的"环境电子图书馆:一个可扩展的、智能的、分布式电子图书馆模型";卡内基•梅隆大学的"集成声音、图像及语言识别能力的数字视频图书馆";斯坦福大学的"斯坦福集成数字图书馆计划";加利福尼亚州大学圣巴巴拉分校的"亚历山大计划:建立一个提供大量图像及天文学信息的分步式数字图书馆"。目前该计划进入了第二

阶段,新增加了几家赞助机构,它们是国家医学图书馆及美国国会图书馆及国家人文捐赠协会。

③ 美国谷歌公司 2004 年开始寻求与图书馆和出版商合作,扫描了大量图书,欲打造世界上最大的数字图书馆,使用户可以利用"谷歌图书搜索"功能在线浏览图书或获取图书相关信息。

我国有关方面也正在积极筹备和启动数字图书馆工作,一些科研院所和高校正在抓紧进行数字图书馆关键技术的研究,同时,一些图书馆也开始进行试验。由 IBM 公司倡议的亚太地区第一个数字图书馆论坛已经在京成立,包括北大、清华、北京图书馆在内的来自中国、韩国、日本及中国香港和中国台湾地区的 17 所大学、图书馆和博物馆成为论坛的发起成员。该论坛是一个非营利的机构,其宗旨是推动和促进数字图书馆的技术和标准在亚太地区的大学、博物馆和其他文化收藏机构中的应用。论坛将与有关的国际标准化组织一道联合制定与数字化、存储和通过 Internet 获取多媒体信息等相关的统一标准。论坛还将致力于会员间以及它们与实际其他数字化文化收藏机构的相互连接。

④ 大学数字图书馆国际合作计划(China Academic Digital Associative Library,CADAL)前身为高等学校中英文图书数字化国际合作计划(China-America Digital Academic Library,CADAL)。国家计委、教育部、财政部在 2002 年 9 月下发的《关于"十五"期间加强"211 工程"项目建设的若干意见》的文件中,将"中英文图书数字化国际合作计划"列入"十五"期间"211 工程"公共服务体系建设的重要组成部分。CADAL 与"中国高等教育文献保障系统(CALIS)"一起,共同构成中国高等教育数字化图书馆的框架。该项目建设的总体目标是构建拥有多学科、多类型、多语种海量数字资源的,由国内外图书馆、学术组织、学科专业人员广泛参与建设与服务,具有高技术水平的学术数字图书馆,成为国家创新体系信息基础设施之一。

项目一期建设 100 万册(件)数字资源,国家投入 7000 万元,美方合作单位投入约 200 万美金,"十五"期间已经完成。一期建设由浙江大学和中国科学院研究生院牵头,北京大学、清华大学、复旦大学、南京大学等 16 所高校参与建设,建成两个数字图书馆技术中心和 14 个数字资源中心,形成一套成熟的支持 TB 量级数字对象制作、管理与服务的技术平台,探索多媒体、虚拟现实等技术在数字图书馆中的应用,推动我国数字图书馆技术达到国际领先水平,为数字图书馆建设与服务的可持续发展奠定了资源和技术基础。

CADAL 项目二期建设将在一期百万册的基础上,完成 150 万册(件)数字资源,并建立分布式数据中心和服务体系,实现数据安全和全球服务,由国家投入 1.5 亿建设资金,计划在三年内完成。该项目建设的数字图书馆,提供一站式的个性化知识服务,将包含理、工、农、医、人文、社科等多种学科的科学技术与文化艺

术,包括书画、建筑工程、篆刻、戏剧、工艺品等在内的多种类型媒体资源进行数字
化整合,通过因特网向参与建设的高等院校、学术机构提供教学科研支撑,并与世
界人民共享中国学术资源,宣传中国的文明与历史,具有重大的实用意义、研究价
值和发展前景。

20.3　数字图书馆的优势

将数字图书馆中的信息资源进行数字化,在经济上、性能上和环境上具有明显
优势。

① 在经济上,如果在文件柜中存储一张纸需要 10～12 美分,而在磁盘上存储
一张纸为前者的 1/30～1/25,即 0.4 美分。到 2005 年,随着存储技术进一步发
展,这一成本比为 100∶1。如果需要存储 100 万张扫描纸(400dpi),需要 250GB
磁盘,约 4000 美元,而同样存储 100 万张纸张的文件需要 100000 美元。如果需要
复制一个 100 万页大小的"图书馆",使用纸张进行电子复印大约需要 24000 美元
的设备和人工费用,以及 170h 的工作时间。复制同样数量的数字化材料,只需要
4000 美元的磁盘,以及 23h 的计算机运行时间。即使考虑计算机耗电,总共也可
以节省 83％的成本与 86％的时间。

如果将图书馆 500 万本书复印备份保存一次,每天不停工作,约需要 40 年时
间,需要 4 亿人民币,还只是保存备份了一次。如果将这 500 万本书用数字化的方
式保存,只需一台计算机工作 5 年,开销 4000 万人民币。而且,这些馆藏信息一旦
数字化,任何人在获得许可的情况下在任何时候任何地点都可以多次对相同信息
进行下载。

② 在性能上,数字化信息传播更快,访问更加方便,而且可以很容易地实现检
索。同时,数字图书馆还支持动画、音频、视频与真实感三维图形等多媒体内容,而
纸张绝对不可能做到。此外,数字信息的修改也更加方便。

③ 在环境改造上,目前一般 50GB 的磁盘重量约 1kg,而其中存储的数据量相
当于 200000 张纸,它们的重量是 1000kg。可以设想,1000kg 的纸张需要毁坏多
少森林树木,而且废纸还需要进一步处理。相比之下,数字信息的删除只需要一个
简单的操作。

可以设想,在未来,不仅图书馆,整个地球、海洋、森林和城市等信息均可以被
数字化,并且进行查询,将会给人们生活带来很大方便。

20.4　多媒体检索在数字图书馆中的重要性

正如定义的那样,数字图书馆不仅是传统图书馆资源的数字化,而且是一个数

据中心和一个服务中心，能够存储海量的数字化图书资源，同时向各类用户提供各种服务。其中很重要的服务就是信息的检索服务。很多传统图书馆已经提供了联机书目查询功能，允许用户根据书名、作者、出版社和出版时间等元数据查找图书。在数字图书馆中，由于所有信息都已经数字化，可以提供更先进的查询功能，如图书的全文检索、基于图片内容的图书检索等。另外，通过数字化扫描后的图书的信息容量极为惊人，快捷准确的检索功能对用户是必不可少的。

　　除了文本之外，还有大量的图片、视频、动画及三维图像等多媒体信息，而且多种数据交织在一起，在语义上有千丝万缕的联系。数字图书馆的这些特点给多媒体检索带来了许多挑战。

　　首先，与数字图书馆所储存的各种异构海量的多媒体数据相比，目前的多媒体检索技术还相对不成熟，尤其是无法同时有效地应付多种不同的媒体数据。对于某些新出现的数据类型（如动画、flash 和社会化媒体）的相关研究工作也较少。尽管跨媒体检索技术的出现[12,155]在一定程度上弥补了上述缺陷，但对于大数据量的情况，媒体对象之间的跨媒体关联需要进行大规模机器学习建立，其效率还非常低下。所以，需要对现有的检索技术在广度和深度上给予拓展，力求支持更多的媒体类型。

　　其次，数字图书馆的数据量庞大，而用户大都为非专业的用户，这就要求检索工具能够支持简单的查询方式，并且提供很高的检索准确率。这就决定了现有的多媒体检索方式（如基于例子的查询）在界面上和检索效果上都无法满足要求。在数字图书馆中比较有效的查询方式还是基于关键字（语义）的查询，不但用户接受程度好，而且检索的准确度也较高。然而，在多媒体数据上实现自动的基于关键字的检索在目前还有技术上的难度，如自动提取语义特征的问题。

　　综上所述，数字图书馆可以作为多媒体技术应用的试金石。需要通过研究新型多媒体检索技术使数字图书馆的多媒体资源查询变得更加便捷和高效。

20.5　代表性的数字图书馆系统

　　随着多媒体和存储技术发展，越来越多的图书资料被以多媒体形式数字化，并保存在数字图书馆中。在这些系统中，最有代表性的四个项目分别是美国国会图书馆、美利坚数字记忆项目、谷歌数字图书馆及 CADAL 项目。下面分别简单地介绍这些系统。

　　1）美国国会图书馆

　　美国国会数字图书馆的主页（图 20.1）：http://www.loc.gov/index.html。

　　2）美利坚数字记忆项目

　　美利坚数字记忆项目的主页（图 20.2）：http://memory.loc.gov/ammem/index. html。

图 20.1　美国国会图书馆的主页

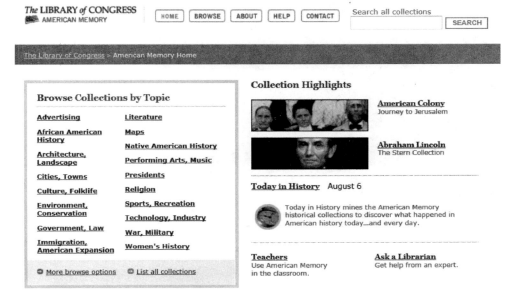

图 20.2　美利坚数字记忆项目的主页

3）谷歌数字图书馆

谷歌数字图书馆的主页（图 20.3）：http://books.google.com/。

图 20.3　谷歌数字图书馆的主页

4）大学数字图书馆国际合作计划——CADAL

大学数字图书馆国际合作计划的主页（图 20.4）：http://www.cadal.cn。

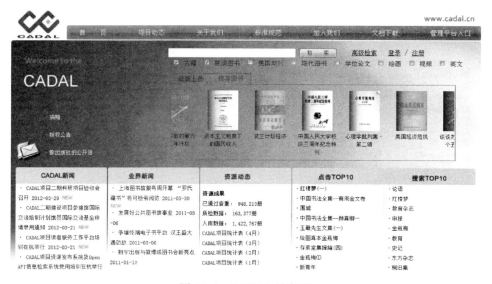

图 20.4　CADAL 的主页

20.6　本 章 小 结

　　本章介绍了国内外数字图书馆技术的发展现状。同时,结合网络多媒体技术,论述了多媒体技术在现代数字图书馆中的重要作用。最后,给出了比较有代表性的数字图书馆系统。

第 21 章　网络舆情分析与监控

21.1　背景和意义

随着互联网的飞速发展,互联网传播已发展成为继报纸、广播、电视之后的"第四媒体",它使信息的广泛传播不再依赖于传统的广播电视传输网络,并在人们的生产生活中发挥着越来越重要的作用。据统计[400],截至 2010 年 6 月,中国网民达到 4.2 亿人,互联网普及率达到 31.8%,为网络舆论提供了强大的参与人群。同时,网络覆盖的地域和人群日趋广泛,各类网络新闻表达和传递信息的渠道和形式更加丰富,传播方式更具互动性、自主性、多样性,网络媒体发展更加活跃。民众舆论的扩散传播已不再受原有时空模式的限制,舆论演化与扩散更加便捷迅速。

另外,由于互联网传播具有虚拟性、隐蔽性、自由性、开放性、发散性和渗透性等特点,越来越多的民众愿意通过这种渠道来表达观点、看法或是传播文化思想,以往在传统媒体中无法实现的一些表达和言论自由得到释放和展现。民众在网上冲浪的同时,也成了波浪的制造者。网络舆论空前繁荣。

近几年来,国内外发生的很多重大事件,几乎都是最初在网络上引发剧烈反响和激烈辩论,并且迅速形成强大的舆论力量,得到传统媒体证实和跟进后,更是舆论汹涌,对当事人或赋有社会管理责任的公权力造成很大的影响。因此,网络舆情监控管理是社会管理者所面临的重大课题。

同时,网民规模快速增长的同时,网民结构特征更丰富,年龄、职业、学历及收入等方面跨度大,导致网络舆论在信息量大的同时,也更加多样化。网络中既存在大量进步、健康、有益的信息,也充斥着黄色、反动/邪教、网络犯罪等内容;既存在客观的、真实的以及对事件的发展和问题解决有一定促进作用的言论,也存在着情绪化的、偏激的意见,甚至出现制造谣言,混淆视听,激起网民对政法机关不满和愤怒的言论。其中不排除境内外敌对势力和一些不法分子混入其中,进行各种违法犯罪活动,传播反动、淫秽、迷信、暴力等有害信息,危害国家安全和社会稳定。因此,网络舆论安全问题也越来越突出,加强对网络舆论的及时监控预警,对维护社会稳定、促进国家发展有着重要的现实意义。

掌握互联网的舆情动向、从正面积极引导舆论,政府担负着重要的职责。然而,互联网的发展日新月异,每时每刻都在发生变化。网上的信息大都已无结构化或半结构化形式出现,极其无序且数据量巨大,这样使获取和管理互联网上的信息成为一个很大的挑战。过去基于手工和传统搜索引擎相结合的方式,由于其搜索结果的不准确性及没有对相关敏感内容信息进行应有的内容优化,很难适应信息政府部门对网络舆情的管理需要。一方面,繁重、重复的手工劳动,大大消耗了管理部门的工作效率和人力资源;另一方面,互联网信息的爆炸式发展已经很难再用传统方式来管理。

解决这一问题的最佳途径是建立互联网舆情信息综合采集、监控、预警系统,通过技术手段,利用专用的搜索引擎,在最短的时间内获取相关网站服务信息,建立统一的信息索引数据库,对网络媒体反映出的舆情进行自动分类、排重、聚类,以可视化的界面对热点新闻及热点专题进行表现,并可监控互联网敏感信息,形成预警,从而有效管理互联网信息,使主管部门快速掌握和了解网络舆情,并就相应的舆论导向适时提出相应的解决方案,以满足当今国家各个部门的需要,为社会主义精神文明建设服务。

因此,本章在分析互联网舆情信息的特点基础上,针对政府部门的实际需求,介绍开发的舆情信息特征挖掘与监控分析系统。该系统的开发对政府部门有效管理互联网信息,快速掌握和了解网络舆情,做出正确决策,具有非常重要的现实意义。

21.2　网络舆情概述

舆情就是指社情民意,即民众对公共事务的意愿态度的综合体现。据现有文字记载,"舆情"一词最早出自《全唐诗》中诗人李中所作《献乔侍郎》一诗:"格论思名士,舆情渴直臣。"[402]在中国传统社会,人们还用民本、民心、民欲、民隐、风谣等词汇来反映人民的声音,表达来自广大群众的意愿[403]。《辞源》则把"舆情"解释为"民众的意愿"。美国报业巨子、舆情学奠基人——沃尔特·李普曼在其著作《舆情学》中写到的,"舆情基本上就是对一些事实从道义上加以解释和经过整理的一种看法。"[404]因此,关于舆情的概念,国内外研究已有相关界定,但总体上尚未形成一致的共识。天津社会科学院舆情研究所王来华研究员认为"舆情是指在一定的社会空间内,围绕中介性社会事项的发生、发展和变化,作为主体的民众对作为客体的国家管理者产生和持有的社会政治态度。"[405]后来又有学者在此意义上扩充了舆情所指向的主体和客体,认为"舆情是由个人以及各种社会群体构成的公众,在一定的历史阶段和社会空间内,对自己关心或与自身利益紧密相关的各种公共事务所持有的多种谦虚、意愿、态度和意见交错的总和。"[406]该定义进一步明确了舆情主体、客体和本体的概念。

网络媒体的迅速发展,促进了舆情向网络的渗透与壮大,并逐渐发展成一支不可小觑的舆情力量,称为网络舆情。随着社会的发展和通信技术的不断完善,网络舆情在人们生产生活中发挥着越来越重要的作用,舆情的定义不断被赋予新的内涵。如舆情的客体不仅包含公共事务,一些私人事务也囊括其中,舆情所隐含的不仅是人们的情绪、态度,还包括不少表现个人行为倾向和煽动意图的言论[407]。因此,人们又重新度量了舆情的定义,目前国内网络舆情定义如下:"网络舆情是由于各种事件的刺激而产生的通过互联网传播的人们对于该事件的所有认知、态度、情感和行为倾向的集合。"[408]

相对于传统舆情,网络舆情具有以下特点。

① 信息源的多样性。互联网舆情信息的来源,除了网络新闻和网络论坛等传统媒体外,随着网络技术的推陈出新,又出现了博客、音视频播客、维基、聚合新闻等 Web 2.0 的信息交互模式。

② 网络舆情信息量大。目前,互联网信息非常丰富,信息量巨大。对舆情信息的监测与分析必须要浏览和查找海量的网络信息,包括网络新闻报道、相关评论、网络论坛等,从这些信息中提取与事件相关的舆情信息。

③ 舆情信息的直接性[410]。在网络无处不在的时代,舆情信息正以迅雷不及掩耳的速度在网上进行传播和蔓延,网民只需要通过这些信息的信息源,如BBS、新闻点评以及博客贴吧等,就可以立即发表意见态度,使民意表达更加畅通。

④ 舆情信息的突发性[409]。社会突发事件很容易形成社会舆论焦点和热点。网民根据自己对突发公共事件的理解,发表自己的见解,通过网络论坛等渠道交流自己的看法。如何提升对网络突发事件的驾驭能力,是我国各级政府相关机构面临的巨大挑战,也是舆情信息监控管理的重要内容。

⑤ 舆情信息的关联性。由突发事件引起的舆情信息往往不是孤立的,而是相互关联的。当对突发事件进行综合分析时,应该分别从时间与空间分析事件之间的关联性,发现从时空角度关联事件的发展规律及发展趋势,以获知事件发生的全貌并预测事件发展的趋势。

⑥ 舆情信息的偏差性[411]。因为虚拟网络的发言采用的往往是匿名或者 ID的形式,所以通常会造成发言人身份隐蔽,神出鬼没的特点,而且由于很多不规范论坛或者 RSS 的规则欠缺和监督失效,使很多网民都把网络作为一种发泄情绪的场所,一旦他们在现实生活中遇到挫折,或者是对社会问题有一些片面的、自我的认识,都会利用网络宣泄,从而使很多网民的是非观和人生观混淆,造成整个网络庸俗混乱的现象。

⑦ 网络舆情的特殊性,导致其既能在网络中形成良好互动,营造良性公共管理环境,又能阻挠管理,割裂公共管理双方,增添社会不安定因素。及时了解网络舆情动态,进而进行合理监控引导,促使网络舆情向健康有序方向发展,是网络舆

情监控管理所面临的重要问题。

网络舆情一般都要经历产生、形成、发展、消亡四个过程[404,410]：首先是社会中某一个话题或现象引发网民关注。在得到网民的初步关注后，借助网络的传播和放大作用，更多的网民加入其中，逐渐形成一种或数种舆论观点。当参与人数和舆情信息的传播达到一定程度后，网络的声音开始在现实社会产生影响，引起的现实社会的共鸣促成网络舆情高潮的到来。而一旦热点转移或消失，该舆情热点话题随之退化或转入下一热点。

21.3　国内外研究现状

随着网络舆情影响的日益严重，以及人们对政治舆论等敏感话题的关注程度逐步加深，世界主要国家和国际组织都在加强对互联网上的舆情信息进行监控和防范的研究。在如何控制和规范互联网信息健康发展的应对措施上，一些国家机构首先从法律约束和行政制度上提出了一系列的改良措施；其次，许多国家积极致力于文档分类与聚类、自动文摘、热点焦点自动识别和文本倾向性分析等一系列技术的研究。要实现良好的网络舆情监控管理，首先要实现网络舆情信息的准确挖掘。本节将对网络舆情信息挖掘中比较典型的系统和分析方法现状进行简要概括和描述。

目前较为出色的多文档文摘系统是哥伦比亚大学 Mckeown 等开发的 Newsblaster[412]系统，它可用于新闻追踪。该系统能够将每天发生的重要新闻文本进行聚类处理，并对同主题的文档进行冗余消除、信息融合、文本生成等处理，从而生成一篇简明扼要的摘要文档。

美国 TDT(Topic Detection and Tracking)研究项目[411,413-414]的初衷是通过研究出的一些算法，实现数据流中重要信息的发现和归纳。这些初始研究的目的是要确定来自信息检索领域的基于主题的技术在多大程度上能够用来解决基于事件的信息组织问题[413]。目前的 TDT 项目主要涉及的是以下五个研究内容。

① 连续文本的分割（针对广播新闻）：旨在找出所有的报道边界，把输入的源数据流分割成各个独立的报道。

② 主题跟踪(topic tracking)：给出某话题的一则或多则报道，把后输入进来的相关报道和该话题联系起来，它实际上包括两步，首先给出一组样本报道，训练得到话题模型，然后再在后续报道中找出所有讨论目标话题的报道。

③ 主题发现(topic detection)：根据所给出的一则或多则报道，发现其中的主题。

④ 新事件发现(first story(event) detection)：发现以前未知的新话题。

⑤ 相关发现(link detection)：发现与某主题相关的话题。

科波拉软件公司于 2005 年研制开发了一个基于语义的情感倾向舆情分析软件[415]，据《人民网》报道，该软件能判断一篇有关政治的新闻报道对一个政党的政策持正面还是负面态度或者根据网络评论判别一个产品的好与坏。

近几年，中文处理技术研究开发如火如荼地进行，中文自然语言处理技术取得了不少成果，如中科院的 ICTCLAS 中文分词系统，哈尔滨工业大学的句法分析器等。自然语言处理技术的进展极大地推动了网络舆情信息挖掘技术的发展。很多国立科研机构、高等院校和公司纷纷开始致力于系统化技术整合的研究。具有代表性的机构有北大方正技术研究院、中国科学院软件中心、哈尔滨工业大学信息检索研究中心（HIT CIR）、人民日报社网络中心舆情监测室、中科点击（北京）科技有限公司及北京拓尔思（TRS）信息技术股份有限公司等。

北大方正技术研究院推出的方正智思舆情预警辅助决策支持系统[416]，以自然语言处理技术与数据挖掘技术为基础，通过信息关联分析与共享、人工经验知识分享与机器自动学习相结合方式，实现对舆情事件综合分析预测。人民日报社网络中心舆情监测室组建于 2008 年，是国内最早从事互联网舆情监测、研究的专业机构之一。中科点击、拓尔思等进行网络舆情监测技术研发与推广的公司，则积极致力于网络舆情监测技术的系统整合与市场推广，成就了一批知名网站和优秀的信息化项目。

虽然，国内舆情监控管理已取得不少学术成果，但大都集中在词语表层的分析与挖掘，对于更深层次的语义、语用等层面的相关研发应用较为少见。这主要受限于中文深层分析处理技术水平。

21.4　总体框架及体系结构

本章介绍一个能在大规模网络环境下应用的舆情监控分析系统，该监控系统整合了互联网信息（包括了多种信息表示形式，如网络新闻、BBS、RSS 播客等形式）搜索技术及动态信息挖掘技术，通过对互联网海量多媒体信息的自动抓取、主题检测、专题聚焦、热点发现与跟踪，实现对网络舆情的监控和新闻专题追踪等功能，并可以形成简报、报告及图表等多种分析结果的表示形式，为客户全面掌握网络中的思想动态、作出正确舆论引导，提供分析依据。图 21.1 为系统的框架图，主要包括舆情信息源收集、舆情信息预处理、舆情信息挖掘和舆情信息服务等模块。

为了适应数据管理集中进行（有利于采用高性能、高可靠性服务器），同时数据采集比较分散，位置灵活的要求，系统采用分布式数据采集、分布式数据处理、集中数据存储、浏览器方式显示的整体构架。系统体系结构如图 21.2 所示。

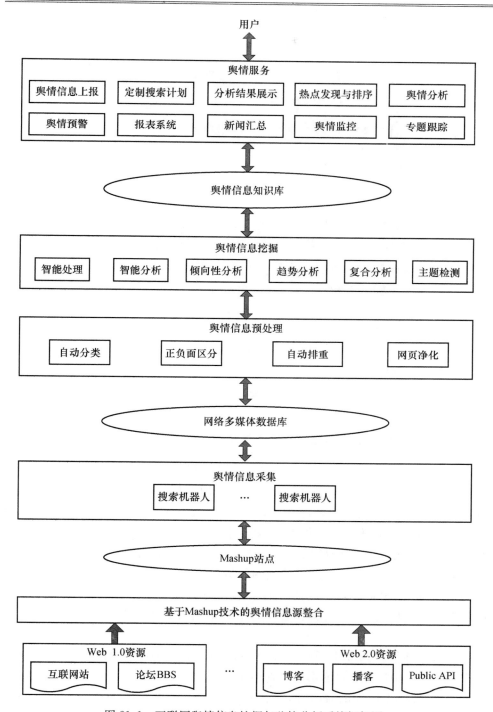

图 21.1　互联网舆情信息挖掘与监控分析系统框架图

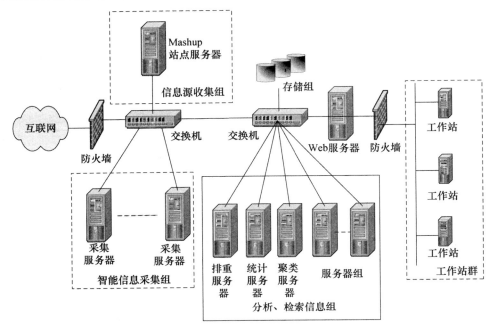

图 21.2　系统体系结构图

21.5　关 键 技 术

21.5.1　基于 Mashup 的舆情信息采集与整合

Web 2.0 时代,数据源形式多样是互联网舆情信息的一个重要特征。除网络新闻,网络论坛等传统信息源外,又出现了博客、音视频播客、维基、聚合新闻等 Web 2.0 的信息交互模式,产生的信息量越来越大。而不同信息源中所蕴涵的舆情信息具有重复性或关联性,如果搜索机器人分别对这些信息源进行搜索,得到的结果中很大一部分信息可能是重复的,或者相关联的信息没有搜索到,这样搜索的效率不高。另一方面,传统的舆情信息采集过程中,添加或更新不同类型的信息源,可能需要调整机器人的采集策略,难以适应 Web 2.0 时代的信息源类型多样化的特点。因此,有必要对来自不同信息源的舆情信息进行整合和融合。

作为一种新型的基于 Web 的数据集成技术,Mashup 技术将多个支持 Web API 的不同应用进行堆叠而形成的新型 Web 服务,它所能利用的外部数据源格式多种多样,表现出惊人的兼容性,涵盖 public APIs,XML/RSS/Atom feeds,Web services,HTML 等,具有 Web 2.0 的特点。因此,本系统使用 Mashup 技术开发可视化的 Mashup 工具,供舆情搜集人员对多种不同来源的舆情信息进行整合与融合(图 21.3),形成 Mashup 站点。这样搜索机器人可以从 Mashup 站点采集各种互联网舆情信息,以提高搜索的效率。

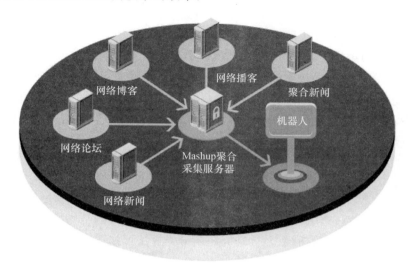

图 21.3　基于 Mashup 技术的互联网舆情信息采集与整合

21.5.2　舆情信息预处理

本系统通过搜索机器人对互联网上的各种舆情信息源进行采集,它遍历指定范围内的整个 Web 空间,不断从一个网页转到另一个网页,从一个站点移动到另一个站点,将采集到的信息添加到数据库中。通过索引器将机器人采集到的信息建立索引并存放在索引数据库中。为了保证索引数据库信息与 Web 内容的同步,索引数据库定时更新,索引数据库更新通过启动机器人对 Web 空间重新搜索来实现的。

信息预处理模块是整个舆情监控分析系统中的一个非常重要的信息处理模块。在这个模块中,需要将舆情信息收集模块所获取的内容进行进一步信息处理,包括网页净化、网页去重、自动分类、自动排重、正负面区分、词频统计等处理。

1. 文本自动分类

随着各种电子形式的文本文档数量以指数级速度增长,信息检索、内容管理及信息过滤等应用越来越重要且越来越困难。文本自动分类是一个有效的解决办法,已成为一项具有实用价值的关键技术。文本自动分类的任务是对未知类别的文档进行自动处理,判断它所属预定义类别集中一个或多个类别。其目的是根据若干已知的规则,构造一个分类函数或分类模型(分类器),把数据库中的数据项映射到给定类别中的某一个。对提高文本检索、文本存储等应用的处理效率有重要意义。

分类器的构造有统计方法、机器学习方法及神经网络方法等。人工神经网络方法在小规模识别问题中比较有效,但也有缺点,如确定网络的拓扑结构尚无可靠的理论指导,易陷入局部最优解,对于小样本的大规模模式识别问题泛化能力差[417]。支持向量机是 Vapnik 等根据统计学习理论提出的一种模式分类方法,该方法采用结构风险最小化原则来提高学习机的泛化能力,它是一种利用有限训练样本得到的决策规则来对独立的测试集进行测试,但仍能得到小误差的方法。支持向量机用于识别不存在局部极小值的问题,它不需进行网络迭代训练,就能得到高于神经网络的求解效率[418]。

支持向量机直接处理的是两类模式的分类问题,对于多个模式的分类,可通过构造基于完全二叉决策树的级连式 SVM 模型来处理。若记模式类别数为 M,SVM 级数为 N,则有 $N=\lceil \log_2 M \rceil$,即构造 N 层级连式 SVM 可满足分类要求,这时级连式 SVM 的分类能力为 $2^N \geqslant M$。三层级连式 SVM 的结构模型如图 21.4 所示。根据完全二叉决策树模型,构造算法及分类算法可描述如下。

构造算法的具体步骤如下所述。

① 将训练集全部样本(2^0 类)提交 SVM1 粗分为 2^1 类,构造第 1 层。

② 将 2^1 类样本分别提交 SVM2 细分为 2^2 类,构造第 2 层。

③ 将 2^2 类样本分别提交 SVM3 细分为 2^3 类,构造第 3 层……将 2^{k-1} 类样本分别提交 SVM(k)细分为 2^k 类构造第 k 层……

④ 将由 SVM($N-1$)层分出的 2^{N-1} 类样本中仍然包含两类的那些类分别提交相应的 SVM(N),使全部 M 类模式相互分离,构造第 N 层。

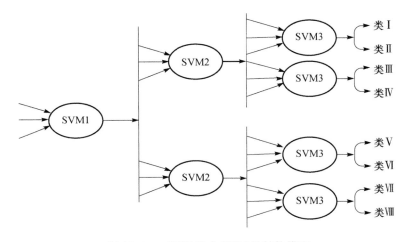

图 21.4　三层级连式 SVM 的结构模型

分类算法的具体步骤如下所述。

① 将测试集全部样本(2^0 类)提交 SVM1,若分类结果为 2 类,将分类结果分别提交 SVM2,继续;否则全部样本为 1 类,分类结束。

② 将由① 提交的 2^1 类样本分别提交 SVM2,若有一组分类结果为 2 类,则将该组分出的 2 类提交相应 SVM3,继续;否则全部样本为 2 类,分类结束。

③ 将由②提交的各类样本提交相应的 SVM3,只要存在某个 SVM3 分类结果为 2 类,则将该组分出的 2 类提交 SVM4,继续;否则分类结束。

④ 在 SVM(k)中,若存在分类结果为 2 类的 SVM,则将其分类结果提交 SVM($k+1$),继续;否则分类结束。

构造特征向量首先要构造一个特征项集。一个有效的特征项集,必须具备以下两个特征:①完全性,特征项能够体现全部文档内容;②区分性,根据特征项集,能将目标同其他文档相区分。

假设已经获得一个满足上述两个条件的特征项集。在文本特征向量的构造方面,传统 SVM 模型或者对特征项集采用二值(0,1)编码,即特征向量是特征项的精确集合;或者对特征项集采用加权处理,以各特征项的权值构成特征向量。加权处理虽然比二值编码前进了一步,但权值的计算一般只与各特征项在文档中出现的频数有关,这样部分高频特征项的权值很容易对某些频数过低的特征项权值产生一定的抑制作用,进而会影响分类的效果。考虑到各个特征项在文档中的地位及重要性的不同,在构造特征向量时采用了模糊集合方法,给予每个特征项一定的隶属度,即按其对反映主题的重要程度取值为[0,1],构造模糊特征向量,这是符合实际情况的。

设特征项集为$\{T_1, T_2, \cdots, T_N\}$,特征项在某一文档中出现的频数采用模糊集合方法计算,则模糊特征向量可按如下原则构造。

① 若特征项在原文中已被作者选为关键词(若有),应给予隶属度 1。

② 若特征项在标题和摘要(若有)中出现,应给予较高的隶属度。

③ 若特征项出现在正文中的一些关键句,即那些包含诸如"关键在于……"、"旨在……"、"主要目的(标)是……"等的句子,应给予较大的隶属度。

④ 若特征项出现在引言和结论段中,应给予一定的隶属度。

⑤ 若特征项出现在段首或段尾,应给予一定的隶属度。

⑥ 若特征项在正文中有较高的出现频度,应随着频度的增加逐次增加其隶属度。

⑦ 若一个特征项同时处于上述多种地位,则其隶属度以求和方式获得。

⑧ 若一个特征项出现同义词、近义词或转义词时,应根据其间的语义联系大小作为该特征项的一次或部分出现而统计在出现频数中。

⑨ 构造特征向量时还应考虑特征项的专指度。特征项的专指度是指可用文

档总数与含有该特征项的文档数的比值表示。专指度过低的特征项会抑制分类的精确性。因此,对于专指度较高的特征项,应适当增加其文档频数;而对于专指度较低的特征项,则应适当减小其文档频数。

根据上述原则,模糊特征向量的构造可描述如下。

步骤 1:分别对 P 篇文档,按①～⑧计算特征项集 $\{T_1, T_2, \cdots, T_N\}$ 中每个特征项的文档频数。

步骤 2:依⑨按式(21.1)构造♯篇文档的特征向量:

$$\{f(T_{p1}), f(T_{p2}), \cdots, f(T_{pN})\} \tag{21.1}$$

其中, $f(T_{pk}) = V_{TFpk} \lg(N/N_k + 0.5)$, V_{TFpk} 表示特征项 T_k 在文档 p 中的出现频数; N 表示全部训练文本中的文档数, N_k 表示含有特征项 T_k 的文档数目; $p=1$, $2, \cdots, P; k=1, 2, \cdots, N$。

步骤 3:对以上特征向量归一化,可得 P 篇文档的模糊特征向量:

$$\widetilde{\boldsymbol{T}}_p = \{T_{p1}, T_{p2}, \cdots, T_{pN}\} \tag{21.2}$$

其中, $p=1, 2, \cdots, P$。

2. 自动文摘

自动文摘就是利用计算机自动地从原始文献中提取文摘。文摘是准确全面地反映某一文献中心内容的短文。自动文摘的关键技术主要是以自然语言处理技术为基础的,包括分词、词性标注、句法分析和自动语义分析等。

自动文摘技术本质上是用机器自动提取原文中重要和有用的信息,然后按照篇幅的长短来提供一个浓缩版原文的过程。自动文摘有两类方法[419]:基于统计的自动文摘方法和基于自然语言理解的自动摘要方法。前者抽取原文中出现的句子构成文摘,技术比较成熟,而后者则需要借助深层次的自然语言处理技术如语义推理等理解原文,生成文摘,文摘中的句子可能是原文中没有的。

在组合词识别的基础上,首先提出了一种有关词语权重的计算方法,该方法能使表达主题的词获得较高的权值;然后又构造了一个能够根据句子所含内容、位置、线索词和用户偏好等因素计算句子权重的公式,并通过消除冗余的方法获取文摘。

以下为几种关键技术。

1) 组合词的识别与分词修正技术

对中文文本的处理首先涉及分词。现有的分词系统因受所使用分词词典的限制,无法识别大量由两个或两个以上的词组成的组合词。组合词是一种客观上表达独立且有特定语义,但被分词系统误切分为多个词组的词。各种术语、命名实体、关键词等基本上都是组合词,因此,组合词在表达文章的主题方面占有极其重要的位置。首先利用基于词序列频率有向网的中文组合词提取算法[420],识别出文章中的组合词。然后在组合词识别的基础上,对中科院计算技术研究所的汉语词法分析系统 ICTCLAS 2009 版分词结果进行修正,还原那些被切碎的组合词[421]。

2) 词的权重计算技术

为了给那些能表达文档主题的词赋予较高的权重,在词的权重计算方面,充分考虑了词频、词性、词长、位置以及同义词现象等因素。在词频方面,不但考虑词的出现次数,还考虑同义词现象,这是因为不同的两个人选择同一个词语表达同一个对象的概率小于 0.20,即使是同一作者,使用不同词汇表达同一概念的现象也比比皆是。因此,在统计词频之前,首先应合并同义词,即将意义相同或相近的词视为一个,并将它们的词频相加。在词性方面,由于名词和名词性词组对主题方面的表达具有重要意义,因此,赋予名词或者含有名词的组合词较高的权重。在词长方面,根据对 2008 年度 CSSCI 关键词库中关键词的词长统计,发现 4～6 个字的词成为关键词的概率较高。因此,也赋予了四个字或者四个字以上的词较高的权重。在词的位置方面,如果一个文档的标题能基本反映主题,则认为出现在文档主、副标题等位置的词比较重要。

3) 句子的权重计算技术

句子的重要度取决于句子中所含信息的重要性,即词的权重、句子的位置、线索词的作用以及用户偏好等因素。

(1) 基于内容的句子权重

假设一个句子所含权重高的词汇越多,则其信息量就越多,句子也就越重要。基于这一假设,文档 d 中句子 s_i;基于内容的权重 $W_c(s_i)$ 这样计算:

$$W_c(s_i) = \Big[\sum_{j=1}^{N} \sqrt{W(w_j)} \Big]/N \tag{21.3}$$

其中,N 为句子 s_i 中词的个数;词 $w_j \in s_i$;$0 < W_c(s_i) \leqslant 1$。

(2) 基于位置的句子权重

Baxendale 的研究结果显示[422],人工摘要中的句子 85% 为段首句,7% 是段尾句。研究过程中观察发现,段落的第二句也常常表示段落的主题。因此,句子 s_i 基于位置的权重 $W_i(s_i)$ 计算公式如下:

$$W_i(s_i) = \begin{cases} 1 & s_i \text{ 为段首句} \\ 0.5 & s_i \text{ 为段尾句或者段落的第二句} \\ 0 & s_i \text{ 为其他位置} \end{cases} \tag{21.4}$$

(3) 基于线索词的句子权重

线索词是"综上所述"、"总之"等标志性的词或短语。钟义信等指出:"早期的自动文摘系统中线索词和标志短语常用来标示文章中的重要句子。"[423] 线索词在目前的文摘系统中仍受到高度重视,尤其是那些能揭示文章层次关系的线索词已被公认为提取文摘时的首选,并取得了不错的效果。

构建了一个中文线索词词库,并设计了一个基于线索词的句子 s_i 的权重 $W_h(s_i)$ 的计算公式:

$$W_h(s_i) = \begin{cases} 1 & s_i \text{ 中含有线索词} \\ 0 & \text{其他} \end{cases} \tag{21.5}$$

(4) 基于用户偏好的句子权重

为得到个性化的自动文摘,使抽取的文摘句尽量是用户所希望的,为此设计了一个根据用户偏好的计算句子权重的公式:

$$W_q(s_i) = \sum_{j=1}^{N} W'(w_j)/N \tag{21.6}$$

其中,$W'(w_j) = \begin{cases} 1 & w_j \in Q \\ W(w_j) & \text{其他} \end{cases}$;$Q$ 为用户输入的代表用户偏好的词的集合且 $Q = \{w_{q1}, w_{q2}, \cdots, w_{qn}\}$。

(5) 句子权重计算

若不考虑用户偏好,而只考虑句子的内容、位置和线索词的作用,则按式(21.7)计算句子 s_i 权重:

$$W_g(s_i) = \alpha \times W_c(s_i) + \beta \times W_l(s_i) + \gamma \times W_h(s_i) \tag{21.7}$$

其中,α、β 和 γ 为调节参数且 $\alpha + \beta + \gamma = 1$。

考虑用户偏好的句子权重则是 $W_g(s_i)$ 和 $W_p(s_i)$ 的线性组合,计算公式如下:

$$W(s_i) = \varphi \times W_g(s_i) + \mu \times W_q(s_i) \tag{21.8}$$

其中,φ 和 μ 为调节参数且 $\varphi + \mu = 1$。

3. 自动关键词提取

为了对海量文本信息进行有效的组织和处理,研究人员在自动文摘、信息检索、文本分类及文本聚类等方面进行了大量研究,而这些研究都涉及一个关键的基础性问题,即如何从文本中提取关键词。

关键词高度概括了文本的主要内容,易于使不同的读者判断出文本是否是自己需要的内容。不仅如此,由于关键词十分精练,故可以利用关键词以很小的计算代价进行文本相关性度量,从而高效地进行信息检索、文本聚类和分类等处理。在这方面,应用最广泛的还是文本检索。用户在搜索引擎中输入关键词,系统将所有出现此关键词的文本返回给用户。

虽然国内外研究关键词提取的方法很多,但存在的难点依然是"关键"的度量与"词"的选择上。其中对于一些"关键"的度量方法无法应用于短语是研究者普遍遇到的问题。因为通常所指的关键词实际上有相当一部分是关键的短语和未登录词,而这部分关键词的提取是十分困难的。在本节,将关键词提取分为两个问题进行处理:关键单词提取和关键词串提取。设计了一种基于分离模型的中文关键词提取算法,该算法能根据关键单词提取和关键词串提取这两个问题,设计不同的特征以提高抽取的准确性。

把关键词提取看成一个分类问题,即文本中每个候选关键词是属于关键词还是属于非关键词。利用机器学习的方法,通过输入一批已标注是否为关键词的训练样本,训练一个关键词分类模型,通过此模型对新的候选关键词进行是否为关键词的判断。

1)生成候选关键单词与候选关键词串

汉语中关键词的提取首先必须分词,但不是所有的词都适合作为候选关键单词,其中数字、标点符号都应该过滤。同样,对于候选的关键词串,并不是每个词串都适合作为候选关键词串。选取词数大于 1 小于 5 的词串作为候选关键词串,删除其中存在的标点、开头词或结尾词是数字的词串。

英文中的关键词提取技术在选择候选关键词时,把开头词或结尾词是停用词的候选关键词过滤。以同样的方法对中文中候选关键词的选择问题进行了实验。实验结果表明,此方法在过滤掉 45% 左右的非关键词的情况下,关键词的丢失率不到 1.5%。因此,在中文中采用此方法选择候选关键单词与候选关键词串。

2)分离模型

传统的关键词抽取研究中,关键单词样本与关键词串样本是不加区别的。它是通过同时对所有标注好的关键单词样本与关键词串样本进行训练形成一个整体模型,然后以此模型来判断其他未标注的候选关键单词与候选关键词串,而不是分开处理。但是,正如在前面介绍的那样,词串是类似链式的一种结构,由于其本身具有一定的结构特点,因此,不应简单地把词与词串等同,而应该把它们分开考虑。正是因为传统的研究中把词与词串一同训练,使许多"关键"特征无法在词与词串上通用,或者忽略了词与词串各自所特有的有效特征。针对词和词串的不同特性设计了相应的特征,并把关键单词样本集合与关键词串样本集合进行分开学习和训练,以获得关键单词模型与关键词串模型。在应用这两个模型抽取文本关键单词和关键词串时,根据两个不同的模型分别对候选关键单词与候选关键词串进行判断。此分离模型不但可以根据词与词串的不同特点添加不同的关键特征,而且在相同的条件下比整体模型效果更好。

3)特征选取

由于分离模型是对词与词串分别建立模型,所以在"关键"特征的选取上,两个模型可以选取不同的特征。这里规定候选关键词的 TF×IDF 值与首次出现的位置 POS 是判断候选关键词是否为关键词最有效的两个特征,且这两个特征都应用于词和词串两个模型的建立。但特征 TF×IDF 有如下两个缺点。

① 对于需要提取关键词的短文本,它们的候选关键词的 TF×IDF 值相对比长文本小,这是因为同一个候选关键词在短文本中的词频比长文本小。

② 由于 IDF(反转文档频率)是数据集中出现该候选关键词的文档数目的倒数,而有一些可能无意义的候选关键词由于相对集中出现在少量文档中而使其 IDF 值过大,这必然会影响文本中候选关键词的提取。

于是针对 TF×IDF 的不足,另外选取了如下两个特征。

NWT(number words of text):文本中所含的词数,通过该特征可以解决小文本中候选关键词 TF×IDF 值相对较小的问题。

TF×IF:候选关键词在一篇文档中出现的频率与它在整个数据文档集中词频倒数的积,通过该特征克服了 TF×IDF 的第二个缺点。

对于候选关键单词与候选关键词串,以上四个特征都能作为判断它们是否为关键单词或关键词串的属性特征,并以此构造分类模型。另外,长度 LEN、互信息 MI、串头参数 HB 及串尾参数 TB 也可以单独作为候选关键词串的属性特征。

4. 自动排重技术

网页内容有的是全部重复,有的是部分重复,即来源网址不同,但内容相似的网页。这大多是由网页的转载镜像等引起的。正文间的细微差别可能是由于转载时的变更,包括丢字、乱码、改变标题或节略造成的。这些相似网页都具有以下特点。

① 重复率高。网页的重复主要来自转载。网页转载非常容易,由于用户兴趣的驱动,网络信息流通中人们通过复制方式进行信息共享,经典的文章以及新闻网页,很容易引起人们的关注,有时转载竟高达几十次。

② 存在噪声。转载时一般都原样照搬,保持文本内容和结构的一致,并尊重版权,在开头加入了引文信息。可是引文会导致复制的文本与原文不完全一致,将这种造成转载文章与原文不同的情况称为网页噪声。还有一些其他情况引入噪声,如一般各个网站网页的生成环境和版面的风格不同,转载的文本有时需要还原 HTML 语言和 XML 语言内部格式的转换,这就造成内部格式的不完全一致。另外,插入的广告图片也是噪声的主要来源。

③ 局部性明显。主要表现在转载内容的局部性和转载时间的局部性。前者是指转载的内容主要偏向于人们关注的热点且权威网页,其他网页转载的相对较少。后者是指转载的时间比较集中,大都在一两天内进行转载,十天以后再转载则很少。

在已有的关键词提取技术基础上,采用基于关键词的网页查重处理。首先要提取网页中出现的关键词,并以这些关键词作为网页的特征项。接着利用向量空间模型(VSM)表示网页,然后进行相似度计算,这种算法能够以极小的时间和空间复杂度来获得较高的查全率,同时保持很高的查准度。

向量空间模型是信息检索中文本在计算机中的主要表示方式。向量空间模型的基本思想是以向量来表示文本：$(W_1, W_2, \cdots, W_n)$，其中，W_i 为第 i 个特征项的权重。一般可以选择字、词或者词组作为特征项。根据大量的实验结果，普遍认为选取词作为特征项要优于用字和词组作为特征项。因此，要将一篇中文的文本表示为向量空间中的一个向量，首先就要将文本分词，然后由这些词作为向量的维数来表示文本。向量中元素权值的计算可采用 TF×IDF 公式，参见第 3.3 节。

在对已抓取回来的网页进行分析时，要提取网页中出现的关键词和摘要信息，并以关键词作为网页的特征项。如果用 $P = \{P_1, P_2, \cdots, P_m\}$ 表示网页的集合，$T_i = \{t_{i1}, t_{i2}, \cdots, t_{im}\}$ 表示特征项集，它由网页集合中的所有或部分特征项组成，网页 P_i 用特征项空间中的向量 $W_i = \langle w_{i1}, w_{i2}, \cdots, w_{im} \rangle$ 表示。本系统除了记录网页中出现的关键词及其权值外，还从网页中提取了 512 个字节的有效文字（指用户实际访问该网页时能看到的文字）作为摘要。另外，在很多的文档自动分类系统中，任意两个网页 P_i 和 P_j 的相似度通常用其对应向量 W_i 和 W_j 的夹角余弦值来定义（如式（21.9）所示），向量夹角越小（夹角余弦值越大）表明其相似度越高。

$$\cos(W_i, W_j) = \frac{W_i \cdot W_j}{|W_i| \times |W_j|} \tag{21.9}$$

只有当两个向量的夹角小，同时其长度相差也小时，二者才是相似的。为此又设计了判断两个向量相似度的方法，即算法第二个条件：

$$\text{sim} = \left[\frac{|W_i - W_j|^2}{|W_i|^2 + |W_j|^2} \right] \tag{21.10}$$

可以看出，sim 能够同时兼顾向量的夹角和长度两个因素。当两个网页内容毫不相关时，W_i 与 W_j 垂直，sim 的值为 1。当两个网页相同时，sim 为 0。当两个网页相似但不相同时，sim 的值介于 0 和 1。

网页排重的算法步骤如下所述。

步骤 1：利用关键字提取技术提取网页的关键词。

步骤 2：对网页进行自动文摘。

步骤 3：利用式（21.10）计算网页相似度。如果两个网页相似度满足一定的条件，那么可以认为它们是重复的。

21.5.3 舆情信息动态挖掘

舆情信息挖掘模块是整个系统最核心的处理模块，是生成最终处理结果的模块。该模块采用文本分类、文本聚类等各种数据挖掘算法对从信息预处理模块获得的数据进行数据挖掘，供舆情服务模块使用。

1. 热点话题识别

网络舆情热点是指网民思想情绪和群众利益诉求在网上的集中反映，是网民热切关注的聚焦点,是民众议论的集中点,反映出一个时期网民的所思所想。它紧扣社会舆情,往往是社会重大事件,或是与群众切身利益密切相关的问题,很容易在短时间内引起网民广泛关注,对现实社会产生深刻影响。

国内外热点话题识别方面较为有名的相关系统,如美国的 TDT(Topic Detection and Tracking)研究项目。该项目的初衷是要研究一些算法,能够发现和归纳来自数据流中的重要的信息和内容。用以应对日益严重的互联网信息爆炸问题,对新闻媒体信息流进行新话题的自动识别和已知话题的持续跟踪。TDT 中的话题识别与跟踪的基本思想源于 1996 年,来自 DARPA、卡内基·梅隆大学、Dragon 系统公司以及马萨诸塞大学的研究者开始定义话题识别与跟踪研究的内容,并开发用于解决问题的初步技术。北大方正技术研究院推出的方正智思舆情预警辅助决策支持系统,其成功地实现了针对互联网海量舆情自动实时的监测分析,有效地解决了政府部门以传统的人工方式对舆情监测的实施难题。其他还有如 Autonomy 网络舆情聚成系统,TRS 互联网舆情信息监控系统等。除了这些系统外,其他一些商业公司也开始尝试将互联网搜索、信息智能分析技术应用于政府的舆情监控行业,其中比较有名的是厦门美亚柏科、邦富软件和谷尼国际软件等。

目前,网络舆情热点话题识别在实践上的研究主要集中在中文信息处理与数据挖掘领域。在中文信息处理方面,涉及的内容有中文分词技术、多维向量空间对文章主题的测度等方面。而在数据挖掘方面,涉及的内容有舆情信息采集、自动分类及自动聚类等,并取得了一定的成果。例如,黄晓斌和赵超[424]在分析文本挖掘技术的基础上提出了网络舆情信息挖掘分析模型,并以实例说明了文本挖掘在网络舆情分析中的应用;钱爱兵[425]分析了网络舆情的基本情况,设计了一个基于主题的网络舆情分析模型;郭建永等[426]等结合划分聚类和凝聚聚类的优点提出了一种增量层次聚类算法应用于主题发现;于满泉等[427]将自然语言处理与信息检索技术相结合,提出了针对事件特点的切实有效的单粒度话题识别方法;刘星星等[428]设计了一个热点事件发现系统,该系统面向互联网新闻报道流,能自动发现任意一段时间内网络上的热点事件;王伟和许鑫[429]根据对网络舆情分析的需求,构建了基于聚类的网络舆情热点问题发现及分析系统。对于海量的网络舆情信息,如何提高分析处理的效果和效率,提高网络舆情热点分析的准确度和效率,仍然是目前研究的热点。

本系统提出的网络舆情热点话题识别模型主要包括舆情信息采集、信息预处理和舆情分析三部分。其中舆情信息采集部分采用前面所述的方法,由网页爬虫技术实现网页的抓取进行存储,包括网页去重等操作。信息预处理部分主要实现对关键词和舆情全文内容进行分词处理,通过词性划分和词频统计,表示成舆情特征的向量模型。舆情分析部分主要包括信息聚类,热点话题识别和信息分类。具体模型结构如图 21.5 所示。

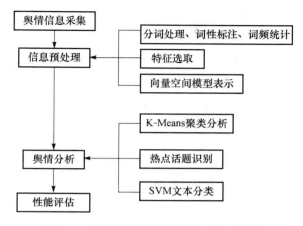

图 21.5　网络舆情热点话题识别模型结构

1) 舆情信息采集

舆情信息采集采用网络搜索机器人技术。它能够遍历指定范围内的整个 Web 空间对其上的各种舆情信息源进行采集(文中分析的对象为采集到的网页形式的文本舆情信息),通过索引器负责将机器人采集到的信息建立索引并存放在索引数据库中。为了保证索引数据库信息与 Web 内容的同步,索引数据库定时更新,索引数据库更新将通过启动机器人对 Web 空间重新搜索来实现。舆情信息采集包括以下功能。

① 采集各种信息源如门户网站、论坛、博客等的信息。

② 网页内容分析,实现网页去重(重复网页只保留一个版本)、网页正文提取及剔除垃圾信息。

③ 多线程、分布式高速采集。

④ 增量更新,每次采集时只采集上次更新后新生成的网页,而不是全部再采集一遍,从而保证信息更新的效率。

2) 信息预处理

对于网络舆情,虽然舆情信息的关键词能在一定程度区分相似舆情,但关键词信息量有限,仅依靠它们进行分析,会导致分析不全面,影响分析的性能,所以将舆情信息的关键词和正文一起进行特征提取,并赋予不同的权重值,将舆情信息表示成基于关键词和信息正文的双特征向量。

基于统计的信息预处理一般忽略文本的语言学上的特征,将文本作为特征项集合,利用加权特征项构成向量进行文本舆情表示,利用词频信息对文本特征进行加权。向量空间模型是基于统计的分类系统中广泛采用的文本计算模型,该模型可以将给定的文本转换成一个维数很高的向量,向量空间模型最突出的特点是可以方便地计算出两个向量的相似度,即向量所对应的文本的相似性。

（1）分词处理

采集得到的舆情信息都是非结构化的数据,其内容属于自然语言范畴,计算机很难理解其语义,因此,需要对其进行必要的预处理,即将非结构化的数据转换为结构化或半结构化数据。信息预处理工作主要包括文本分词、无关性词语过滤、文本特征选取和文本特征表示。其中,文本分词是中文信息处理中的一个主要组成部分,是中文自然语言理解、文献检索、搜索引擎以及文本挖掘系统中最基本的一部分。分词处理采用的是中科院的中文分词 ICTCLAS 系统。该分词系统采用层叠隐马尔可夫模型,主要功能包括中文分词、词性标注、命名实体识别及新词识别,其分词精度可达 98.45%[431]。分词后,在词性标注的基础上,引入停用词表和高频词表剔除过滤对于舆情热点发现没有多大影响的词语,如起修饰作用的形容词,辅助用的助动词等。即将一些在文本中出现频率高但是含义虚泛的词过滤掉,如去掉停用词。这些词在不同的语言环境有不同的表示。例如,中文中的"的、得、地、这、尽管、但是"等,保证这些词不能选成文档特征。此外,为了降低特征维数,提高效率,可以采取单词归并和同义词归并的策略,把表达形式不同而含义相同的或是含义相似的词作为同一个词条处理,如中文的"电脑"和"计算机"等。

（2）特征选取

由于抽取样本网页正文的内容作为网页的特征向量待选集合,分词后的特征向量空间维度很大,导致算法效率受到影响。特征选取的目的就是进一步过滤掉信息量不大,对舆情热点发现影响不大的词,达到对网页特征向量降维的效果,从而提高处理的效率并降低计算复杂度。采用的降维方式是通过统计方法构造网页主题评价函数,对每个特征向量进行评估,选择那些符合预定阈值的词作为网页的特征项。

特征选取方法采用简单有效的文档频率法,在运用该方法时,首先计算各个特征词的文档频率,然后通过网页主题评价函数进行评估(评估依据为文档频率低的特征不包含对分类(或聚类)有用的鉴别信息,因而对分类结果没有什么影响),高于预定阈值的那些特征词保留作为特征项。特征词出现的频率 $P(k)$ 定义为

$$P(k) = \mathrm{freq}(k) / \sum_{k=1,2,\cdots,n} \mathrm{freq}(k) \tag{21.11}$$

其中,$\mathrm{freq}(k)$ 为网页特征词语频率。

（3）向量空间特征表示模型

向量空间模型是一种简单高效的文档表示模型,它把文本舆情信息解析成特征(字,词)的集合,通过一定的权重公式刻画这些特征,从而把文本舆情信息表示成向量,通过比较向量之间的相似性对这些信息分类,每一类表示一个话题。在向量空间模型中,一个文本被表示为 $D = D(t_1, t_2, \cdots, t_n)$,$t_1, t_2, \cdots, t_n$ 被看成一个 N 维的坐标系,而 $W_1, W_2, \cdots, W_n$ 为相应的坐标值,因而 $\boldsymbol{D}(W_1, W_2, \cdots, W_n)$ 被看成

是 N 维空间中的一个向量,称其为文本 D 的向量表示,具体形式如下:

$$
\boldsymbol{D} = \begin{bmatrix} d_1 \\ d_2 \\ \vdots \\ d_n \end{bmatrix} \times (t_1, t_2, \cdots, t_m) = \begin{bmatrix} w_{11}, w_{12}, \cdots, w_{1n} \\ w_{21}, w_{22}, \cdots, w_{2n} \\ \vdots \\ w_{m1}, w_{m2}, \cdots, w_{mn} \end{bmatrix} \tag{21.12}
$$

其中,舆情信息集合 $D=\{d_1, d_2, \cdots, d_n\}$,$n$ 表示舆情个数;每个网页舆情表示成 $d_i = d\{T_1, T_2, \cdots, T_m\}$,$m$ 为舆情特征词语的总个数,T 为特征集,$T_i = \{w_{i,1}, w_{i,2}, \cdots, w_{i,j}, \cdots, w_{i,m}\}$,$w_{i,j}$ 表示第 i 个网页舆情第 j 个特征权值。该特征权值 $w_{i,j}$ 的生成方法采用 TF×IDF 算法,具体表示为

$$
w_i = \frac{\mathrm{TF}_i(t,d) \log\left[\dfrac{N}{\mathrm{DF}(t)} + 0.01\right]}{\sqrt{\sum_k \left\{\mathrm{TF}_i(t,d) \log\left[\dfrac{N}{\mathrm{DF}(t)} + 0.01\right]\right\}^2}} \tag{21.13}
$$

其中,$\mathrm{TF}(t,d)$ 表示词 t 在文档 d 中的出现频率;$N=n$;$\mathrm{DF}(t)$ 表示包含 t 的文档数,分母为归一化因子。

（4）舆情信息相似度计算

舆情信息 d_i, d_j 相似度计算采用夹角余弦值度量,具体形式为

$$
\mathrm{sim}(d_i, d_j) = \cos(T_i, T_j) = \frac{\sum\limits_{k=1}^n w_k^i \times w_k^j}{\sqrt{\sum\limits_{k=1}^n (w_k^i)^2} \sqrt{\sum\limits_{k=1}^n (w_k^j)^2}} \tag{21.14}
$$

此外,可以考虑对 TF×IDF 方法进行改进,即考虑出现在文章标题中的单词表达文章主题的能力比正文中的其他词要强的特性。因此,如果一个特征词出现在文章标题中,它的权重相应地应该加强。改进的 TF×IDF 法求解特征词权重的表达式为

$$
w_i = \frac{\alpha \times \mathrm{TF}_i(t,d) \log\left[\dfrac{N}{\mathrm{DF}(t)} + L\right]}{\sqrt{\sum_k \left\{\alpha \times \mathrm{TF}_i(t,d) \log\left[\dfrac{N}{\mathrm{DF}(t)} + L\right]\right\}^2}} \tag{21.15}
$$

其中,$\alpha_{ik} = \begin{cases} 1 & k \notin T_i \\ \alpha & k \in T_i \end{cases}$;$\alpha > 1$,为标题权重的调整系数。

3）舆情分析

热点话题发现是指在网络中一段时间里,大量出现关于一个主题内容的舆情信息。热点发现算法能够为用户提供近期指定的搜索范围内的新闻和事件的热点发现功能,并提供热点事件的关键字、原文索引等信息。热点发现算法本质上是属于数据挖掘中的文本聚类算法,发现热点的质量与文本聚类算法本身的特性以及算法应用中的各种阈值的设置是密切相关的。

（1）聚类处理

基于上述的 VSM 模型,应用 k-Means 算法进行舆情话题识别,具体步骤为首先随机选择 k 个 D_i,每个 D_i 初始地代表一个类的平均值(C_i),对剩下的每个 D_j,根据其到类中心点的距离,被划分到距离最近的类,然后重新计算每个类的平均值,不断重复这个过程,直到所有的 D_j 都不能再分配为止就得到了结果类 $C_{k=}$ $\{D_i, D_m, \cdots\}$,其中,n 为文档个数,k 为类个数。

相对于一般的话题,热点话题报道数目多、报道时间长、传播范围广、大众反应强烈。也就是,某一话题在某个时点上开始受到大众的关注,并在很短的时段内广泛传播或蔓延并持续一段时间,这一话题在某一时段内的受关注程度明显高于该话题平时受关注的程度。热点话题的被关注程度在明显提升过程后进入一个相对的平稳阶段,也就是热点话题的流行阶段。热点话题的流行阶段越长表明它的关注度越大,并且在相对的平稳阶段中,话题的被关注程度会达到一个最高点。流行阶段之后被关注程度呈现下降趋势。

本系统用下列特征刻画话题的关注度,其中时间单元可以自动调整。

① rf(story frequency),表示话题在一个时间单元内的报道频率。

② rd(reported days),表示话题在一个时间单元内的报道天数。

描述一定时间内话题受关注程度的公式:$\sum_{i=1}^{n}\left(\dfrac{10\mathrm{rf}_i}{D_i}+\dfrac{\mathrm{rd}_i}{\alpha}\right)$,其中,$n$ 表示一定时间范围内的时间单元个数;rf_i 是该话题在时间单元 i 中相关报道的报道频率;D_i 是在时间单元 i 中报道的总数;rd_i 是话题在时间单元 i 中的报道天数;α 是一个时间单元的天数。

（2）热点话题识别

对于热点识别,最直观的印象就是热点话题的热度走向图,如图 21.6 所示,为

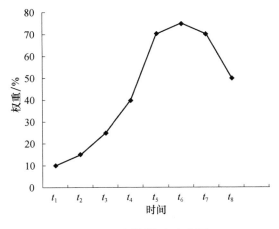

图 21.6 话题热度走向图

话题 a 在时间 $t_1 \sim t_8$ 时的热度走向图。通过话题的热度走向图,能够对话题在某段时间内的情况、走向甚至未来趋势产生直观印象。热度走向图横坐标代表时间(单位可为秒/分/时/天/月等,根据具体需求而定),纵坐标代表话题权重值,可通过权重计算方法实现。

本节所提出的热点话题识别方法总体架构如图 21.7 所示。

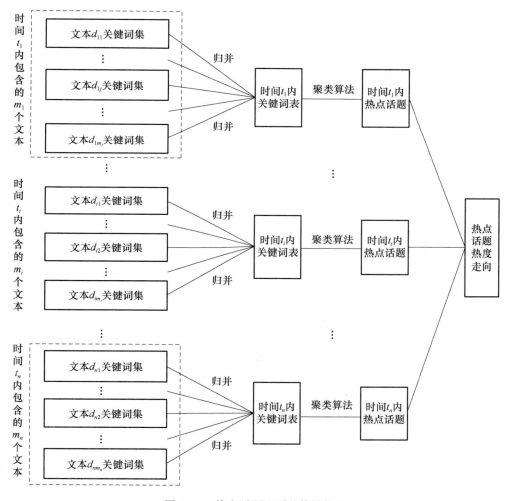

图 21.7　热点话题识别总体结构图

① 设热点识别的时间范围为 $T = \{t_1, t_2, \cdots, t_i, \cdots, t_n\}$。$t_i$ 时间内所包括的舆情文本集 $D_i = \{d_{i1}, d_{i2}, \cdots, d_{ij}, \cdots, d_{m_i}\}$,其中,$m_i$ 为 t_i 时间内所包含的舆情文本数量。

② 通过文本关键词提取,得到文本 d_{ij} 的关键词集 $K_{ij} = \{k_{ij1}, k_{ij2}, \cdots,$

$k_{ijl}, \cdots, k_{ijs}$ },文本关键词提取流程将在后面详细阐述,则时间 t_i 内的关键词集 $K_i = \{K_{i1}, K_{i2}, \cdots, K_{ij}, \cdots, K_{im_i}\}$。

③ 对该关键词集进行同义归并与整合,得到整合后关键词集 $K'_i = \{k_{i1}, k_{i2}, \cdots, k_{ij}, \cdots, k_{ip_i}\}$。关键词集归并整合包括同义词的归并以及相关权值累加与归一化处理。

④ 接下来,对 K'_i 进行聚类,得到聚类后关键词集,通过设定阈值,取得权值较高的关键词集,即热点话题集 $H_i = \{H_{i1}, H_{i2}, \cdots, H_{ij}, \cdots, H_{iq_i}\}$。

文本关键词提取流程如图 21.8 所示,主要包括文本分部读取、分词与词语拼接、目标词提取与信息存储和权重计算四大部分。

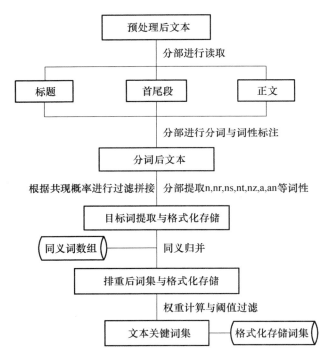

图 21.8　文本关键词提取流程

为体现标题、首尾段和正文等各部分文本重要性的不同,赋予不同的位置权重,对文书进行了分部读取。分词则采用中国科学院的 ICTCLAS 系统,并对分词结果根据共现概率进行过滤拼接。考虑到连词(c)、助词(u)、叹词(e)、介词(p)、拟声词(o)和标点(w)等词性或符号为关键词的概率较低,通过对大量文本进行统计,得出各词性为关键词提取的概率统计,本节对成为关键词概率较高的词性进行提取,如名词(n)(包括人名、地名、事名、具有名词性质的形容词、具有名词性质的动词以及专有名词等)、形容词(a)及动词(v)等,以减少提取噪声,提高速率。目标词性的词语提取同时,对相应词频、位置信息、出现文章数等信息进行格式化存储。

词语提取存储中可能会出现相同词汇或同义词汇的重复出现,因此,需进行排重和同义词归并处理。结合词语匹配技术,对词语相同的进行合并,并对相应词频进行累加,出现在不同文章里的词语还需对出现文章数进行累加。同义词归并,需建立同义词数组,一旦在文章中匹配到同义词,即用数组的第一项进行代替,以方便统一处理,并对相应词频、文章等信息进行累加。

结合公式,进行词语权重计算,并设立阈值,过滤掉权重较小词语,即得到文本关键词集,并将其存入数据库中。

(3) 话题追踪——SVM 算法

话题跟踪是为了用户能够对自己所关心的类型的话题进行跟踪而进行的操作,用户可以将已获得的话题的样本信息通过系统学习的方式交给系统,然后系统可以自动地对不断到来的信息进行处理和分析,判断是否为用户感兴趣的内容,将判断为是的信息交给用户,而且系统可以通过用户对获得的信息反馈,不断地修正系统的学习结果,使系统可以获得到越来越接近用户所希望的信息。话题跟踪的功能实现的基本方法是通过文本挖掘的技术,对到来的信息进行分类,判断是否同属于用户预先交给系统训练的信息的内容。该功能的实现是一个文本分类的过程。

文本分类就是在给定的分类模型下,根据文本的内容让计算机自动判断文本类别的过程。从数学的角度来看,文本分类是一个映射过程,它将未知类别的文本映射到已有的类别中。这里采用支持向量机算法[417],其目的是找到一个合适的分类函数对未知样本进行预测,找出最优分类面即可。但网络舆情热点个数不确定,是一个多分类的问题。所以通过一个非线性函数把输入空间转换到高维空间,在高维空间中构造线性判别函数来实现原空间中的非线性判别。

2. 敏感话题识别

互联网作为重要的交流渠道,其存储和传输的信息,尤其是一些敏感话题,能够很大程度反映及引发一定时期社会各领域人们所关注的热点、焦点。而这些敏感信息对大众舆论的形成和传播有着举足轻重的影响,有时甚至是决定性的作用,其潜在的安全威胁也是不可估量的。

由于网络本身的特性,且许多国家网络尚未采用实名制,这就造成了许多不法分子趁机利用网络这一特殊的传播媒体自由交互的特点,在网络上传播各种不利于社会稳定的言论。把这些不利于社会稳定的言论统称为敏感话题。敏感话题一般包括三大类:政治类、色情类和其他。它并不一定是热点话题,其涉及的范围非常广泛,涵盖了思想政治问题、经济问题、社会问题及文化问题等许多方面,大多敏感话题一出现就会给网民带来不好影响,有些敏感话题甚至会引起网民的关注,造成广泛传播,进而产生巨大的舆论压力。

敏感话题发现相关技术是随着互联网舆情分析技术而发展起来的。国外舆情分析技术发展态势良好,如美国的 TDT 系统,它主要研究一些算法,旨在能够发现和归纳来自数据流中的重要信息。话题识别与跟踪的研究自 1996 年始,由美国国防高级研究计划委员会提出,其研究主要集中在五个子任务展开:报道切分(story segmentation)、新报道识别(new event detection)、关联识别(story link detection)、话题识别(topic detection)及话题跟踪(topic tracking),希望寻找一种自动确定新闻信息流中话题结构的技术。而国内现阶段的互联网舆情研究也慢慢发展起来了,如谢海光和陈中润发表的《互联网内容及舆情深度分析模式》,从统计学的角度,构建了互联网内容与舆情的热点(热度)、重点(重度)、焦点(焦度)、敏点(敏度)、频点(频度)、拐点(拐度)、难点(难度)、疑点(疑度)、黏点(黏度)和散点(散度)等十个分析模式。一些信息检索和自然语言处理领域的研究者从话题检测与跟踪、事件跟踪及聚类等方面对互联网舆情分析技术进行了研究。我国有些部门也已经研究出了一些原型系统和市场产品,如 Goonie 的互联网舆情监控分析系统。利用文本挖掘和搜索引擎技术,通过网页内容的自动采集处理、对敏感词进行过滤、并能进行智能聚类分类、对主题进行检测、专题聚焦及统计分析,实现各部门对各自相关网络舆情监督管理的需要。

本节采用关键词布控和语义分析对敏感话题识别进行研究,实现基于关键词和隐性语义索引的敏感词识别方法。其主要处理过程为先对网络舆论内容进行分词,并针对当前社会形势,总结出目前较为敏感的词汇,建立敏感词库。然后针对采集的网络舆情信息进行处理构造隐含语义空间,利用文档相似性计算识别含敏感词的话题,超过设定阈值的含敏感词的话题即为敏感话题。

1) 敏感词库

对采集到的网络舆情内容进行分词处理(分词处理采用之前所介绍的方式),即进行自动识别词的边界、将连续的汉字串切分为带有分割标记的词串,并提取其中的实义词,然后针对当前社会形势,总结出较为敏感的词汇,建立敏感词库。词库中存储的信息为敏感词 ID 和敏感词,如表 21.1 所示。对敏感词的管理主要包括对敏感词的添加、删除、修改和查询操作,其中,添加操作指的是添加新的敏感词到词库中,删除操作指的是删除不再敏感的词汇。

表 21.1　敏感词库

ID	敏感词
1001	法轮功
1002	色情

2) 隐性语义索引方法(LSI 模型)

隐性语义索引方法是一种用于知识获取及展示的计算理论和方法,它以文本中的词与词之间的关联性为出发点,即认为存在某种潜在的语义结构信息。传统的空间向量方法假设词语之间是相互独立的,而实际上,词语之间存在很强的某种联系,且这种关联性极大地影响了文本处理的结果。

在该模型中,一个文档库可以表示为一个 $m \times n$ 的词-文档矩阵 A,其中,n 表示文档库中的文档数,m 表示文档库中包含的所有不同的词的个数。也就是说,每个不同的词对应于矩阵的一行,每一个文档对应于矩阵的一列,A 表示为 $A = \{a_{ij}\}$,其中,矩阵的元素 a_{ij} 为特征项 T_i 在文档 D_j 中的出现频度或权重,且 $i \in [1, m], j \in [1, n]$。对 A 通过奇异值分解(singular value decomposition,SVD)进行模型变换,将 A 分解为三个矩阵的乘积:$T \times S \times D^T$,其中,矩阵 S 是对角线矩阵,T 和 D 的列向量均为正交向量,T 和 D 中的行向量分别作为词向量和文档向量。在此基础上就可以进行敏感词检索匹配和其他各种数据处理。

3) 基于关键词与 LSI 的敏感话题识别

基于关键词与 LSI 的敏感话题识别具体过程如下。

① 对采集到的网络舆情进行处理,提取其中的敏感词,构造隐含语义空间。将网上采集到的网络舆情进行预处理后,进行分词,保留分词结果中的实义词,通过对照敏感词库,统计得到舆情中敏感词的词频,然后根据 LSI 方法将该舆情表示成敏感文档向量集合 X_q,X_q 中第 i 个元素的数值,表示第 i 个词汇在舆情 q 中出现的频次。对 X_q 进行截断奇异值分解,使其可以和文本矩阵 D 进行比较,得到 $D_q = X_q \times T \times S^{-1}$。得出的 D_q 为舆情 q 在 k 维语义空间内的坐标向量。这样,词汇和舆情构成隐含语义空间。

② 敏感话题识别。基于词-词的矩阵应用向量夹角的相似度计算方法对舆情进行相似性比较,挑选出相似的,最后选择合适的阈值,将符合要求的敏感话题识别出来。

3. 倾向性分析

倾向性分析作为网络舆情研究的一个重要方向,引起了人们越来越多的重视,近几年已经成为信息检索和自然语言处理领域中一个实用性的热点研究问题。这方面的研究从 ACL、WWW、SIGIR、CIKM 等顶级会议近年来的文章发表数就可以看出已经开始吸引越来越多的学者加入,成果也越来越丰富。

本节主要围绕以下三个方面进行研究。

1) 极性词典的生成与自动扩展方法

在语言学理论的指导下,探索极性词汇的构成特点,利用已有的相关情感语料库构建基本极性词典,并提出相关算法进行基准极性词汇的定量和自动扩展。

（1）极性词典的建立

通常,文本倾向性分析时,无论是句子,还是篇章,分析时都很依赖于情感词典。因此,情感词典的好坏直接影响情感倾向性判断的正确性。另外,在很多应用中,情感强弱的判断也是非常重要的,例如,在产品评论中,如果评论都是强烈好评,往往是不二之选,相反,如果仅一般好评,往往还需要继续货比三家。因此,在情感词典生成及扩展过程中还需要进行情感强弱的定量计算。本项目的情感词典是建立在现有的一些情感语料库基础上,如知网的情感分析用语词集、哈尔滨工业大学的同义词林,抽取出 7926 个词语的基本极性词表,其中,表达正面的评价和情感的词 1993 个,表达负面的评价和情感的词 5936 个。另外,还建立了程度级别词词典和否定词词典,程度级别词的建立主要参考《知网》情感分析用语词集中的中文程度级别词语（219 个）。由于否定表达的用语相对有限,否定词词典主要通过人工收集,并利用知网、哈尔滨工业大学的同义词林来扩展建立。

（2）极性词汇倾向程度的定量计算方法

由于基本极性词表中已经对每一个词语标注了其情感倾向（正面、负面或肯定、否定）,只需通过定量计算来确定其倾向程度。

词语的情感倾向度与极性基准词的关联紧密程度相关。基准词在这里指肯定（否定）倾向非常明显、强烈,具有代表性的词语。首先,从基本极性词表中人工抽取出具有一定代表性的 80 个极性基准词（40 个褒义词,40 个贬义词）,并通过多人判定、人工打分,最后统计得出每个词的平均分,输出一个 $-1\sim+1$ 的实数来表示倾向程度,其中,正数表示肯定（正面）的评价,负数表示否定（负面）的评价,绝对值越大越肯定（否定）。

针对余下的 4138 个极性词的倾向值计算,主要利用了朱嫣岚等[430]提出的基于 HowNet 的词汇语义倾向计算方法来实现：$\mathrm{SO_{sim}}(w)=\max(\mathrm{similarity}(w,t_i))$,其中,$\mathrm{SO_{sim}}(w)$ 表示词语 w 的观点倾向值；t_i 为基准词表中的第 i 个词；$\mathrm{similarity}(w,t_i)$ 为 HowNet 中公开的计算词语语义相似性算法。取词语与基准词表中所有词的相似度中的最大相似性为词语的情感倾向度。

（3）极性词汇的自动获取与定量分类

可以通过很多途径进行词汇的获取,如词典、语料库等,但如何判定其极性以及倾向度是基本极性词表扩展的关键。利用了朱嫣岚提出的方法,该方法计算出来的情感倾向度与基准词的选择直接相关,不同的基准词选择往往产生不同的结果。字是词的最小组成单元,有语言学者认为相同的字往往分布在同一极性的词中[431-432]。为此,提出了利用待分析词汇中每个字在现有基本极性词表中的分布情况进行极性统计与定量的方法。综合上述两种计算方法,使用一个加权平均的方法来获得词汇 w 的情感倾向度。

　　首先,利用上节内容中已生成的极性词表,为极性词表中出现的每个字计算出两个值 fp_{ci} 与 fn_{ci},其中 fp_{ci} 为字 ci 出现在褒义词表中的概率,fn_{ci} 为字 ci 出现在贬义词表中的概率。然后利用式(21.16)和式(21.17)计算出每个字作为褒义词和否定词的权重。

$$P_{ci} = \frac{fp_{ci}/\sum_{j=1}^{n} fp_{cj}}{fp_{ci}/\sum_{j=1}^{n} fp_{cj} + fn_{ci}/\sum_{j=1}^{m} fp_{cj}} \tag{21.16}$$

$$N_{ci} = \frac{fn_{ci}/\sum_{j=1}^{m} fn_{cj}}{fp_{ci}/\sum_{j=1}^{n} fp_{cj} + fn_{ci}/\sum_{j=1}^{m} fn_{cj}} \tag{21.17}$$

其中,P_{ci} 为字 ci 作为褒义词的权重;N_{ci} 为字 ci 作为贬义词的权重;n 为褒义词表中出现的所有字的个数;m 为贬义词表中出现的所有字的个数。这样利用式(21.18)就可以算出字 ci 的情感倾向度 S_{ci}。如果 S_{ci} 的值为正数,ci 是褒义字,如果为负数则是贬义字,接近于 0,说明 ci 趋向于是中性。

$$S_{ci} = P_{ci} - N_{ci} \tag{21.18}$$

这样,当极性词表扩展时,只要计算新加入的词汇中每个字的平均倾向度值 S_w,其中,u 为词 w 中字的个数。如果没有该字的情感倾向度,默认为 0。

$$SO_{character}(w) = \sum_{j=1}^{u} S_{cj}/u \tag{21.19}$$

最后,把利用 HowNet 实现词汇语义倾向计算的方法与上述方法通过加权平均来获得词汇 w 的最终情感倾向度 $SO(w)$。

$$SO(w) = \alpha \times SO_{sim}(w) + (1-\alpha) \times SO_{character}(w) \tag{21.20}$$

其中,$0 < \alpha < 1$ 为权重系数。

　　通过 $SO(w)$ 的值可以获得词 w 的最后情感倾向值,根据其极性及倾向值,在极性词表里选择相应的位置进行存放,从而完成极性词表的自动扩展。

　　2) 自然语言处理技术在细粒度情感倾向性分析中的合理融合

　　利用现有的自然语言处理技术,如词性标注、分词、语义角色标注及指代消解等技术,实现对主观性文本的语义理解,重点探索如何将这些技术合理融合,有效地应用于文本细粒度情感倾向性分析的研究中。

　　一般的情感倾向性分析,都或多或少用到自然语言处理技术,在英文处理中,用到最多的是 POS,中文处理则还需用到分词。POS 和分词是自然语言处理技术中最基本的工具,可以实现对文本的一般性分析。由于文本倾向性分析过程中存在更多的是主观性文本,所以对语义理解、指代关系的确定都非常重要。这里主要利用了 SRL 技术(包含分词、POS 工作)帮助实现细粒度的情感倾向性分析。

语义角色标注(semantic role labeling,SRL)是浅层语义分析的一种实现方式,该方法并不对整个句子进行详细的语义分析,其实质是在句子级别进行浅层的语义分析,即对于给定句子,对句中的每个谓词(动词、名词等)分析出其在句中的相应语义成分,并作相应的语义标记,如施事、受事、工具或附加语等。

对情感的倾向性细粒度分析,传统方法更多是对句子 POS 标注后,利用词性的特点进行属性和情感词的识别,这个过程一般只考虑词的特性,缺乏对句子的整体语义理解。

以索尼 DSC-H9P 相机评论中的一个句子为例:"佳能 A530P 的镜头比它的好,价格还比它便宜"。如果仅按照 POS 标注的方法来判断属性的极性,就会简单判断出"镜头好","价格便宜",刚好得到与本意相反的结果。而通过 SRL 标注处理后,[佳能 A530P 的镜头$_{Arg0}$][比它的$_{ARGM-ADV}$][好$_V$],[价格$_{Arg0}$][还$_{ARGM-ADV}$][比它$_{ARGM-ADV}$][便宜$_V$]。这样只要对"ARGM-ADV"这一语义角色所对应的内容进行指代消解处理,然后通过对比较级的正确分析,即可抽取出两个特征的情感倾向性。同时从分析的结果也可以非常清晰地看出:"镜头"和"价格"为产品的特征,它们所属的语义角色均为"Arg0","好"、"便宜"为情感词汇,所属角色均为"V"(注:"好""便宜"均属于谓词性形容词,在宾州中文语料库中的词性标注为VA),为此,通过对大量评论语句进行 SRL 标注,并对各中角色进行相应统计。发现了特征概率最大的角色为"A0",其次是"A1",含有情感倾向的概率最大的角色为"V"。这里的标记是按照宾州大学的 PropBank 标注规则来进行标注的。具体结果参见表 21.2 和表 21.3。表 21.2 和表 21.3 的结果是判断属性和计算情感的重要依据。

表 21.2　角色为特征的概率表

A0	A1	V	ARGM-TMP
0.76	0.14	0.06	0.04

表 21.3　角色为带情感倾向的概率表

V	A1	A0	ARGM-ADV	A2
0.77	0.16	0.04	0.02	0.01

3) 面向不同应用需求提供相应的处理方法

根据不同的应用需求,分别实现了基于篇章的情感倾向性分析和基于句子的情感倾向性分析,以满足不同粗细粒度的分析需求。

不同的应用背景,往往具有不同的应用需求,主要分两类情况,一是基于篇章的粗粒度情感倾向性分析;二是基于句子的细粒度情感倾向性分析。

（1）基于篇章的粗粒度情感倾向性分析

基于篇章的应用往往是针对新闻评论、社会事件及热点话题等舆情类信息的倾向性分析，关注的主要是就民众所表达的观点的整体倾向性情况。针对篇章级应用，现有解决方法很多是简单的基于篇章情感词的统计，根据正反极性词的比例来确定篇章的倾向性程度，这种方法的优点是实现方法简单，运行速度快，缺点是由于缺乏对篇章中句子的语义理解，往往效果不好，甚至得出错误的结论。所以本章针对篇章级情感倾向性分析的研究，主要利用自然语言处理技术实现每个句子的语义理解，通过句子中情感词的分布情况以及句子与主题的关联度分析，先过滤掉客观句和干扰句，然后针对遗留下来的所有句子，逐句分析其情感倾向性，并最终汇总得出结果。

基于篇章的情感倾向性分析往往属于粗粒度分析，更多地应用于政府部门针对互联网的舆情监控，情感倾向性分析是舆情分析中最基础的问题之一，所以通过本系统的研究可以提升舆情监控系统中的情感倾向性分析能力，帮助政府部门更加有效地加强网络文化建设和管理。

（2）基于句子的细粒度情感倾向性分析

基于句子的应用往往针对商品评论、服务评论等电子商务应用领域，关注的主要是评价对象各个方面的观点和意见。一般基于句子的情感倾向性分析应用都是面向一个具体领域，所以领域特征的获取非常重要。该领域特征库是面向常规的领域建立的，例如，数码相机，其特征库里的特征类有外形、像素、电池、价格及镜头等；宾馆服务，其特征库里的特征类有房间卫生、服务态度、交通环境及设施设备等。根据词语相似度以及现有的同义词林和 HowNet 资源计算丰富每个特征类的相关词汇。如果用户提出的领域不属于常规领域，可以通过双方协商确定基本特征类，并利用现有的资源和工具对每个特征类进行词汇扩充。在实现过程中，按句子具体分析每个特征类的情感倾向，统计计算每句评论中相关特征类的情感倾向值，最后给出基于所有评论的针对每一特征类的整体情感倾向值，通过友好的图形化界面展示，给潜在消费者直观的感受。

基于句子的情感倾向性分析一般都属于细粒度分析，更多地应用于网络用户评论，通过提供友好的用户界面展示，在一定程度上帮助潜在消费者购买抉择，同时也对产品的商家提供了很好的反馈意见。基于句子的细粒度情感倾向性计算的基本框架如图 21.9 所示。

待分析语句是通过设计相应的爬虫工具对目标网页的内容采集而来。采集途径可分为两类。①基于直接目标网页的采集。采集的对象包括各种网络媒体的网页，如门户网站、论坛、博客等。采集过程主要包括网页抓取，HTML 内容解析、提取，抽取与评论相关的信息内容，如发布时间、发布人信息、发布 URL 地址等；并与评论内容一起映射为结构化数据信息存储到数据库，为下一步工作打好基础。

②基于搜索引擎方法。通过对指定话题(关键词)进行自动化搜索,根据搜索获得的结果(URL 信息、内容信息)进行下一步网页抓取或者语料整理分析。这种方法的优点是能够快速有效地获取指定话题的舆情语料,过滤、提取方法简便;缺点是难以进行话题发现,需要用户指定一组关键词,才能进行反复自动搜索与抓取。

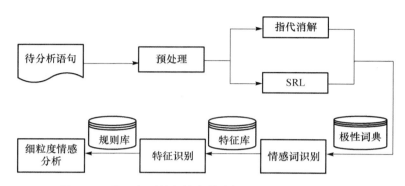

图 21.9 基于句子的细粒度情感倾向性分析计算框架图

预处理过程主要针对评论文本进行停顿词消除、文本断句、分词及句子词性标注等。指代消解方法,在预处理结果基础上进行命名实体识别、名词短语识别及名词短语中心词获取等操作,同时为了提高消解处理的效果,设计一些规则,如单复数必须一致等,先把一些明显不符合的待消解对先过滤掉,缩小候选词的范围。然后进行特征向量的抽取,确定消解项。最后利用先前基于机器学习方法生成的分类器对消解项进行预测,得出各名词对间是否具有指代关系。利用该结果可以实现对语句中的代词的还原。

另外,利用 SRL 标注工具,可以方便地分析出句子中的各个语义角色,然后利用极性词典和特征库分别完成情感词识别和特征词识别,最后利用规则库里的知识进行细粒度情感倾向性分析。具体以句子为处理单元,以每个评论者的评论信息(含多句的情况)的 SRL 结果为单位进行统一分析和处理,得到每个评论者的评价信息,统一汇总处理就可以获得所有评价者对每个特征的情感倾向性分布值。针对不同句子结构,总结了语言学的规律,设计了不同的计算方法:

$$
\mathrm{SO}_{fi} = \begin{cases} \mathrm{abs}(S_{fi}) + \alpha \times D_{fi} & \text{没有否定词} \\ \beta \times S_{fi} - \alpha \times (1-\beta) \times D_{fi} & \text{程度级别词位于否定词与情感词之间} \\ \alpha \times [\mathrm{abs}(S_{fi}) + D_{fi}] & \text{否定词位于程度级别词与情感词之间} \end{cases}
$$

(21.21)

其中,S_{fi} 是当前评论句中有关属性 fi 的情感倾向值;D_{fi} 是与 S_{fi} 相关的程度级别词的数值。如果 S_{fi} 所对应的最大匹配词是褒义词,则 $\alpha=1$;反之,如果是贬义词,则 $\alpha=-1$。β 为倾向值权重,其值与 S_{fi} 有关,利用语言学知识以及大量语句的分

析,总结出相应的关系:

$$\beta = \begin{cases} \text{power}(5/9, S_{fi}) - 0.9 & S_{fi} \in [-1, 0] \\ \text{power}(5/9, S_{fi} - 1) - 0.9 & S_{fi} \in (0, 1] \end{cases} \quad (21.22)$$

为了保证 β 的有效性,假设它的值域为 $0.1 \sim 0.9$。

$$\overline{SO_{fi}} = \sum_{j=1}^{n} SO_{fi} / \sum_{j=1}^{n} \text{count}(fi) \quad (21.23)$$

其中,j 为评论句子数;i 为对应的属性编号。

式(21.23)中 SO_{fi} 是当前评论句中考虑相关程度级别词和否定词后所得关于属性 fi 的情感倾向值,$\overline{SO_{fi}}$ 为所有评论中 SO_{fi} 的平均值,也是关于 fi 的最终值。通过该公式可以计算出所有属性的最终情感倾向值($\overline{SO_{f1}}, \overline{SO_{f2}}, \overline{SO_{f3}}, \cdots, \overline{SO_{fn}}$)。

4. 动态趋势分析

采用二次曲线预测模型来进行网络舆情的动态趋势分析,将过去尽可能多的网络热点的纪录收集起来,然后建立关联数学算式,使它能最有效地利用现有数据进行预测。该预测模型的工作方式可以这样理解:当纪录被"放进"模型中,模型会计算得出一条曲线;这条曲线既符合过去的数据,又可以根据它对将来进行预测,然后根据得到的数据分析出舆情的趋势走向,直观地展示给用户。

如果预测对象的时间序列的各逐期二次增长量大致相等,或将时间序列绘以散点图,其图形显示出一个先升后降或先降后升的转变,即有一个弯曲的一条曲线,则可配合二次曲线模型进行外推预测。依据预测目标的历史时间数列,拟合成抛物线,建立二次曲线方程进行预测。

21.5.4　舆情服务

互联网舆情监控分析系统将为用户提供以下功能和服务。

① 舆情预警。根据相关新闻转载的重复次数,设定一定的报警阈值,保证在较短的时间内产生预警信息,使管理部门发现并及时采取处理措施;同时,根据信息的危险性和重要性,区分黑色、红色、黄色等不同级别的预警。

② 专题追踪。基于相似性算法的聚类技术,对采集的信息自动聚类,形成热点新闻专题。对每一个聚得的类别,给出精确的类别主题词,可根据热点专题排序。

③ 敏感信息监测。系统提供信息智能分析功能,可以通过对信息内容的分析方式,从大量的文件中发现包含敏感信息的文件和内容。

④ 信息服务。提供针对播出互联网内容安全的全面发现、监控和管理功能。同时利用高效、安全的通信手段将多个搜索系统有机地连接起来,形成一个可扩充的互联网信息内容安全监控平台。

　　⑤ 报表系统。系统提供各种类型的报表，包括预设报表和自定义报表，为用户了解全面情况、上报领导等提供足够的支持。

　　⑥ 热点发现与排序。为用户指定的搜索范围内的新闻和事件的报道进行热点发现算法的处理，为用户提供热点事件的关键字、原文索引等信息。对发现的热点事件按照热度的不同进行排序，用图表和简报等形式向用户上报。

　　⑦ 用户关注事件跟踪。由用户给出关注事件的样本，系统对样本进行学习，对后续到达系统的新闻和报道进行选择和筛选，获得关于样本事件的后续报道。

　　⑧ 分析结果展示。提供一个舆情信息分析结果的展示平台，系统充分利用地图、新闻、视频图像等 Mashup 资源，将分析结果以立体的、直观的、自然的方式呈现给用户。

21.6　本章小结

　　随着互联网信息的爆炸性增长，对海量网络多媒体舆情信息的监测与分析变得越来越重要。本章介绍了面向互联网环境的网络舆情分析与监控的相关技术，它是多媒体技术、自然语言处理技术、网络技术及机器学习技术等交叉的一个研究方向，具有重要的理论价值和实际应用背景。

第 22 章　基于视觉和感性计算的网络购物——淘淘搜

22.1　背景和意义

我国个人消费网购规模正在以每年超过 100％的增速快速发展。根据艾瑞、易观等机构的统计数据,2009 年中国个人消费网购规模已达 2500 亿,预计到 2013 年将达到 7130 亿。尽管如此,网购交易额仍然小于个人消费总体消费额的 2％,发展空间巨大。

随着网购规模的发展,越来越多的商家和商品出现在互联网,这给消费者挑选商品带来越来越大的困难。根据统计,目前淘宝已经有超过 300 万家商户,在线超过 3 亿件商品,这给购物搜索带来了巨大的市场机遇。根据艾瑞的统计,2009 年购物搜索市场规模已经超过 11 亿,而且随着网购交易规模的发展,增速也越来越快。

网络销售的商品可分为标类商品和非标类商品,标类商品是规格化的产品,可以有明确的型号等,如笔记本、手机、电器、美容化妆品等,而非标类产品是无法进行规格化分类的产品,如服装、鞋子等。根据淘宝 2009 年销售统计数据,非标类商品无论是在销量还是销售金额上均排前列,以服饰为例,其销售额占淘宝销售额的 30％～40％,此比例还在不断上升。

图像购物搜索是购物搜索中的重要组成部分,尤其是对非标类商品。而非标类商品由于自身的特殊性,以及消费者挑选时的主观性(感性),单纯采用文本搜索技术和基于内容的图像搜索技术已经很难解决消费者的搜索问题,这个问题随着网购的发展变得越来越迫切。

因此,本章将在分析非标类商品购物的特点基础上,介绍一种基于视觉和感性计算的图像购物搜索引擎——淘淘搜(www.taotaosou.com),通过对商品图片的自动特征识别,结合消费者关注的感性元素以及商品评论的倾向性,在海量商品数据中准确、快速地寻找消费者感兴趣且满意的商品。同时,该图像购物搜索引擎将支持互联网环境和移动环境。该图像购物搜索引擎的开发,不仅可以提升我国电子商务领域的信息搜索技术水平,而且在应用上更贴近用户的实际需求,对加快我国网络购物的快速发展具有非常重要的现实意义。

22.2　国内外技术现状

网络的普及和在线数据的不断激增促进了众多搜索引擎的出现,可以帮助用户在网络上更快地找到目标信息。大部分现有的搜索引擎基于文本检索,包括Google、Baidu、有道、Bing 和 Yahoo 等。而基于 CBIR 的正式商用系统还不多见。目前,CBIR 技术和方法的研究虽然已有不少算法,但总体效果还是不尽如人意。基于色彩特征的检索方法是 CBIR 的主要方法之一,它所抽取的特征向量是颜色直方图,虽然能够较好地反映图像中各种颜色的频率分布,而且对图像中对象的旋转以及观察位置的变化不敏感,但无法保留各像素。这些年来,发展了一些用于描述局部特征的算法,包括 SIFT、HOG 等。研究人员利用局部特征进行训练识别,并将这些研究结果用于 CBIR 系统。

目前,国内外真正商用的基于内容理解的系统还不多。下面介绍现有的几个系统。

① Modista:该网站(www. modista. com)主要用于检索具有相同款式的鞋子、眼镜等服饰品。用户可以单击网页上的鞋子图像,查看与该鞋子具有类似款式(包括颜色、形状等)的集合。

② Like:该网站(www. like. com)主要用于各种物品的细节检索。用户可以圈中某物品图像的细节,检索与此细节类似的产品。

③ Tinyeye:该网站(www. tinyeye. com)主要检索含有用户输入图像内容的图像集合。

④ 淘宝:作为国内最大的 C2C 网站,淘宝提供了不少基于内容理解的图像检索工具和平台。目前,淘宝还推出了专门基于图像的同款服饰类的"合并查看"功能。该功能还未全面铺开,只是在部分小类目中使用。

⑤ 图酷:图酷在淘宝商城麦包包(http://www. mbaobao. com/)中提供了"相似推荐"功能。用户可以点击"查找相似包包"来搜寻类似的产品。

总体说来,目前还没有和文本检索中的 Google、Baidu 类似的全面 CBIR 系统。现有的 CBIR 系统也存在以下问题。

① 现有的基于图像的检索系统只是应用在某些方面,甚至只是整个系统中的一小部分功能模块,或是以插件的形式存在,没有形成整个平台。

② 对于非标类商品(如服饰类)的 CBIR 系统,现有的应用仅依靠图像的视觉特征进行检索,而没有考虑人们在现实中的购买环境,缺乏真实体验感。

③ 在现有的非标类商品图像 CBIR 系统中,所有的图像数据都相对比较统一,数据量也不多。而像淘宝,其数据量很大,但是这类数据又不统一。因此,用户只能在某个网站上查找当地数据库的商品图像,而无法在某个平台上查找更大数据库(如淘宝)中的图像。

④ 现有的 CBIR 系统,没有支持基于用户上传图像的检索的。而这在现实生活中具有非常实际的应用。

基于内容的图像检索采用基于图像的客观特征,包括颜色、形状、空间及纹理等。而用户实际购买非标类商品时,还会关注一些主观性特征,如服饰的款式、潮流等。由于主观认知过程对客体意象表达能力的局限性,使这种描述具有不确定性以及多义性。基于意象认知的感性计算可以定量描述用户的主观想法,再结合图像的客观特征,获得更符合用户实际体验的检索效果。随着基于内容的图像检索技术进一步发展和研究的需要,基于意象认知的感性计算在图像检索领域得到了相应的发展。目前国内外已经有众多专家学者从感性工学(kansei engineer-ing)、认知心理学、认知神经科学及意象看板等多个方面对意象认知的量化计算开展了大量研究工作。

① 从认知心理学角度来看,可以采用以下三种理论来研究用户对商品的意象认知问题:一是模板匹配(template matching),二是特征匹配(feature matching),三是原型匹配(prototype matching)。爱荷华州立大学的 Chan 教授认为如果存在能代表主观意象的特征,则意象可以被看成拥有一些基本特征的实体,意象是可以被量化的。这些特征可被视为一种比例尺度,衡量主观意象的强度以及意象之间的相似度。进一步地研究表明,在意象认知方面,形态、材质与色彩是认知与辨识的主要特征。

② 意象看板技术也可用于意象认知的量化计算。意象看板本质上就是一种图像检索技术,即从产品历史数据库中把具有同样产品意象的图像检索出来。图像检索的方式已经从基于文本的图像检索发展到基于内容的图像检索,并进一步发展到基于意象认知的图像检索技术。例如,有日本的使用印象词(impression words),如自然的、优雅的、华丽的等,检索图像的“IQI 系统”,Chile 大学研制的使用类似人类感觉的定性描述来检索纹理图像 TEXRET 系统,这些技术与系统都有较好的实际应用价值。

22.3　搜索引擎框架

本系统的总体技术框架如图 22.1 所示。从整个系统的流程来看,主要包括:数据获取模块、数据预处理模块、特征提取模块、数据库构建模块、核心引擎模块以及 UI 模块。

① 数据获取模块。大量的非标类商品图像存放在各种位置不同、系统不同的服务器上,要访问这些服务器并从中抓取数据需要特殊的技术。本系统专门设计了一个网络蜘蛛(或者说网络爬虫)用于数据收集,每天自动从设定的互联网服务器上下载服饰类图像。

② 数据预处理模块。由于网络上的非标类商品图像标准不一,没有固定的背景,一幅图像中可能含有好几件商品,图像中含有其他物品(如服饰商品对应的模特)等。因此,在特征处理前需要进行预处理,以提取商品目标在图像中的精确位

置。整个预处理过程包括粗定位和精确定位两步。

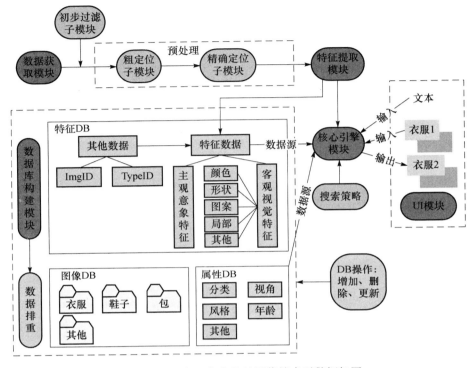

图 22.1　面向网络商品的图像搜索引擎框架图

③ 特征提取模块。数据预处理好后,采用各种特征提取方法提取非标类商品的颜色、形状、图案及主观感性等特征,然后保存到相应的特征数据库。

④ 数据库构建模块。数据库的构建包括数据建库前的排重、图像数据的组织和特征数据的组织。

⑤ 核心引擎模块。本项目的核心引擎主要考虑图像的局部是否具有相似性,计算得到一个结果子集的相似性列表。然后在该子集的基础上,分别基于客观视觉特征和主观意象特征进行层级筛选,获得最终的相似性排列。对于不同的商品类目,采用不同的特征或者特征组合。

⑥ UI 模块。UI 模块涉及搜索结果布局、显示效果设计以及智能推荐的设计内容。

22.4　系统体系结构

整个项目采用 B/S 架构,即互联网终端用户可通过终端浏览器访问导购平台。服务端同时需要多台服务器,包括应用服务器、搜索引擎服务器、数据库服务器以及文件服务器,整个架构如图 22.2 所示。其中,应用服务器提供对外网页接口,供用户访问,并收集用户的请求。当用户发送搜索请求后,应用服务器把请求转交给图像引擎服务器,由图像引擎服务器计算相似度信息,并返回检索结果。在整个检索请求的处理过程中,还需要图像服务器和数据库服务器的配合,共同将检索结果图像序列返回到应用服务器,并最终显示在客户端浏览器。上述架构可支持大用户量的访问,各服务器节点都可进行扩展,采用集群方式,如应用服务器、图像引擎服务器、文件服务器及数据库服务器,都可部署多台,统一向外提供服务,可支持千万级别的日访问量。

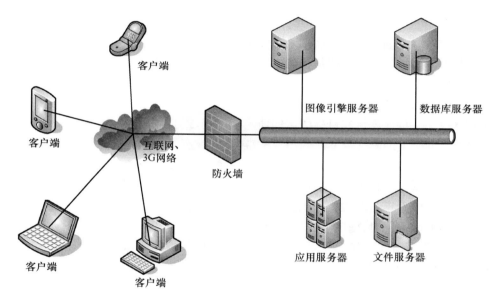

图 22.2　系统体系结构

22.5　关 键 技 术

22.5.1　数据采集、过滤及建库

1) 非标类商品图像数据的实时采集与同步更新

首先通过数据抓取机器人,根据预先定义好的商品图像数据宿主服务器的抓取模版,对互联网上的各异构信息源进行采集,它遍历指定范围内的整个 Web 空间,不断从一个网页转到另一个网页,从一个站点移动到另一个站点,将网页下载后,会去识别网页的 HTML 代码,并通过 HTML 标记,将网页中的视频、文本、图

像等不同类信息标识出来。在预先定制好的图片过滤策略下,将符合图片格式、大小及属性等要求的图像信息提取出来,添加到数据库中。在采集后,通过定义不同的更新策略,使宿主服务器中图像数据更新及时、快速、有效地同步到采集服务器中。实时采集与同步更新主要包括以下功能。

① 支持各类预定义的购物网站、购物论坛及博客等信息源的信息采集。

② 具有网页内容分析技术,实现图片的提取,剔除广告、Logo 等非目标图片。

③ 支持高速采集技术:支持多线程、分布式采集功能。

④ 支持具有身份验证的网站的采集(需提供合法的用户账号)。

⑤ 支持增量更新的策略,每次采集只采集上次更新后新添加或生成的图片,而不是全部再采集一遍,从而保证图片更新的效率。管理员可以设置更新周期。

2)非标类商品图像采集的数据预处理

非标类商品图像采集的预处理包括非目标图像的过滤和服饰目标在图像中的精确定位两个部分。根据定制过滤策略进行非目标图像数据的过滤处理,过滤策略包括图像的文件格式、文件大小及图像属性等,同时进一步结合非目标类图像特征和感性文字特征进行非目标图像的侦测与识别,提高过滤的准确率。

由于网络上的非标类商品的图像标准不一,没有固定的背景,图像中的目标数量不同,图像中含有其他物品(如服饰类对应的模特)等。因此,在入库前需要进行商品目标在图像中精确位置的提取。整个提取过程包括粗定位和精确定位两步。粗定位的总体思想是对数据进行分类,对不同的分类采取不同的方法进行定位。以服饰类商品为例,目前的分类如下。

① 衣服平铺类。基于平铺时拍摄者会将衣服放在与衣服颜色有一定区分度的背景下的假设,因此,采用 Ostu 算法直接进行二值化处理,然后分析二值图中的 Blob 信息,最终确定目标的合理位置。

② 衣服模特类。很多衣服图像中都有模特,可采用人脸检测的算法,获得衣服的大致区域。

③ 衣服分格类。首先检测衣服的分格区间,然后在每个区间分别采用平铺的方法。

然后,精确定位将以粗定位的结果作为输入,结合 GraphCut 和 Canny 边缘检测算子计算综合能力,取最低能力值时的结果作为最终的精确定位结果。

3)面向图像搜索的数据库构建

利用数据库技术,使用特殊的数据结构和表示形式,存储和管理图像的基本信息,图像处理、特征信息和图像分析的知识信息及图形数据等与图像相关数据。

数据库结构:由图像基本信息库、感性特征数据库、图像特征数据库和图像知识库等部分组成。其中,图像基本数据库是基础,建立较容易;图像特征数据库是核心,建立较困难;图像知识库是灵魂,建立最困难。

① 图像基本信息库:存储图像的数据、名称、宽度、高度、颜色通道及颜色表等。图像基本信息库是基础,建立较容易。

② 图像特征数据库:存储图像的直方图、边界、纹理及 ROI 等特征数据。图像特征数据库是核心,建立较困难。

③ 感性特征数据库:存储主观视觉、风格、样式和流行等主观感性特征数据。利用模糊集、粗糙集、数学形态学等软件智能工具,有效地计算主管感性特征。感性特征数据库是核心,建立很困难。

④ 图像知识数据库:存储图像的目标之间的关系、图像特征的描述与分类等。图像知识库是灵魂,建立最困难。

数据库结构如图 22.3 所示。

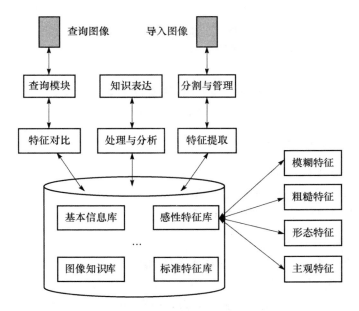

图 22.3　图像数据库体系结构

图像数据库中不仅保存了图像的基本信息,而且保存用户的主观感性特征、图像的特征和知识等内在的本质信息,同时保存图像之间的逻辑关系等,从而为图像更深层的处理、分析和理解提供有价值的数据。

数据库引擎包括图像排重、感性特征组织和基本特征数据的组织。

① 图像排重。由网络蜘蛛获取的原始图像数据虽然经过过滤,但由于各类网站上经常发现公用(盗用)的商品图像。因此,下载后的原始数据中存在大量相同的图像,或者经过改动(如添加了卖家信息的 Logo 字幕)但大体相同的图像。在

数据入库前,需要对相同,或大体相同的图像进行排重。首先计算每张图像的色度累计直方图 CH,并忽略 CH 值在 0.8~1 的分布。然后对原始图像进行遍历,计算两图之间 CH 相交值。如果 CH 相交值、两幅图像的 CH 值三者间的方差非常小,则认为两幅图像是基本相同的,可删除其中一张。

② 图像分级存储。首先将所有的非标类商品的图像根据所属类目(如服饰类商品,包括 T 恤、裙子、包包、裤子及鞋子等)进行划分。然后在类目的基础上进行二级子类目的划分,如 T 恤会分为男 T 恤和女 T 恤。最后是三级目录的划分,每个三级目录包含 N 个文件夹,每个文件夹存储 M 幅图像。所有分级存储的索引存放在数据库中,而真正的图像数据以文件的形式存在硬盘。这种存储格式有助于快速检索和访问,并减少每次的磁盘访问次数。

③ 特征数据。特征数据以二进制文件进行存储。与图像数据不同的是,所有库中图像的特征都存储在几个特征文件中。颜色和形状特征分别存储在一个特征文件中,而对于图案特征,由于每个特征由 128 位向量描述,因此,需要多个图案特征文件。采用这种存储格式的好处是,可以一次性将库中的特征文件读入内存,使后续的用户检索需求能很快得到满足。

④ 知识表达。以后每入库一张图像,就要计算入库的图像的各类特征,包括主观意象特征和客观视觉特征,并将计算结果写入特征文件。

22.5.2　提取主、客观特征

对图像预处理后,进行特征提取。为了加快特征提取和相似性计算速度,下列解决方案中所采用的技术,包括 GraphCut、SIFT 特征提取等,都采用或部分采用了基于 NVIDIA 的 CUDA 平台的 GPU 计算。

1) 提取颜色特征

提取颜色特征的主要步骤包括输入图像、颜色量化、颜色聚类及特征保存。

① 颜色量化:把每个通道 8 位(256 级)量化为 16 级,RGB 三通道共 4096 级。

② 颜色聚类:根据量化后的颜色分布,计算颜色直方图。取前 N(目前 $N=8$)位颜色为初始聚类中心,利用 k-Means 进行颜色聚类。

③ 空间转换:将最终聚类后的颜色从 RGB 转换到 HSV 空间。HSV 空间被量化为 36000 级,分别是 H 值 360 级,S 值和 V 值各 10 级。将转换后的 HSV 颜色分类以及该类颜色占的比重作为颜色特征向量。

④ 相似性计算:相似性的计算以两个特征向量之间的 L2 距离进行衡量。

2) 提取形状特征

形状特征的提取方法如下所述。

① 计算方向梯度:计算目标精确区域的各个方向梯度图。

② 图像分块：将图像分为均匀的四个子块。

③ 直方图均衡：在每个子块分别计算 0°、90°、45°和 135°的方向直方图，将各个方向的累加值除以边界长度进行归一化，作为特征值。这样一幅图像总共含有 $4 \times 4 = 16$ 个取值为 0～1 的特征值。

④ 计算相似度：计算两幅图像之间的 16 个特征值之间的 $L2$ 距离，作为相似值。

3）提取图案特征

图案特征是非标类商品的图像上可能存在的各种图案，包括品牌 Logo。由于图案在图像上的位置不一，因此，本系统将分别选择几个区域，计算区域中的 SURF 特征（简化后的 SIFT 特征），将 SURF 特征平均后作为图案特征。

4）计算主观感性特征

用户在进行图像检索时总是存在一个建立在图像所描述的对象、事件以及表达的意象等含义上的大致概念。因此，用户通常希望根据自己对检索图像的意象认知信息来分类，并判别图像满足自己需要的程度。以衣服为例，除了大小和尺寸，大部分人比较关注款式。为了确定图像的主观感性特征，首先借鉴感性工学的方法，采用 N 个服饰样本与 M 个形容词分别构成两个特征空间，建立这两个空间之间的映射关系，并用关系矩阵表示，构建服饰的款式意象认知模型。完成意象认知模型的构建后，对数据库中所有的衣服，根据相似性度量进行意象相关度标注。一般来说，颜色不能表征主观的衣服款式。在进行图像的相似性度量时，选用纹理和形状作为度量特征。综合纹理与形状特征向量，利用 L_2 距离或欧式距离计算相似值。

5）感性知识生成

将库中每幅图像与款式意象认知模型中的 N 张样本图像进行相似度计算，并记录其相似度 S_i。然后，选择与 P 的相似度最大的样本图像 N_i。这样，图像 P 的与 10 个形容词相关的意象相关度分别是：相似度 $S_i \times$ 样本图像 N_i 的对应意象相关度值。根据这个方法，就可以实现对图像库中的图像或者新添加的图像进行自动感性特征相关度标注的功能。

22.5.3　搜索引擎设计与实现

① 图像搜索引擎的思想。通过对用户需求的感性计算（直接性、形象性、具体特性、表面性和外部联系），给用户提供理性的购物信息（间接性、抽象性、本质特性、内在性和内部规律），最终使用户理性购物，即通过感性计算，做到理性购物。

② 图像搜索引擎的内容。基于感性计算的图像购物搜索引擎，主要通过对商品图片的自动特征识别（颜色、形状、空间及纹理等基本特征），结合用户关注的视觉、款式、潮流及风格等感性元素，在海量商品数据中准确、快速地寻找消费者感兴趣且满意的商品。

③ 图片搜索引擎的功能。对于输入的图像,检索与输入图像相似的商品图像。具体包括图像特征提取、感性计算、特征相似性定义与计算及特征知识表示等。对于不同的非标类商品,影响用户购物的产品特征不尽相同,因此,在相似性计算时,需要考虑不同特征或者不同特征的组合。同时保证相似性检索的查全率、查准率、检索速度以及高并发量的用户访问。

④ 图片搜索引擎的体系结构。根据图像自身的颜色、纹理和形状等客观特征信息以及与图像相关文字描述的主观特征信息,从图像数据库或者互联网上检索出所需图像。亦即从图像数据中提取出特定的信息线索,然后根据这些线索从大量存储在数据库中的图像中进行查找,并且检索出具有相似特征的图像。

图像检索的体系结构主要包括插入子模块、特征提取模块、图像数据库、检索模块、知识辅助模块等组成。体系结构如图 22.4 所示。

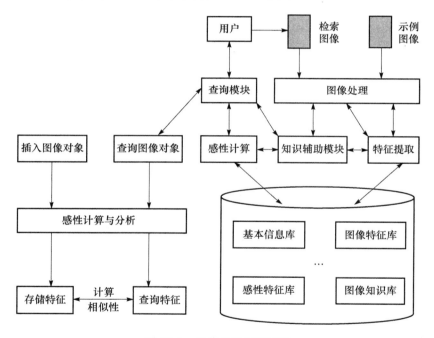

图 22.4　图像检索系统结构

1) 检索模块

检索模块的具体检索过程如下。

① 初始检索:开始检索时,需要形成检索格式,用特定查询语言完成。

② 相似匹配:将特征与特征库中的特征按照一定的匹配算法进行匹配。

③ 特征调整:对系统返回的满足初始特征的检索结果进行浏览,挑选出满意的结果,检索过程完成;或者从候选结果中选择最接近的示例,进行特征调整,形成

新的查询。

④ 重新检索:逐步缩小查询范围,重新开始,直到放弃或者满意。

图像检索的特征指标:颜色特征(颜色直方图、颜色矩、颜色集及颜色相关图等);纹理特征(局部无规律-全局有规律、粗糙性、方向性、对比度、相似性、规整度及粗略度等);形状特征(轮廓、区域等);空间特征(全局图像分割、局部图像分割等);高维特征(缩减(KLT,聚类)、索引(bucketing 算法,k-d 树,四叉树));感性特征(流行、视觉、风格及时尚)等。

图像检索方法:欧氏距离法、直方图交集法、傅里叶频谱法、神经网络学习相似性和人类视觉相似模型等融合策略。

2) 总体检索策略

当用户提供样例图进行检索时,核心引擎的计算过程如下。首先考虑图像的局部是否具有相似性,计算得到一个结果子集的相似性列表。然后在该子集的基础上,分别基于客观视觉特征和主观意象特征进行层级筛选,获得最终的相似性排列。对于不同的服饰类目,需采用不同的特征或者特征组合。特征之间的组合权重也不尽相同,需要进行实验。

3) 局部相似性计算

训练图像数据库中每幅图像的特征,生成 N 个视觉单词(visual words)。首先提取所有数据库中的 SIFT 特征,然后采用级联 k-Means 算法对 SIFT 特征进行聚类,生成 N 个特征中心,并将此作为视觉单词集合。

为了后续的 SIFT 特征匹配,计算每个 SIFT 特征的汉明码,并连同 SIFT 特征保存。同时,利用最稳外部区域(MSER)算法,计算图像数据库中每幅图像的 MSER 特征。最后,将 MSER 和 SIFT 特征进行绑定。如果某个 MSER 特征对应的区域没有任何 SIFT 特征,则去除该 MSER 特征。否则,以某个 MSER 特征对应的区域内含有的 SIFT 特征集作为后续特征检索的基本特征单元。

在进行检索前,需要保存上述的 SIFT 特征库、对应的汉明码集合以及视觉单词集合。

在进行检索时,首先计算样例图的 MSER 和 SIFT 的绑定特征。然后统计每个绑定特征所对应的视觉单词集合,并根据集合中的每个视觉单词找到含有同样视觉单词的数据库图像,计算两者之间的匹配度。对样例图中的每个绑定特征实施上述步骤,计算匹配度,并建立一个投票机制,记录匹配度。

投票机制的过程,SIFT 所映射的每一个视觉单词在视觉单词集合中查询,对查询到的含有该视觉单词的图像中的绑定特征进行投票打分,投票结果放在临时结果队列中,投票结果附上绑定特征的编号,用于对投票结果的整理。所有视觉单词都查询完后,整理临时结果队列,一个 SIFT 对应一幅图像的一个绑定特征,只保留一张得分最高的票,重复票都删除;将整理后的结果存入投票队列(Voting_Queue)。整理投票结果,统计每幅图像的得分,按分数对图像进行排序,结果写回投票队列。

为了得到最终的检索结果,采用层级过滤策略。首先利用局部匹配过程进行初步筛选,将筛选后的结果送入特征提取模块进行更进一步的相似度匹配计算,并将最终的结果返回给客户端。

4) GUI 引擎

整个 UI 模块涉及搜索结果布局设计、基于用户的显示效果设计以及智能推荐的设计内容。

① 搜索结果布局设计:所有的检索结果将返回给客户端,并显示在客户端浏览器。显示模式可以有多种不同的布局。例如,客户端显示以斜对角线作为区分线,分别在 X 方向和 Y 方向(以左上角为原点)上按照特征 1 和特征 2 的相似性进行结果图的展示。结果图中同时含有商品价格、相应网络商家链接等信息。单击结果图,可以将该张结果图作为输入图进行新一轮的检索。

② 基于用户的显示效果设计:在结果页面,为了给用户提供更多的选择,引导客户更快地查看商品相关的信息,以及商品之间的比较,在每个结果显示页面,除了提供结果图,还在结果图的周围(上面或下面)提供商品价格信息、商品的商家链接以及比价链接等信息。

在研究用户的购物习惯和用户网上购物体验以后,需要进行 UED(用户体验设计)/UCD(以用户为中心的设计)研究,对检索结果中图像显示的大小、位置及其相关信息进行特定的布局排列,使用户更容易、更方便、更快速地购买到想要的商品。最终目的是快速促成网络交易。

③ 智能推荐:现有很多在线购物系统只提供一个双方买卖的平台,很少具有人性化的智能推荐功能。而针对服饰类导购系统,一般的用户具有较强的倾向性,他们会喜欢某一种类型的穿着或者打扮。

用户的输入能很好地体现用户潜意识的消费心理和喜好。在整个导购平台中,用户输入最多的操作包括直接选择库内的某服饰类图像或提供某服饰类图像的 URL 地址,间接选择搜索出来某张图像,为了搜索而选择某个意象形容词或属性文字。上述行为很好地体现了用户潜意识的消费观念和消费心理,对这些行为进行统计和分析,可以很好地总结各类用户的消费倾向。例如,记录所有客户端用户选择的衣服信息,以及用户选择的意象形容词,统计女性用户最喜欢的上装品牌,以及该品牌最受欢迎的款式。一旦了解了用户的消费心理,就可以据此投其所好,向用户进行推荐。

22.6　原型系统——淘淘搜

该原型系统(http://www.taotaosou.com/)在国内外均处于领先地位,曾在

"赢在淘宝"2009 年 TOP 应用大赛中夺得年度总冠军,并已得到阿里巴巴集团的战略投资。部分功能如图 22.5 和图 22.6 所示。

图 22.5　系统界面

图 22.6　搜索结果

22.7　本　章　小　结

随着互联网的蓬勃发展,基于网络的电子商务技术也得到了快速发展。传统基于关键词的商品检索方式已经不能满足人们对网络商品查询的需要。本章以基于视觉和感性计算的新型网络购物系统——淘淘搜为例,介绍了实现该系统的相关技术。淘淘搜系统允许用户通过提交商品图片进行相似搜索,大大提升了用户的使用体验。

第 23 章 移动商品视频搜索——酷搜

23.1 引　　言

　　互联网和多媒体技术的飞速发展使互联网中的信息,特别是视频信息,呈现爆炸性增长的趋势。据统计,中国在线视频用户占宽频用户的 82%。由此可见,视频信息占据互联网中多媒体信息的绝大部分。尽管目前各大通用搜索引擎如 Google、Yahoo 和 Baidu 等纷纷推出了各自的视频搜索服务,但大都是一种基于关键词的通用视频搜索。该方法需要事先对海量视频进行语义标注,预处理代价相对较高。

　　随着社会化分工程度的不断提高,人们已不满足从通用搜索引擎得到结果,面向行业需求的垂直搜索应运而生。同时,社会的不断发展使人们的移动性日益增强,对信息的需求也日益高涨,为有效地满足人们这种需求,移动环境下的搜索技术正逐步兴起。第三代移动通信技术(3rd Generation, 3G)的普及和第四代移动通信技术(4G)的出现,使手机、PDA 等移动通信终端设备的数据传输带宽、传输质量进一步提高,能满足高带宽应用需求。作为垂直搜索的主要应用之一,近年来,移动商务搜索得到飞速发展。人们已经不满足仅通过查看商品的文字和图片信息来了解所要购买的商品。商品视频广告已逐渐成为人们全方位了解商品的重要途径。一些商品的广告也成为网上热门搜索。因此,基于手机的商品视频检索将成为可能。这种新兴的搜索方式是搜索技术在移动平台上的延伸,通过 PDA、手机等移动通信终端,以短信、WAP 上网及语音通话等方式接入移动通信网络,来获取信息。它的出现真正打破了地域、网络和硬件的局限性,满足了用户随时随地搜索服务的需求。

　　浙江工商大学的研究人员设计开发出无线移动环境下的基于 Android 平台的商品视频垂直检索系统——酷搜(www. coolsou. com)。该系统能支持移动环境下两种方式的视频搜索:基于文本的搜索和基于内容的搜索,其中,基于内容的搜索允许用户提交图片或视频进行搜索。同时,系统面向广大网民提供 Android 客户端和 Web 服务器两种方式的网络视频搜索服务,将视频搜索发展到一个新阶段,促进了国内电子商务领域的网络商品视频搜索的发展。

　　综上所述,纵观当今网络发展,在移动环境下如何对海量商品视频信息进行快速准确检索已成为目前移动电子商务领域关注的一个热点,同时也是信息爆炸时代急切需要解决的重大理论问题之一。

23.2　国内外技术现状

互联网的迅速普及和发展,提供巨大便利和无限机遇,据《全球互联网统计信息跟踪报告》,截至 2011 年 10 月,全球 WWW 网站总数量已突破 5 亿,为全球数以几十亿计的网民提供了各种服务。互联网在我国也得到了巨大的发展,截至 2012 年初,我国基于互联网的电子商务市场交易总额已突破 60000 亿人民币。我国手机网民规模达到 3.56 亿。据国家互联网信息办公室统计,2013 年我国移动互联网用户量将迎来 5 亿时代。互联网技术的快速发展,使人们更多地依赖互联网来获取信息。

在目前的互联网应用中,搜索引擎占有举足轻重的地位。《全球互联网统计信息跟踪报告》中提到,"搜索引擎网站是目前互联网上所有网站类型中发展最快的网站"。据《INTERNET GUIDE 2007 中国互联网调查报告》显示,我国搜索引擎营收年增长率一直高于 40%,2006 年全年搜索引擎营收规模已突破 15 亿人民币,预计 2008 年全年搜索引擎营收规模将突破 32 亿人民币;另据该报告显示,今后中国搜索引擎发展将呈现若干新的发展趋势,其中,垂直搜索获得快速发展,并成为一个重要的发展方向。垂直搜索引擎在细分行业及专业领域的全面应用与深入挖掘,将进一步整合信息内容,带来大量的用户流量和广告机会等。

互联网发展到今天,直观的视频形式成为最易于被大众接纳的传媒形式之一。网络视频在线收看和下载节目,成为中国网民使用互联网的第一娱乐需求。据统计,中国在线视频用户占宽频用户的 82%。目前视频搜索的用户规模增长速度将远高于传统搜索用户规模的增速,预计未来三年将会保持年均 100% 以上的增长率。由此可见,视频信息占了互联网中多媒体信息的绝大部分。如前所述,尽管 Google、YouTube 和优酷等纷纷推出了各自的视频搜索服务,但大都基于固定 PC 的关键词查询模式。这种查询方式会导致视频预处理代价大且返回的查询结果存在二义性。例如,用户提交"苹果"关键词,系统可能返回多种与苹果相关的搜索结果,如苹果电脑、iPhone 手机及水果等。面向生活类的垂直搜索引擎(酷讯,www.kooxoo.com)、面向房产类的垂直搜索引擎(房老大,www.foloda.com)和面向商业领域的垂直搜索引擎(商搜,www.shangsou.com)等,已成为下一代互联网搜索领域关注的热点。

在网络视频信息爆炸性增长的今天,每天会有大量视频产生,这带来的问题就是对海量视频信息的高效检索和浏览,即人们如何快速高效地查看大量的视频信息,并从中找出自己感兴趣的内容。传统视频信息检索使用关键词搜索,具体到对视频帧的查询是借助对帧图像的编号和注释来进行的,首先给帧图像加上一个对其描述的文字或数字注释,然后在检索时对注释进行匹配,这样,对帧图像的查询就变成了基于注释的查询。这种方法虽然简单,但不能完全满足对海量视频检索的需要。这是因为用手工方式对海量视频数据进行标注,工作量很大且效率很低。其次,视频片段中丰富的内容很难用文字标签完全表达。同时,标注信息会受主观因素影响,不同用户可能有不同的描述。基于内容的视频检索应运而生。它无需事先对视频片段进行人工标注,只通过提取底层视觉或听觉等特征进行相似检索。

23.3 关 键 技 术

酷搜移动商品视频搜索系统是一个允许用户使用关键词、选择视频甚至录制一段简短视频来搜索网络中已存在的视频,并提供在线观看分享的系统。

系统使用 Java 语言开发,采用 C/S 架构,应用视频获取与相似度比较匹配技术实现了移动环境下的实时商品视频搜索功能。客户端采用 Android 平台开发。本视频检索系统所涉及的关键技术如下所述。

1)视频源信息获取

视频源信息获取分类系统采用多种技术获取网络商品,较有效的技术为网络蜘蛛程序抓取信息、网页视频内容正则表达式提取及商业用户自主上传商品视频等。

2)关键帧和特征提取

关键帧提取是实现视频检索的第一步,它的主要思想为将下载的视频片段提取每一帧的底层视觉特征(如颜色直方图、纹理等),然后对这些视频帧进行基于镜头边界检测的关键帧提取,或采用高维底层视觉特征的 k-Means 聚类,将每个类对应的质心作为关键帧。

本系统提取的特征主要包括文本特征和视觉特征。文本特征指的是由视频内容本身抽取出来的文本信息,主要是自动语音识别(ASR)和视频字符识别(VOCR)的结果。对关键帧提取图像特征,常用的图像特征包括颜色、纹理和形状。

3)混合特征索引技术

视频搜索引擎工作的核心模块是视频片段的相似度度量。通过对从网络获取的视频片段进行离线预处理,提取视频关键帧及多种底层多模态视觉特征(包括颜色直方图、纹理等)。视频相似度度量技术采用文献[150]介绍的方法。采用基于距离转化的高维索引技术(如 iDistance[52])对其建立索引。

另外,对视频片段相关的网页文本和转录文本进行分词处理,建立倒排列表索引。最后将两者集成形成一种支持内容和语义的混合索引。与传统方法相比较,在保证一定误差情况下,相似匹配的精度和效率大大提高了。

23.4　系 统 分 析

23.4.1　功能性需求分析

网上购物怎样找到自己心中理想的商品?有的用户知道自己要的商品名称但是不知道其外形特征。而有的用户已经了解想要的商品的外形,却不知道该商品的名称。这就需要搜索引擎提供两种方式的搜索,基于文本的搜索和基于内容的搜索。基于文本的搜索是通过提交关键词进行搜索,它是利用文本描述的方式描述商品的信息,如商品的名称、出厂日期、产地及尺寸等,该方式适合第一类用户的搜索需求。而基于内容的检索是对视频片段中的视觉及声音特征等进行分析和检索的技术,适合第二类用户的搜索方式。

对于实体店购物,怎样在繁多的商店中更快更准地找到拥有类似商品的店?一般网购具有用户体验差的缺点,由于现在技术的限制,还不能通过网上试用。对于一些注重用户感受的商品,如衣服、鞋子、珠宝、玉石等,人们希望能到实体店试穿试戴然后网络购买。在商业如此繁盛的现代,店铺鳞次栉比,用户怎样更快更准地定位商店来购买自己心仪的商品受到人们关注。通过运用 GPS 技术,在商品搜索的同时将该商品所在的地址和与用户的距离显示,以帮助用户定位商品,节约时间。

由于移动网络带宽以及手机内存和速度的限制,如何在移动环境下使搜索更加快捷,同时使用户获得良好的用户体验成为技术的关键。首先,根据图像的自身信息,通过在客户端进行视频序列特征的提取,并将视频序列特征信息上传到服务器端与视频特征数据库中特征信息进行相似性比较。最后将相似度大小、商品所在地及用户所在地等多种信息进行综合分析和排序,输出查询结果。这一方法避免了上传视频的大量流量损耗,节约了资源,而且提供的基于位置的搜索服务能大大提高用户的体验度。

23.4.2　非功能性需求分析

1. 用户界面需求

用户界面需求如表 23.1 所示。

表 23.1　用户界面需求

需求名称	详细要求
合适性	界面风格应合乎形象以及系统本身的用途
简洁易用	界面应该简洁,不应花哨,使用户能够很快上手,各个操作均提供帮助
一致性	保证系统各个窗体界面风格的一致
国际化	设计应考虑国内和国际语言和文化的差异
美观	界面应该专业美观
及时反馈信息	对于处理时间较长的操作,应有进度提示
功能屏蔽	对于不具备使用某功能权限的用户,系统对该功能进行屏蔽

2. 系统质量需求

系统质量需求如表 23.2 所示。

表 23.2　系统质量需求

主要质量属性	详细要求
正确性	系统的各项功能必须能够正确地运行
健壮性	具有一定容错功能,在出现系统死机或网络出现故障及其他问题时,应能通过重新运行程序或者重启系统恢复到上次正常运行时的状态
可靠性	系统应能在相当长的时间内 $7 \times 24h$ 运转
性能、效率	响应用户请求不应该超过 10s,超过的必须提供进度提示
易用性	操作应该简单方便
清晰性	各个模块之间的关系应该清晰,做到强内聚、低耦合
安全性	防止非法用户使用,对各级用户提供不同权限
可扩展性	系统必须易于扩展功能,便于以后升级
兼容性	兼容多种数据库
可移植性	可以移植到 Linux 或 UNIX 系统之上

23.5　系 统 设 计

23.5.1　总体结构设计

本系统主要实现以下功能:用户可选择不同的搜索方式进行商品视频搜索。如果选择基于文本的搜索,则输入关键词后,系统根据用户提交的关键词进行匹配。若用户选择基于内容的搜索方式,则当用户上传该视频或者图片后,客户端对上传的商品视频或图片进行特征提取并上传到服务器,与服务器中已提取特征的商品视频进行相似匹配,根据其相似度、商品及买家所在地的位置信息综合度量排

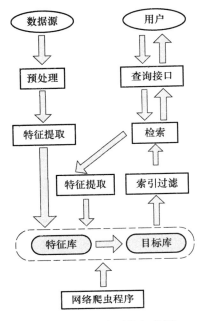

图 23.1　系统总体架构图

序后返回客户端。本系统总体框架结构如图 23.1 所示。

① 查询接口。该模块接收用户提交的查询商品视频或关键词,将查询请求传给检索模块进行操作。

② 描述模块。该模块将用户的查询要求转化为对视频内容较抽象的内容表达和描述,即通过视频的分析,以一种计算机可以方便表达的数据结构建立对视频内容的描述。这个模块是建立商品视频数据库和实现商品视频检索的基础。

③ 检索匹配模块。检索是指对用户提交的查询条件与数据库中的视频对象进行相似匹配,返回结果对象。该模块首先对接收到的用户查询请求进行分析,对于文本查询直接进行搜索关键词与视频描述的匹配;对于提交的视频,则通过提取其视觉特征,并与服务器端的特征库中的视频特征进行相似匹配,查找出符合条件的视频集。最后向用户返回匹配结果并显示。除此之外,还需匹配商品所在地与买家所在地的空间位置,综合上述三者匹配结果进行综合排序。

④ 提取模块。该模块分为服务器端和客户端两部分。服务器端用于提取数据库中商品视频的特征信息,客户端用于提取客户提交的视频片段的特征信息。这样能有效减少网络数据传输及服务器开销。

23.5.2　功能模块设计

本系统主要包括数据采集、数据检索、数据显示和推送服务等功能,具体功能模块结构如图 23.2 所示。具体参见第 23.6 节。

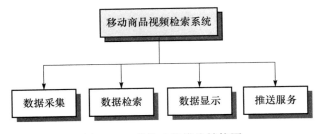

图 23.2　系统功能模块结构图

23.5.3 数据库设计

本系统数据库语言采用 Microsoft SQL Server 2005，数据库名为 db_search-engine，共有 tb_goodsInfo、tb_admin、tb_user、tb_sends、tb_kinds 和 tb_matching 六张关系表。它们的关系如图 23.3 所示。

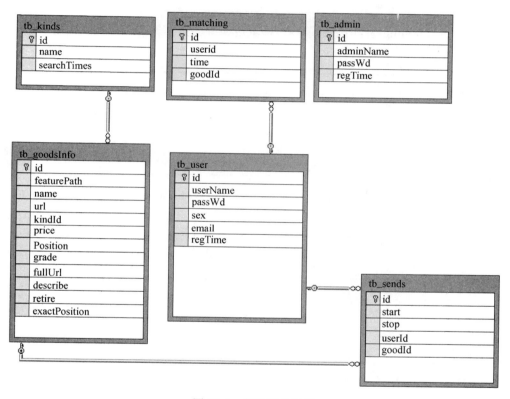

图 23.3 数据表关系图

① tb_admin 表：用于存储系统管理员账号，其中密码为 MD5 加密后字符串，可防止被反向破解。

字段名	字段类型	允许空	主　键	说　明
id	int	否	是	自动生成的用户 id 号，唯一标识
adminName	varchar(20)	否		管理员用户名，索引列
passWd	varchar(20)	否		密码，MD5 加密
regTime	varchar(20)	否		添加时间

② tb_kinds 表:用于存储商品类型,并记录该类型被搜索次数,允许系统得到搜索排行榜。

字段名	字段类型	允许空	主　键	说　明
id	int	否	是	自动生成的 id 号,作为唯一标识
name	varchar(50)	否		类型名称
searchTimes	datetime	否		搜索次数

③ tb_matching 表:用于记录用户检索后匹配的商品 id,允许系统计算推送信息。

字段名	字段类型	允许空	主　键	说　明
id	int	否	是	自动生成的 id 号,作为唯一标识
userid	int	否		检索用户 id
time	nchar(10)	否		检索时间
goodId	int	否		匹配商品 id

④ tb_sends 表:用户记录推送信息,该表的内容由服务器每隔一段时间自动生成。

字段名	字段类型	允许空	主　键	说　明
id	int	否	是	自动生成的 id 号,作为唯一标识
start	datetime	否		推送开始时间
stop	datetime	否		推送截止时间
userId	int	否		用户 id
goodId	int	否		商品 id

⑤ tb_user 表:存储用户信息,实现功能拓展。

字段名	字段类型	允许空	主　键	说明
id	int	否	是	自动生成的 id 号,作为唯一标识
userName	varchar(30)	否		用户名,索引列
passWd	varchar(30)	否		用户密码,MD5 加密
sex	bit	否		用户性别,true 为男,false 为女
email	varchar(50)	否		用户电子邮箱
regTime	datetime	否		注册时间

⑥ tb_goodsInfo 表:存储序列后的商品信息以及商品的视频特征集文件路径和商品所在地的精确地址。

字段名	字段类型	允许空	主　键	说　明
id	int	否	是	自动生成的商品 id 号，作为唯一标识
featurePath	varchar(50)	否		商品特征集路径
name	varchar(180)	否		商品名
url	varchar(300)	否		商品所在网址
kindId	int	否		商品类型 id，外键关联 tb_kinds. Id
price	money	否		商品单价
Position	varchar(300)	否		商品所在地
grade	varchar(300)	否		卖家等级图片（针对各大网上 C2C 网站）
fullUrl	varchar(300)	否		视频完整 url
describe	bit	否		是否为如实描述
retire	bit	否		是否为七天包退换
exactPosition	varchar(200)	否		精确位置信息

23.6　系　统　实　现

本系统为用户提供了一个通过手机快速查找网络商品的平台。系统开发环境采用 Microsoft Windows 7，开发工具采用 My Eclipse 10。系统架构采用 C/S 结构，其中视频数据相关信息的存储和管理采用 Microsoft SQL Server 2005 数据库。本系统支持 avi、wmv、3gp 等视频格式的检索。

下面从数据采集、检索、显示、推送及后台管理五个模块详细介绍该移动视频检索系统的实现。

23.6.1　数据采集模块

通过对采集的网页分析，进行正则表达式匹配，解析出 Deep Web 中网页中商品视频的实际 URL，有效地实现商品视频的自动批量下载。信息采集的流程如图 23.4 所示。

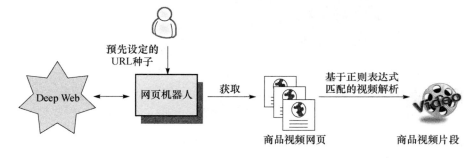

图 23.4　Deep Web 下的商品视频采集流程

由于主要的信息内容为商品视频的详细信息,因此,在对网络上大多数产品展示及交易的网站,要进行筛选,应遵循以下准则：

① 网站信息量要足够大;

② 网页结构简单,不会经常变化,这有利于对信息的整合;

③ 尽量避免动态网页,动态网页的内容是在浏览网页时生成的,爬虫程序获取网页信息比较困难。

信息采集方式包括人工采集和自动采集,也可以通过人工设定网址和网页分析 url 方式共同进行。本系统数据采集模块实现采用网页机器人（Crawler）。机器人实际上是一些基于 Web 的程序,通过请求 Web 站点上的 HTML 网页来对其进行下载,它遍历指定范围内的整个 Web 空间,不断从一个网页转到另一个网页,从一个站点移动到另一个站点,将采集到的网页添加到网页数据库中。机器人每遇到一个新的网页,都要搜索它内部所有的链接,所以从理论上讲,如果为机器人建立一个适当的初始网页集,从这个初始网页集出发,遍历所有的链接,机器人将能够采集到整个 Web 空间的网页。

23.6.2　数据检索模块

无线查询子系统是垂直视频搜索引擎最重要的模块之一,它采用 Web 界面。如图 23.5 所示,用户端通过手机或 PDA 等无线输入设备进行基于关键词或视频片段的无线检索。在搜索服务器进行基于混合（语义和内容）索引的查询。将查询得到的视频片段返回应用服务器,并对其结果进行基于语义的视频聚类,提高查询结果的精度。最终返回用户端。

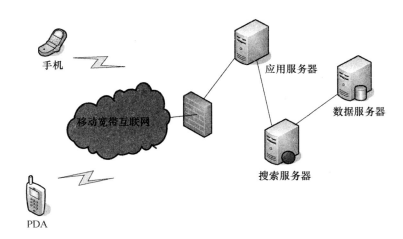

图 23.5　无线检索子系统框架

本系统中视频特征数据包括关键帧的特征信息,这些关键帧的特征数据均以字符串的形式存储在数据库中,使用分隔符将每个关键帧的特征字符串分隔开来。在进行搜索时,只需读取数据库中的特征表,并通过字符串操作解析出来即可完成一系列比较操作。其他数据包括视频的路径名、视频的来源及类别等,与视频路径等信息一起存放在数据库中。

数据检索模块由查询接口和相似性匹配两个子模块组成。查询接口模块负责用户以什么样的方式输入,通常输入形式有很多种,如提交关键词、直接提交视频片段或者给定一张图片等。本系统采用例子视频查询作为用户需求的输入方式。用户可向系统提交一段待查询的示例视频。同时,在手机端对示例视频提取其关键帧,并得到其对应的特征向量,然后系统将示例视频与服务器端的视频特征库中的视频特征向量进行相似度匹配,得到查询结果。图 23.6 为系统主界面。

主界面分为四部分,自上到下分别为搜索栏、Logo 栏、广告与推送栏、快捷菜单栏。搜索栏共有三个组件:关键词输入框、录像(选择视频)搜索按钮、关键词搜索按钮。Logo 栏为软件的 Logo 与标语。广告与推送栏则由预留广告位和系统自动计算出的推送商品组成。快捷菜单栏内有快捷登录与退出按钮。

图 23.6　酷搜主界面图

23.6.3　数据显示模块

数据显示模块负责将相似性计算后的视频数据库中每个视频与示例视频的相似度值进行匹配,然后将相似的视频显示给用户。搜索结果可以采用缩略图和列表两种显示方式。结果显示界面如图 23.7 所示。搜索结果共分三个部分,分别为快捷搜索栏、结果列表以及菜单栏。除了结果列表,其他与上面相同,列表项内容按照以下部分显示:左边为商品图片,右边自上而下分别为商品名称、播放商品视频、商品价格、关注订阅、商品评价、商品推荐指数及商品所在地与用户当前所在地距离。同时,如图 23.8 所示,该系统还可以定位该商品所在的位置。这样可以方便买家进行实体店交易。

图 23.7　搜索结果图　　　　图 23.8　卫星及交通图定位商品界面

23.6.4　数据推送模块

在视频信息个性化推送子系统中,如图 23.9 所示,首先由用户通过移动网络

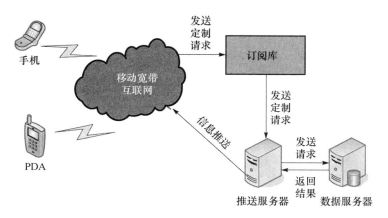

图 23.9　商品视频信息个性化推送子系统框架

制定订阅规则及用户喜好,并存放到订阅库中。在这之前,系统将会对用户的身份进行识别。然后推送服务器根据这些制定的信息对来自视频信息收集系统的信息进行分析判断,并将符合条件的信息条目通过订阅工具推送给客户或者通过邮件系统发送 Email 通知客户。

　　系统个性化推送界面已集成在主界面中,此部分的数据均为系统自动计算出的结果,图23.10 的下边部分为系统根据当前用户的喜好所推送的商品。

图 23.10　用户中心商品推送界面

23.6.5　后台管理模块

　　本系统使用 Web 系统作为系统的管理模块,实现了随时随地无缝的维护操作。后台管理界面如图 23.11 所示。它分为顶部导航栏、侧边导航栏及管理面板三部分。顶部导航栏吸附了最常用的操作,可快速实现对引擎的设置管理,以及相关帮助的查询。左侧导航栏详细罗列出了所有支持的系统管理操作,通过点击这些链接即可完成整个系统的详细设置维护功能。管理面板实现了详细的子项管理功能。通过该 Web 在线管理系统,搜索引擎能够便捷地完成一系列的维护管理操作。

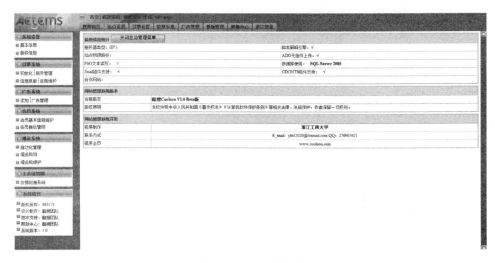

图 23.11　后台管理

23.7 本章小结

随着网购规模的不断扩大,越来越多的商家把商品"搬到"互联网,在网上开虚拟店铺售卖商品。这种网购模式给消费者挑选商品带来了一定的便捷,同时也会产生一些问题:①如何在茫茫商品中直观了解自己中意的商品并快速购买到自己满意的网络商品;②对于不同商家的同一种商品如何进行比较,这些是目前购物搜索的研究重点。同时,随着智能手机和3G通信网络的发展,人们又多了一种购物选择:利用手机实现移动购物。这种方式与传统网购相比更加快捷、灵活、方便,可以充分利用手机的照相功能,结合视频搜索,随时随地实现购物。

本章介绍的移动网络商品视频搜索引擎——酷搜能通过对商品视频关键帧的自动识别,在海量商品视频数据中准确、快速地寻找消费者感兴趣的满意商品。同时,该系统提供给用户多模态的商品视频搜索服务,并且实现个性化商品信息制定与推送,满足用户多种需求。

总　结　篇

第 24 章　挑战及发展趋势

24.1　面临的挑战

互联网是一个巨大资源库,里面包含了大量结构化、半结构化及无结构化信息[435]。一般来说,结构化信息主要指存储于后台数据库中的数据,如关系表等,大约占所有信息的10%。半结构化信息主要指 XML 数据,非结构化信息包括邮件、图片、音乐及视频等,占所有信息的90%。因此,以多媒体为代表的非结构化信息是互联网信息的主要载体。同时,也是本书研究的重点。

互联网的出现使人们能够很容易访问到文字、视频(图像)和音频等数字化资源,每个人接触信息的器官"眼"和"耳"在无形中被延伸。在人们欢呼雀跃一个巨大的"信息海洋"可以通过键盘和鼠标轻易访问到,为可以通过桌面看世界而激动不已时,人们却发现,这些半结构或无结构化的数字多媒体资源却难以进行有效的处理及实现基于语义和内容的快速检索。

由于传统的搜索引擎只能完成基于纯文字的检索任务,使信息检索面临很大挑战:知识与信息表示形式日趋丰富,这种以多媒体形式表现存在的数据,使传统文字信息检索基本失去用武之地,并且这种趋势仍然在加速,因为每天都会有新的庞大无结构的多媒体数字资源产生,而这些新产生的数字资源却难以被人方便查询使用。

一般来讲,当前互联网多媒体信息搜索面临的主要挑战有以下六方面。

1) 数据量剧增,呈现指数级增长

据统计[433],每一秒,在互联网上会有 60 张 Instagram 照片被上传、60 小时视频被传到 Youtube;每一天,搜索引擎产生的日志数量是 35T,在 Facebook 有 40亿的信息扩散。数据显示,过去三年产生的数据量比以往 4 万年的数据量还要多,且 2020 年全球电子设备存储的数据将达 35ZB。

产生数据剧增的原因大致有三点:①网络用户的高速增长和用户平均网络使用时间的不断延长,这使用户网络行为数据大增;②网络服务从单一的文字形式走向图片、语音和影像等多媒体形式,导致数据量大增;③网络终端由过去的单一台式机变为台式机、平板电脑、书刊阅读器、手机和电视等多终端,大大扩充了网络服务的内容与范围,大大提高了用户对互联网的依赖度,也就大大增加了数据量。面对互联网数据的爆炸性增长，如何对其进行高效的处理是面临的最大挑战。

2）数据异构，处理难度较大

尽管多媒体检索的研究工作已经开展十多年，但由于多媒体数据存在存储格式不同、特征维度也各不相同，使其检索方法及索引结构的设计也都不同。因此，现有的技术在处理互联网这样海量异构的多媒体资源库时还显得力不从心。

3）检索准确度尚不理想

与文本信息不同，多媒体数据本身不包含表达高层语义的关键词，而现有计算机视觉及机器学习技术还无法有效地从多媒体数据的底层特征（如图像的颜色、纹理等）中准确推知它们的语义信息。这使多媒体检索，特别是基于内容的多媒体检索变得更加困难。

4）大数据量的机器学习性能有待提高

多媒体信息分析涉及大量的机器学习过程[434]。而大多数机器学习算法，如支持向量机等，需要对所提取的高维特征数据进行矩阵表达、分解及奇异值求解等操作。然而，对于大数据量的网络多媒体数据，要在单台计算机上完成上述操作几乎不可能，需要对这些算法进行分解处理。采用分布式并行计算技术，将大数据矩阵处理任务分解到各个节点，然后将各节点的运算结果汇总。像 Google 的著名网页排序算法——Page Rank 一样，通过层层迭代来近似得到网页间的排名，就涉及矩阵相乘操作。在这些大数据量的机器学习背后涉及大量的 CPU 运算，目前的这些机器学习的并行化处理方法性能仍然不十分理想，还有进一步改进的空间。

5）高数据冗余

互联网发展到现在已经变成一个巨大的信息资源库，包含了各种类型的海量多媒体数据。而这些网络多媒体数据中往往又包含大量冗余数据。例如，由于同一张图片可能会出现在多个网站，因此，通过搜索引擎搜索会得到该图片在返回的查询结果中出现很多次重复。这样会导致存储开销变得异常大。因此，需要研究高效率低成本的数据存储方式、多源多模态数据的高质量获取和整合理论、冗余自动检测与修复理论，以及低质量数据的近似查询方法。

6）查询能耗代价巨大

搜索引擎可以看成一台发动机，要将它发动起来，显然离不开能源或电力，事实也正是如此，网络搜索需要数百万台计算机协同作战才能完成。通过联网，这些被放置在仓库内的计算机形成一个单独的系统。与任何系统一样，这个系统也无法违背热力学定律，因此，也会消耗能源。以 Google 为例，据美国 IT 业研究公司 Gartner 估计[435]，Google 数据中心拥有近 100 万台服务器，每台服务器每小时消耗大约 1000W 的电量。也就是说，Google 的搜索引擎每小时消耗 100 万千瓦的电量。这个搜索引擎每小时产生近 1000 万个搜索结果,每次搜索消耗的能量可以让一只 100W 的灯泡工作一小时!人们开始意识到一味提高查询效率,换来的可能是巨大的能耗代价。能耗的增加会导致碳排放,不利于人类生存的环境。绿色计算应运而生。由于多媒体数据的特征呈现高维及异构特征,因此,对其进行查询,特别是相似查询,其查询处理代价及所需的能耗将非常高。因此,如何设计一种基于能耗优化的海量多媒体查询方法也是摆在研究人员面前的一个挑战。

由于海量多媒体信息检索面临上述六个主要挑战,对其进行高效的处理,尤其是快速准确地检索所需的内容成为一个很大的挑战。视频、音频、图像图形及动画等多媒体资源使整个互联网数字资源世界生辉,而不再拘泥于索然无味的单调文本。然而,面对庞大的多媒体信息海洋,人们要快捷准确地找到所需信息并非易事,往往耗费大量时间精力却一无所获,这就是多媒体信息爆炸。

24.2　发 展 趋 势

在回顾了整个网络多媒体信息处理技术的发展历程后,认为今后面向互联网的多媒体信息处理研究会从以下方面得到进一步发展。

1) 从"快"到"准"

传统海量网络多媒体查询的研究大多集中在提高查询效率(query efficiency),兼顾查询准确度(query effectiveness)。大多数网络搜索引擎都能提供毫秒级的搜索响应。然而,尽管多媒体检索领域已经经过了几十年的研究与发展,但到目前为止,其基于内容的查询准确度始终不理想。作为搜索领域的老大——Google,其推出的基于手机拍照的图片搜索系统——Goggles 只能对有商标或文字的图片进行高准确度的基于内容的搜索,对于背景复杂的图片,其搜索准确度就变得比较差。因此,要提高基于内容的多媒体检索准确度,还有一段很长的道路要走。需要突破现有计算机视觉及机器学习技术,从研究人的认知机理开始,寻求计算机、心理学及认知科学等多学科的联合攻关,最终提高该类查询的准确度。基于上述分析,今后网络多媒体搜索研究重点将放在查询准确度上,切实提高用户的使用体验。

2) 社交媒体

随着 Web 2.0 技术的普及,社交媒体已成为网络多媒体研究中一个新的热点。各种各样的社交媒体网站,如 Flickr、Picasa 等如雨后春笋般出现。与传统多媒体相比,它的最大特点之一在于允许用户参与媒体对象的标注,这些标注信息中蕴含了该对象潜在的语义信息。然而,这些人工标注信息因人而异,导致媒体对象的语义信息具有不确定性和模糊性。同时,参与标注的用户自身又是社交网络中的一个节点,可以分享社交网络带来的相关信息,如用户的好友信息及偏好信息等。这对于进行社交媒体对象的信息挖掘及个性化推荐具有非常重要的参考价值。基于上述分析,社交媒体对象数据的查询、索引、挖掘和推荐的研究将有别于传统网络多媒体处理技术,将成为今后五年网络多媒体研究的一个非常重要的领域。

3) 社交网络

伴随社交媒体概念的出现,社交网络也应运而生。它已成为 Web 2.0 时代的标志性符号。各种各样的社交网站,如 Facebook、Twitter 等的出现极大地改变了人们的生活与沟通方式。与传统人际关系网络不同,每个用户可看成社交网络中的一个节点,可以设置自己的好友信息、分享社交网络带来的相关信息等。作为社交网络的一个重要应用,社会化电子商务将成为今后电子商务发展的一个新趋势。当消费者面对海量商品信息而难以抉择时,基于社交网络的社会化电子商务网站能够主动地提供消费者购买该商品的参考意见(来自该社交网络中已购该商品的消费者的评价信息),帮助他们更快做出购买决策,让优质商品的信息供应链更有效率。

4) 移动互联网搜索

从技术角度,互联网的发展经历了从窄带到宽带、从有线到无线、从固定到移动的发展阶段。随着人们生活节奏的加快及移动性的增强,希望能够随时随地进行搜索,获取信息。同时,伴随着硬件技术的飞速发展及移动通信网络带宽的增加,先前很难想象的在移动环境下通过手机或 PDA 等移动终端设备进行网络多媒体检索已经成为可能。有公开数据显示[436],截至 2012 年 6 月,中国网民达到 5.38 亿,手机网民就达到 3.88 亿。这使传统网络多媒体搜索(大都在固定 PC 下完成)面临很大的挑战。

5) 云计算环境下的大数据处理

如前所述,当前互联网多媒体数据正呈现指数级的爆炸性增长趋势,同时,这类数据中半结构化和无结构化数据占据很大比例,这使传统的并行处理技术和关系数据库理论难以适应对这类数据的处理。在某些情况下,对处理这类大数据的系统提出了更高的要求,要求其具有较好的容错性和实时性,以适应日益增长的数据量的需求及数据的异构性。云计算的出现,为人们提供了一种强大而灵活的新型分布式并行计算模式。借助该平台,大数据量的互联网多媒体数据可以得到快速而有效的处理。

6) 绿色搜索引擎

如前所述,绿色计算的基本思想是通过使用低功耗的硬件(存储)设备,采用能耗优化的算法,使系统运行所消耗的电能最小,减少碳排放。它已经成为今后计算机技术发展的一个趋势。对于互联网搜索引擎而言,特别是对于进行计算量较大的网络多媒体相似检索,研究能耗优化的检索方法显得尤为重要和迫切。

7) Deep Web 数据搜索

近几年,Web 正在迅速地"深化"[437]。互联网上有大量页面是由后台数据库动态产生的,这部分信息不能直接通过静态链接获取,只能通过填写表单提交查询来获取。由于传统的爬虫不具有填写表单的能力,爬不出这些页面。因此,现有的搜索引擎搜索不到这部分页面信息,从而导致这部分信息对用户是隐藏的,称为 Deep Web(又称 Hidden Web)。研究表明,网络上至少有 43000~96000 个 Deep Web 站点,Deep Web 页面信息是 Surface Web 信息的 550 倍[437]。在这个 Deep Web 中隐含了大量的多媒体数据。如何对这些数据进行抓取、分析、索引及查询对于人们更好地利用互联网非常重要。

24.3 本 章 小 结

综上所述,互联网及多媒体技术日新月异的发展带来很多机遇的同时,也不可避免地带来了新的问题和挑战。本章首先指出了面向互联网的海量多媒体信息处理面临的一系列重大技术挑战。在这些挑战中,最重要的是数据量剧增所带来的一系列问题,如查询处理能耗的提高、大数据机器学习的并行化处理等。最后,给出了海量特别是大数据量的网络多媒体信息处理技术的发展趋势。

参 考 文 献

[1] 轩辰. 今年 3 月全球活跃网站数量达 6.44 亿个. http://www.techweb.com.cn/news/2012-03-09/1164055.shtml[2012-3-9].

[2] 中国行业研究. 2012 年我国互联网大数据时代现状探析. http://www.chinairn.com/news/20120917/132442.html[2012-9-17].

[3] 李国杰. 大数据研究的科学价值. 中国计算机学会通讯,2009.9(8):8-15.

[4] 百度. 百度向业界分享海量数据处理技术. http://news.ccw.com.cn/internet/htm2012/20120413_966693.shtml[2012-4-13].

[5] Editors. Big data:science in the Petabyte Era. http://www.nature.com/nature/journal/v455/n7209/edsumm/e080904-01.html[2008-9].

[6] 周晓方,陆嘉恒,李翠平,等. 从数据管理视角看大数据挑战. 中国计算机学会通讯,2012,9(8):16-20.

[7] 腾讯科技. 全球网站数量已达 5.55 亿个 比 2010 年底翻番. http://www.chinaz.com/news/2012/0118/232460.shtml,[2012-1-18].

[8] 曹强,黄建忠,万继光,等. 存储在线. http://www.dostor.com/article/2011/0328/9370234.shtml[2011-3-28].

[9] Flicker M,Sawhney H,Niblack W,et al. Query by image and video content:the QBIC system. IEEE Computer,1995,28(9):23-32.

[10] Virage Inc orporation. www.virage.com. 2005.

[11] Pentland A,Picard R W,Sclarf S. Photobook:content-based manipulation of image databases. International Journal of Computer Vision,1996,18(3):233-254.

[12] Mehrota S,Rui Y,Chakrabarti K,et al. Multimedia analysis and retrieval system. Proceedings of the 3rd International Workshop on Multimedia Information Systems,1997:25-27.

[13] Christel M,Wactlar H,Steven S,et al. Informedia digital video library. Communications of the ACM,1995,38(4):57-58.

[14] Zhou Z H,Dai H B. Exploiting image contents in Web search. Proceedings of IJCAI'07,2007:2922-2927.

[15] Shen H T,Zhou X F,Cui B. Indexing and integrating multiple features for WWW images. WWW Journal,2006,9(3):343-364.

[16] Wu F,Zhang H,Zhuang Y T. Learning semantic correlations for cross-media retrieval. Proceedings of ICIP'06,2006:1465-1468.

[17] Zhuang Y T,Yang Y,Wu F. Mining semantic correlation of heterogeneous multimedia data for cross-media retrieval. IEEE Transactions on Multimedia,2008,10(2):221-229.

[18] Yang Y,Zhuang Y T,Wu F,et al. Harmonizing hierarchical manifolds for multimedia document semantics understanding and cross-media retrieval. IEEE Transactions on Multimedia,2008,10(3):437-446.

[19] Cui B,Tung A K H,Zhang C,et al. Multiple feature fusion for social media applications. Proceedings of ACM SIGMOD'10,2010:435-446.

[20] Zhuang Y T,Liu Y,Wu F,et al. Hypergraph spectral hashing for similarity search of social image. Proceedings of ACM Multimedia'11,2011:1457-1460.

[21] Tamura H, Yokoya N. Image database systems:a survey. Pattern Recognition,1984, 17(1):29-43.

[22] VisualSEEK. http://www. ee. columbia. edu/~sfchang/demos. html.

[23] WebSEEK. http://www. ctr. columbia. edu/webseek.

[24] Chang S F,Chen W,Meng H J,et al. VideoQ-an automatic content-based video search system using visual cues. Proceedings of ACM Multimedia'97,1997:313-324.

[25] Foote J. An overview of audio information retrieval. Multimedia Systems,1999:7(1):2-10.

[26] Funkhouser T A,Kazhdan M M,Min P,et al. Shape-based retrieval and analysis of 3d models. Communication of the ACM,2005,48(6):58-64.

[27] Rui Y,Huang T S. A novel relevance feedback technique in image retrieval. Proceedings of ACM Multimedia'99,1999,(2):67-70.

[28] Kelly D,Teevan J. Implicit feedback for inferring user preference. Proceedings of SIGIR Forum'03,2003,37(2):18-28.

[29] Yan R,Hauptmann A G. Probabilistic latent query analysis for combining multiple retrieval sources. Proceedings of ACM SIGIR'06,2006:324-331.

[30] McGurk H,MacDonald J. Hearing lips and seeing voices. Nature,1976,264:746-748.

[31] Böhm C,Berchtold S,Keim D A. Searching in high-dimensional spaces:index structures for improving the performance of multimedia databases. ACM Computing Surveys,2001, 33(3):322-373.

[32] Guttman A. R-Tree:a dynamic index structure for spatial searching. Proceedings of ACM SIGMOD'84,1984:47-54.

[33] Sellis T K,Roussopoulos N,Faloutsos C. The R^+-Tree:a dynamic index for multi-dimensional objects. Proceedings of VLDB'87,1987:507-518.

[34] Beckmann N,Kriegel H P,Schneider R,et al. The R^*-Tree:an efficient and robust access method for points and rectangles. Proceedings of ACM SIGMOD'90,1990:322-331.

[35] Lin K I,Jagadish H V,Faloutsos C. The TV-Tree an index structure for high-dimensional data. VLDB Journal,1994:517-542.

[36] Berchtold S,Keim D A,Kriegel H P. The X-Tree:an index structure for high-dimensional data. Proceedings of VLDB'96,1996:28-37.

[37] White D A,Jain R. Similarity indexing with the SS-Tree. Proceedings of ICDE'96,1996: 516-523.

[38] Katamaya N, Satoh S. The SR-Tree:an index structure for high-dimensional nearest neighbor queries. Proceedings of ACM SIGMOD'97,1997:32-42.

[39] Weber R,Schek H,Blott S. A quantitative analysis and performance study for similarity-search methods in high-dimensional spaces. Proceedings of VLDB'98,1998:194-205.

[40] Berchtold S,Bohm C,Kriegel H P,et al. Independent quantization:an index compression technique for high-dimensional data spaces. Proceedings of ICDE'00,2000:577-588.

[41] Sakurai Y,Yoshikawa M,Uemura S,et al. The A-Tree:an index structure for high-dimensional spaces using relative approximation. Proceedings of VLDB'00,2000:516-526.

[42] Lawder J K,King P J H. Querying multi-dimensional data indexed using the hilbert space-filling curve. SIGMOD Record,2001:30(1):19-24.

[43] Berchtold S,Bohm C,Kriegel H P. The pyramid technique:towards breaking the curse of dimensionality. Proceedings of ACM SIGMOD'98,1998:142-153.

[44] Chávez E,Navarro G,Yates R B,et al. Searching in metric spaces. ACM Computing Surveys,2001,33(3):273-321.

[45] Uhlmann J K. Satisfying general proximity/similarity queries with metric trees. Information Processing Letters,1991,40:175-179.

[46] Brin S. Near neighbor search in large metric space. Proceedings of VLDB'95,1995:574-584.

[47] Bozkaya T,Ozsoyoglu M. Distance-based indexing for high-dimensional metric spaces. Proceedings of ACM SIGMOD'97,1997:357-368.

[48] Ciaccia P,Patella M,Zezula P. M-Trees:an efficient access method for similarity search in metric space. Proceedings of VLDB'97,1997:426-435.

[49] Traina C,Traina A,Seeger B,et al. Slim-Trees:high performance metric trees minimizing overlap between nodes. Proceedings of the EDBT'00,2000:51-65.

[50] Filho R F S,Figueira R,Filho S,et al. Similarity search without tears:the omni family of all purpose access methods. Proceedings of ICDE'01,2001:623-630.

[51] Fonseca M J,Jorge J A. Indexing high-dimensional data for content-based retrieval in large databases. Proceedings of DASSFA'03,2003:267-274.

[52] Jagadish H V,Ooi B C,Tan K L,et al. iDistance:an adaptive B^+-Tree based indexing method for nearest neighbor search. ACM Transactions on Database Systems,2005,30(2):364-397.

[53] Berchtold S,Böhm C,Braunmuller B,et al. Fast parallel similarity search in multimedia databases. Proceedings of ACM SIGMOD'97,1997:1-12.

[54] Papadopoulos A N,Manolopoulos Y. Similarity query processing using disk arrays. Proceedings of ACM SIGMOD'98,1998:225-236.

[55] Papadopoulos A,Manolopoulos Y. Parallel processing of nearest neighbor queries in declustered spatial data. Proceedings of ACM-GIS'96,1996:35-43.

[56] Papadopoulos A,Manolopoulos Y. Nearest neighbor queries in shared-nothing environments. Geoinformatica,1997,1(4):369-392.

[57] 庄毅,庄越挺,吴飞.基于数据网格环境的 k 近邻查询.计算机研究与发展,2006,43(11):

1876-1885.

[58] Stoica I, Morris R, Karger D, et al. Chord: a scalable peer-to-peer lookup service for internet applications. Proceedings ACM SIGCOMM'01, 2001: 149-160.

[59] Ratnasamy S, Francis P, Handley M, et al. A scalable content-addressable network. Proceedings of ACM SIGCOMM'01, 2001: 161-172.

[60] Crespo A, Molina H G. Routing indices for peer-to-peer systems. Proceedings of ICDCS'02, 2002: 23-33.

[61] Tang C, Xu Z, Dwarkadas S. Peer-to-peer information retrieval using self-organizing semantic overlay networks. Proceedings of ACM SIGCOMM'01, 2003: 175-186.

[62] Kalnis P, Ng W S, Ooi B C, et al. Answering similarity queries in peer-to-peer networks. Information Systems, 2006, 31(1): 57-72.

[63] Wang J B, Wu S, Gao H, et al. Indexing multi-dimensional data in a cloud system. Proceedings of ACM SIGMOD'10, 2010: 591-602.

[64] Zhuang Y, Jiang N, Wu Z A, et al. Bandwidth-aware medical image retrieval in mobile cloud computing network. Proceedings of WAIM'12, 2012: 322-333.

[65] Abdi H, Williams L J. Principal component analysis. Wiley Interdisciplinary Reviews: Computational Statistics, 2010, 2: 433-459.

[66] Borg I, Groenen P. Modern Multidimensional Scaling: Theory and Application. New York: Springer Verlag, 1997.

[67] He X F, Niyogi P. Locality Preserving Projections. Chicago: University of Chicago, 2005.

[68] Cai D, He X F, Han J W. Semi-supervised discriminant analysis. Proceedings of ICCV'07, 2007: 1-7.

[69] Costa J A, Hero A O. Classification constrained dimensionality reduction. Proceedings of ICASSP'05, 2005: 1077-1080.

[70] Fisher R A. The use of multiple measurements in taxonomic problems. Annals of Eugenics, 1936, 7(2): 179-188.

[71] Baudat G, Anouar F. Generalized discriminant analysis using a kernel approach. Neural Computation, 2000, 12(10): 2385-2404.

[72] 孙吉贵, 刘杰, 赵连宇. 聚类算法研究. 软件学报, 2008, 19(1): 48-61.

[73] Zhang T, Ramakrishnan R, Livny M. BIRCH: an efficient data clustering method for very large databases. Proceedings of ACM SIGMOD'96, 1996: 103-114.

[74] Guha S, Rastogi R, Shim K. CURE: an efficient clustering algorithm for large databases. Information Systems, 2001, 26(1): 35-58.

[75] Karypis G, Han E H, Kumar V. Chameleon: hierarchical clustering using dynamic modeling. Computer, 1999, 32(8): 68-75.

[76] Ester M, Kriegel H P, Sander J, et al. A density-based algorithm for discovering clusters in large spatial databases with noise. Proceedings of ACM SIGKDD'96, 1996: 226-231.

[77] Ankerst M, Breunig M M, Kriegel H P, et al. OPTICS: ordering points to identify the

clustering structure. Proceedings of ACM SIGMOD'99,1999:49-60.

[78] Wang W,Yang J,Muntz R. R. STING:a statistical information grid approach to spatial data mining. Proceedings of VLDB'98,1998:186-195.

[79] Agrawal R,Gehrke J,Gunopulos D,et al. Automatic subspace clustering of high dimensional data for data mining applications. Proceedings of ACM SIGMOD'98,1998:94-105.

[80] Moore A. A very fast EM-based mixture model clustering using multi-resolution kd-Trees. Proceedings of NIPS'99,1999,(10):543-549.

[81] Frigui H,Rhouma M. Self-organization of pulse-coupled oscillators with application to clustering. IEEE Transactions on Pattern Analysis and Machine Intelligence,2001,23(2): 180-195.

[82] Doucet A,de Freitas N,Gordon N. Sequential Monte Carlo in Practice. New York:Springer Verlag,2001.

[83] DeWitt D,Gray J. Parallel database systems:the future of high performance database systems. Communication of the ACM,1992,35(6):85-98.

[84] Du H,Sobolewski J. Disk allocation for cartesian product files on multiple-disk systems. ACM Transactions on Database Systems,1982,1(7):82-101.

[85] Kim M H,Pramanik S. Optimal file distribution for partial match retrieval. Proceedings of ACM SIGMOD'88,1988:173-182.

[86] Faloutsos C,Bhagwat P. Declustering using fractals. Proceedings of the 2nd International Conference on Parallel and Distributed Information Systems,1993:18-25.

[87] Hua K A,Young H C. A general multidimensional data allocation method for multicomputer database systems. Database and Expert System Applications,1997:401-409.

[88] Prabhakar S,Ghaffar K A,Agrawal D,et al. Cyclic allocation of two-dimensional data. Proceedings of ICDE'98,1998:94-101.

[89] Prabhakar S,Agrawal D,Abbadi A E. Efficient disk allocation for fast similarity searching. Proceedings of the 10th International Symposium on Parallel Algorithms and Architectures(SPAA'98),1998:78-87.

[90] Mehta M,Dewitt D. Data placement in shared-nothing parallel database systems. VLDB Journal,1997,6(1):53-72.

[91] He Z,Yu J X. Declustering and object placement in parallel OODBMS. Proceedings of the 10th Australasian Database Conference(ADC'99),1999:18-21.

[92] Ghandeharizadeh S,Wilhite D,Lin K,et al. Object placement in parallel object-oriented database systems. Proceedings of ICDE'94,1994:253-262.

[93] 王国仁,汤南,于亚新,等. 一种并行 XML 数据库分片策略. 软件学报,2006,17(4):770-781.

[94] Ferhatosmanoglu H,Agrawal D,Abbadi A E. Concentric hyperspaces and disk allocation for fast parallel range searching. Proceedings of ICDE'99,1999:608-615.

[95] Ghemawat S,Gobioff H,Leung S T. The Google file system. Proceedings of the 19th

ACM Symposium on Operating Systems Principles,2003:29-43.

[96] Dean J,Ghemawat S. MapReduce:simplified data processing on large clusters. Communications of the ACM,2008,51(1):107-113.

[97] Burrows M. The Chubby lock service for loosely-coupled distributed systems. Proceedings of OSDI'06,2006:335-350.

[98] Chang F,Dean J,Ghemawat S. Bigtable:a distributed storage system for structured data. Proceedings of OSDI'06,2008:205-218.

[99] Foster I,Kesselman C. The Grid:Blueprint for A New Computing Infrastructure. San Francisco,CA:Morgan Kaufmann,1998.

[100] Segal B. Grid computing:the European data grid project. The 2000 IEEE Nuclear Science Symposium Conference Record,2000,1.

[101] Talia D,Trunfio P. Toward synergy between P2P and grids. IEEE Internet Computing, 2003:94-96.

[102] 庄越挺,潘云鹤,吴飞. 网上多媒体信息分析与检索. 北京:清华大学出版社,2001.

[103] Bush V. As we may think. Atlantic Monthly,1945,176:101-108.

[104] Luhn H P. A statistical approach to mechanized encoding and searching of literary information. IBM Journal of Research and Development,1957,1(4):309-317.

[105] Cleverdon C W. The cranfield tests on index language devices. Aslib Proceedings,1967, 19(6):173-192.

[106] Salton G. The SMART Retrieval System-Experiments in Automatic Document Retrieval. Upper Saddle River,N J:Prentice Hall,1971.

[107] Salton G,Wong A,Yang C S. A vector space model for information retrieval. Communications of the ACM,1975,18(11):613-620.

[108] Deerwester S,Dumais S T,Furnas G W,et al. Indexing by latent semantic analysis. Journal of the American Society for Information Science,1999,41(6):391-407.

[109] Hofmann T. Probabilistic latent semantic indexing. Proceedings of ACM SIGIR'99, 1999:50-57.

[110] Blei D M,Ng A Y,Jordan M I. Latent dirichlet allocation. Journal of Machine Learning Research,2003,3:993-1022.

[111] YatesR B,Neto B R. Modern Information Retrieval. Wokingham,UK:Addison-Wesley, 2011.

[112] Khodaei A,Shahabi C,Li C. SKIF-P:a point-based indexing and ranking of Web documents for spatial-keyword search. Geoinformatica,2011,16(3):563.

[113] Jain K A. Fundamentals of Digital Image Processing. Englewood Cliffs, N J: Prentice Hall,1989.

[114] Li X Q,Chen S C,Shyu M L,et al. A novel hierarchical approach to image retrieval using color and spatial information. Proceedings of PCM'02,2002:175-182.

[115] Stricker M,Orengo M. Similarity of color images. SPIE Storage and Retrieval for Image

and Video Databases III,1995,2185:381-392.

[116] Smith J R,Chang S F. Tools and techniques for color image retrieval. Proceedings of SPIE:Storage and Retrieval for Image and Video Database,1996,2670:426-437.

[117] Pass G,Zabih R. Histogram refinement for content-based image retrieval. Proceedings of IEEE Workshop on Applications of Computer Vision,1996:96-102.

[118] Laine A,Fan J. Texture classification by wavelet packet signatures. IEEE Transactions on Pattern Analysis and Machine Intelligence,1993,15(11):1186-1191.

[119] Haralick R M,Shanmugam K,Dinstein I. Texture features for image classification. IEEE Transactions on System,Man and Cybernetics,1973,3(6):610-621.

[120] Daugman J G. Complete discrete 2D Gabor transforms by neural networks for image analysis and compression. IEEE Transactions on Acoustics,Speech and Signal Processing,1988,36(7):1169-1179.

[121] Bovic A C,Clark M,Geisler W S. Multichannel texture analysis using localized spatial filters. IEEE Transactions on Pattern Analysis and Machine Intelligence,1990,12(1):55-73.

[122] Jain K,Farroknia F. Unsupervised texture segmentation using Gabor filters. Pattern Recognition,1991,24(12):1167-1186.

[123] Gross M H,Koch R,Li L,et al. Multiscale image texture analysis in wavelet spaces. Proceedings of IEEE International Conference on Image Processing,1994:1309-1321.

[124] Thyagarajan K S,Nguyen T,Persons C. A maximum likelihood approach to texture classification using wavelet transform. Proceedings of ICIP'94,1994:640-644.

[125] Hu M K. Visual pattern recognition by moment invariants. IEEE Transactions on Information Theory,1962,8(2):179-187.

[126] Yang L,Algregtsen F. Fast computation of invariant geometric moments:a new method giving correct results. Proceedings of ICIP'94,1994:201-204.

[127] Kapur D,Lakshman Y N,Saxena T. Computing invariants using elimination methods. Proceedings ICIP'95,1995:97-102.

[128] Copper D,Lei Z B. On representation and invariant recognition of complex objects based on patches and parts. Proceedings of NSF Workshop on Object Representation for Computer Vision,1995:139-153.

[129] Arkin E M,Chew L,Huttenlocher D,et al. An efficiently computable metric for comparing polygonal shapes. IEEE Transactions on Pattern Recognition and Machine Intelligence,1991,13(3):209-216.

[130] Chuang G C H,Kuo C C J. Wavelet descriptor of planar curves:theory and applications. IEEE Transactions on Image Processing,1996,5(1):56-70.

[131] Barrow H G. Parametric correspondence and chamfer matching:two new techniques for image matching. Proceedings of IJCAI'97,1997:659-663.

[132] Borgefors G. Hierarchical chamfer matching:a parametric edge matching algorithm. IEEE

Transactions on Pattern Recognition and Machine Intelligence, 1988, 10(6):849-865.

[133] Wallace T P, Wintz P A. An efficient three-dimensional aircraft recognition algorithm using normalized Fourier descriptors. Computer Graphics and Image Processing, 1980, 13(2):99-126.

[134] Wallace T P, Mitchell OR, Fukunaga K. An efficient three-dimensional shape analysis using local shape descriptors. IEEE Transactions on Pattern Recognition and Machine Intelligence, 1981, 3(3):310-323.

[135] Taubin G, Cooper D B. Recognition and positioning of rigid objects using algebraic moment invariants. Proceedings SPIE 1570, Geometric Methods in Computer Vision, 1991: 175.

[136] Santini S, Jain R. Similarity measures. http://www-cse.ucsd.edu/users/ssantini.

[137] Tversky A. Feature of similarity. Psychological Review, 1977, 84(4):327-352.

[138] Rocchio J J. Relevance feedback in information retrieval//The SMART Retrieval System Experiments in Automatic Document Processing. Upper Soddle River: Prentice Hall, 1971:313-323.

[139] Ishikawa Y, Subramanya R, Faloutsos C. Mindreader: query databases through multiple examples. Proceedings of VLDB'98, 1998:218-227.

[140] Zhang H J, Liu W Y, Hu C H. iFind——a system for semantics and feature based image retrieval over Internet. Proceedings of ACM Multimedia'00, 2000:477-478.

[141] Wold E, Blum T, Keislar D, et al. Content-based classification, search and retrieval of audio. IEEE Multimedia Magazine, 1996, 3(3):27-36.

[142] CMU. Informedia project. www.informedia.cs.cmu.edu. 2001.

[143] Peter N. Mpeg digital audio coding. IEEE Signal Processing Magazine, 1997:59-81.

[144] Zhao X Y, Zhuang Y T, Liu J W, et al. Audio retrieval with fast relevance feedback based on the constrained fuzzy clustering and stored index table. Proceedings of PCM'02, 2002: 237-244.

[145] Karayiannis N B, Bezdek J C. An integrated approach to fuzzy learning vector quantization and fuzzy c-means clustering. IEEE Transactions on Fuzzy systems, 1997, 5(4):622-628.

[146] Cui B, Liu L, Pu C, et al. QueST: querying music databases by acoustic and textual features. Proceedings of ACM Multimedia'07, 2007:1055-1064.

[147] 庄越挺, 吴翌, 潘云鹤. 视频目录——视频结构化的一种新方法. 模式识别与人工智能, 1999, 12(4):408-415.

[148] Zhuang Y T, Liu X M, Pan Y H. Webscope CBVR: a customized content-based search engine for video on WWW. Proceedings of IS&T and SPIE Image and Video Communications and Processing 2000, 2000.

[149] Cheung S S. Efficient video similarity measurement with video signature. IEEE Transactions on Circuits and Systems for Video Technology, 2003, 13(1):57-74.

[150] Shen H T, Ooi B C, Zhou X F. Towards effective indexing for very large video sequence database. Proceedings of ACM SIGMOD'05, 2005: 730-741.

[151] 彭宇新, Ngo C W, 董庆杰, 等. 一种通过视频片段进行视频检索的方法. 软件学报, 2003, 8(14): 1409-1417.

[152] Huang Z, Shen H T, Shao J, et al. Bounded coordinate system indexing for real-time video clip search. ACM Transactions on Information System, 2009, 27(3): 1-33.

[153] The UQLiPS project. http://uqlips.itee.uq.edu.au/index.action. 2010.

[154] Meng J H, Chang S F. CVEPS-a compressed video editing and parsing system. Proceedings of ACM Multimedia'96, 1996: 43-53.

[155] The Goalgle search engine. http://staff.science.uva.nl/~cgmsnoek/goalgle/.

[156] Yang J, Li Q, Zhuang Y T. A self-adaptive semantic schema mechanism for multimedia databases. SPIE Photonics Asia: Electronic Imaging and Multimedia Technology III, 2002, 4926: 69-79.

[157] Yang J, Li Q, Zhuang Y T. Modeling data and user characteristics by peer indexing in content-based image retrieval. Proceedings of MMM'03, 2003: 49-64.

[158] Miller G A, Beckwith R, Felbaum C, et al. Introduction to WordNet: an on-line lexical database. International Journal of Lexicography, 1990, 3(4): 235-244.

[159] Zhuang Y, Wu Z A, Jiang N, et al. Efficient probabilistic image retrieval based on a mixed feature model. Proceedings of APWeb'12, 2012: 255-269.

[160] 张忻中. 中文汉字识别技术. 北京: 清华大学出版社, 1992.

[161] 吴佑寿, 丁晓青. 汉字识别——原理、方法与实现. 北京: 高等教育出版社, 1992.

[162] Zhuang Y, Zhuang Y T, Li Q. et al. Interactive high-dimensional index for large Chinese calligraphic character databases. ACM Transactions on Asian Language Information Processing, 2007, 6(3).

[163] Zhuang Y, Jiang N, Hu H. et al. Probabilistic and interactive retrieval of Chinese calligraphic character images based on multiple features. Proceedings of DASFAA'11, 2011: 300-310.

[164] Rautiainen M, Ojala T, Seppänen T. Analysing the performance of visual, concept and text features in content-based video retrieval. Proceedings of 6th ACM SIGMM International Workshop on Multimedia Information Retrieval, 2004: 197-205.

[165] Calvert G A. Cross-modal processing in the human brain: insights from functional neuron imaging studies. Cerebral Cortex, 2001, 11(12): 1120-1123.

[166] 吴飞, 庄越挺. 互联网跨媒体分析与检索:理论与算法. 计算机辅助设计与图像图形学报, 2010, 22(1): 1-9.

[167] Yang J, Li Q, Zhuang Y T. OCTOPUS: aggressive search of multi-modality data using multifaceted knowledge base. Proceedings of WWW'02, 2002: 54-64.

[168] 庄毅, 庄越挺, 吴飞. 一种支持海量跨媒体检索的集成索引结构. 软件学报, 2008, 19(10): 2667-2680.

[169] 张鸿,吴飞,庄越挺,等. 一种基于内容相关性的跨媒体检索方法. 计算机学报,2008,31(5):820-826.

[170] Zhuang Y T,Yang Y. Boosting cross-media retrieval by learning with positive and negative examples. Proceedings of MMM'07,2007,(2):165-174.

[171] Zhuang Y T,Yang Y,Wu F,et al. Manifold learning based cross-media retrieval:a solution to media object complementary nature. Journal of VLSI Signal Processing,2007,46(2/3):153-164.

[172] Wu F,Yang Y,Zhuang Y T,et al. Understanding multimedia document semantics for cross-media retrieval. Proceedings of PCM ,2005,(1):993-1004.

[173] Social_media. http://en. wikipedia. org/wiki/Social_media[2008-8-20].

[174] 方兴东,刘双桂,姜旭平,等. 博客与传统媒体的竞争、共生、问题和对策——以博客(blog)为代表的个人出版的传播学意义初论. 现代传播,2004,(2).

[175] Alexa Top 500 Sites. http://www. alexa. com/site/ds/top_sites? ts_mode＝global & lang＝none[2008-8-20].

[176] Siersdorfer S,Minack E,Deng F,et al. Analyzing and predicting sentiment of images on the social web. Proceedings of ACM Multimedia'10,2010:715-718.

[177] Siersdorfer S,Sizov S. Social recommender systems for Web 2. 0 folksonomies. Proceedings of Hypertext'09,2009:261-270.

[178] Zhuang J F,Mei T,Hoi S C H,et al. Modeling social strength in social media community via kernel-based learning. Proceedings of ACM Multimedia'11,2011:113-122.

[179] Jin X,Gallagher A,Cao L L,et al. The wisdom of social multimedia:using flickr for prediction and forecast. Proceedings of ACM Multimedia'10,2010:1235-1244.

[180] Li X R,Snoek C G M,Worring M. Learning social tag relevance by neighbor voting. IEEE Transactions on Multimedia,2009, 11(7):1310-1322.

[181] Bu J J,Tan S L,Chen C,et al. Music recommendation by unified hypergraph:combining social media information and music content. Proceedings of ACM Multimedia'10,2010:391-400.

[182] Zhuang Y,Jiang G C,Ding J,et al. Effective location-based image retrieval based on geotagging and visual features. Proceedings of 1st International Workshop on Social Media Mining,Retrieval and Recommendation Technologies,2013.

[183] Lee T B,Hendler J,Lassila O. The semantic web. Scientific American Magazine,2008.

[184] RDF. Current Status. http://www. w3. org/standards/techs/rdf♯w3c_all.

[185] MIT Libraries. Barton catalog data. http://simile. mit. edu/rdf-test-data/barton/.

[186] Suchanek F M,Kasneci G,Weikum G. Yago:a core of semantic knowledge. Proceedings of WWW'07,2007:697-706.

[187] Bizer C,Lehmann J,Kobilarov G,et al. DBpedia-a crystallization point for the Web of data. Journal of Web Semantic,2009,7(3):154-165.

[188] Bollacker K D,Cook R P,Tufts P. Freebase:a shared database of structured general hu-

man knowledge. Proceedings of AAAI,2007:1962-1963.

[189] Jenkins C,Jackson M,Burden P,et al. Automatic RDF metadata generation for resource discovery. Computer Networks,1999:1305-1320.

[190] Quan T T,Hui S C,Fong A C M,et al. Automatic generation of ontology for scholarly semantic web. Proceedings of ICSW'04,2004:726-740.

[191] Jenkins C, Inman D. Server-side automatic metadata generation using qualified Dublin core and RDF. Proceedings of Kyoto International Conference on Digital Libraries'00, 2000:245-253.

[192] Agichtein E,Gravano L. Snowball:extracting relations from large plain-text collections. Proceedings of ACM DL'00,2000:85-94.

[193] Cafarella M J,Downey D,Soderland S,et al. KnowItNow:fast,scalable information extraction from the web. Proceedings of HLT/EMNLP'05,2005.

[194] Suchanek F M,Ifrim G,Weikum G. Combining linguistic and statistical analysis to extract relations from web documents. Proceedings of ACM SIGKDD'06,2006:712-717.

[195] Cunningham H,Maynard D,Bontcheva K,et al. A framework and graphical development environment for robust NLP tools and applications. Proceedings of ACL'02,2002:168-175.

[196] Etzioni O,Cafarella M J,Downey D,et al. Web-scale information extraction in knowitall (preliminary results). Proceedings of WWW'04,2004:100-110.

[197] SPARQL Query Language for RDF. http://www. w3. org/TR/rdf-sparql-query/.

[198] RDF Access to Relational Databases. http://www. w3. org/2003/01/21-RDF-RDB-access/.

[199] W3C Semantic Web Advanced Development for Europe(SWAD-Europe). http://www. w3. org/2001/sw/ Europe/reports/scalable_rdbms_mapping_report/.

[200] Storing RDF in a relational database. http://infolab. stanford. edu/~melnik/rdf/db. html.

[201] Pan Z X,Heflin J. DLDB:extending relational databases to support semantic web queries. Proceedings of PSSS'03,2003.

[202] Abadi D J. Column stores for wide and sparse data. Proceedings of CIDR'07,2007:292-297.

[203] Beckmann J L,Halverson A,Krishnamurthy R,et al. Extending RDBMSs to support sparse datasets using an interpreted attribute storage format. Proceedings of ICDE'06, 2006:58-58.

[204] Wilkinson K. Jena property table implementation. Proceedings of SSWS'06,2006.

[205] Wilkinson K,Sayers C,Kuno H. A,et al. Efficient RDF storage and retrieval in Jena2. Proceedings of SWDB'03,2003:131-150.

[206] Abadi D J,Marcus A,Madden S,et al. SW-Store:a vertically partitioned DBMS for semantic web data management. VLDB Journal,2009,18(2):385-406.

[207] Copeland G P, Khoshafian S. A decomposition storage model. Proceedings of ACM SIG-MOD'85, 1985: 268-279.

[208] Chu E, Beckmann J L, Naughton J F. The case for a wide-table approach to manage sparse relational data sets. Proceedings of ACM SIGMOD'07, 2007: 821-832.

[209] Neumann T, Weikum G. RDF-3X: a RISC-style engine for RDF. Proceedings of PVLDB'08, 2008: 647-659.

[210] Weiss C, Karras P, Bernstein A. Hexastore: sextuple indexing for semantic Web data management. PVLDB, 2008: 1008-1019.

[211] Bönström V, Hinze A, Schweppe H. Storing RDF as a graph. Proceedings of LA-WEB'03, 2003: 27-36.

[212] Angles R, Gutierrez C. Querying RDF data from a graph database perspective. Proceedings of ESWC'05, 2005: 346-360.

[213] Hayes J, Gutierrez C. Bipartite graphs as intermediate model for RDF. Proceedings of International Semantic Web Conference, 2004: 47-61.

[214] Matono A, Amagasa T, Yoshikawa M, et al. A path-based relational RDF database. Proceedings of ADC'05, 2005: 95-103.

[215] Udrea O, Pugliese A, Subrahmanian V S. GRIN: a graph based RDF index. Proceedings of AAAI'07, 2007: 1465-1470.

[216] Zou L, Mo J H, Chen L, et al. gStore: answering SPARQL queries via subgraph matching. Proceedings of PVLDB, 2011, 4(8): 482-493.

[217] Deppisch U. S-Tree: a dynamic balanced signature index for office retrieval. Proceedings of SIGIR'86, 1986: 77-87.

[218] Kacholia V, Pandit S, Chakrabarti S, et al. Bidirectional expansion for keyword search on graph databases. Proceedings of VLDB'05, 2005: 505-516.

[219] Bhalotia G, Hulgeri A, Nakhe C, et al. Keyword searching and browsing in databases using BANKS. Proceedings of ICDE'02, 2002: 431-440.

[220] He H, Wang H X, Yang J, et al. BLINKS: ranked keyword searches on graphs. Proceedings of ACM SIGMOD'07, 2007: 305-316.

[221] Tran T, Wang H F, Rudolph S, et al. Top-k exploration of query candidates for efficient keyword search on graph-shaped(RDF)data. Proceedings of ICDE'09, 2009: 405-416.

[222] XQuery 1. 0: An XML Query Language. http://www. w3. org/TR/xquery/.

[223] Elbassuoni S, Ramanath M, Schenkel R, et al. Searching RDF graphs with SPARQL and keywords. IEEE Data Engineering Bulletin, 2010: 33(1): 16-24.

[224] Pound J, Ilyas I F, Weddell G. Expressive and flexible access to Web-extracted data: a keyword-based structured query language. Proceedings of ACM SIGMOD'10, 2010: 423-434.

[225] Tropical fish. http://en. wikipedia. org/wiki/Tropical_fish[2008-7-1].

[226] Fox E, Harman D, Yates R B, et al. Inverted files. Information Retrieval: Database Struc-

tures and Algorithms,1992:28-43.

[227]　Faloutsos C,Christodoulakis S. Signature files:an access method for documents and its analytical performance evaluation. ACM Transactions on Information Systems,1984, 2(4):267-288.

[228]　Bentley J L. Multidimensional binary search trees used for associative searching. Communications of the ACM,1975,18(9):509-517.

[229]　Ferhatosmanoglua H,Tuncelb E,Agrawalc D,et al. High dimensional nearest neighbor searching. Information Systems,2006,31(6):512-540.

[230]　董道国,刘振中,薛向阳. VA-Trie:一种用于近似 k 近邻查询的高维索引结构. 计算机研究与发展,2005,42(12):2213-2218.

[231]　Goh C H,Lim A,Ooi B C,et al. Efficient indexing of high-dimensional data through dimensionality reduction. Data and Knowledge Engineering,2000,30(2):115-130.

[232]　Liao S,Lopez M A,Leutenegger S T. High dimensional similarity search with space filling curves. Proceedings of ICDE'01,2001:615-622.

[233]　Yianilos P N. Data structures and algorithms for nearest neighbor search in general metric spaces. Proceedings of ACM SODA'93,1993:311-321.

[234]　Fu W C,Chan M S,Cheung Y L,et al. Dynamic vp-Tree indexing for n-nearest neighbor search given pair-wise distances. VLDB Journal,2000,9(2):154-173.

[235]　Ishikawa M,Chen H,Furuse K,et al. MB$^+$-Tree:A dynamically updatable metric index for similarity search. Proceedings of WAIM'00,2000:356-373.

[236]　冯玉才,曹奎,曹忠升. 一种支持快速相似性检索的多维索引结构. 软件学报,2002, 13(8):1678-1685.

[237]　Zhou X,Wang G,Yu J X,et al. M$^+$-Tree:a new dynamical multidimensional index for metric spaces. Proceedings of the 4th Australian Database Conference,2003:161-168.

[238]　张军旗,周向东,王梅,等. 基于聚类分解的高维度量空间索引 B$^+$-Tree. 软件学报, 2008,19(6):1401-1412.

[239]　庄毅,庄越挺,吴飞. 一种基于编码的双重距离树高维索引. 中国科学(信息科学 E 辑), 2008,37(12):1491-1503.

[240]　张军旗,周向东,施伯乐. 基于查询采样的高维数据混合索引. 软件学报,2008,19(8): 2054-2065.

[241]　Yu Y,Takata M,Joe K. Similarity searching techniques in content-based audio retrieval via hashing. Proceedings of MMM'07,2007,(1):397-407.

[242]　Bawa M,Condie T,Ganesan P. LSH forest:self-tuning indexes for similarity search. Proceedings of WWW'05,2005:651-660.

[243]　Lv Q,Josephson W,Wang Z,et al. Multi-Probe LSH:efficient indexing for high-dimensional similarity search. Proceedings of VLDB'07,2007:950-961.

[244]　Kriegel H P,Kroger P,Schubert M,et al. Efficient query processing in arbitrary subspaces using vector approximations. Proceedings of SSDBM'06,2006:184-190.

[245] Lian X, Chen L. Similarity search in arbitrary subspaces under Lp-norm. Proceedings of ICDE'08, 2008:317-326.

[246] Bernecker T, Emrich T, Graf F, et al. Subspace similarity search: efficient kNN queries in arbitrary subspaces. Proceedings of SSDBM'10, 2010:184-190.

[247] Gribble S D, Halevy A Y, Ives Z G, et al. What can database do for peer-to-peer? Proceedings of the International Workshop on the Web and Databases, 2001:31-36.

[248] Bernstein P, Giunchiglia F, Kementsietsidis A, et al. Data management for peer-to-peer computing: a vision. Proceedings of the International Workshop on the Web and Databases, 2002:89-94.

[249] Ganesan P, Yang B, Molina H G. One Torus to rule them all: multi-dimensional queries in p2p systems. Proceedings of the International Workshop on the Web and Databases, 2004:19-24.

[250] Zhang C, Krishnamurthy A, Wang R Y. Skipindex: Towards A Scalable Peer-to-peer Index Services for High Dimensional Data. New Jersey: Princeton University, 2004.

[251] Aspnes J, Shah G. Skip graphs. Proceedings of ACM-SIAM SODA'03, 2003:384-393.

[252] Jagadish H V, Ooi B C, Vu Q H, et al. VBI-Tree: a peer-to-peer framework for supporting multi-dimensional indexing schemes. Proceedings of ICDE'04, 2004:34.

[253] 徐林昊, 周傲英. 结构化对等计算系统中的高维相似搜索. 计算机学报, 2006, 29(11): 1982-1994.

[254] 徐林昊, 钱卫宁, 周傲英. 非结构化对等计算系统中的多维范围搜索. 软件学报, 2007, 18(6):1443-1445.

[255] Zhang X Y, Ai J, Wang Z Y, et al. An efficient multi-dimensional index for cloud data management. Proceedings of CloudDb'09, 2009:17-24.

[256] Deshpande A, Guestrin C, Madden S, et al. Model-driven data acquisition in sensor networks. Proceedings of VLDB'04, 2004:588-599.

[257] 谷峪, 郭娜, 于戈. 基于移动阅读器的 RFID 概率空间范围查询技术研究. 计算机学报, 2010, 32(10):2052-2065.

[258] Cheng R, Xia Y, Prabhakar S, et al. Efficient indexing methods for probabilistic threshold queries over uncertain data. Proceedings of VLDB'04, 2004:876-887.

[259] Tao Y F, Cheng R, Xiao X K, et al. Indexing multi-dimensional uncertain data with arbitrary probability density functions. Proceedings of VLDB'05, 2005:922-933.

[260] Ding X F, Lu Y. Indexing the imprecise positions of moving objects. Proceedings of the ACM SIGMOD 2007 Doctor of Philosophy Workshop on Innovative Database Research, 2007:45-50.

[261] Cheng R, Chen J, Mokbel M, et al. Probabilistic verifiers: evaluating constrained nearest-neighbor queries over uncertain data. Proceedings of ICDE'08, 2008:973-982.

[262] Kriegel H, Kunath P, Renz M. Probabilistic nearest-neighbor query on uncertain objects. Proceedings of DASFAA'07, 2007:337-348.

[263] Beskales G,Soliman M,Ilyas I. Efficient search for the top-k probable nearest neighbors in uncertain databases. Proceedings of VLDB'08,2008:326-339.

[264] Qi Y,Singh S,Shah R,et al. Indexing probabilistic nearest-neighbor threshold queries. Proceedings of Workshop on Management of Uncertain Data,2008:87-102.

[265] Ljosa V,Singh A K. APLA:indexing arbitrary probability distributions. Proceedings of ICDE'07,2007:946-955.

[266] Widom J. Trio:a system for integrated management of data,accuracy and lineage. Proceedings of CIDR'05,2005:262-276.

[267] The Mystiq project. http://www. cs. washington. edu/homes/suciu/project-mystiq. html [2005-2-1].

[268] The Orion project. http://orion. cs. purdue. edu/[2008-2-1].

[269] The MayBMS project. http://www. comlab. ox. ac. uk/projects/MayBMS/[2008-2-1].

[270] 丁晓锋,卢炎生,潘鹏,等. 基于 U-Tree 的不确定移动对象索引策略. 软件学报,2008,19(10):2696-2705.

[271] 庄毅. ISU-Tree:一种支持概率 k 近邻查询的高维不确定索引. 计算机学报,2010,33(10):1934-1942.

[272] 庄毅,胡华,胡海洋. 基于质心片的不确定高维索引研究. 电子学报,2011,39(5):1-12.

[273] Jagadish H V,Ooi B C,Shen H T,et al. Towards efficient multi-feature query processing. IEEE Transactions on Knowledge and Data Engineering,2006,18(3):350-362.

[274] Shen H T,Zhou X F,Cui B. Indexing text and visual features for WWW Images. Proceedings of APWeb'05,2005:885-899.

[275] Cui B,Shen J L,Cong G,et al. Exploring composite acoustic features for efficient music similarity query. Proceedings of ACM Multimedia'06,2006:412-420.

[276] Song J K,Yang Y,Huang Z,et al. Multiple feature hashing for real-time large scale near-duplicate video retrieval. Proceedings of ACM Multimedia'11,2011:423-432.

[277] He Y F,Yu J Q. MFI-Tree:an effective multi-feature index structure for weighted query application. Computer Science Information Systems,2010,7(1):139-152.

[278] Frey B J,Dueck D. Clustering by passing messages between data points. Science,2007,315,972-976

[279] Duda R O,Hart P E,Stork D G. Pattern Classification. 2nd. New York:John Wiley Sons,2001:170.

[280] Maaten L,Postma E,Herik J. Dimension reduction:a comparative review. Tilburg,N L:Tilburg University,2009.

[281] Tenenbaum J B,Silva V D,Langford J C. A global geometric framework for nonlinear dimensionality reduction. Science,2000,290(5500):2319-2323.

[282] Roweis S T,Saul L K. Nonlinear dimensionality reduction by locally linear embedding. Science,2000,290(5500):2323-2326.

[283] Yan S,Xu D,Zhang B Y,et al. Graph embedding and extensions:a general framework for

dimensionality reduction. IEEE Transactions on Pattern Analysis and Machine Intelligence,2007.29(1):40-51.

[284] Sugiyama M. Dimensionality reduction of multimodal labeled data by local fisher discriminant analysis. Journal of Machine Learning Research,2007,8(5):1027-1061.

[285] Hoi S,Liu W,Lyu M R. Learning distance metrics with contextual constraints for image retrieval. Proceedings of CVPR'06,2006:2076-2078.

[286] Lee D D,Seung H S. Algorithms for non-negative matrix factorization. Proceedings of NIPS'01,2001.

[287] Scholkopf B,Smola A J,Muller K R. Nonlinear component analysis as a kernel eigenvalue problem. Neural Computation,1998,10(5):1299-1319.

[288] Weinberger K Q,Sha F,Saul L K. Learning a kernel matrix for nonlinear dimensionality reduction. Proceedings of ICML'06,2006:106-118.

[289] Belkin M,Niyogi P. Laplacian eigenmaps and spectral techniques for embedding and clustering. Proceedings of NIPS'03,2003:585-591.

[290] Weinberger K Q, Saul L K. An introduction to nonlinear dimensionality reduction by maximum variance unfolding. Proceedings of AAAI'06,2006:1683-1686.

[291] Zhang Z Y,Zha H Y. Nonlinear dimension reduction via local tangent space alignment. Proceedings of IDEAL'03,2003:477-481.

[292] Tipping E,Bishop C M. Probabilistic principal component analysis. Journal of the Royal Statistical Society,1999,B(61):611-622.

[293] Yu S,Yu K,Tresp V,et al. Supervised probabilistic principal component analysis. Proceedings of ACM SIGKDD'06,2006:464-473.

[294] Costa J A,Hero A O. Classification constrained dimensionality reduction. Proceedings of ICASSP'05,2005:1077-1080.

[295] Song Y,Nie F,Zhang C,et al. A unified framework for semi-supervised dimensionality reduction. Pattern Recognition,2008,41(9):2789-2799.

[296] Zhang Y,Yeung D. Simi-Supervised discriminant analysis using robust path-based similarity. Proceedings of CVPR'08,2008:1-8.

[297] Zhang Y,Yeung D. Semi-Supervised discriminant analysis via CCCP. Proceedings of ECML PKDD'08,2008:644-659.

[298] Chen J,Ye J,Li Q. Integrating global and local structures:a least squares framework for dimensionality reduction. Proceedings of CVPR'07,2007:1-8.

[299] Sugiyama M,Ide T,Nakajima S,et al. Semi-Supervised local fisher discriminant analysis for dimensionality reduction. Machine Learning,2008,78(1/2):35-61.

[300] Chatpatanasiri R,Kijsirikul B. A unified semi-supervised dimensionality reduction framework for manifold learning. Neurocomputing,2010,73(10/11/12):1631-1640.

[301] Cai D,He X F,Han J W. Document clustering using locality preserving indexing. IEEE Transactions on Knowledge and Data Engineering,2005,17(12):1624-1637.

[302] Tang W, Zhong S. Pairwise constraints-guided dimensionality reduction. Proceedings of the Workshop on Feature Selection for Data Mining (SDM'06),2006.

[303] Shental N, Hertz T, Weinshall D, et al. Adjustment learning and relevant component analysis. Proceedings of ECCV'02,2002:776-792.

[304] Bar-Hillel A, Hertz T, Shental N, et al. Learning a mahalanobis metric from equivalence constraints. Journal of Machine Learning Research,2006,6(6):937-965.

[305] Zhang D, Zhou Z, Chen S. Semi-supervised dimensionality reduction. Proceedings of SDM'07,2007:629-634.

[306] Cevikalp H, Verbeek J, Jurie F, et al. Semi-supervised dimensionality reduction using pairwise equivalence constraints. Proceedings of VISAPP'08,2008:489-496.

[307] Wei J, Peng H. Neighborhood preserving based semi-supervised dimensionality reduction. Electronics Letters,2008,44(20):1190-1191.

[308] Baghshah M S, Shouraki S B. Semi-supervised metric learning using pairwise constraints. Proceedings of I JCAI'09,2009:1217-1222.

[309] Chen Y, Rege M, Dong M, et al. Incorporating user provided constraints into document clustering. Proceedings of ICDM'07,2007:103-112.

[310] 彭岩,张道强. 半监督典型相关分析算法. 软件学报,2008,19(11):2822-2832.

[311] Davidson I. Knowledge driven dimension reduction for clustering. Proceedings of IJCAI'09,2009:1034-1039.

[312] Lin Y, Liu T, Chen H. Semantic manifold learning for image retrieval. Proceedings of ACM Multimedia'05,2005:249-258.

[313] Yu J, Tian Q. Learning image manifolds by semantic subspace projection. Proceedings of ACM Multimedia'06,2006:297-306.

[314] Liu W, Jiang W, Chang S F. Relevance aggregation projections for image retrieval. Proceedings of CIVR'08,2008:119-126.

[315] Yang X, Fu H, Zha H, et al. Semi-Supervised nonlinear dimensionality reduction. Proceedings of ICML'06,2006:1065-1072.

[316] Memisevic R, Hinton G. Multiple relational embedding. Proceedings of NIPS'04:2004:17.

[317] Jain A K, Dubes R C. Algorithms for clustering data. Prentice-Hall Advanced Reference Series,1988:1-334.

[318] Jain A K, Murty M N, Flynn P J. Data clustering:a review. ACM Computing Surveys,1999,31(3):264-323.

[319] Marques J P. 模式识别——原理、方法及应用. 吴逸飞,译. 北京:清华大学出版社,2002:51-74.

[320] Kaufman L, Rousseeuw P J. Finding Groups in Data—An Introduction to Cluster Analysis. Wiley,1990.

[321] Huang Z X. Extensions to the k-Means algorithm for clustering large data sets with cate-

gorical values. Data Mining and Knowledge Discovery,II,1998,(2):283-304.

[322] Chaturvedi A D,Green P E,Carroll J D. K-modes clustering. Journal of Classification, 2001,18(1):35-56.

[323] Sun Y,Zhu Q M,Chen Z X. An iterative initial-points refinement algorithm for categorical data clustering. Pattern Recognition Letters,2002,23(7):875-884.

[324] Bradley P S,Fayyad U M. Refining initial points for k-Means clustering. Proceedings of ICML'98,1998:91-99.

[325] Ding C,He X. K-nearest-neighbor in data clustering:incorporating local information into global optimization. Proceedings of the ACM Symposium on Applied Computing,2004: 584-589.

[326] Gelbard R,Goldman O,Spiegler I. Investigating diversity of clustering methods:an empirical comparison. Data and Knowledge Engineering,2007,63(1):155-166.

[327] Kumar P,Krishna P R,Bapi R S,et al. Rough clustering of sequential data. Data and Knowledge Engineering,2007,3(2):183-199.

[328] Zhao Y C,Song J. GDILC:a grid-based density isoline clustering algorithm. Proceedings of the International Conference on Info-Tech and Info-Net,2001:140-145.

[329] Nanni M,Pedreschi D. Time-Focused clustering of trajectories of moving objects. Journal of Intelligent Information Systems,2006,27(3):267-289.

[330] Birant D,Kut A. ST-DBSCAN:an algorithm for clustering spatial-temporal data. Data & Knowledge Engineering,2007,60(1):208-221.

[331] Ma W M,Chow E,Tommy W S. A new shifting grid clustering algorithm. Pattern Recognition,2004,37(3):503-514.

[332] Pilevar A H,Sukumar M. GCHL:a grid-clustering algorithm for high-dimensional very large spatial databases. Pattern Recognition Letters,2005,26 (7):999-1010.

[333] Dempster A P,Laird N M,Rubin D B. Maximum—likelihood from incomplete data via the EM algorithm. Journal of the Royal Statistical Society,1977,39(1):1-38.

[334] 李洁,高新波,焦李成. 基于特征加权的模糊聚类新算法. 电子学报,2006,34(1):412-420.

[335] Kononenko I. Estimating attributes:analysis and extensions of relief. Proceedings of ECML'94,1994:171-182.

[336] Cai W L,Chen S C,Zhang D Q. Fast and robust fuzzy c-means clustering algorithms incorporating local information for image segmentation. Pattern Recognition,2007,40(3): 825-833.

[337] Harel D,Koren Y. Clustering spatial data using random walks. Proceedings of ACM SIGKDD'07,2001:281-286.

[338] Castro V E,Lee I. AUTOCLUST:automatic clustering via boundary extraction for mining massive point-data sets. Proceedings of the 5th International Conference on Geocomputation,2000:23-25.

[339] Li Y J. A clustering algorithm based on maximal θ-distant subtrees. Pattern Recognition, 2007,40(5):1425-1431.

[340] Sambasivam S, Theodosopoulos N. Advanced data clustering methods of mining Web documents. Issues in Informing Science and Information Technology,2006,(3):563-579.

[341] Zamir O, Etzioni O. Web document clustering: a feasibility demonstration. Proceedings of ACM SIGIR'98,1998:46-54.

[342] 苏中,马少平,杨强,等. 基于 Web-Log Mining 的 Web 文档聚类. 软件学报,2002, 13(1):99-104.

[343] Jing F, Wang C H, Yao Y H, et al. IGroup: a Web image search engine with semantic clustering of search results. Proceedings of ACM Multimedia'06,2006:23-27.

[344] Cai D, He X, Li Z, et al. Hierarchical clustering of WWW image search results using visual, textual and link information. Proceedings of ACM Multimedia'04,2004:952-959.

[345] 吴飞,韩亚洪,庄越挺,等. 图像-文本相关性挖掘的 Web 图像聚类方法. 软件学报,2010, 21(7):1561-1575.

[346] 路晶,马少平. 基于多例学习的 Web 图像聚类. 计算机研究与发展,2009,46(9):1462-1470.

[347] Zhuang Y, Chiu D K W, Jiang N, et al. Personalized clustering for social image search results based on integration of multiple features. Proceedings of ADMA'12,2012:78-90.

[348] Picsearch image search. http://www.picsearch.com

[349] Chen Y, Wang J Z, Krovetz R. Content-based image retrieval by clustering. Proceedings of the 5th ACM SIGMM International Workshop on Multimedia Information Retrieval, 2003:193-200.

[350] Shi J, Malik J. Normalized cuts and image segmentation. IEEE Transactions on Pattern Analysis and Machine Intelligence,2000,22(8):888-905.

[351] Zeng H J, He Q C, Chen Z, et al. Learning to cluster web search results. Proceedings of ACM SIGIR'04,2004:210-217.

[352] Google image search. http://www.image.google.com.

[353] Cai D, Yu S P, Wen J R, et al. Extracting content structure for web pages based on visual representation. Proceedings of APWeb'03,2003:406-417.

[354] Brin S, Page L. The anatomy of a large-scale hypertextual(Web)search engine. Proceedings of WWW'98,1998:107-117.

[355] Kleinberg J M. Authoritative sources in a hyperlinked environment. Journal of the ACM, 1999,46(5):604-632.

[356] Long B, Zhang Z F, Xu T B. Clustering on complex graphs. Proceedings of AAAI'08, 2008:659-664.

[357] Dhillon I S. Co-Clustering documents and words using bipartite spectral graph partitioning. Proceedings of ACM SIGKDD'01,2001:269-274.

[358] Bezdek J C. Pattern Recognition with Fuzzy Objective Function Algorithm. New York:

Plenum Press,1981:123-136.

[359] Kriegel H P,Pryakhin A,Schubert M. An EM-approach for clustering multi-instance objects. Proceedings of PAKDD'06,2006:139-148.

[360] Feiten B,Frank R,Ungvary T. Organization of sounds with neural nets. Proceedings of the International Computer Music Conference, International Computer Music Association. 1991:441-444.

[361] Feiten B,Günzel S. Automatic indexing of a sound database using self-organizing neural nets. Computer Music Journal,1994,18(3):53-65.

[362] Wold E,Blum T,Keislar D,et al. Content-based classification,search and retrieval of audio. IEEE Multimedia Magazine,1996,3(3):27-36.

[363] Foote J T. Content-based retrieval of music and audio. Multimedia Storage and Archiving Systems II,1997,32(29):138-147.

[364] Li S Z. Content-based classification and retrieval of audio using the nearest feature line method. IEEE Transactions on Speech and Audio Processing,2000,8(5):619-625.

[365] Li S Z,Guo G D. Content-based audio classification and retrieval using SVM learning. Proceedings of PCM'00,2000:1-4.

[366] Jiang H,Lin T,Zhang H J. Video segmentation with the support of audio segmentation and classification. Proceedings of ICME'00,2000:1507-1510.

[367] He L W,Sanocki E,Gupta A,et al. Auto-summarization of audio-video presentations. Proceedings of ACM Multimedia'99,1999:489-498.

[368] Patel N,Sethi I. Audio characterization for video indexing. Proceedings of the SPIE on Storage and Retrieval for Still Image and Video Databases,1996:373-384.

[369] Liu Z,Wang Y,Chen T. Audio feature extraction and analysis for scene segmentation and classification. Journal of VLSI Signal Processing Systems for Signal, Image, and Video Technology,1998,20(1/2):61-79.

[370] Liu Z,Huang J,Wang Y. Classification of TV programs based on audio information using hidden Markov Model. Proceedings of the IEEE Signal Processing Society 1998 Workshop on Multimedia Signal Processing,1998:27-32.

[371] Pfeiffer S,Ficher S,Effelsberg W. Automatic audio content analysis. Proceedings of ACM Multimedia' 96,1996:21-30.

[372] Foote J T. An overview of audio information retrieval. Multimedia Systems,1999,7(1): 2-10.

[373] Zhang T,Kuo C C J. Heuristic approach for generic audio data segmentation and annotation. Proceedings of ACM Multimedia'99,1999:67-76.

[374] Sundaram S,Narayanan S. Vector-based representation and clustering of audio using onomatopoeia words. Proceedings of AAAI'06 Fall Symposium,2006.

[375] 卢坚,陈毅松,孙正兴,等. 基于隐马尔可夫模型的音频自动分类. 软件学报,2002, 13(8):1593-1597.

[376] Xu C S, Maddage N C, Shao X. Automatic music classification and summarization. IEEE Transactions on Speech and Audio Processing, 2005, 13(3):441-450.

[377] Li S Z, Guo G D. Content-based audio classification and retrieval using SVM learning. Proceedings of PCM'00, 2000:1-4.

[378] Khan M K S, Al-Khatib W G, Moinuddin M. Automatic classification of speech and music using neural networks. Proceedings of MMDB'04, 2006.

[379] Paul S. Music classification using neural networks. http://cuip. net/~ dloquinte/re-searchfiles/ musicclassification. pdf.

[380] Hindle A, Shao J, Lin D, et al. Clustering web video search results based on integration of multiple features. WWW Journal, 2011, 14(1):53-73.

[381] Gao B, Liu T Y, Qin T, et al. Web image clustering by consistent utilization of visual features and surrounding texts. Proceedings of ACM Multimedia'05, 2005:112-121.

[382] Rege M, Dong M, Hua J. Graph theoretical framework for simultaneously integrating visual and textual features for efficient web image clustering. Proceedings of WWW'08, 2008:317-326.

[383] Gibbon D C, Liu Z. Introduction to video search engines. Springer, 2008.

[384] Huang Z, Shen H T, Shao J, et al. Bounded coordinate system indexing for realtime video clip search. ACM Transactions on Information System, 2009, 27(3):1-33.

[385] Islam A, Inkpen D Z. Semantic text similarity using corpus-based word similarity and string similarity. ACM Transactions on Knowledge and Data Discovery, 2008, 2(2):1-25.

[386] Shah C. Tubekit:a query-based youtube crawling toolkit. Proceedings of JCDL'08, 2008:433.

[387] Siorpaes K, Simperl E P B. Human intelligence in the process of semantic content creation. WWW Journal, 2010, 13(1/2):33-59.

[388] Wang X J, Ma W Y, Zhang L, et al. Iteratively clustering web images based on link and attribute reinforcements. Proceedings of ACM Multimedia'05, 2005:122-131.

[389] Yang J, Li Q, Liu W Y, Zhuang Y T. Searching for flash movies on the web:a content and context based framework. WWW Journal, 2005, 8(4):495-517.

[390] Bao S H, Yang B H, Fei B, et al. Social propagation:boosting social annotations for Web mining. WWW Journal, 2009, 12(4):399-420.

[391] Snoek C, Worring M. Multimodal video indexing:a review of the state-of-the-art. Multimedia Tools and Application, 2005, 25(1):5-35.

[392] Ngo C W, Zhang H J, Pong T C. Recent advances in content based video analysis. International Journal of Image and Graphics, 2001, 1(3):445-468.

[393] 施智平, 胡宏, 李清勇, 等. 视频数据库的聚类索引方法. 计算机学报, 2007, 30(3):397-404.

[394] Zhuang Y, Hu H, Li X J, et al. Optimal K nearest neighbor query in data grid. Proceedings of WAIM-APWeb'09, 2009:566-573.

[395] 庄毅,庄越挺,吴飞.基于数据网格的书法字 k 近邻查询.软件学报,2006,17(11):2289-2301.

[396] Smith J,Gounaris A,Watson P,et al. Distributed query processing on the grid. Proceedings of the 3rd International Workshop on Grid Computing ,2003:279-290.

[397] 杨东华,李建中,张文平.基于数据网格环境的连接操作算法.计算机研究与发展,2004,41(10):1848-1855.

[398] Sellis T K. Multi-query optimization. ACM Transactions Database Systems,1988,13(1):23-52.

[399] 胡华,庄毅,胡海洋,等.网格环境下基于流水线的多重相似查询优化.软件学报,2010,21(1):55-67.

[400] 中国互联网络信息中心.第 25 次中国互联网发展状况统计报告. http://research. cnnic. cn/html/ 1263531336d1752. html.

[401] 董天策.网络新闻传播学.福建:福建人民出版社,2003:14-17.

[402] 刘保位.中国共产党社会舆情机制研究.北京:中共中央党校,2006.

[403] 江泽民.全面建设小康社会,开创中国特色社会主义事业新局面——在中国共产党第十六次全国代表大会上的报告.北京:人民出版社,2002.

[404] 秦微琼.网络舆情对政府形象的影响及应对策略研究.上海:上海交通大学,2008.

[405] 王来华.舆情研究概论.天津:天津社会科学院出版社,2003.

[406] 刘毅.网络舆情研究概论.天津:天津人民出版社,2007.

[407] 曾润喜.网络舆情管控工作机制研究.图书情报工作,2009,53(18):79-82.

[408] 曾润喜.网络舆情信息资源共享研究.情报杂志,2009,28(8):187-191.

[409] 网络舆情. http://baike. baidu. com/view/2143779. htm? fr=ala0129[2010-1-1].

[410] 谢海光,陈中润.互联网内容及舆情深度分析模式.中国青年政治学院报,2006.

[411] Allan J,Carbonell J,Doddington G,et al. Topic detection and tracking pilot study:final report. Proceedings of the DARPA Broadcast News Transcription and Understanding Workshop,1998:194-218.

[412] Mckeown K R,Barzilay R,Evans D K,et al. Tracking and summarizing news on a daily basis with columbia's newsblaster. Proceedings of the Human Language Technology Conference,2002.

[413] Yang Y M,Carbonell J,Brown R,et al. Learning approaches for detecting and tracking new events. IEEE Intelligent Systems:Special Issue on Applications of Intelligent Information Retrieval,1999,13:32-43.

[414] The 2002 topic detection and tracking(TDT2002)task definition and evaluation plan. ftp//jagur. ncsl. nist. gov//tdt/tdt2002/evalplans/TDT02. Eval. Plan. vl. 1. ps[2002-1-1].

[415] 英国开发舆论分析软件.环球时报,2005,第 6 版.

[416] 北大方正技术研究院.以科技手段辅助网络舆情突发事件的监测分析—方正智思舆情辅助决策支持系统.信息化建设,2005,10:25-50.

[417] 李晓黎,刘继敏.基于支持向量机与无监督聚类相结合的中文网页分类器.计算机学报,

　　　　　　2001,24(1):62-67.

[418]　陈毅松,汪国平.基于支持向量机的渐进直推式分类学习算法.软件学报,2003,14(3):
　　　　　　451-460.

[419]　Ye S R,Chua T S,Karl M Y,et al. Document concept lattice for text understanding and
　　　　　　summarization. Information Processing and Management ,2007,43(2):1643-1662.

[420]　Chen J C,Zheng Q L,Li Q Y,et al. Chinese combined-word detection based on directed
　　　　　　net of word-sequence frequency. Application Research of Computers,2009,26(10):3746-
　　　　　　3749.

[421]　Institute of computing technology Chinese academy of sciences. ICTCLAS 2009. http://
　　　　　　ictclas. org/[2009-4-6].

[422]　Baxendale E. Machine-made index for technical literature an experiment. IBM Journal of
　　　　　　Research and Development,1958:12(4):354-361.

[423]　Guo Y H,Zhong Y X,Ma Z Y,et al. Introduction of the development of automatic sum-
　　　　　　marization. Information Learned Journal,2002,21(5):582-591.

[424]　黄晓斌,赵超.文本挖掘在网络舆情信息分析中的应用.情报科学,2009,127(1):94-99.

[425]　钱爱兵.基于主题的网络舆情分析模型及其实现.情报分析与研究,2008,(4):49-55.

[426]　郭建永,蔡永,甄艳霞.基于文本聚类技术的主题发现.计算机工程与设计,2008,(6):
　　　　　　1426-1428.

[427]　于满泉,骆卫华,许洪波,等.话题识别与跟踪中的层次化话题识别技术研究.计算机研
　　　　　　究与发展,2006,43(3):489-495.

[428]　刘星星,何婷婷,龚海军,等.网络热点事件发现系统的设计.中文信息学报,2008,
　　　　　　22(6):80-85.

[429]　王伟,许鑫.基于聚类的网络舆情热点问题发现及分析.情报分析与研究,2009,(3):74-79.

[430]　朱嫣岚,闵锦,周雅倩,等.基于HowNet的词汇语义倾向计算.中文信息学报,2006,
　　　　　　20(1):14-20.

[431]　魏慧萍.关于汉语字词关系的再思考.南京师大学报(社会科学版),2004,(1):135-140.

[432]　韩琳.黄侃字词关系研究学术史价值考察.湖北民族学院学报(哲学社会科学版),2007,
　　　　　　25(6):92-96.

[433]　DCCI. DCCI 发布:大数据时代的 5 个转变. http://www. adquan. com/article1. php? id
　　　　　　=13352&cid=13[2012-7-27].

[434]　Chang E Y. Foundations of large-scale multimedia information management and retrie-
　　　　　　al:mathematics of perception. Springer,2011.

[435]　SEO. 一次 Google 搜索的能耗:100 瓦灯泡工作 1 小时. http:// seo. myds. cn/seo-web-
　　　　　　news-899. aspx[2012-4-25].

[436]　人民日报海外版. 中国网民数量达 5. 38 亿 IPv6 地址数量全球第三. http://www.
　　　　　　news. xinhuanet. com/tech/2012-07/20/ c_123437840. htm[2012-7-20].

[437]　Chang K. Structured databases on the web:observations and implications. SIGMOD Re-
　　　　　　cord,2004,33(3):61-65.